Photoshop CC 精彩案例欣赏

实例名称：17.1 中秋促销广告设计　　　视频分类：商业平面广告设计现类　　　视频位置：movie\17.1 中秋促销广告设计.avi

实例名称：17.2 会员折扣宣传广告设计
视频分类：商业平面广告设计表现类
视频位置：movie\17.2 会员折扣宣传广告设计.avi

实例名称：14.3 手机网页设计
视频分类：商务网页设计类
视频位置：movie\14.3 手机网页设计.avi

实例名称：17.3 移动广告设计
视频分类：商业平面广告设计表现类
视频位置：movie\17.3 移动广告设计.avi

实例名称：14.1 视频网页设计
视频分类：商务网页设计类
视频位置：movie\14.1 视频网页设计.avi

实例名称：15.2 科技时尚杂志封面　　　视频分类：杂志封面装帧设计类　　　视频位置：movie\15.2 科技时尚杂志封面.avi

实例名称：15.1 旅行家杂志封面　　　视频分类：杂志封面装帧设计类　　　视频位置：movie\15.1 旅行家杂志封面.avi

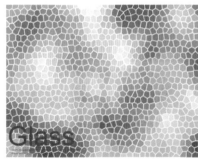

实例名称：视频讲座13-7：利用【染色玻璃】制作彩色
方格背景
视频分类：纹理与特效表现类
视频位置：movie\视频讲座13-7：利用【染色玻璃】
制作彩色方格背景.avi

实例名称：16.1 瓶式包装——橙汁包装设计
视频分类：商业包装设计表现类
视频位置：movie\16.1 瓶式包装——橙汁包装设
计.avi

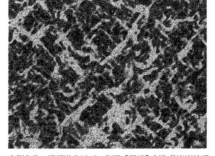

实例名称：视频讲座13-6：利用【网状】制作花岗岩纹理
视频分类：纹理与特效表现类
视频位置：movie\视频讲座13-6：利用【网状】制作花
岗岩纹理.avi

Ckivve&Bs

Beautiful beautiful scenery of the world

Home	Pekk	Tuss	Livkoo	Image	listing

Colored bean
Colour beans can bring you a good luck

Little of rabbit
You see I can't be very lovely every day

Colored eggs
Eggs to make your life happy

We are from New zealand

▪ ▪ ▪ ▪ ▪

My home is in a beautiful village in New zealand, the villagers are very friendly, people love very happy.
I love my motherland, I love my village
this is my happy childhood

Leaf
Green represents one kind of life
The box is full of mysterious gift

Box
Green represents one kind of life
The box is full of mysterious gift

Welcome to New zealand

name

password

Village story

▸ Good neighbours the country

▸ The joy of Mak

▸ Happy Christmas

▸ The four seasons in a year

▸ Milk factory

▸ The farmer happy day

▸ Here childhood

▸ The university time

▸ The island of travel

Calendar

link   home | Members | story   friendly

实例名称：14.2 门户网页设计
视频分类：商务网页设计类
视频位置：movie\14.2 门户网页设计.avi

实例名称：16.4 杯子包装——咖啡杯包装设计
视频分类：商业包装设计表现类
视频位置：movie\16.4 杯子包装——咖啡杯包装设
计.avi

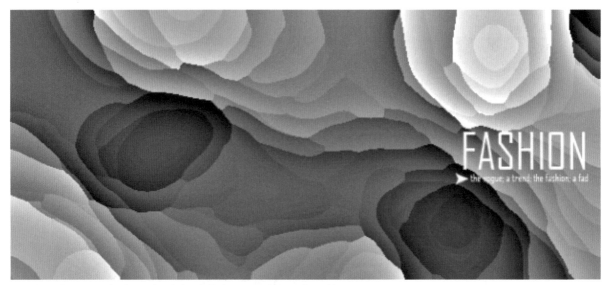

FASHION
the rogue; a trend; the fashion; a fad

实例名称：视频讲座13-8：利用【晶格化】打造时尚个性溶岩插画　　视频分类：纹理与特效表现类
视频位置：movie\视频讲座13-8：利用【晶格化】打造时尚个性溶岩插画.avi

视频分类：抠图技法类
视频位置：movie\视频讲座9-11：使用【魔术橡皮擦工具】将保温杯抠图.avi

视频分类：抠图技法类
视频位置：movie\视频讲座9-10：使用【背景橡皮擦工具】将皮包抠图.avi

视频分类：抠图技法类
视频位置：movie\视频讲座11-6：使用【矢量蒙版】对帽子抠图.avi

视频分类：抠图技法类
视频位置：movie\视频讲座9-9：使用【橡皮擦工具】将苹果抠图.avi

视频分类：抠图技法类
视频位置：movie\视频讲座11-8：利用【图层蒙版】对眼镜抠图及透明处理.avi

视频分类：抠图技法类
视频位置：movie\视频讲座11-4：利用【快速蒙版】对挎包抠图.avi

视频分类：数码照片修饰技法类
视频位置movie\视频讲座10-4：利用【内容感知移动工具】制作双胞胎姐妹.avi

视频分类：数码照片修饰技法类
视频位置：movie\视频讲座10-5：使用【红眼工具】去除人物红眼.avi

视频分类：工具应用类
视频位置：movie\视频讲座10-10：使用【涂抹工具】制作牙膏字.avi

视频分类：数码照片修饰技法类
视频位置：movie\视频讲座10-8：使用【模糊工具】制作小景深效果.avi

视频分类：数码照片修饰技法类
视频位置：movie\视频讲座10-2：使用【修复画笔工具】去除纹身.avi

视频分类：数码照片修饰技法类
视频位置：movie\视频讲座10-7：使用【图案图章工具】替换背景.avi

视频分类：数码照片修饰技法类
视频位置：movie\视频讲座10-6：使用
【仿制图章工具】为人物祛斑.avi

视频分类：数码照片修饰技法类
视频位置：movie\视频讲座10-3：使用【修补工具】修补水渍照片.avi

视频分类：数码照片修饰技法类
视频位置：movie\视频讲座10-9：使用【锐化工具】清晰丽人效果.avi

视频分类：数码照片修饰技法类
视频位置：movie\视频讲座10-1：使用【污点修复画笔工具】去除黑痣.avi

视频分类：数码照片修饰技法类
视频位置：movie\视频讲座10-11：使用【减淡工具】消除黑眼圈.avi

视频分类：数码照片修饰技法类
视频位置：movie\视频讲座10-13：使用【海绵工具】制作局部留色.avi

视频分类：数码照片修饰技法类
视频位置：movie\视频讲座10-12：使用【加深工具】加深眉毛.avi

视频分类：抠图技法类
视频位置：movie\视频讲座6-8：使用【调整边缘】对金发美女抠图.avi

视频分类：抠图技法类
视频位置：movie\视频讲座6-9：使用【渐变映射】对卷发美女抠图.avi

视频分类：照片调色密技类
视频位置：movie\视频讲座12-9：利用【色相饱和度】调出复古照片.avi

视频分类：照片调色密技类
视频位置：movie\视频讲座12-5：利用【阴影/高光】调出花朵细节.avi

视频分类：照片调色密技类
视频位置：movie\视频讲座12-20：利用【色调分离】制作绘画效果.avi

视频分类：照片调色密技类
视频位置：movie\视频讲座12-17：使用【替换颜色】命令替换花朵颜色.avi

视频分类：照片调色密技类
视频位置：movie\视频讲座12-1：利用【亮度/对比度】调亮花朵.avi

视频分类：照片调色密技类
视频位置：movie\视频讲座12-8：利用【色相/饱和度】更改花朵颜色.avi

视频分类：照片调色密技类
视频位置：movie\视频讲座12-14：利用【可选颜色】浓艳花朵.avi

视频分类：照片调色密技类
视频位置：movie\视频讲座12-12：【颜色查找】打造非主流花朵.avi

视频分类：照片调色密技类
视频位置：movie\视频讲座12-7：【自然饱和度】调整桃花图像.avi

视频分类：照片调色密技类
视频位置:movie\视频讲座12-13：利用【反相】制作蓝紫色调.avi

视频分类：数码照片修饰技法类
视频位置：movie\视频讲座12-23：利用【去色】命令制作淡雅照片.avi

视频分类：抠图技法类
视频位置：movie\视频讲座6-9：使用
【渐变映射】对卷发美女抠图.avi

视频分类：照片调色密技类
视频位置：movie\视频讲座12-6：【
HDR色调】打造惊艳风景照.avi

视频分类：照片调色密技类
视频位置：movie\视频讲座12-19：
利用【照片滤镜】打造复古色调.avi

视频分类：照片调色密技类
视频位置：movie\视频讲座12-10：利用
【色彩平衡】打造山谷里的黄昏氛围.avi

视频分类：照片调色密技类
视频位置：movie\视频讲座12-18：使
用【黑白】命令快速将彩色图像变单色
.avi

视频分类：数码照片修饰技法类
视频位置：movie\视频讲座12-22：
利用【渐变映射】快速为黑白图像着
色.avi

视频分类：数码照片修饰技法类
视频位置：movie\视频讲座12-21：利
用【阈值】制作报纸插图效果.avi

视频分类：照片调色密技类
视频位置：movie\视频讲座12-15：应
用【变化】命令快速为黑白图像着色.avi

视频分类：软件功能类
视频位置：movie\视频讲座13-1：利
用【消失点】处理透视图像.avi

视频分类：抠图技法类
视频位置：movie\视频讲座6-2：
使用【椭圆选框工具】抠圆形图
像.avi

视频分类：抠图技法类
视频位置movie\视频讲座12-2：【色
阶】命令的抠图应用.avi

视频分类：抠图技法类
视频位置：movie\视频讲座7-2：使
用【自由钢笔工具】对球鞋抠图.avi

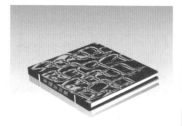

视频分类：抠图技法类
视频位置：movie\视频讲座6-3：使用
【多边形套索工具】抠多边形图像.avi

视频分类：抠图技法类
视频位置：movie\视频
讲座12-3：使用【曲线】
命令对娃娃玩具抠图.avi

视频分类：抠图技法类
视频位置：movie\视频讲座6-1：
使用【矩形选框工具】抠方形图
像.avi

视频分类：抠图技法类
视频位置：movie\视频讲座6-4：利用【磁
性套索工具】对瓷杯抠图.avi

视频分类：照片调色密技类
视频位置：movie\视频讲座12-11：利
用【通道混合器】打造秋日效果.avi

视频分类：抠图技法类
视频位置：movie\视频讲座6-5：
使用【魔棒工具】对包包抠图.avi

视频分类：抠图技法类
视频位置：movie\视频
讲座6-6：使用【快速选择工具
】对摆件抠图.avi

视频分类：抠图技法类
视频位置：movie\视频讲座
7-1：使用【钢笔工具】对杯
子抠图.avi

实例名称：视频讲座13-4：利用【波纹】制作拍立得艺术风格相框
视频分类：纹理与特效表现类
视频位置：movie\视频讲座13-4：利用【波纹】制作拍立得艺术风格相框.avi

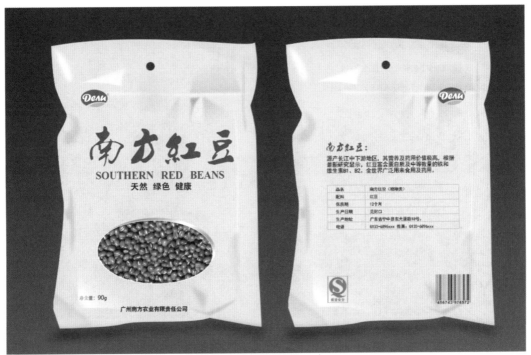

实例名称：16.2 袋式包装——红豆包装设计　　视频分类：商业包装设计表现类
视频位置：movie\16.2 袋式包装——红豆包装设计.avi

实例名称：视频讲座13-3：通过【凸出】表现三维特效
视频分类：纹理与特效表现类
视频位置：movie\视频讲座13-3：通过【凸出】表现三维特效.avi

实例名称：视频讲座13-5：以【铬黄渐变】表现液态金属质感
视频分类：纹理与特效表现类
视频位置：movie\视频讲座13-5：以【铬黄】表现液态金属质感.avi

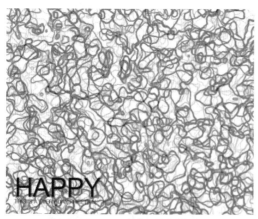

实例名称：视频讲座13-2：利用【查找边缘】制作润滑背景
视频分类：纹理与特效表现类
视频位置：movie\视频讲座13-2：利用【查找边缘】制作具有丝线般润滑背景.avi

实例名称：16.3 盒式包装——鹅蛋卷包装设计
视频分类：商业包装设计表现类
视频位置：movie\16.3 盒式包装——鹅蛋卷包装设计.avi

完全掌握

Photoshop

CC

超级手册

王红卫 等编著

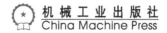

机械工业出版社
China Machine Press

图书在版编目（CIP）数据

完全掌握Photoshop CC超级手册 / 王红卫等编著. —北京：机械工业出版社，2014.4

ISBN 978-7-111-44839-6

I. ①完… II. ①王… III. ①图像处理软件 IV.①TP391.41

中国版本图书馆CIP数据核字（2013）第275082号

　　本书从基本工具和操作讲起，结合大量精美实例，详细介绍了Adobe Photoshop CC的功能和特性。全书共分为17章，以循序渐进的方法讲解Photoshop CC的新增功能与工作区设置、打开和保存图像、辅助功能、图像操作、颜色及图案填充、图层及图层样式、选区和抠图、路径和形状工具、文字格式化、绘画功能、色调与色彩校正、滤镜特效、各类商业广告设计等内容。深入剖析了利用Photoshop CC进行各种设计创意的方法和技巧，使读者尽可能多地掌握设计中的关键技术与设计理念。

　　随书光盘中包含所有实例的素材、最终效果文件和高清多媒体语音教学，使读者在学习的过程中，可以随时进行调用和播放学习。

　　本书适合于学习Photoshop的初级用户、从事平面广告设计、产品包装造型、印刷制版、工业设计、CIS企业形象策划等工作人员及电脑美术爱好者，也可作为社会培训学校、大中专院校相关专业的教学参考书或上机实践指导用书。

机械工业出版社（北京市西城区百万庄大街22号　　邮政编码　100037）
责任编辑：夏非彼　迟振春
中国电影出版社印刷厂印刷
2014年4月第1版第1次印刷
188mm×260mm • 31印张
标准书号：ISBN 978-7-111-44839-6
　　　　　　ISBN 978-7-89405-177-6（光盘）
定价：99.00元（附2DVD）

前　言

软件简介 -

　　Adobe公司出品的Photoshop软件是图形图像处理领域中使用最为广泛的一个软件，其具有功能强大、操作灵活及层出不穷的艺术效果，被广泛应用于各设计工作领域中，成为平面设计师们最得力的助手。继去年Adobe推出Photoshop CS6版本后，Adobe又在MAX大会上推出了最新版本的Photoshop CC（Creative Cloud）。Photoshop CC （Creative Cloud）增加了几项强大的新功能，包括相机防抖动功能、全新的智能锐化、Camera RAW功能升级、图像提升采样、属性面板升级、Behance集成及Creative Cloud（即云功能），本书基于该新版本为读者呈现一次精彩纷呈的学习之旅。

本书特色 -

◎ 一线作者团队。本书由理工大学电脑部高级讲师为入门级用户量身定制，以深入浅出、语言平实幽默的教学风格，将Photoshop化繁为简，浓缩精华彻底掌握。

◎ 理论知识强大。本书详细讲解了平面设计的基本概念、平面设计分类、平面设计的一般流程、平面设计常用软件、应用范围、常用尺寸、印刷知识、职业简介、表现手法及色彩基础知识。

◎ 超完备的基础功能及专业案例详解。17章超全内容，包括13章基础内容，4章专业设计案例进阶，将Photoshop CC全盘解析，从基础到案例，从入门到入行，从新手到高手。

◎ 全新的写作模式。作者根据多年的教学经验，将Photoshop学习过程中常见的问题及解决方法以提示和技巧的形式展示出来，供读者快速找到解决方案，并以知识链接的形式将某些工具或命令关联起来，让读者快速找到彼此之间的联系。

◎ 方便的快捷键及速查索引。在本书的附录部分，详细列出了Photoshop CC默认键盘快捷键，方便读者掌握快速的制图方法；

并根据本书的视频讲座内容，按不同类型进行分类，制作出便于查阅的索引，以方便不同读者的工作学习需要。

◎ DVD超大容量高清语音教学。本书附带两张高清语音多媒体教学DVD，808分钟超长教学时间，138堂多媒体教学内容，包括软件新增功能、抠图秘技、数码照片修饰技法、纹理与特效、商务网页设计、杂志封面装帧设计、商业包装设计和商业平面广告设计，真正做到多媒体教学与图书互动，使读者从零起飞，快速跨入高手行列。

◎ 真正超值的附赠套餐。近500页的学习资料、138个实战案例及海量设计资源，包括近千种笔刷、渐变库、样式库、形状库及Photoshop常用照片调色动作、常用设计配色等。

本书版面结构说明

为了方便读者快速阅读进而掌握本书内容，下面将本书的版面结构进行剖析说明，使读者了解本书的特色，以达到轻松自学的目的。本书设计了"知识链接"、"视频讲座"、"提示"、"技巧"等特色专题。版面结构说明如下：

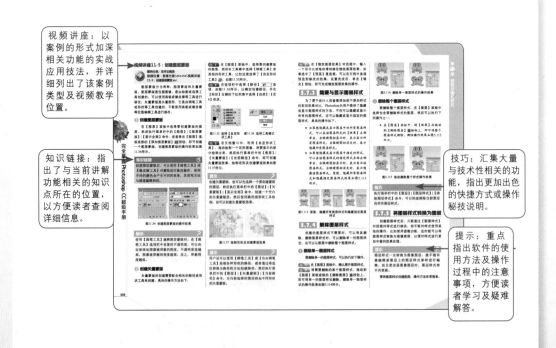

视频讲座：以案例的形式加深相关功能的实战应用技法，并详细列出了该案例类型及视频教学位置。

知识链接：指出了与当前讲解功能相关的知识点所在的位置，以方便读者查阅详细信息。

技巧：汇集大量与技术性相关的功能，指出更加出色的快捷方式或操作秘技说明。

提示：重点指出软件的使用方法及操作过程中的注意事项，方便读者学习及疑难解答。

本书附录A快捷键说明

为帮助读者快速进入高手行列，在本书的附录A部分还为读者安排了针对Windows操作系统及Mac OS操作系统的快捷键列表，并将快捷键进行了不同的分类，读者可轻松学习到快捷的操作方法。快捷键使用说明如下：

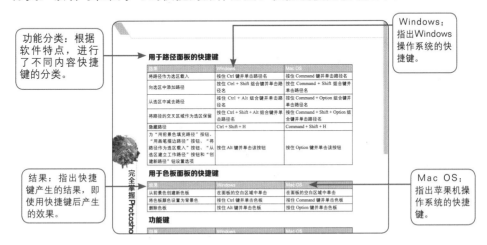

功能分类：根据软件特点，进行了不同内容快捷键的分类。

Windows：指出Windows操作系统的快捷键。

结果：指出快捷键产生的结果，即使用快捷键后产生的效果。

Mac OS：指出苹果机操作系统的快捷键。

本书附录B速查索引说明

为了方便读者的不同需要，以达到快速学习实用内容的目的，本书还为读者进行了详细的分类，如果读者需要查看不同的内容，通过该分类内容快速查找相关案例，以节省学习时间。索引的使用说明如下：

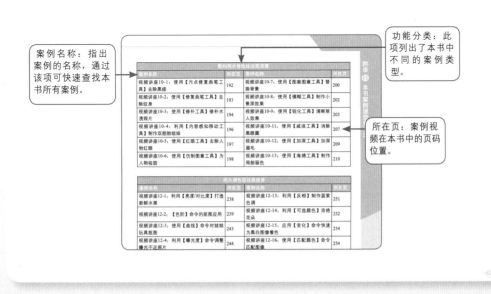

案例名称：指出案例的名称，通过该项可快速查找本书所有案例。

功能分类：此项列出了本书中不同的案例类型。

所在页：案例视频在本书中的页码位置。

创作团队 -

　　本书由王红卫主编，同时参与编写的还有魏国良、孙付强、张亚兰、李志成、秦兴娟、连江山、宁慧敏、夏运华、夏卫东、王巧伶、尹金曼、杨晶、杨广于、夏红军、陈留栓、吕保成、蒋世莲、刘士刚、王香、刘鑫、孙付强、陈省、蔡桢桢、王翠花、夏雪飞、潘海峰等。当然，在创作的过程中，由于时间仓促，错误在所难免，希望广大读者批评指正。如果在学习过程中发现问题或有更好的建议，欢迎发邮件到smbook@163.com与我们联系。

编　者

2014年1月

↝ 光盘操作

1. 将光盘插入光驱后，系统将自动运行本光盘中的程序，首先启动如图1所示的"主界面"画面。

> 提示: 如果没有自动运行，可在光盘中双击start.exe图标运行该光盘。

进入课堂选择界面 ——

打开光盘中的素材
和源文件夹 ——

退出光盘演示界面 ——

—— 安装视频解码器

—— 打开帮助信息

图1 主界面

2. 在主界面中单击某个选项标题，即可进入不同的界面。如果想进入多媒体教学界面，可以单击 （13-17章）课堂讲座，打开如图2所示的"章节选择界面"。

进入章节
选择界面

返回主界面 ——

—— 退出光盘演示界面

图2 章节选择界面

3. 在章节选择界面中单击某个案例标题，即可进入该案例视频界面进行学习，比如单击  15.2 科技时尚杂志封面，打开如图3所示的界面。

图3 进入学习界面

4. 在任意界面中单击"退出"按钮，即可退出多媒体学习，显示如图4所示的界面，将完全结束程序运行。

图4 退出界面

运行环境

本光盘可以运行于Windows 2000/XP/Vista/7的操作系统下。

> 注意: 本书配套光盘中的文件，仅供学习和练习时使用，未经许可不能用于任何商业行为。

使用注意事项

1. 本教学光盘中所有视频文件均采用TSCC视频编码进行压缩，如果发现光盘中的视频不能正确播放，请在主界面中单击"安装视频解码器"按钮，安装解码器后再运行本光盘，即可正确播放视频文件了。

2. 放入光盘，程序将自动运行，或者执行Start.exe文件。

3. 本程序运行最佳屏幕分辨率为1024×768，否则将出现意想不到的错误。

技术支持

对本书及光盘中的任何疑问和技术问题，可发邮件至：smbook@163.com与作者联系。

完全掌握Photoshop CC超级手册

第6章　选区的编辑与抠图应用 101

第9章　强大的绘画功能.............168

第10章　照片修饰与编修工具.....191

完全掌握 Photoshop CC 超级手册

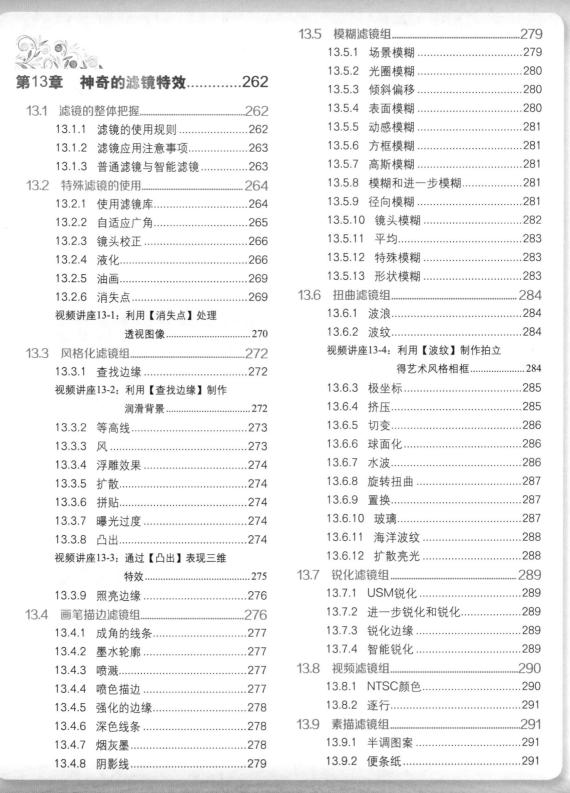

完全掌握Photoshop CC超级手册

第 1 章　平面设计的基础知识

〔内容摘要〕

Photoshop CC是Adobe公司推出的一款优秀的图形处理软件，功能强大，使用方便，广泛应用在设计行业的各个领域。为了使读者更好地掌握Photoshop软件，本章将详细讲解平面设计的基础知识，让读者对Photoshop所处的行业应用有个基本的了解，为步入设计高手行列打下坚实的基础。

〔教学目标〕

- 了解平面设计的基础概念
- 了解平面设计的分类及流程
- 了解平面设计的常用软件及应用范围
- 掌握平面设计的常用尺寸及印刷知识
- 掌握平面设计的表现手法及色彩基础

1.1　平面设计的概念

平面设计的定义泛指具有艺术性和专业性，以"视觉"作为沟通和表现的方式，将不同的基本图形，按照一定的规则在平面上组合成图案的，借此作出用来传达想法或信息的视觉表现。平面设计这个术语出于英文"graphic"，在现代平面设计形成前，这个术语泛指各种通过印刷方式形成的平面艺术形式。"平面"这个术语当时的含义不仅指作品是二维空间的、平面的，它还具有批量生产的，并因此与单张单件的艺术品区别开来。

平面设计，英文名称为Graphic Design，Graphic常被翻译为"图形"或"印刷"，其作为"图形"的涵盖面要比"印刷"大。因此，广义的图形设计，就是平面设计，主要在二度空间范围之内以轮廓线划分图与底之间的界限，描绘形象。也有人将Graphic Design翻译为"视觉传达设计"，即用视觉语言进行传递信息和表达观点的设计，这是一种以视觉媒介为载体，向大众传播信息和情感的造型性活动。此定义始于20世纪80年代，如今视觉传达设计所涉及的领域不断扩大，已远远超出平面设计的范畴。

设计一词来源于英文"design"，平面设计在生活中无处不在，小的宣传册、路边广告牌等，每当翻开一本版式明快，色彩跳跃，文字流畅设计精美的杂志，都有一种爱不释手的感觉，即使对其中的文字内容并没有什么兴趣，有些精致的广告也能吸引住你，这就是平面设计的魅力。它能把一种概念，一种思想通过精美的构图、版式和色彩，传达给看到它的人。平面设计包括很广的设计范围和门类建筑，如工业、环艺、装潢、展示、服装等。

设计是有目的的策划，平面设计是这些策划将要采取的形式之一，在平面设计中需要用视觉元素来传播你的设想和计划，用文字和图形把信息传达给观众，让人们通过这些视觉元素了解你的设想和计划，这才是我们设计的定义。

目前常见的平面设计可以归纳为八大类：网页设计、包装设计、DM广告设计、海报设计、POP广告设计、标志、书籍设计、VI设计。

网页设计主要负责网页的美工设计，或者说成网页版面设计，对于网页设计来讲这块需求量是非常大的，现在人们越来越重视美观，而且要求越来越高。不管是门户网站，还是企业网站，现今使用Flash软件制作整个网站的个人或公司也越来越多，因为Flash制作的网站具有更大的互动性。当你在Internet这个信息的海洋中尽情遨游时，会发现许许多多内容丰富、创意新颖、设计独特的个人网页，不知道你见到这样漂亮可人的网页是否有点心动。如图1.1所示为几个网页的设计效果。

图1.1 网页设计

包装设计即指选用合适的包装材料，运用巧妙的工艺手段，为包装商品进行的容器结构造型和包装的美化装饰设计。包装作为实现商品价值和使用价值的手段，在生产、流通、销售和消费领域中，发挥着极其重要的作用，它是品牌理念、产品特性、消费心理的综合反映，是企业设计不得不关注的重要课题，包装设计也就成为市场销售竞争中重要的一环。当今世界经济的迅猛发展，极大地改变了人们的生活方式和消费观念，也使得包装深入到人们的日常生活中。如图1.2所示为几个包装设计效果。

图1.2 包装设计效果

完全掌握Photoshop CC超级手册

DM是英文Direct Mail的缩写，意为"直接邮寄广告或直投广告"，即通过邮寄、赠送等形式，将宣传品送到消费者手中。DM广告除了用邮寄方法外，还可以借助于其他媒介，比如传真、杂志、电视、电话、电子邮件或直接网络、柜台散发、专人派送、来函索取、随商品包装发出等，DM广告形式有广义和狭义之分，广义上包括广告单页，如大家熟悉的街头巷尾、商场超市散布的传单。狭义上的DM广告仅指装订成册的集纳型广告宣传画册，页数在10多页至200多页不等。如图1.3所示为DM广告设计效果。

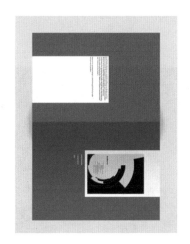

图1.3 DM广告设计效果

海报是一种视觉传达的表现形式，主要通过版面构成把人们在几秒钟之内吸引住，并获得瞬间的刺激，要求设计师做到既准确到位，又要有独特的版面创意形式。而设计师的任务就是把构图、图片、文字、色彩、空间这一切要素的完美结合，用恰当的形式把信息传达给人们。海报即招贴，"招贴"按其字义解释，"招"是指引注意，"贴"是张贴，即"为招引注意而进行张贴"。它是指公共场所，以张贴或散发的形式发布的一种广告。在广告诞生的初期，就已经有了海报这种形式，在生活的各个空间，它的影子随处可见。海报的英文名字叫"poster"，在牛津英语词典里意指展示于公共场所的告示（Placard displayed in a public place）。在伦敦"国际教科书出版公司"出版的广告词典里，poster意指张贴于纸板、墙、大木板或车辆上的印刷广告，或者以其他方式展示的印刷广告，它是户外广告的主要形式，广告的最古老形式之一。海报，属于户外广告，分布在各街道、影剧院、展览会、商业闹区、车站、码头、公园等公共场所。如图1.4所示为海报设计效果。

图1.4 海报设计效果

POP广告（Point of Purchase Advertising），又称为售卖场所广告，是一切购物场所内外如百货公司、购物中心、商场、超市、便利店等所做的现场广告的总称。有效的 POP 广告，能激发顾客的随机购买，也能有效地促使计划性购买的顾客果断决策，实现即时即地的购买。 POP 广告对消费者、零售商、厂家都有重要的促销作用。POP设计主要包括产品标签POP设计、促销POP设计、卖场POP设计。POP广告具有很高的广告价值，而且其成本不高，它起源于超级市场，但同样适合于一些非超级市场的普通商场，甚至一些小型的商店等一切商品销售的场所。也就是说，POP 广告对于任何经营形式的商业场所，都具有招揽顾客、促销商品的作用。如图1.5所示为POP广告效果。

图1.5 POP广告设计效果

标志也称徽标，商标，英文俗称为LOGO（标志），是现代经济的产物，是一种具有象征性的大众传播符号，它以精练的形象表达一定的涵义，并借助人们的符号识别、联想等思维能力，传达特定的信息。标志将具体的事物、事件，场景和抽象的精神、理念、方向，通过特殊的图形固定下来，使人们在看到logo标志的同时，自然的产生联想，从而对企业产生认同。企业标志是企业视觉识别系统中的核心部分，是一种系统化的形象归纳和形象的符号化提炼，经过抽象和具象结合与统一，最后创造出高度简洁的图形符号。企业标志不同于展会标志与其他公益标志或个人标志，它代表一个企业的文化和远景，既要能展示公司的经营理念，又要能在实际应用中方便适用，保持一致。如图1.6所示为标志设计效果。

图1.6 标志设计效果

　　书籍设计就是对图书的装订、包装设计，设计过程包含了印前、印刷、印后对书的形态与传达效果的分析。书籍设计是指书籍的整体设计。它包括的内容很多，其中封面、扉页和插图设计是其中的三大主体设计要素，具体是指对开本、字体、版面、插图、封面、护封以及纸张、印刷、装订和材料事先的艺术设计。从原稿到成书的整体设计，被称为装帧设计。封面设计是书籍装帧设计艺术的门面，它是通过艺术形象设计的形式来反映书籍的内容。在当今琳琅满目的书海中，书籍的封面起了一个无声的推销员作用，它的好坏在一定程度上将会直接影响人们的购买欲。书籍设计和衡量设计的优劣，不能脱离市场的声音，因为书籍和读者都离不开市场。市场需要有魅力的书籍设计，成熟的设计就是最有魅力的设计，也是能够经得住市场考验和相对持久的设计。成熟的设计是解决问题和矛盾之后产生的良好结果，也是出版者和设计师所期望所追求的。因此，成熟才是书籍设计的最高境界。如图1.7所示为书籍设计效果。

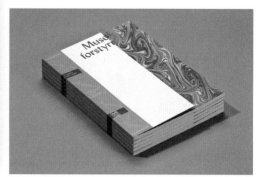

图1.7 书籍设计效果

　　VI设计即Visual Identity，通译为视觉识别系统，是CIS系统最具传播力和感染力的部分。是将CI的非可视内容转化为静态的视觉识别符号，以无比丰富的多样的应用形式，在最为广泛的层面上，进行最直接的传播。设计到位、实施科学的视觉识别系统，是传播企业经营理念、建立企业知名度、塑造企业形象的快速便捷之途。在企业内容，VI通过标准识别来划分和产生区域、工种类别、统一视觉等要素，以利于规范化管理和增强员工的归属感。VI由两大部分组成：一是基本设计系统；二是应用设计系统。VI设计一般包括基础部分和应用部分两大内容。其中，基本设计部分一般包括企业的名称、标志设计、标识、标准字体、标准色、辅助图形、标准印刷字体、禁用规则等；而应用设计部分则一般包括标牌旗帜、办公用品、公关用品、环境设计、办公服装、专用车辆等。在这里，可以以一棵大树来比喻，基本设计系统是树根，是VI的基本元素，而应用设计系统是树枝、树叶，是整个企业形象的传播媒体。如图1.8所示为VI设计效果。

图1.8 VI设计效果

1.3 平面设计的一般流程

平面设计的过程是有计划有步骤的渐进式不断完善的过程，设计的成功与否很大程度上取决于理念是否准确，考虑是否完善。设计之美永无止境，完善取决于态度。平面设计的一般流程如下。

- 前期沟通：客户提出要求，并提供公司的背景、企业文化、企业理念以其他相关资料，以更好地设计。设计师这时一般还要做一个市场调查，以做到心中有数。

- 达成合作意向：通过沟通，达成合作意向，然后签定合作协议，这时，客户一般要支付少量的预付款，以便开始设计工作。
- 设计师分析设计：根据前期的沟通及市场调查，配合客户提供的相关信息，制作出初稿，一般要有两至三个方案，以便让客户选择。
- 第一次客户审查：将前面设计的几个方案提交给客户审查，以满足客户要求。
- 客户提出修改意见：客户在提交的方案中，提出修改意见，以供设计师修改。
- 第二次客户审查：根据客户的要求，设计师再次进行分析修改，确定最终的海报方案，完成海报设计。
- 包装印刷：双方确定设计方案，然后经设计师处理后，提交给印刷厂进行印制，完成设计。

1.4 / 平面设计常用软件

平面设计软件一直是应用的热门领域，我们可以将其划分为图像绘制和图像处理两个部分，下面简单介绍这方面一些常用软件的情况。

❶ Adobe Photoshop

Photoshop是Adobe公司旗下最为出名的图像处理软件之一，集图像扫描、编辑修改、图像制作、广告创意，图像输入与输出于一体的图形图像处理软件，深受广大平面设计人员和电脑美术爱好者的喜爱。这款美国Adobe公司的软件一直是图像处理领域的巨无霸，在出版印刷、广告设计、美术创意、图像编辑等领域得到了极为广泛的应用。

Photoshop的专长在于图像处理，而不是图形创作。有必要区分一下这两个概念。图像处理是对已有的位图图像进行编辑加工处理以及运用一些特殊效果，其重点在于对图像的处理加工；图形创作软件是按照自己的构思创意，使用矢量图形来设计图形，这类软件主要有Adobe公司的另一个著名软件Illustrator和Macromedia公司的Freehand，不过Freehand已经很快要淡出历史舞台了。

平面设计是Photoshop应用最为广泛的领域，无论是我们正在阅读的图书封面，还是大街上看到的招帖、海报，这些具有丰富图像的平面印刷品，基本上都需要Photoshop软件对图像进行处理。

❷ Adobe Illustrator

Illustrator是美国Adobe公司推出的专业矢量绘图工具，是出版、多媒体和在线图像的工业标准矢量插画软件。Illustrator是由Adobe公司出品，英文全称是Adobe Systems Inc，创始于1982年，是广告、印刷、出版和Web领域首屈一指的图形设计、出版和成像软件设计公司，同时也是世界上第二大桌面软件公司。公司为图形设计人员、专业出版人员、文档处理机构和Web设计人员，以及商业用户和消费者提供了首屈一指的软件。

无论您是生产印刷出版线稿的设计者和专业插画家、生产多媒体图像的艺术家，还是互联网页或在线内容的制作者，都会发现Illustrator 不仅仅是一个艺术产品工具，能适合大部分小型设计到大型的复杂项目。

❸ Corel CorelDRAW

CorelDRAW Graphics Suite是一款由世界顶尖软件公司之一的加拿大的Corel公司开发的图形图像软件。集矢量图形设计、矢量动画、页面设计、网站制作、位图编辑、印刷排版、文字编辑处理和图形高品质输出于一体的平面设计软件，深受广大平面设计人员的喜爱。目前主要在广告制作、图书出版等方面得到广泛的应用，功能与其类似的软件有Illustrator、Freehand。

CorelDRAW图像软件是一套屡获殊荣的图形、图像编辑软件，它包含两个绘图应用程序：一个用于矢量图及页面设计；一个用于图像编辑。这套绘图软件组合带给用户强大的交互式工具，使用户可创作出多种富于动感的特殊效果及点阵图像即时效果，在简单的操作中就可得到实现而不会丢失当前的工作。通过CorelDRAW的全方位的设计及网页功能可以融合到用户现有的设计方案中，灵活性十足。

CorelDRAW软件非凡的设计能力广泛地应用于商标设计、标志制作、模型绘制、插图描画、排版、分色输出等诸多领域。其被喜爱的程度可用事实说明，用于商业设计和美术设计的PC电脑上几乎都安装了CorelDRAW。

④ Adobe InDesign

Adobe的InDesign是一个定位于专业排版领域的全新软件，是面向公司专业出版方案的新平台，由Adobe公司1999年9月1日发布，InDesign博众家之长，从多种桌面排版技术汲取精华，如将QuarkXPress和Corel−Ventura（著名的Corel公司的一款排版软件）等高度结构化程序方式与较自然化的PageMaker方式相结合，为杂志、书籍、广告等灵活多变、复杂的设计工作提供了一系列更完善的排版功能，尤其该软件是基于一个创新的、面向对象的开放体系（允许第三方进行二次开发扩充加入功能），大大增加了专业设计人员用排版工具软件表达创意和观点的能力，虽然出道较晚，但在功能上反而更加完美与成熟。

⑤ Adobe PageMaker

PageMaker是由创立桌面出版概念的公司之一Aldus于1985年推出，后来在升级至5.0版本时，被Adobe公司在1994年收购。PageMaker提供了一套完整的工具，用来产生专业、高品质的出版刊物。它的稳定性、高品质及多变化的功能特别受到使用者的赞赏。另外，在6.5版中添加的一些新功能，让我们能够以多样化、高生产力的方式，通过印刷或是Internet来出版作品。还有，在6.5版中为与Adobe Photoshop 5.0配合使用提供了相当多的新功能，PageMaker在界面上及使用上就如同Adobe Photoshop，Adobe Illustrator及其他Adobe的产品一样，让我们可以更容易地运用Adobe的产品。最重要的一点，在PageMaker的出版物中，置入图的方式可谓是最好的了。通过链接的方式置入图，可以确保印刷时的清晰度，这一点在彩色印刷时尤其重要。

PageMaker操作简便但功能全面。借助丰富的模板、图形及直观的设计工具，用户可以迅速入门。作为最早的桌面排版软件，PageMaker曾取得过不错的业绩，但在后期与QuarkXPress的竞争中一直处于劣势。由于PageMaker的核心技术相对陈旧，在7.0版本之后，Adobe公司便停止了对其的更新升级，而代之以新一代排版软件InDesign。

⑥ Adobe Freehand

Freehand是Adobe公司软件中的一员，简称FH，是一个功能强大的平面矢量图形设计软件，无论要做广告创意、作书籍海报、机械制图，还是绘制建筑蓝图，Freehand都是一件强大、实用而又灵活的利器。

Freehand是一款全方便的、可适合不同应用层次用户需要的矢量绘图软件，可以在一个流程化的图形创作环境中，提供从设计理念完美地过渡到实现设计、制作、发布所需要的一切工具，而且这些操作都在同一个操作平台中完成，其最大的优点是可以充分发挥人的想象空间，始终以创意为先来指导整个绘图，目前在印刷排版、多媒体、网页制作等领域得到广泛的应用。

⑦ QuarkXPress

QuarkXpress是Quark公司的产品之一，是世界上最被广泛使用的版面设计软件。它被世界上先进的设计师，出版商和印刷厂用来制作宣传手册、杂志、书本、广告、商品目录、报纸、包装、技术手册、年度报告、贺卡、刊物、传单、建议书等。它把专业排版、设计、彩色和图形处理功能、专业作图工具、文字处理、复杂的印前作业等，全部集成在一个应用软件中。跨平台兼容因为QuarkXPress有Mac OS版和Windows 95/98、Windows NT版本，可以方便地在跨平台环境下工作。

无可比拟的先进产品QuarkXPress是世界上出版商使用的主流设计产品。它精确的排版、版面设计和彩色管理工具提供从构思到输出等设计的每一个环节的前所未有的命令和控制，QuarkXPress中文版还针对中文排版特点增加和增强了许多中文处理的基本功能，包括简－繁字体混排、文字直排、单字节直转横、转行禁则、附加拼音或注音、字距调整、中文标点选项等。作为一个完全集成的出版软件包，QuarkXPress是为印刷和电子传递而设计的单一内容的开创性应用软件。

1.5 / 平面软件应用范围

平面设计是一门历史最悠久、应用最广泛、功能最基础的应用设计艺术。在设计服务业中，平面设计是所有设计的基础，也是设计业中应用范围最为广泛的类别。平面设计已经成为现代销售推广不可缺少的一个平面媒体广告设计方式，平面设计的范围也变的越来越大，越来越广。

① 广告创意设计

广告创意设计是平面软件应用最为广泛的领域之一，无论是大街上看到的招帖、海报、POP，还是拿在手中的书籍、报纸、杂志等，基本上都应用了平面设计软件进行处理。常用软件为Photoshop、Illustrator、CorelDRAW、Freehand。如图1.9所示为广告创意设计效果。

图1.9 广告创意设计

② 数码照片处理

平面设计软件中，特别是Photoshop具有强大的图像修饰功能。利用这些功能，可以快速修复一张破损的老照片，也可以修复人脸上的斑点等缺陷，还可以完成照片的校色、修正、美化肌肤等。常用软件为Photoshop。如图1.10所示为数码照片处理效果。

图1.10 数码照片处理效果

❸ 影像创意合成

　　平面设计软件还可以将多个影像进行创意合成，将将原本风马牛不相及的对象组合在一起，也可以使用"狸猫换太子"的手段使图像发生面目全非的巨大变化。当然在这方面Photoshop是最擅长的。常用软件为Photoshop、Illustrator。如图1.11所示为平面设计在影像创意合成中的应用。

图1.11 影像创意合成设计

❹ 插画设计

　　插画，西文统称为illustration，源自于拉丁文illustraio，意指照亮之意，插画在中国被人们俗称为插图。今天通行于国外市场的商业插画包括出版物插图、卡通吉祥物、影视与游戏美术设计和广告插画4种形式。实际在中国，插画已经遍布于平面和电子媒体、商业场馆、公众机构、商品包装、影视演艺海报、企业广告甚至T恤、日记本、贺年片。常用软件为Illustrator、CorelDRAW。如图1.12所示为插画设计效果。

图1.12　插画设计效果

❺ 网页设计

网站是企业向用户和网民提供信息的一种方式，是企业开展电子商务的基础设施和信息平台，离开网站去谈电子商务是不可能的。使用平面设计软件不但可以处理网页所需的图片，还可以制作整个网页版面，并可以为网页制作动画效果。常用软件为Photoshop、Illustrator、Corel-DRAW、Freehand。如图1.13所示为网页设计效果。

图1.13　网页设计效果

❻ 特效艺术字

艺术字广泛应用于宣传、广告、商标、标语、黑板报、企业名称、会场布置、展览会以及商品包装和装潢、各类广告、报刊杂志和书籍的装帖上等，越来越被大众喜欢。艺术字是经过专业的字体设计师艺术加工的汉字变形字体，字体特点符合文字含义、具有美观有趣、易认易识、醒目张扬等特性，是一种有图案意味或装饰意味的字体变形。利用平面设计软件可以制作出许多美妙奇异的特效艺术字来。常用软件为Photoshop、Illustrator、CorelDRAW。如图1.14所示为特效艺术字效果。

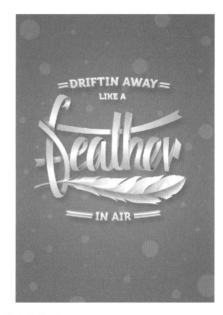

图1.14 特效艺术字效果

❼ 室内外效果图后期处理

现在的装修效果图已经不是原来那种只把房子建起，东西摆放就可以的时代了，随着三维技术软件的成熟，从业务人员的水平越来越高，现在的装修效果图基本可以与装修实景图媲美。效果图通常可以理解为对设计者的设计意图和构思进行形象化再现的形式。现有多见到的是手绘效果图和电脑效果图。在制作建筑效果图时，许多的三维场景是利用三维软件制作出来的，但其中的人物及配景，还有场景的颜色通常是通过平面设计软件后期添加的，这样不但节省了大量的渲染输出时间，也可以使画面更加美化、真实。常用软件为Photoshop。如图1.15所示为室内外效果图后期处理效果。

图1.15 室内外效果图后期处理效果

❽ 绘制和处理游戏人物或场景贴图

现在几乎所有的三维软件贴图，都离不开平面软件，特别是Photoshop。像3ds Max、Maya等三维软件的人物或场景模型的贴图，通常都是使用Photoshop中进行绘制或处理后应用在三维软件中的，比如人物的面部、皮肤贴图，游戏场景的贴图和各种有质感的材质效果都是使用平面软件绘制或处理的。常用软件为Photoshop、Illustrator、CorelDRAW。如图1.16所示为游戏人物和场景贴图效果。

完全掌握 Photoshop CC 超级手册

图1.16 游戏人物或场景贴图效果

1.6 / 平面设计常用尺寸

纸张的大小一般都要按照国家制定的标准生产。在设计时还要注意纸张的开版，以免造成不必要的浪费，印刷常用纸张开数如表1所示。

表1 印刷常用纸张开数

正度纸张：787×1092mm		大度纸张：889×1194mm	
开数（正）	尺寸单位（mm）	开数（大）	尺寸单位（mm）
2开	540×780	2开	590×880
3开	360×780	3开	395×880
4开	390×543	4开	440×590
6开	360×390	6开	395×440
8开	270×390	8开	295×440
16开	195×270	16开	220×2950
32开	195×135	32开	220×145
64开	135×95	64开	110×145

名片，又称卡片，中国古代称名刺，是标示姓名及其所属组织、公司单位和联系方法的纸片。名片是新朋友互相认识、自我介绍的快速有效的方法。名片常用尺寸如表2所示。

表2 名片的常用尺寸

单位毫米（mm）	方角	圆角
横版	90×55	85×54
竖版	50×90	54×85
方版	90×90	90×95

除了纸张和名片尺寸，还应该认识其他一些常用的设计尺寸，见表3。

表3 常用的设计尺寸

类别（单位/mm）	标准尺寸	4开	8开	16开
IC卡	85×54			
三折页广告				210×285
普通宣传册				210×285
文件封套	220×305			
招贴画	540×380			
挂旗		540×380	376×265	
手提袋	400×285×80			
信纸、便条	185×260			210×285

1.7 印刷输出知识

设计完成的作品，还需要将其印刷出来，以做进一步的封装处理。现在的设计师，不但要精通设计，还要熟悉印刷流程及印刷知识，从而使制作出来的设计流入社会，创造其设计的目的及价值。在设计完作品然后进入印刷流程前，还要注意以下几个问题。

❶ 字体

印刷中字体是需要注意的地方，不同的字体有着不同的使用习惯，一般来说，宋体主要用于印刷物的正文部分；楷体一般用于印刷物的批注、提示或技巧部分；黑体由于字体粗壮，所以一般用于各级标题及需要醒目的位置；如果用到其他特殊的字体，注意在印刷前要将字体随同印刷物一齐交到印刷厂，以免出现字体的错误。

❷ 字号

字号即是字体的大小，一般国际上通用的是点制，也可称为磅制，在国内以号制为主。一般常见的如三号、四号、五号等。字号标称数越小，字形越大，如三号字比四号字大，四号字比五号字大。常用字号与磅数换算表如表4所示。

表4 常用字号与磅数换算表

字号	磅数
小五号	9磅
五号	10.5磅
小四号	12磅
四号	16磅
小三号	18磅
三号	24磅
小二号	28磅
二号	32磅
小一号	36磅
一号	42磅

③ **纸张**

纸张的大小一般都要按照国家制定的标准生产。在设计时还要注意纸张的开版，以免造成不必要的浪费。

④ **颜色**

在交付印刷厂前，分色参数将对图片转换时的效果好坏起到决定性的作用。对分色参数的调整，将在很大程度上影响图片的转换，所有的印刷输出图像文件，要使用CMYK的色彩模式。

⑤ **格式**

在进行印刷提交时，还要注意文件的保存格式，一般用于印刷的图形格式为EPS格式，当然TIFF也是较常用的，但要注意软件本身的版本，不同的版本有时会出现打不开的情况，这样也不能印刷。

⑥ **分辨率**

通常，在制作阶段就已经将分辨率设计好了，但输出时也要注意，根据不同的印刷要求，会有不同的印刷分辨率设计。一般报纸采用分辨率为125~170dpi，杂志、宣传品采用分辨率为300dpi，高品质书籍采用分辨率为350~400dpi，宽幅面采用分辨率为75~150dpi，如大街上随处可见的海报。

1.8 / 印刷的分类

印刷也分为多种类型，不同的包装材料也有着不同的印刷工艺，大致可以分为凸版印刷、平版印刷、凹版印刷和孔版印刷4大类。

① **凸版印刷**

凸版印刷比较常见，也比较容易理解，比如人们常用的印章，便利用了凸版印刷。凸版印刷的印刷面是突出的，油墨浮在凸面上，在印刷物上经过压力作用而形成印刷，而凹陷的面由于没有油墨，也就不会产生变化。

凸版印刷又包括有活版与橡胶版两种。凸版印刷色调浓厚，一般用于信封、名片、贺卡、宣传单等印刷。

② **平版印刷**

平版印刷在印刷面上没有凸出与凹陷之分，它利用水与油不相融的原理进行印刷，将印纹部分保持一层油脂，而非印纹部分吸收一定的水分，在印刷时带有油墨的印纹部分便印刷出颜色，从而形成印刷。

平版印刷制作简便，成本低，可以进行大数量的印刷，则色彩丰富，一般用于海报、报纸、包装、书籍、日历、宣传册等的印刷。

③ **凹版印刷**

凹版印刷与凸版印刷正好相反，印刷面是凹进的，当印刷时，将油墨装于版面上，油墨自然积于凹陷的印纹部分，然后将凸起部分的油墨擦干净，再进行印刷，这样就是凹版印刷。由于它的制版印刷等费用较高，一般性印刷很少使用。

凹版印刷使用寿命长，线条精美，印刷数量大，不易假冒，一般用于钞票、股票、礼券、邮票等。

④ 孔版印刷

孔版印刷就是通过孔状印纹漏墨而形成透过式印刷，像学校常用的用钢针在蜡纸上刻字然后印刷学生考卷，这种就是孔版印刷。现在常用的照相制版进行印刷。

孔版印刷油墨浓厚，色调鲜丽，由于是其透过式印刷，所以它可以进行各种弯曲的曲面印刷，这是其他印刷所不能的，一般用于圆形、罐、桶、金属板、塑料瓶等印刷。

1.9 平面设计师职业简介

平面设计师是用设计语言将产品或被设计媒体的特点和潜在价值表现出来，展现给大众，从而产生商业价值和物品流通。

① 平面设计师分类

平面设计师主要分为美术设计及版面编排两大类。

美术设计主要是融合工作条件的限制及创意而创设出一个新的版面样式或构图，用以传达设计者的主观意念；而版面编排则是以创设出来的版面样式或构图为基础，将文字置入页面中、达到一定的页数或构图中以便完成成品。

美术设计及版面编排两者的工作内容差不多，关联性高，更经常是由同一个平面设计师来执行，但因为一般认知美术设计工作比起版面编排来更具创意，因此一旦细分工作时，美术设计的薪水待遇会比版面编排部分来得高，而且多数的新手会先从学习版面编排开始，然后再进阶到美术设计。

② 优秀平面设计师的基本要求

要成为优秀的平面设计师，应该具备以下几点：

- 具有较强的市场感受能力和把握能力。
- 不能一味地抄袭，要对产品和项目的诉求点有挖掘能力和创造能力。
- 具有一定的美术基础，有一定美学鉴定能力。
- 对作品的市场匹配性有判断能力。
- 有较强的客户沟通能力。

熟练掌握相关平面设计软件如矢量绘图软件CorelDRAW或 Illustrator、图像照片处理软件Photoshop、文字排版软件Pagemaker、方正排版或Indesign，掌握设计的各种表现技法，从草图构思到设计成形。

③ 平面设计师认证

中国认证平面设计师证书（Adobe China Certified Designer，简称ACCD）是指Adobe公司为通过Adobe平面设计产品软件认证考试组合中者统一颁发的证书。

参加Adobe考试。此考试由Adobe公司在中国授权的考试单位组织进行。通过该考试可获得Adobe中国认证平面设计师证书。如果您想成为一位图形设计师、网页设计师、多媒体产品开发商或广告创意专业人士，"Adobe中国认证设计师（ACCD）"正是您所需的。作为一名"Adobe中国认证设计师"，将被Adobe公司授予正式认证书。作为一位高技能、专家水平的Adobe软件产品用户，可以享受Adobe公司给予的特殊待遇，授权用户在宣传资料中使用ACCD称号和Adobe认证标志，以及在Adobe和相关Web网页上公布个人资料等。

作为一名被Adobe认证的设计师，可在宣传材料上使用Adobe项目标识，向同事、客户和老板展示Adobe的正式认证，从而有更多的机会就业、重用、升迁，去展示非凡的才华。要获得Adobe中国认证设计师（ACCD）证书，要求通过四门考试：Adobe Photoshop、Adobe Illustrator、Adobe InDesign和Adobe Acrobat。

完全掌握Photoshop CC超级手册

1.10 / 平面设计表现手法

表现手法是设计师在艺术创作中所使用的设计手法，如在诗歌文章中行文措辞和表达思想感情时所使用的特殊的语句组织方式一样，它能够将一种概念、一种思想通过精美的构图、版式和色彩传达给受众者，从而达到传达设计理念或中心思想的目的。

平面设计表现手法主要是通过将个不同的图形按照一定的规则在平面上组合，然后制作出要表达的氛围，使受众者能从中体会到设计的理念，达到共鸣，从而起到宣传的目的，有时还会配合一些文字的叙述，更好地将主题思想或设计理念传达给读者，表达手法其实就是一种设计的表达技巧。

平面设计表现手法在设计中非常实用，有了这些设计的表现手法，才能更好地表现出广告的内涵，只有掌握这些平面设计的手法或技巧并灵活运用，才能制作出更加美妙的设计作品。

平面设计的表现手法有很多，本书重点讲解了12种手法，包括色彩对比手法、展示手法、特征手法、比喻手法、联想手法、幽默手法、系列手法、夸张手法、情感手法、迷幻手法、模仿手法和悬念手法。

1.11 / 色彩基础知识

在五彩缤纷的大千世界里，人们可以感受到流光溢彩、纷繁复杂的色彩，比如天空、草原、花朵等都有它们各自的色彩。对于一个设计师来说，要设计出好的作品，必须学会在作品中灵活、巧妙地运用色彩，使作品达到艺术表现效果，需要掌握色彩的基础知识。下面就来详细讲解这些知识。

① 三原色

原色，又称为基色，三基色（三原色）是指红（R）、绿（G）、蓝（B）三色，是调配其他色彩的基本色。原色的色纯度最高，最纯净、最鲜艳。可以调配出绝大多数色彩，而其他颜色不能调配出三原色，如图1.17所示。

加色三原色基于加色法原理。人的眼睛是根据所看见的光的波长来识别颜色的。可见光谱中的大部分颜色可以由三种基本色光按不同的比例混合而成，这三种基本色光的颜色就是红（Red）、绿（Green）、蓝（Blue）三原色光。这三种光以相同的比例混合、且达到一定的强度，就呈现白色；若三种光的强度均为零，就是黑色。这就是加色法原理，加色法原理被广泛应用于电视机、监视器等主动发光的产品中。

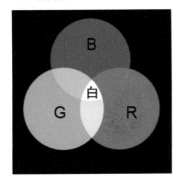

图1.17 三原色及色标样本

减色原色是指一些颜料，当按照不同的组合将这些颜料添加在一起时，可以创建一个色谱。减色原色基于减色法原理。与显示器不同，在打印、印刷、油漆、绘画等靠介质表面的反射被动发光的场合，物体所呈现的颜色是光源中被颜料吸收后所剩余的部分，所以其成色的原理叫做减色法原理。打印机使用减色原色（青色、洋红色、黄色和黑色颜料）并通过减色混合来生成颜色。减色法原理被广泛应用于各种被动发光的场合。在减色法原理中的三原色颜料分别是青（Cyan）、品红（Magenta）和黄（Yellow），如图1.18所示。通常所说的CMYK模式就是基于这种原理。

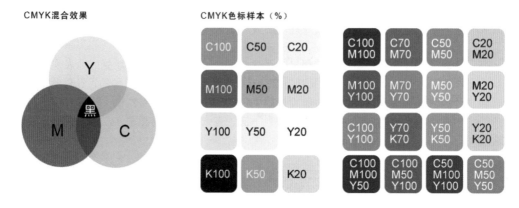

图1.18 CMYK混合效果及色标样本

② 色彩的分类

色彩从属性上分，一般可分为无彩色和有彩色两种。

无彩色是指白色、黑色和由黑、白两色相互调和而形成的各种深浅不同的灰色系列，即反射白光的色彩。从物理学的角度看，它们不包括在可见光谱之中，故称之为无彩色。

无彩色按照一定的变化规律，可以排成一系列。由白色渐变到浅灰、中灰到黑色，色度学上称此为黑白系列。黑白系列中由白到黑的变化，可以用一条水平轴表示，一端为白，一端为黑，中间有各种过渡的灰色，如图1.19所示。

无彩色系中的所有颜色只有一种基本性质，即明度。它们不具备色相和纯度的性质，也就是说它们的色相和纯度从理论上来说都等于零。明度的变化能使无彩色系呈现出梯度层次的中间过渡色，色彩的明度可用黑白度来表示，愈接近白色，明度愈高；愈接近黑色，明度愈低。无彩色设计示例如图1.20所示。

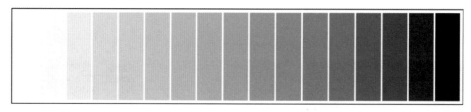

图1.19 无彩色过渡效果

完全掌握 Photoshop CC 超级手册

黑与白是时尚风潮的永恒主题，强烈的对比和脱俗的气质，无论是极简、还是花样百出，都能营造出十分引人注目的设计风格。极简的黑与白，还可以表现出新意层出的设计。在极简的黑白主题色彩下，加入极精致的搭配，品质在细节中得到无限的升华，使作品更加深入人心。

图1.20 无彩色设计示例效果

有彩色是指包括在可见光谱中的全部色彩，有彩色的物理色彩有6种基本色：红、橙、黄、绿、蓝、紫。基本色之间不同量的混合、基本色与无彩色之间不同量的混合所产生的千千万万种色彩都属于有彩色系。有彩色是有光的波长和振幅决定的，波长决定色相，振幅决定色调。这6种基本色中，一般称红、黄、蓝为三原色；橙（红加黄）、绿（黄加蓝）、紫（蓝加红）为间色。从中可以看到，这6种基本色的排列中原色总是间隔一个间色，所以，只需要记住基本色就可以区分原色和间色，如图1.21所示。

有彩色具有色相、明度、饱和度（也称彩度、纯度、艳度）的变化，色相、明度、饱和度是色彩最基本的三要素，在色彩学上也称为色彩的三属性。将有彩色系按顺序排成一个圆形，这便成为色相环。色环对于了解色彩之间的关系具有很大的作用，有彩色设计示例如图1.22所示。

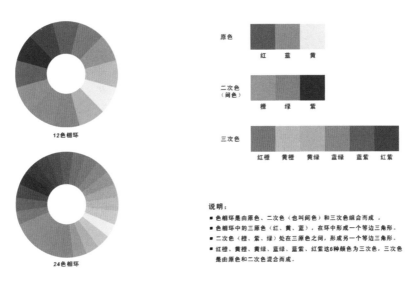

图1.21 有彩色效果

大自然无形之手给我们展示一个色彩缤纷的世界，千变万化的色彩配搭令人着迷。色彩给其他人的印象特别强烈，设计师使用五颜六色的蔬菜排列展示，焦点聚焦，环保、绿色，让人浮想联翩。

图1.22 有彩色设计示例

③ 色彩概念

在平面设计中，经常接触到有关图像的色相（Hue）、明度（Brightness）和饱和度（Saturation）的色彩概念，从HSB颜色模型中可以看出这些概念的基本情况，如图1.23所示。

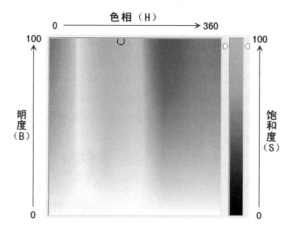

图1.23 HSB颜色模型

④ 色相

色相，是指各类色彩的相貌称谓，是区别色彩种类的名称，如红、黄、绿、蓝、青等都代表一种具体的色相。色相是一种颜色区别于其他颜色最显著的特性，在0~360°的标准色环上，按位置度量色相，如图1.24所示。色相体现着色彩外向的性格，是色彩的灵魂。

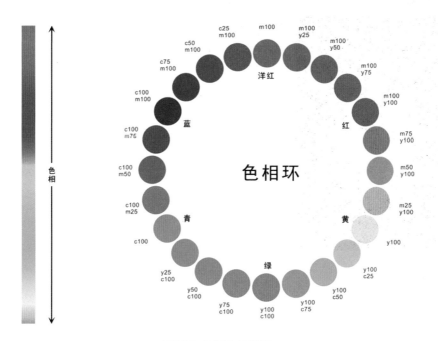

图1.24 色相及色相环

因色相不同而形成的色彩对比叫色相对比。以色相环为依据，颜色在色相环上的距离远近决定色相的强弱对比；距离越近，色相对比越弱；距离越远，色相对比越强烈，如图1.25所示。

色相对比一般包括对比色对比、互补色对比、邻近色对比和同类色对比。这些对比中互补色对比是最强烈鲜明的，比如黑白对比就是互补对比；而同类色对比是最弱的对比，同类色对比是同一色相里的不同明度和纯度的色彩对比，因为它是距离最小的色相。属于模糊难分的色相。色相设计示例如图1.26所示。

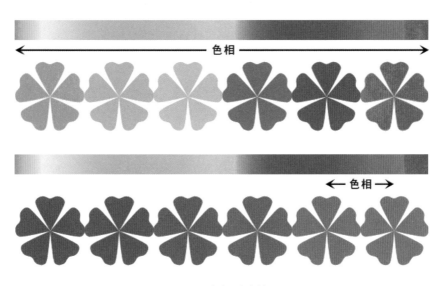

图1.25 色相对比效果

或多或少的颜色组合，形成光鲜靓丽的美妙图画，具有更强烈的情感，色彩散发浓厚情味，容易牵动观众情怀。

图1.26 色相设计示例

⑤ 明度

明度指的是色彩的明暗程度。有时也可称为亮度或深浅度。在无彩色中，最高明度为白，最低明度为黑色。在有彩色中，任何一种色相中都有着一个明度特征。不同色相的明度也不同，黄色为明度最高的色，紫色为明度最低的色。任何一种色相如加入白色，都会提高明度，白色成分愈多，明度也就愈高；任何一种色相如加入黑色，明度相对降低，黑色愈多，明度愈度，如图1.27所示。

明度是全部色彩都有的属性，明度关系可以说是搭配色彩的基础。在设计中，明度最适宜于表现物体的立体感与空间感。

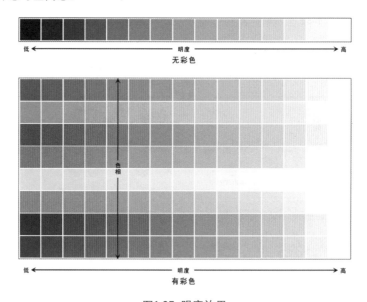

图1.27 明度效果

色相之间由于色彩明暗差别而产生的对比，称为明度对比，有时也叫黑白度对比。色彩对比的强弱决定明度差别大小，明度差别越大，对比越强；明度差别越小，对比越弱。利用明度的对比可以很好地表现色彩的层次与空间关系。

明度对比越强的色彩最明快、清晰，最具有刺激性；明度对比处于中等的色彩刺激性相对小些，表现比较明快，所以通常用在室内装饰、服装设计和包装装潢上；而处于最低等的明度对比不具备刺激性，多使用在柔美、含蓄的设计中。如图1.28所示为明度对比及设计应用。

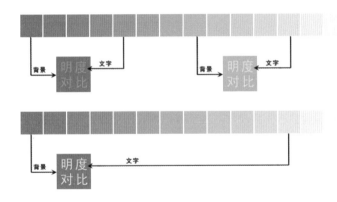

 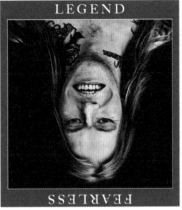

以单色为主色系，充分运用不同明度表现作品，使作品色彩分布的平衡、颜色统一和谐、层次简洁分明。

图1.28 明度对比及设计应用

❻ 饱和度

饱和度是指色彩的强度或纯净程度，也称彩度、纯度、艳度或色度。对色彩的饱和度进行调整也就是调整图像的彩度。饱和度表示色相中灰色分量所占的比例，它使用从 0%（灰色）~100% 的百分比来度量，当饱和度降低为0时，则会变成一个灰色图像，增加饱和度会增加其彩度。在标准色轮上，饱和度从中心到边缘递增。饱和度受到屏幕亮度和对比度的双重影响，一般亮度好对比度高的屏幕可以得到很好的色饱和度，如图1.29所示。

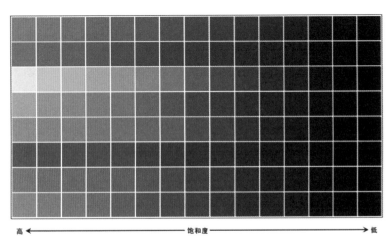

高 ←——————— 饱和度 ———————→ 低

图1.29 饱和度效果

色相之间因饱和度的不同而形成的对比叫纯度对比。很难划分高、中、低纯度的统一标准。笼统的可以这样理解，将一种颜色（比如红色）与黑色相混成9个等纯度色标，1~3为低纯度色，4~6为中纯度色，7~9为高纯度色。

纯度相近的色彩对比，如3级以内的对比叫纯度弱对比，纯度弱对比的画面视觉效果比较弱，形象的清晰度较低，适合长时间及近距离观看；纯度相差4~6级的色彩对比叫纯度中对比，纯度中对比是最和谐的，画面效果含蓄丰富，主次分明；纯度相差7~9级的色彩对比叫纯度强对比，纯度强对比会出现鲜的更鲜、浊的更浊的现象，画面对比明朗、富有生气，色彩认知度也较高。纯度对比及设计应用如图1.30所示。

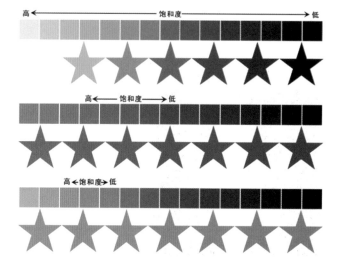

纯度强对比画面对比明朗、富有生气、色彩认知度比较高

纯度中对比是最和谐的，画面效果含蓄丰富，主次分明

纯度弱对比的画面视觉效果比较弱，形象的清晰度较低，适合长时间及近距离观看

以彩度区分各元素的鲜明设计，以明显划分版面产生对比，再配以或深或浅的单纯背景，达到醒目、素雅的设计风格。

图1.30 纯度对比及设计应用

⑦ 色彩的性格

当人们看到颜色时，对它所描绘的印象中具有很多共通性，比方说当人们看到红色、橙色或黄色会产生温暖感；当人们看到海水或月光时，会产生清爽的感觉，于是当人们看到青、绿之类的颜色，也相应会产生凉爽感；由此可见，色彩的温度感不过是人们的习惯反映，是人们长期实践的结果。

人们将红、橙之类的颜色叫暖色；把青、青绿的颜色叫冷色。红紫到黄绿属暖色，青绿到青属冷色，以青色为最冷，紫色是由属于暖色的红和属于冷色的青色组合成，所以紫和绿被称为温色，黑、白、灰、金、银等色称为中性色。

需要注意的是，色彩的冷暖是相对的，比如无彩色（如黑、白）与有彩色（黄、绿等），后者比前者暖；而如果由无彩色本身看，黑色比白色暖；从有彩色来看，同一色彩中含红、橙、黄成分偏多时偏暖；含青的成分偏多时偏冷，所以说，色彩的冷暖并不是绝对的。如图1.31所示为色彩性格及设计应用。

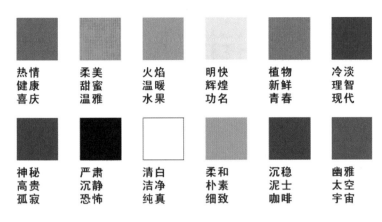

热情 健康 喜庆	柔美 甜蜜 温雅	火焰 温暖 水果	明快 辉煌 功名	植物 新鲜 青春	冷淡 理智 现代
神秘 高贵 孤寂	严肃 沉静 恐怖	清白 洁净 纯真	柔和 朴素 细致	沉稳 泥士 咖啡	幽雅 太空 宇宙

纯黑背景的海报设计，采用了红绿两种对比色表达主体内容，表现出强烈的热情、对比气氛；浅蓝色的海报设计给人传递一种轻松、淡雅、冷静的感觉。

图1.31 色彩性格及设计应用

第2章 Photoshop CC 快速入门

〔内容摘要〕

Photoshop CC是Adobe公司推出的一款优秀的图形处理软件，功能强大，使用方便。本章主要讲解Photoshop CC基础知识，首先介绍了Photoshop CC的新增功能；然后向读者介绍了Photoshop的工作区及各主要组成部分的功能，详细讲解了Photoshop工作区的设置及定制方法；最后讲解了Photoshop的工作环境创建，掌握这些基础知识是使用Photoshop CC的前提，希望读者仔细阅读本章所介绍的内容并能多加练习。

〔教学目标〕

- 了解Photoshop CC的新增功能
- 认识Photoshop工作界面及相关组成部分的功能
- 掌握工作区的切换及定制
- 掌握工作环境的创建方法

2.1 Photoshop CC新增功能

Adobe Photoshop CC为Adobe Photoshop Creative Cloud简写，是Photoshop CS6 的下一个全新版本。对用户来说，CC版软件将来带一种新的"云端"工作方式。首先，所有CC软件取消了传统的购买单个序列号的授权方式，改为在线订阅制。用户可以按月或按年付费订阅，可以订阅单个软件也可以订阅全套产品。

其次，"云端"意味着"同步"。Adobe宣称CC版软件可以将你的所有设置，包括首选项、窗口、笔刷、资料库等，以及正在创作的文件，全部同步至云端。无论你是用PC或Mac，即使更换了新的电脑，安装了新的软件，只需登录自己的Adobe ID，即可立即找回熟悉的工作区，新版本除了Adobe推崇的Creative Cloud云概念之外也简单更新了部分功能。

视频讲座2-1：Camera Raw支持滤镜效果

案例分类：新增功能类
视频位置：配套光盘\movie\视频讲座2-1：Camera Raw支持滤镜效果.avi

Adobe在Photoshop CC中将最新的Camera Raw 8.0集成到了软件中，并且其中的Camera Raw 8.0不再以插件形式存在，而是与Photoshop紧密结合在一起，通过滤镜菜单就可以直接打开Camera Raw 8.0，随时编辑照片，非常方便。用户可将Camera Raw所做的编辑以滤镜方式套用到Photoshop内的任何图层或文件，然后再随心所欲地加以美化，方便更精确地修改影像、修正透视扭曲的现象，并建立晕映效果。

当在Photoshop中处理图像时，您可以在已在 Photoshop 中打开的图像上选择应用Camera Raw滤镜。这意味着可以将 Camera Raw 调整应用于更多文件类型，如PNG、视频剪辑、TIFF、JPEG等等。使用 Camera Raw 滤镜进行处理的图像可位于任意图层上。此外，对图像类型进行的所有编辑操作均不会造成破坏。Camera Raw滤镜如图2.1所示。

图2.1 Camera Raw滤镜

视频讲座2-2：Camera Raw的污点去除功能

 案例分类：新增功能类
视频位置：配套光盘\movie\视频讲座
2-2：Camera Raw的污点去除功能.avi

在Camera Raw对话框中单击【污点去除】 按钮或按B键即可选择【污点去除】 工具，Camera Raw的【污点去除】 功能有很大的改进，不再需要每次去除污点时修改笔触大小的复杂操作，直接按住鼠标拖动即可涂抹一个修复范围，操作上有点类似于【污点修复画笔工具】，拖动后该工具会帮助完成剩下的工作，还可以通过源点与目标点的对应调整来完善照片污点修复。如果按正斜杠/键，可以让Camera Raw自动选择源区域。污点修复手动操作过程如图2.2所示。

图2.2 污点修复操作过程

视频讲座2-3：Camera Raw的径向滤镜

案例分类：新增功能类
视频位置：配套光盘\movie\视频讲座
2-3：Camera Raw的径向滤镜.avi

全新的【径向滤镜】 工具可以通过绘制椭圆选框，然后将局部校正应用到这些区域。可以在选框区域的内部或外部应用校正，也可以在一张图像上放置多个径向滤镜，并为每个径向滤镜应用一套不同的调整。相对于传统的渐变滤镜而言，全新的径向滤镜让你在处理照片时候更加灵活。

比如下面的这幅图片，本身月亮部分并不是特别突出，而通过在月亮部分定义径向滤镜，并将效果应用于外部，然后降低曝光，即可将外部暗化从而将月亮更清晰地显示出来，如图2.3所示。

图2.3 径向滤镜应用前后效果

视频讲座2-4：镜头校正中的垂直模式

案例分类：新增功能类
视频位置：配套光盘\movie\视频讲座
2-4：镜头校正中的垂直模式.avi

在Camera Raw 中单击【镜头校正】，并切换到【手动】选项卡，可以通过此选项卡中的选项对图像进行自动的拉直校正，垂直模式会自动校正照片中元素的透视。该功能具有4个选项设置，下在来讲解这4个选项的不同用法。

① 自动

【自动】A功能可以快速将图像应用平衡透视校正，应用该功能的前后效果对比如图2.4所示。

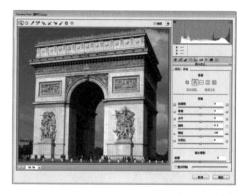

图2.4 【自动】功能校正前后对比

② 水平

【水平】功能可以将图像以横向细节为衡量标准进行透视校正，应用该功能的前后效果对比如图2.5所示。

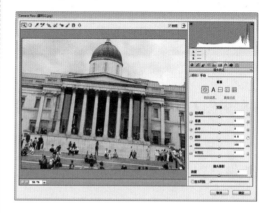

图2.5 【水平】功能校正前后对比

③ 纵向

【纵向】功能可以将图像以垂直细节为衡量标准进行透视校正，应用该功能的前后效果对比如图2.6所示。

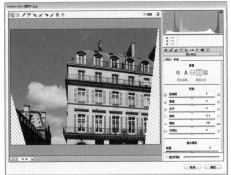

图2.6 【纵向】功能校正前后对比

④ **完全**

【完全】⊞功能是集自动、水平和纵向透视校正的组合，应用该功能的前后效果对比如图2.7所示。

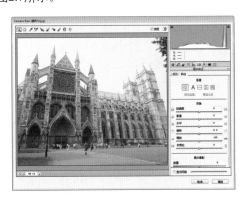

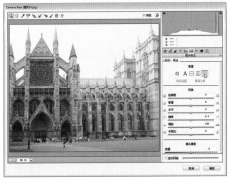

图2.7 【完全】功能校正前后对比

视频讲座2-5：减少相机抖动模糊

案例分类：新增功能类
视频位置：配套光盘\movie\视频讲座2-5：减少相机抖动模糊.avi

相机防抖功能从前两个版本就已经开始宣传其强大的功能，现在终于在最新CC版本上出现，为Photoshop增添了更加令人期待的新功能。

该功能最大的用途便是可以将拍摄时因慢速快门、长焦距以及手抖动等不清晰的照片通过软件分析相机在拍摄过程中的移动方向，然后应用一个反向补偿，消除模糊画面，还原为清晰的照片。相机防抖功能可减少由某些相机运动类型产生的模糊，包括线性运动、弧形运动、旋转运动和 Z 字形运动。如图2.8所示为【防抖】滤镜应用的效果对比。

图2.8 【防抖】滤镜应用前后效果对比

视频讲座2-6：调整图像大小改进

案例分类：新增功能类
视频位置：配套光盘\movie\视频讲座2-6：调整图像大小改进.avi

在设计过程中，经常会遇到要使用的素材太小，需要将图片放大才能使用，但放大后非常不幸的是图像会变得模糊和杂色增多，这在以前的Photoshop版本中是无法解决的，当然Photoshop CC出现以后，这种问题就加以改进了，这就是调整图像大小的同时保留更多细节和锐度的采样模式的改进。如图2.9所示为放大前后的效果对比。

图2.9 放大前后的效果对比

视频讲座2-7：可以编辑的圆角矩形

案例分类：新增功能类
视频位置：配套光盘\movie\视频讲座
2-7：可以编辑的圆角矩形.avi

Photoshop CC在【属性】面板中也进行了改进，特别是对矩形圆角化的改进，这点对于设计师来说非常实用，特别是网页设计师，该功能比Illustrator更加方便，有点与CorelDRAW相似，它不但可以对矩形4个边角进行圆角编辑，还可以独立编辑4个边角圆角度，非常方便。需要注意的是，它只对形状或路径绘图模式的【矩形工具】或【圆角矩形工具】作用。如图2.10所示为编辑矩形圆角效果。

图2.10 编辑矩形圆角效果

视频讲座2-8：多个路径选择

案例分类：新增功能类
视频位置：配套光盘\movie\视频讲座
2-8：多个路径选择.avi

在Photoshop以前的版本中，当创建多个矢量图形并选中时，在【路径】面板中是不会显示路径的，并且在路径面板中一次只能选择一个路径层，而Photoshop CC则提供了路径的多重选择功能。当选择矢量图形路径时，在【路径】面板中将显示这些路径层，有了这种功能大大方便了路径的各种操作，从而提高工作效率。选择矢量图形及路径显示效果如图2.11所示。

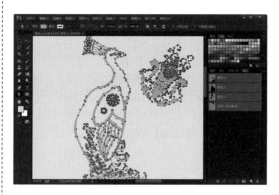

图2.11 选择矢量图形及路径显示效果

视频讲座2-9：隔离图层

案例分类：新增功能类
视频位置：配套光盘\movie\视频讲座
2-9：隔离图层.avi

作为一个设计师，肯定遇到过多层文件的编辑，特别是多层的矢量图层，有些矢量图层还会有层级关系，在编辑这些路径时将是设计师的灾难，就算是相当的细心也会发现是那么的难以操作，此时很多设计师会将其处理到Illustrator中进行编辑，因为在Illustrator有一个非常实用的隔离功能。如令，Photoshop CC增加了隔离图层的功能，该功能将以前这些困难的操作变得如此简单。

要想隔离图层，只需要选择该图层后，执行菜单栏中的【选择】|【隔离图层】命令，或者在画布中单击鼠标右键，从弹出的快捷菜单中选择【隔离图层】命令即可，隔离后在【图层】面板中将只显示当前图层，其他图层会处于隔离状态，在图层的编辑中不会对其他图层

完全掌握Photoshop CC超级手册

造成任何影响。如图2.12所示为图层隔离前后的效果对比。

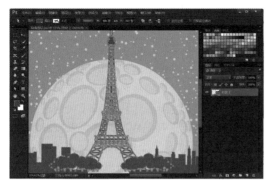

图2.12 图层隔离前后的效果对比

视频讲座2-10：改进的智能锐化滤镜

 案例分类：新增功能类
视频位置：配套光盘\movie\视频讲座
2-10：改进的智能锐化滤镜.avi

智能锐化很早就存在了，智能锐化是至今为止最为先进的锐化技术。该技术会分析图像，能够丰富纹理，让边缘更清晰，同时让细节更突出，将清晰度最大化并同时将噪点和色斑最小化，保证得到最高的清晰度和最少的噪点与杂色。在Photoshop CC中得到更大的改进，新功能的智能程度能够让软件分辨出真实细节与噪点，做到只对细节锐化，忽略噪点，使锐化图像变得更加真实和自然，更能体现出"智能"的内涵。如图2.13所示为使用【智能锐化】前后效果对比。

图2.13 使用【智能锐化】前后效果对比

2.2 Photoshop CC的工作界面

可以使用各种元素，如面板、栏、窗口等来创建和处理文档。这些元素的任何排列方式称为工作区。可以通过从多个预设工作区中进行选择或创建自己的工作区来调整各个应用程序。

Photoshop CC的工作区主要由应用程序栏、菜单栏、选项栏、选项卡式文档窗口、工具箱、面板组、状态栏等组成，如图2.14所示。

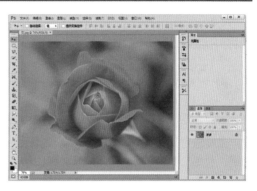

图2.14 Photoshop CC的工作区

视频讲座2-11：认识选项栏

案例分类：软件功能类
视频位置：配套光盘\movie\视频讲座
2-11：认识选项栏.avi

选项栏也叫工具选项栏，默认位于菜单栏的下方，用于对相应的工具进行各种属性设置。选项栏内容不是固定的，它会随所选工具的不同而改变，在工具箱中选择一个工具，选项栏中就会显示该工具对应的属性设置。例如，在工具箱中选择了【矩形选框工具】，选项栏的显示效果如图2.15所示。

图2.15 选项栏

提示 ❓

在选项栏处于浮动状态时，在选项栏的左侧有一个黑色区域，这个黑色区域叫手柄区，可以通过拖动手柄区移动选项栏的位置。

2.2.1 复位工具和复位所有工具

在选项栏中设置完参数后，如果想将该工具选项栏中的参数恢复为默认，可以在工具选项栏左侧的工具图标处单击鼠标右键，从弹出的快捷菜单中选择【复位工具】命令，即可将当前工具选项栏中的参数恢复为默认值。如果想将所有工具选项栏的参数恢复为默认，可选择【复位所有工具】命令，如图2.16所示。

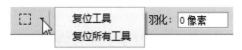

图2.16 右键快捷菜单

视频讲座2-12：认识工具箱

案例分类：软件功能类
视频位置：配套光盘\movie\视频讲座
2-12：认识工具箱.avi

工具箱在初始状态下一般位于窗口的左侧，当然也可以根据自己的习惯拖动到其他的位置。利用工具箱中所提供的工具，可以进行选择、绘画、取样、编辑、移动、注释、查看图像等操作。还可以更改前景色和背景色，以及进行图像的快速蒙版等操作。

若想知道每个工具的快捷键，可以将鼠标指向工具箱中某个工具按钮图标，如【快速选择工具】，稍等片刻后，即会出现一个工具名称的提示，提示括号中的字母即为该工具的快捷键，如图2.17所示。

图2.17 工具提示效果

提示 ❓

工具提示右侧括号中的字母为该工具的快捷键，有些处于一个隐藏组中的工具有相同的快捷键，如【魔棒工具】和【快速选择工具】的快捷键都是W，此时可以按Shift + W组合键，在工具中进行循环选择。

工具箱中工具的展开效果如图2.18所示。

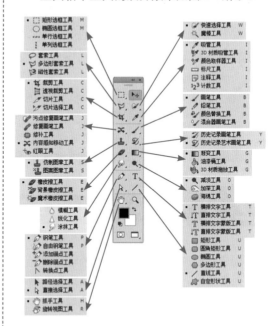

图2.18 工具箱中工具的展开效果

技巧 ！

在英文输入法状态下，选择带有隐藏工具的工具后，按住Shift键的同时，连续按下所选工具的快捷键，可以依次选择隐藏的工具。

完全掌握Photoshop CC超级手册

2.2.2 隐藏工具的操作

在工具箱中没有显示出全部工具，有些工具被隐藏起来了。只要细心观察，会发现有些工具图标中有一个小三角符号◢，这表明在该工具中还有与之相关的其他工具。要打开这些工具，有以下两种方法。

- 方法1：将鼠标移至含有多个工具的图标上，按住鼠标不放，此时出现一个工具选择菜单，然后拖动鼠标至想要选择的工具处释放鼠标即可。如选择【标尺工具】的操作效果如图2.19所示。

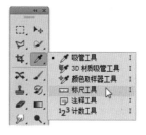

图2.19 选择标尺工具的操作效果

- 方法2：在含有多个工具的图标上单击鼠标右键，就会弹出工具选项菜单，单击选择相应的工具即可。

2.3 Photoshop CC工作区

Photoshop CC可以使用各种元素，如面板、栏以及窗口来创建和处理文件。这些元素的任何排列方式称为工作区。

Photoshop CC根据不同人群的需要，提供了不同的工作区，并可以在这些工作区中进行轻松切换，通过从多个预设工作区中进行选择或创建自己的工作区来调整各个应用程序，以适合您的工作方式。虽然不同产品中的默认工作区布局不同，但是对其中元素的处理方式基本相同。

视频讲座2-13：工作区的切换

图2.20 【工作区】菜单

案例分类：软件功能类
视频位置：配套光盘\movie\视频讲座
2-13：工作区的切换.avi

Photoshop CC提供了多种默认的工作区，用户可以通过执行菜单栏中的【窗口】|【工作区】命令，然后从其子菜单中进行选择，以快速切换不同的工作区，如图2.20所示。

技巧

为了方便工作区的切换，可以为常用的工作区设置快捷键，这样可以使用快捷键来切换工作区，以提高工作效率。

Photoshop CC的工作区可以大致分为两种：基本工作区与专业工作区。下面来讲解这两种工作区的使用。

① 基本工作区

基本工作区包括【基本功能（默认）】、和【CC 新增功能】两种工作区，它们是最基本的工作区，也是使用最多的工作区。【基本功能（默认）】工作区只是将面板展开来显示；【CC 新增功能】工作区可以在菜单中将新增的功能以彩色底来显示，如图2.21所示。

图2.21 【CC 新增功能】工作区

图2.23 【摄影】工作区

提示

基本工作区一般常用来恢复工作区,当工作区特别乱时,使用基本工作区可以快速将调乱的工作区恢复为默认。

❷ 专业工作区

为了不同专业人士的使用,Photoshop CC为用户提供了专业工作区,包括【3D】、【动感】、【绘画】、【摄影】和【排版规则】5种工作区。选择不同的工作区,将显示不同需要的工作区效果,比如选择【绘画】命令,将显示与绘画相关的面板,如【画笔】、【色板】、【颜色】面板等,如图2.22所示。选择【排版规则】命令,将显示与排版相关的面板,如【字符】、【段落】、【样式】面板等,如图2.23所示。

图2.22 【绘画】工作区

视频讲座2-14:定制自己的工作区

案例分类:软件功能类
视频位置:配套光盘\movie\视频讲座2-14:定制自己的工作区.avi

虽然Photoshop为用户提供了多种工作区供选择,但还是不能满足所有人的需要。所以,Photoshop还提供了自定工作区的方法,用户可以根据自己的需要,定制属于自己工作习惯的工作区。

PS 1 用户可以根据自己的需要,对工具和面板进行拆分、组合、停靠或堆叠,并可以根据自己的需要关闭或打开工具或面板,创建属于自己的工作区。

PS 2 执行菜单栏中的【窗口】|【工作区】|【新建工作区】命令,打开【新建工作区】对话框,如图2.24所示。

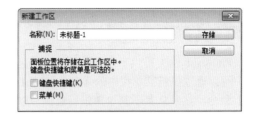

图2.24 【新建工作区】对话框

【新建工作区】对话框中各选项含义说明如下:

- 【名称】:指定新建工作区的名称。
- 【键盘快捷键】:选中该复选框,将保存当前的键盘快捷键组。
- 【菜单】:选中该复选框,将存储当前的菜单组。

3 设置完成后，单击【存储】按钮，即可将当前的工作区进行保存，存储后的工作区将显示在【窗口】|【工作区】的子菜单中，如图2.25所示。

提示

如果要删除工作区，可以执行菜单栏中的【窗口】|【工作区】命令，然后从其子菜单中选择【删除工作区】命令，打开【删除工作区】对话框，从【工作区】下拉菜单中选择要删除的工作区名称，然后单击【删除】按钮即可。

图2.25 创建新工作区

2.4 创建工作环境

在这一小节中，将详细介绍有关Photoshop的一些基本操作，包括图像文件的新建、打开、存储、置入等基本操作，为以后的深入学习打下一个良好的基础。

视频讲座2-15：创建一个新文件

 案例分类：软件功能类
视频位置：配套光盘\movie\视频讲座
2-15：创建一个新文件.avi

创建新文件的方法非常简单，具体的操作方法如下：

1 执行菜单栏中的【文件】|【新建】命令，打开如图2.26所示的【新建】对话框。

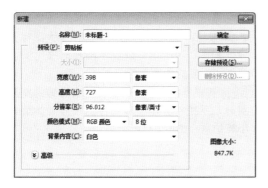

图2.26 【新建】对话框

技巧

按键盘中的Ctrl + N组合键，可以快速打开【新建】对话框。

2 在【名称】文本框中输入新建的文件名称，其默认的名称为"未标题-1"，比如这里输入名称为"手机广告"。

3 可以从【预设】下拉菜单中选择新建文件的图像大小。也可以直接在【宽度】和【高度】文本框中输入大小，不过需要注意的是，要先改变单位再输入大小，不然可能会出现错误。比如设置【宽度】的值为50厘米，【高度】的值为70厘米，如图2.27所示。

图2.27 设置宽度和高度

4 在【分辨率】文本框中设置适当的分辨率。一般用于彩色印刷的图像分辨率应达到300；用于报刊、杂志等一般印刷的图像分辨率应达到150；用于网页、屏幕浏览的图像分辨率可设置为72，单位通常采用【像素/英寸】。因为这里新建的是印刷海报，所以设置为300像素/英寸。

5 在【颜色模式】下拉菜单中选择图像所要应用的颜色模式。可选的模式有【位图】、【灰度】、【RGB颜色】、【CMYK颜色】、【Lab颜色】及【1位】、【8位】、【16位】和【32位】4个通道模式选项。根据文件输出的需要可以自行设置，一般情况下选择【RGB颜色】和【CMYK颜色】模式及【8位】通道模式。另外，如果用于网页制作，要选择【RGB颜色】模式；如果要印刷，一般选择【CMYK颜色】模式。这里选择【CMYK颜色】模式。

6 在【背景内容】下拉菜单中选择新建文件的背景颜色，比如选择白色。【背景内容】下拉菜单中包括3个选项。选择【白色】选项，则新建的文件背景色为白色；选择【背景色】选项，则新建的图像文件以当前的工具箱中设置的颜色作为新文件的背景色；选择【透明】选项，则新创建的图像文件背景为透明，背景将显示灰白相间的方格。选择不同背景内容创建的画布效果如图2.28所示。

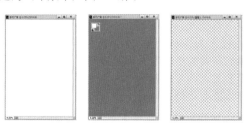

背景为白色　背景为背景色　背景为透明

图2.28 选择不同背景内容创建的画布效果

7 设置好文件参数后，单击【确定】按钮，即可创建一个用于印刷的新文件，如图2.29所示。

图2.29 创建的新文件效果

技巧

在新建文件时，如果用户希望新建的图像文件与工作区已经打开的一个图像文件的参数设置相同。可在执行菜单栏中的【文件】|【新建】命令后，执行菜单栏中的【窗口】命令，然后在弹出的菜单底部选择需要与之匹配的图像文件名称即可。

提示

如果将图像复制到剪贴板中，然后执行菜单栏中的【文件】|【新建】命令，则弹出的【新建】对话框中的尺寸、分辨率和色彩模式等参数与复制到剪贴板中的图像文件的参数相同。

视频讲座2-16：使用【打开】命令打开文件

案例分类：软件功能类
视频位置：配套光盘\movie\视频讲座2-16：使用【打开】命令打开文件.avi

要编辑或修改已存在的Photoshop文件或其他软件生成的图像文件时，可以使用【打开】命令将其打开，具体操作如下：

1 执行菜单栏中的【文件】|【打开】命令，或者在工作区空白处双击，弹出【打开】对话框。

技巧

按Ctrl + O组合键，可以快速启动【打开】对话框。

2 在【查找范围】下拉列表中，可以查找要打开图像文件的路径。如果打开时看不到图像预览，可以单击对话框右上角的【更多选项】按钮，从弹出的菜单中选择【大图标】命令，如图2.30所示。以显示图片的缩览图，方便查找相应的图像文件。

3 将鼠标指向要打开的文件名称或缩览图位置时，系统将显示出该图像的尺寸、类型、大小等信息，如图2.31所示。

图2.30 【打开】对话框

图2.31 显示图像信息

1:4 单击选择要打开的图像文件，如图2.32所示。

1:5 单击【打开】按钮，即可将该图像文件打开，打开的效果如图2.33所示。

图2.32 选择图像文件

图2.33 打开的图像

2.4.1 打开最近使用的文件

在【文件】|【最近打开文件】子菜单中显示了最近打开过的多个图像文件，如图2.34所示。如果要打开的图像文件名称显示在该子菜单中，选中该文件名即可打开该文件，省去了查找该图像文件的繁琐操作。

技巧 !

如果要清除【最近打开文件】子菜单中的选项命令，可以执行菜单栏中的【文件】|【最近打开文件】|【清除最近】命令即可。

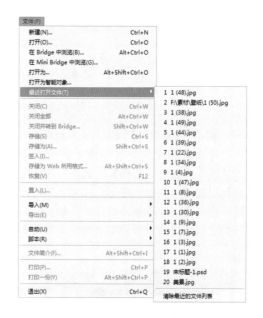

图2.34 最近打开文件

提示 ?

如果要同时打开相同存储位置下的多个图像文件时，按住Ctrl键单击所需要打开的图像文件，单击【打开】按钮即可。在选取图像文件时，按住Shift键可以连续选择多个图像文件。除了使用【打开】命令，还可以使用【打开为】命令打开文件。【打开为】命令与【打开】命令不同之处在于，该命令可以打开一些使用【打开】命令无法辨认的文件，如某些图像从网络下载后，在保存时如果以错误的格式保存，使用【打开】命令则有可能无法打开，此时可以尝试使用【打开为】命令。

2.4.2 修改文档窗口的打开模式

打开的文档窗口分为两种模式：以选项卡方式和浮动形式。执行菜单栏中的【编辑】|【首选项】|【界面】命令，将打开【首选项】|【界面】对话框，如图2.35所示。

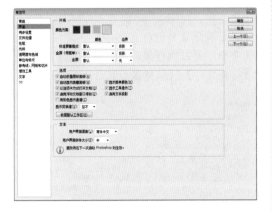

图2.35 【首选项】|【界面】对话框

在【面板和文档】选项组中，如果选中【以选项卡方式打开文档】，则新打开的文档窗口将以选项卡的形式显示，如图2.36所示；如果不选中【以选项卡方式打开文档】，则新打开的文档窗口将以浮动形式显示，如图2.37所示。

图2.36 选项卡方式显示

图2.37 浮动形式显示

视频讲座2-17：打开 EPS 文件

案例分类：软件功能类
视频位置：配套光盘\movie\视频讲座
2-17：打开 EPS 文件.avi

EPS格式文件是 PostScript的简称，可以表示矢量数据和位图数据，在设计中应用相当广泛，几乎所有的图形、插画和排版软件都支持这种格式。EPS格式文件主要是Adobe Illustrator软件生成的。当打开包含矢量图片的EPS文件时，将对它进行栅格化，矢量图片中经过数学定义的直线和曲线会转换为位图图像的像素或位。要打开EPS文件可执行如下操作。

PS 1 执行菜单栏中的【文件】|【打开】命令，在【打开】对话框中选择一个EPS文件，比如选择配套光盘中"调用素材/第2章/EPS素材.eps"文件，如图2.38所示。单击【打开】按钮，此时将弹出【栅格化EPS格式】对话框，如图2.39所示。

图2.38 【打开】对话框　图2.39 栅格化EPS格式

PS 2 指定所需要的尺寸、分辨率和模式。如果要保持高宽比例，可以选中【约束比例】复选框，如果想最大限度减少图片边缘的锯齿现象，可以选中【消除锯齿】复选框。设置完成后单击【确定】按钮，即可将其以位图的形式打开。

视频讲座2-18：置入 PDF 或 Illustrator 文件

案例分类：软件功能类
视频位置：配套光盘\movie\视频讲座
2-18：置入PDF或Illustrator文件.avi

Adobe Photoshop CC中可以置入其他程序设计的矢量图形文件和PDF文件，如Adobe Illustrator图形处理软件设计的AI格式的文件，还有其他符合需要格式的位图图像及PDF文件。置入的矢量素材将以智能对象的形式存在，对智能对象进行缩放、变形等操作不会对图像造成质量上的影响。置入素材操作方法如下：

完全掌握Photoshop CC超级手册

步骤 1 要想使用【置入】命令，必须要有一个文件，所以首先随意创建一个新文件，这样才可以使用【置入】命令。比如按Ctrl + N组合键，创建一个如图2.40所示的新文件。执行菜单栏中的【文件】|【置入】命令，打开【置入】对话框，选择要置入的矢量文件，比如选择配套光盘中"调用素材/第2章/矢量素材.ai"文件，如图2.41所示。

图2.40 创建新文件

图2.41 选择素材

步骤 2 单击【置入】按钮，将打开【置入PDF】对话框，如图2.42所示。在【选择】下根据要导入的 PDF文档的元素，选择【页面】或【图像】。如果PDF文件包含多个页面或图像，可以单击选择要置入的页面或图像的缩览图。并可以使用【缩览图大小】下拉菜单来调整在预览窗口中的缩览图视图。可以以【小】、【大】或【适合页面】的形式显示。

步骤 3 可以从【裁剪到】下拉菜单中选择一个命令，指定裁剪的方式。选择【边框】表示裁剪到包含页面所有文本和图形的最小矩形区域，多用于去除多余的空白；选择【媒体框】表示裁剪到页面的原始大小；选择【裁剪框】表示裁剪到PDF文件的剪切区域，即裁剪边距；选择【出血框】表示裁剪到PDF文件中指定的区域，如折叠、出血等固有限制；选择【裁切框】表示裁剪到为得到预期的最终页面

尺寸而指定的区域；选择【作品框】表示裁剪到PDF文件中指定的区域，用于将PDF数据嵌入其他应用程序中。

步骤 4 设置完成后，单击【确定】按钮，即可将文件置入，同时可以看到，在图像的周围显示一个变换框，如图2.43所示。

步骤 5 如果此时拖动变换框的8个控制点的任意一个，可以对置入的图像进行放大或缩小操作。

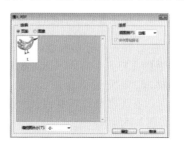

图2.42 置入效果

图2.43 拖动缩小

步骤 6 按键盘上的Enter键，或者在变换框内双击鼠标，即可将矢量文件置入。置入的文件自动变成智能对象，在【图层】面板中将产生一个新的图层，并在该层缩览图的右下角显示一个智能对象缩览图，如图2.44所示。

图2.44 置入后的图像及图层显示

提示 ❓

置入与打开非常相似，都是将外部文件添加到当前操作中，但打开命令所打开的文件单独位于一个独立的窗口中；而置入的图片将自动添加到当前图像编辑窗口中，不会单独出现窗口。

视频讲座2-19：将一个分层文件存储为JPG格式

案例分类：软件功能类
视频位置：配套光盘\movie\视频讲座
2-19：将一个分层文件存储为JPG格式.avi

当完成一件作品或处理完成一幅打开的图像时，需要将完成的图像进行存储，这时就可应用存储命令。存储文件时格式非常关键，下面以实例的形式来讲解文件的保存。

1 首先打开一个分层素材。执行菜单栏中的【文件】|【打开】命令，选择配套光盘中"调用素材/第2章/可爱猫.psd"文件。打开该图像后，可以在图层面板中看到当前图像的分层效果，如图2.45所示。

图2.45 打开的分层图像

2 执行菜单栏中的【文件】|【存储为】命令，打开【存储为】对话框，指定保存的位置和文件名后，在【格式】下拉菜单中选择JPEG格式，如图2.46所示。

技巧

【存储】的快捷键为Ctrl + S；【存储为】的快捷键为Ctrl + Shift + S。

3 单击【保存】按钮，将弹出【JPEG选项】对话框，可以对图像进行品质、基线等设置，然后单击【确定】按钮，如图2.47所示，即可将图像保存为JPG格式。

提示

JPG和JPEG是完全一样的一种图像格式，只是一般习惯将JPEG简写为JPG。

图2.46 选择JPEG格式

图2.47 【JPEG选项】对话框

4 保存完成后，使用【打开】命令打开刚保存的JPG格式的图像文件，可以在【图层】面板中看到当前图像只有一个图层，如图2.48所示。

图2.48 JPG图像

在【文件】菜单下面有两个命令可以将文件进行存储，分别为【文件】|【存储】和【文件】|【存储为】命令。【存储】与【存储为】命令的区别：

● 当应用新建命令，创建一个新的文档并进行编辑后，要将该文档进行保存。这时，应用【存储】和【存储为】命令性质是一样的，都将打开【存储为】对话框，将当前文件进行存储。

- 当对一个新建的文档应用过保存后，或者打开一个图像进行编辑后，再次应用【存储】命令时，不会打开【存储为】对话框，而是直接将原文档覆盖。
- 如果不想将原有的文档覆盖，就需要使用【存储为】命令。利用【存储为】命令进行存储，无论是新创建的文件还是打开的图片都可以弹出【存储为】对话框，如图2.49所示，将编辑后的图像重新命名进行存储。

图2.49 【存储为】对话框

【存储为】对话框中各选项的含义分别如下。

- 【保存在】：可以在其右侧的下拉菜单中选择要存储图像文件的路径位置。
- 【文件名】：可以在其右侧的文本框中输入要保存文件的名称。
- 【格式】：可以从右侧的下拉菜单中选择要保存的文件格式。一般默认的保存格式为PSD格式。

- 【存储选项】：如果当前文件具有通道、图层、路径、专色或注解，而且在【格式】下拉列表框中选择了支持保存这些信息的文件格式时，对话框中的【Alpha通道】、【图层】、【批注】、【专色】等复选框被激活。【作为副本】可以将编辑的文件作为副本进行存储，保留原文件。【注释】用来设置是否将注释保存，选中该复选框表示保存批注，否则不保存。选中【Alpha通道】复选框，将Alpha通道存储。如果编辑的文件中设置有专色通道，选中【专色】复选框，将保存该专色通道。如果编辑的文件中，包含有多个图层，选中【图层】复选框，将分层文件进行分层保存。
- 【颜色】：为存储的文件配置颜色信息。
- 【缩览图】：为存储的文件创建缩览图。默认情况下，Photoshop CC软件自动为其创建。
- 【使用小写扩展名】：用小写字母创建文件的扩展名。

提示 ?

如果图像中包含的图层不止一个或对背景层重命名，必须使用Photoshop的PSD格式才能保证不会丢失图层信息。如果要在不能识别Photoshop文件的应用程序中打开该文件，那么必须将其保存为该应用程序所支持的文件格式。

第3章 辅助功能及图像操作

〔内容摘要〕

本章首先介绍了Photoshop CC 的一些辅助功能操作，包括标尺、网格、参考线及注释和对齐的使用，还介绍了图像的查看技巧；然后详细讲解了图像的调整及画布大小的设置方法，并介绍了裁剪工具及命令的使用；最后讲解了图像的变换技能，让读者能很好地掌握画布及图像的控制。通过本章的学习，掌握辅助功能及图像的操作技巧。

〔教学目标〕

- 了解辅助工具的使用
- 学习文件的撤销与还原
- 学习图像的查看技巧
- 学习图像及画布大小的设置
- 学习裁剪工具及命令的裁剪技巧
- 掌握图像的变换技能

3.1 标尺和参考线

标尺和参考线主要用来辅助做图，是精确制作中不可或缺的功能，它们可以帮助精确定位图像或元素。

3.1.1 使用标尺

标尺用来显示当前鼠标指针所在位置的坐标。使用标尺可以更准确地对齐对象和精确选取一定范围。

① 显示或隐藏标尺

执行菜单栏中的【视图】|【标尺】命令，可以看到在【标尺】命令的左侧出现一个P对号，即可启动标尺。标尺显示在当前文档中的顶部和左侧。

当标尺处于显示状态时，执行菜单栏中的【视图】|【标尺】命令，可以看到在【标尺】命令的左侧P对号消失，表示标尺隐藏。

② 更改标尺原点

标尺的默认原点位于文档标尺左上角（0，0）的位置，将鼠标光标移动到图像窗口左上角的标尺交叉处，然后按住鼠标向外拖动。此时，跟随鼠标会出现一组十字线，释放鼠标后，标尺上的新原点就出现在刚才释放鼠标的位置。其操作效果如图3.1所示。

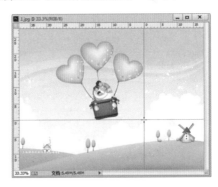

图3.1 更改标尺原点操作效果

❸ 还原标尺原点

在图像窗口左上角的标尺交叉处双击，即可将标尺原点还原到默认位置。

❹ 标尺的设置

执行菜单栏中的【编辑】|【首选项】|【单位与标尺】命令，或者在图像窗口中的标尺上双击，即可将打开【首选项】对话框，在此对话框中可以设置标尺的单位等参数。

3.1.2 使用参考线

参考线是辅助精确绘图时用来作为参考的线，它只是显示在文档画面中方便对齐图像，并不参加打印。可以移动或删除参考线，也可以锁定参考线，以免不小心移动它。它的优点在于可以任意设置其位置。

❶ 创建参考线

要想创建参考线，首先要启动标尺，可以参考前面讲过的方法来打开标尺，然后将鼠标光标移动到水平标尺上，按住鼠标向下拖动，即可创建一条水平参考线；将鼠标光标移动到垂直标尺上，按住鼠标向右拖动，即可创建一条垂直参考线。添加水平和垂直参考线的效果如图3.2所示。

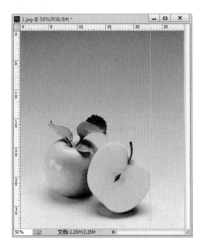

图3.2 水平和垂直参考线效果

提示

按住Alt键，从垂直标尺上拖动可以创建水平参考线，从水平标尺上拖动可以创建垂直参考线。

❷ 精确创建参考线

如果想精确创建参考线，可以执行菜单栏中的【视图】|【新建参考线】命令，打开【新建参考线】对话框，在该对话框中选择【水平】或【垂直】取向，然后在【位置】右侧的文本框中输入参考线的位置，单击【确定】按钮即可精确创建参考线，如图3.3所示。

图3.3 【新建参考线】对话框

❸ 隐藏参考线

当创建完参考线后，如果暂时用不到参考线，又不想将其删除，为了不影响操作，可以将参考线隐藏。执行菜单栏中的【视图】|【显示】|【参考线】命令，即可将其隐藏。

❹ 显示参考线

将参考线隐藏后，如果想再次应用参考线，可以将隐藏的参考线再次显示出来。执行菜单栏中的【视图】|【显示】|【参考线】，即可显示隐藏的参考线。

提示

如果没有创建过参考线，参考线命令将变成灰色的不可用状态，此时不能显示和隐藏参考线。

❺ 移动参考线

创建完参考线后，如果对现存的参考线位置不满意，可以利用移动工具来移动参考线的位置。单击工具箱中的【移动工具】按钮，然后将光标移到参考线上，如果当前参考线是水平参考线，光标呈状；如果当前参考线是垂直参考线，光标呈状，此时按住鼠标拖动，到达合适的位置后释放鼠标，即可移动参考线的位置。水平移动参考线的操作过程如图3.4所示。

图3.4 水平移动参考线效果

⑥ 删除参考线

创建了多个参考线后，如果想删除其中的某条参考线，可以将鼠标光标移动到该参考线上，按住鼠标拖动该参考线到文档窗口之外，即可将该参考线删除。同样的方法，可以删除其他不需要的参考线。

如果想删除文档中所有的参考线，可以执行菜单栏中的【视图】|【清除参考线】命令，即可将全部参考线删除。

⑦ 开启和关闭对齐参考线

执行菜单栏中的【视图】|【对齐到】|【参考线】命令后，当该命令的左侧出现P对号时，表示开启了对齐参考线命令，当在该文档中绘制选区、路径、裁剪框、切片或移动图形时，都将对齐参考线；再次执行菜单栏中的【视图】|【对齐到】|【参考线】命令，当该命令的左侧的P对号消失时，对齐参考线已关闭。

⑧ 锁定和解锁参考线

为了避免在操作中误移动参考线，可以将参考线锁定，锁定的参考线将不能再进行编辑操作。执行菜单栏中的【视图】|【锁定参考线】命令，可以将参考线锁定。如果想解除锁定，可以再次执行菜单栏中的【视图】|【锁定参考线】命令，即可解除参考线的锁定。

⑨ 参考线的设置

执行菜单栏中的【编辑】|【首选项】|【参考线、网格和切片】命令，将打开【首选项】对话框，在该对话框的参考线选项组中，可以设置参考线的颜色和样式。

3.1.3 智能参考线

所谓智能参考线，就是具有智能化的一种参考线，在移动图像时，智能参考线可以与其他的图像、选区、切片等进行对齐。

执行菜单栏中的【视图】|【显示】|【智能参考线】命令，即可启用智能参考线功能。如图3.5所示为拖动左侧图形时，与右侧出现顶对齐与底对齐效果。

图3.5 智能参考线效果

3.2 / 其他辅助功能

除了比较常用的标尺、参考线和智能参考线外，还有一些其他的辅助工具，如网格、标尺工具、注释等，也是制图中经常用到的。

3.2.1 使用网格

网格的主要用途是对齐参考线，以便在操作中对齐物体，方便作图时位置排放的准确操作。

❶ 显示网格

执行菜单栏中的【视图】|【显示】|【网格】命令，可以看到在【网格】命令左侧出现P对号标记，即可在当前图像文档中显示网格。网格在默认情况下显示为灰色直线效果，网格显示前后的效果对比如图3.6所示。

图3.6 网格显示前后效果

❷ 隐藏网格

当网格处于显示状态时，执行菜单栏中的【视图】|【显示】|【网格】命令，可以看到在【网格】命令左侧出现的P对号标记消失，表示网格隐藏。

❸ 对齐网格

执行菜单栏中的【视图】|【对齐到】|【网格】命令后，可以看到在【网格】命令的左侧出现一个P对号标记，表示启用了网格对齐命令，当在该文档中绘制选区、路径、裁切框、切片或移动图形时，都会与网格对齐。再次执行菜单栏中的【视图】|【对齐到】|【网格】命令，可以看到在【网格】命令的左侧的P对号标记消失，表示关闭了对齐网格命令。

3.2.2 使用标尺工具

标尺工具可以度量图像任意两点之间的距离，也可以度量物体的角度，还可以校正倾斜的图像。

❶ 测量长度

单击工具箱中的【标尺工具】 按钮，然后在图像文件中需要测量长度的开始位置单击鼠标，然后按住鼠标拖动到结束的位置并释放鼠标即可。测量完成后，从工具选项栏和【信息】面板中可以看到测量的结果，如图3.7所示。

图3.7 测量效果

❷ 测量角度

单击工具箱中的【标尺工具】 按钮，在要测量角度的一边按住鼠标拖动出一条直线，绘制测量角度的其中一条线，然后按住键盘中的Alt键，将光标移动到要测量角度的测量线顶点位置，当光标变成 状时，按住鼠标拖动绘制出另一条测量线，两条测量线便形成一个夹角，如图3.8所示。

图3.8 测量角度效果

测量完成后，从工具选项栏和【信息】面板中可以看到测量的角度信息。分别如图3.9、图3.10所示。

图3.9 工具选项栏

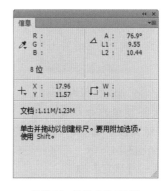

图3.10 【信息】面板

工具选项栏和【信息】面板中各参数的含义如下。

- 【A】：显示测量的角度值。
- 【L1】：显示第1条测量线的长度。
- 【L2】：显示第2条测量线的长度。
- 【X】和【Y】：显示测量时当前鼠标的坐标值。
- 【W】和【H】：显示测量开始位置和结束位置的水平和垂直距离。用于水平或垂直距离的测试时使用。

视频讲座3-1：利用【标尺工具】校正倾斜照片

案例分类：软件功能类
视频位置：配套光盘\movie\视频讲座
3-1：利用【标尺工具】校正倾斜照片.avi

在拍照片时，由于没太注意，将照片拍倾斜了，可以在后期处理时将倾斜的照片矫正。使用【标尺工具】可以非常容易地矫正照片。

1 执行菜单栏中的【文件】|【打开】命令，打开【打开】对话框。选择配套光盘中的"调用素材\第3章\倾斜的照片.jpg"文件，单击【打开】按钮，效果如图3.11所示。

2 选择工具箱中的【标尺工具】，如图3.12所示。按住鼠标沿着倾斜的水平面拉出一条直线，如图3.13所示。

图3.11 倾斜照片　　图3.12 选择工具

图3.13 拉出线条

3 执行菜单栏中的【图像】|【图像旋转】|【任意角度】命令，打开【旋转画布】对话框，如图3.14所示。不进行任何数值的改变，直接单击【确定】按钮。

4 倾斜的照片画面已经得到了很好的矫正，如图3.15所示。

图3.14 【旋转画布】对话框　　图3.15 旋转画布

5 旋转画布后，使照片周围出现了不必要的空白区域，这时可以使用【裁剪工具】对其进行裁切处理。

6 选择工具箱中的【裁剪工具】，如图3.16所示。在画面中按住鼠标拖动出如图3.17所示的裁切框。

图3.16 选择【裁剪工具】　　图3.17 绘制裁切框

7 按Enter键完成裁切操作。这样就完成了整个实例的制作，最终效果如图3.18所示。

技巧

除了按Enter键完成裁切操作以外，还可以单击选项栏中的【提交当前裁剪操作】按钮，或者在裁切框内双击，完成裁切操作。

图3.18 最终效果

提示

在矫正照片的同时，也会有一些局部的景物丢失，这是不可避免的。

完全掌握Photoshop CC超级手册

3.2.3 使用注释工具

【注释工具】📝可以为图像添加注释，用来标注图像的内容或用来提示操作。注释就像生活中的便签纸，可以将要说的话或要记录的内容写下来。

1 添加注释

在工具箱中选择【注释工具】📝，将光标移动到图像上，此时可以看到光标变成了🗒状，单击鼠标即可添加一个注释。添加注释操作效果如图3.19所示。

图3.19 添加注释操作效果

2 为注释添加作者和内容

选择【注释工具】📝或添加完注释后，可以在工具选项栏中【作者】右侧的文本框中输入作者的名字，并可以单击【颜色】右侧的颜色块，打开【选择注释颜色】对话框，修改注释的颜色。单击鼠标后，还可显示【注释】面板，在【注释】面板中输入要表达的内容。同时，单击工具选项栏中的【显示隐藏注释面板】🖼按钮，显示或隐藏【注释】面板，如图3.20所示。

图3.20 添加作者和内容

技巧 !

可以在注释上单击鼠标右键，从弹出的快捷菜单中选择【打开注释】或【关闭注释】命令，打开或关闭【注释】面板。

3 关闭或打开注释

注释还可以进行关闭和打开操作。注释的打开状态呈现为📝状，关闭状态呈现🗂状。如果想打开或关闭注释，可以在要打开或关闭的注释上单击鼠标，即可在打开或关闭注释间切换。

4 删除注释

创建完注释后，如果想将不需要的注释删除，可以执行多种删除方法。

● 删除单个注释。在要删除的注释上单击鼠标右键，从弹出的快捷菜单中选择【删除注释】命令，删除当前的注释，也可以在【注释】面板中单击面板底部的【删除注释】🗑按钮，将当前选择的注释删除。还可以选择一个注释后，按键盘上的Delete键，将该注释删除。

技巧 !

使用【注释】面板底部的【删除注释】🗑按钮删除注释时，可以通过面板底部左侧的【选择上一注释】⬅或【选择下一注释】➡按钮进行跳转，以选择要删除的注释。

● 删除所有的注释。在某一个注释上单击鼠标右键，从弹出的快捷菜单中选择【删除所有注释】命令，或单击工具选项栏中的【清除全部】按钮，即可将所有的注释一起删除，如图3.21所示。

图3.21 删除注释

3.2.4 对齐功能

对齐有助于精确放置选区边缘、裁切选框、切片、形状和路径，使得移动物体或选取边界与参考线、网格、图层、切片或文档边界可以自动定位。

① 启用对齐命令

执行菜单栏中的【视图】|【对齐】命令，可以看到【对齐】命令左侧出现一个对号P标记，即可启用对齐命令，这样便可以在操作中与相应的选项对齐。

② 关闭对齐命令

如果已经启用了对齐命令，可以再次执行菜单栏中的【视图】|【对齐】命令，此时【对齐】命令左侧的对号P消失，表示对齐命令已关闭。

3.2.5 显示或隐藏额外内容

参考线、网格、目标路径、选区边缘、切片、文本边界、文本基线和文本选区都是不会打印出来的额外内容，它们可帮助选择、移动或编辑图像和对象。您可以打开或关闭一个额外内容或额外内容的任意组合，这对图像没有影响。也可以通过执行菜单栏中的【视图】|【额外内容】命令来显示或隐藏额外内容。

提示 ❓

隐藏额外内容只是禁止显示额外内容，并不关闭这些选项。

要显示或隐藏额外内容，请执行下列操作之一：

- 要显示或隐藏额外内容，执行菜单栏中的【视图】|【显示额外内容】命令。【显示】子菜单中所有已显示的额外内容左侧都会出现一个选中的对号√标记。
- 要打开并显示一组隐藏额外内容中的其中一项额外内容，执行菜单栏中的【视图】|【显示】并从子菜单中选择相应的额外内容。
- 要打开并显示所有可用的额外内容，执行菜单栏中的【视图】|【显示】|【全部】命令。
- 要关闭并隐藏所有额外内容，执行菜单栏中的【视图】|【显示】|【无】命令。
- 如果想快速设置显示隐藏额外内容，执行菜单栏中的【视图】|【显示】|【显示额外选项】命令，打开【显示额外选项】对话框，如图3.22所示，选中或不选中相应的复选框，即可快捷显示或隐藏额外内容。

图3.22 【显示额外选项】对话框

提示 ❓

显示额外内容会导致颜色取样器也显示出来，即使颜色取样器不是【显示】子菜单中的选项。

3.3 撤销与还原

在编辑图像的操作过程中出现错误或不满意的地方，想返回上一步操作时，可以使用Photoshop中的命令进行撤销操作。所谓还原，就是将图像还原到上一步的操作，即当前的最后一步操作。重做就是将还原的步骤再次重做。还原与重做是相辅相承的。【还原】和【重做】命令允许您还原或重做操作。

3.3.1 还原文件

执行菜单栏中的【编辑】|【还原】命令，可以撤销对图像进行的最后一步操作，如果需要取消还原操作，可以执行【编辑】|【重做】命令。

3.3.2 前进一步与后退一步

使用【还原】命令只能还原最后一步操作，使用【前进一步】或【后退一步】命令可以连续还原，执行菜单栏中的【编辑】|【后退一步】命令，可以连续还原操作。如果想取消连续还原，执行菜单栏中的【编辑】|【前进一步】命令，可以连续取消还原。

3.3.3 恢复文件

如果想直接恢复到上次保存的版本状态，可以执行菜单栏中的【文件】|【恢复】命令，将其一次恢复到上次保存的状态。

3.3.4 使用【历史记录】面板

执行菜单栏中的【窗口】|【历史记录】命令，打开【历史记录】面板，如图2.23所示。

图2.23 【历史记录】面板

- 【设置历史画笔的源】🖌：使用历史记录画笔时，该图标所在的位置将作为历史画笔的源图像。
- 【从当前状态创建新文档】📄：基于当前操作步骤中图像的状态创建一个新文件。
- 【创建新快照】📷：基于当前的图像状态创建快照。
- 【删除当前状态】🗑：选择一个操作步骤，单击该按钮可将该步骤后面的操作删除。

使用【历史记录】面板还原操作步骤过程如图2.24所示。

图2.24 【历史记录】面板还原操作步骤

在绘制图像时，可以将部分关键完成效果以快照的方式保存在【历史记录】面板中，单击【创建新快照】📷按钮即可将当前状态保存为快照。

3.4 快速查看图像

为了方便用户查看图像内容，Photoshop CC可以通过更改屏幕显示模式，更改Photoshop CC工作区域的外观。同时，还提供了【缩放工具】🔍、【抓手工具】✋、【导航器】面板等多种查看工具，可以方便地按照不同的放大倍数查看图像，并可以利用【抓手工具】查看图像的不同区域。

视频讲座3-2：【缩放工具】缩放图像

案例分类：软件功能类
视频位置：配套光盘\movie\视频讲座
3-2：【缩放工具】缩放图像.avi

处理图像时，可能需要进行精细的调整，此时常常需要将文件的局部放大或缩小；当文件太大而不便于处理时，需要缩小图像的显示比例；当文件太小而不容易操作时，又需要在显示器上扩大图像的显示范围。

① 放大图像

放大图像有多种操作方法。

- 方法1：单击放大。单击工具箱中的【缩放工具】🔍按钮或按键盘中的Z键，将光标移动到想要放大的图像窗口中，此时光标变为🔍状，在要放大的位置单击，即可将图像放大。每单击一次，图像就会放大一个预定的百分比。

提示

最大可以放大到3200%，此时光标将变成🔍状，表示不能再进行放大。

- 方法2：快捷键放大。直接按Ctrl + +组合键，可以对选择的图像窗口进行放大。多次按该组合键，图像将按预定的百分比进行逐次放大。

② 缩小图像

缩小图像也有多种操作方法。

- 方法1：单击缩小。单击工具箱中的【缩放工具】🔍按钮或按键盘中的Z键，将光标移动到想要缩小的图像窗口中，按下键盘上的Alt键，此时光标变为🔍状，在要缩小的位置单击，即可将图像缩小。每单击一次，图像就会缩小一个预定的百分比。

提示

最小可以缩小到0.2%，此时光标将变成🔍状，表示不能再进行缩小。

- 方法2：快捷键缩小。直接按Ctrl + -组合键，可以对选择的图像窗口进行缩小。多次按该组合键，图像将按预定的百分比进行逐次缩小。

③ 【缩放工具】选项栏

在选择【缩放工具】🔍时，工具选项栏也将变化，显示出缩放工具属性设置，如图3.25所示。

图3.25 【缩放工具】选项栏

【缩放工具】选项栏中各选项的含义说明如下。

- 🔍 放大：单击该按钮，然后在图像窗口中单击，可以将图像放大。
- 🔍 缩小：单击该按钮，然后在图像窗口中单击，可以将图像缩小。
- 【调整窗口大小以满屏显示】：选中该复选框，在应用放大或缩小命令时，图像的窗口将随着图像进行放大缩小处理。
- 【缩放所有窗口】：选中该复选框，在应用放大或缩小命令时，将缩放所有图像窗口大小。
- 【细微缩放】：选中该复选框，在图像中向左拖动可以缩小图像，向右拖动可以放大图像。
- 【100%】按钮：单击该按钮，图像将以100%的比例显示。
- 【适合屏幕】按钮：单击该按钮，图像窗口将适合当前屏幕的大小进行显示。
- 【填充屏幕】：单击该按钮，图像窗口将根据当前屏幕空间的大小，进行全空白填充。

3.4.1 菜单命令缩放图像

执行【视图】菜单中的放大、缩小、按屏幕大小缩放、实际像素或打印尺寸命令，也可以对图像进行缩放操作，步骤如下：

步骤 1 执行菜单栏中的【视图】|【放大】命令。可以以图像当前显示区域为中心放大比例，如图3.26所示为放大前的效果；如图3.27所示为放大后的效果。

图3.26 放大前的效果　　图3.27 放大后的效果

2 执行菜单栏中的【视图】|【缩小】命令，可以以图像当前显示区域为中心缩小比例，如图3.28所示为缩小前的效果；如图3.29所示为缩小后的效果。

图3.28 缩小前的效果　　图3.29 缩小后的效果

3 执行菜单栏中的【视图】|【按屏幕大小缩放】命令，使窗口以最合适的大小和显示比例显示，显示效果如图3.30所示。

图3.30 按屏幕大小缩放效果

4 执行菜单栏中的【视图】|【实际像素】命令，使窗口以100%的比例显示，如图3.31所示为以实际像素显示图像效果。

图3.31 实际像素效果

5 选择【视图】|【打印尺寸】命令，使图像以1:1的打印尺寸显示，显示效果如图3.32所示。

图3.32 打印尺寸效果

3.4.2 鼠标滚轮缩放图像

执行菜单栏中的【编辑】|【首选项】|【常规】命令，打开【首选项】|【常规】对话框，在选项组中选中【用滚轮缩放】复选框即可，如图3.33所示。

图3.33 【首选项】|【常规】对话框

3.4.3 【旋转视图工具】旋转画布

【旋转视图工具】 可以在不破坏图像的情况下旋转画布，而且不会使图像变形。旋转视图工具在很多情况下很有用，能使绘画或绘制更加省事。

提示　?

要想应用旋转视图功能，需要启用显卡的OpenGL绘图功能。

STEP 1 选择工具箱中的【旋转视图工具】，如图3.34所示。将光标移动到画布中，此时光标将变成状，如图3.35所示。

图3.34 选择【旋转视图工具】 图3.35 光标效果

STEP 2 此时，按下鼠标，可以看到一个罗盘效果，并且无论怎样旋转，红色的指针都指向正北方，如图3.36所示。

STEP 3 按住鼠标拖动，即可旋转当前的画面，并在工具选项栏中可以看到【旋转角度】的值随着拖动旋转进行变化。当然，直接在【旋转角度】文本框中输入数值，也可以旋转画面，旋转效果如图3.37所示。

图3.36 罗盘效果　　图3.37 旋转效果

视频讲座3-3：【导航器】面板查看图像

案例分类：软件功能类
视频位置：配套光盘\movie\视频讲座
3-3：【导航器】面板查看图像.avi

执行菜单栏中的【窗口】|【导航器】命令，将打开【导航器】面板，如图3.38所示。利用该面板可以对图像进行快速的定位和缩放。

图3.38 【导航器】面板

【导航器】面板中各项含义说明如下。

- 导航器面板菜单：单击菜单中的【面板选项】命令，可以打开【面板选项】对话框，如图3.39所示。在该对话框中可以修改图像预览区中显示框的显示颜色。

图3.39 【面板选项】对话框

- 图像预览区：显示整个图像的缩览图，并可以通过拖动预览区域中的显示框，快速浏览当前图像的不同部分。

- 代理预览区：该区域与文档窗口中的图像相对应，代理预览区显示的图像，即显示框中的图像，会在文档窗口的中心位置显示。将光标移动到代理预览区中，光标将变成手形，按住鼠标可以移动图像的预览区域，并在文档窗口中同步显示。移动预览画面效果如图3.40所示。

图3.40 移动预览画面效果

- 缩放文本框：在该文本框中输入数值，然后按键盘上的Enter键，图像将以输入的数值比例显示。

- 缩小按钮：单击该按钮，可以将图像按一定的比例缩小。

- 缩放滑块：拖动上面的缩放滑块，可以快速地放大或缩小当前图像。

- 放大按钮：单击该按钮，可以将图像按一定的比例放大。

3.4.4 【抓手工具】查看图像

如果打开的图像很大，以致于窗口中无法显示完整的图像时，要查看图像的各个部分，可以使用【抓手工具】 来移动图像的显示区域。

当整个图像放大到出现滑块时，在工具箱中单击【抓手工具】 按钮，然后将鼠标指针移至图像窗口中，按住鼠标左键，然后将其拖动到合适的位置释放鼠标即可。如图3.41所示为拖动前的效果，如图3.42所示为拖动后的效果。

图3.41 拖动前的效果　　图3.42 拖动后的效果

3.5 图像和画布大小

图像大小是指图像尺寸，当改变图像大小时，当前图像文档窗口中的所有图像会随之发生改变，这也会影响图像的分辨率。除非对图像进行重新取样，否则当您更改像素尺寸或分辨率时，图像的数据量将保持不变。例如，如果更改文件的分辨率，则会相应地更改文件的宽度和高度以便使图像的数据量保持不变。

3.5.1 修改图像大小和分辨率

在制作不同需求的设计时，有时要重新修改图像的尺寸，图像的尺寸和分辨率息息相关，同样尺寸的图像，分辨率越高的图像就会越清晰。在 Photoshop 中，可以在【图像大小】对话框中查看图像大小和分辨率之间的关系。执行菜单栏中的【图像】|【图像大小】命令，会打开【图像大小】对话框，如图3.43所示。可在其中改变图像的尺寸、分辨率以及图像的像素数目。当不选中【重新采样】复选框，修改宽度、高度或分辨率时，一旦更改某一个值，其他两个值会发生相应的变化。

提示

按Alt + Ctrl + I组合键，可以快速打开【图像大小】对话框。

图3.43 【图像大小】对话框

❶ 【图像大小】选项组

修改像素大小其实就是代表图像的大小。在【像素大小】选项组中，可修改图像的宽度和高度像素值。可以直接在文本框中输入数值，并可在下拉列表框中选择单位，以修改像素大小。在【宽度】和【高度】值的右侧显示一个链接图标 ，当此图标呈按下状态时修改参数时会按比例进行修改，反之，在未按下状态时则修改的参数不会受比例影响。等比与非等比缩放的显示效果如图3.44所示。

宽度(D):	643	像素		宽度(D):	643	像素
高度(G):	480	像素		高度(G):	480	像素
分辨率(R):	72	像素/英寸		分辨率(R):	72	像素/英寸

图3.44 等比与非等比缩放的显示效果

❷ 缩放样式

为了保证图像缩放的同时，图像所添加的各种样式，比如图层样式也进行按比例缩放，单击面板左上角的 图标，在弹出的【缩放样式】选项前面出现 ✔才被激活。

【重新采样】可以指定重新取样的方法，如果不选中此复选框，调整图像大小时，像素的数目固定不变，当改变尺寸时，分辨率将自动改变；当改变分辨率时，图像尺寸也将自动改变。不选中【重新采样】修改文档大小效果对比如图3.45所示。

图3.45 不选中【重新采样】修改文档大小

　　选中此复选框，则在改变图像的尺寸或分辨率时，图像的像素数目会随之改变，此时则需要重新取样。选中【重新采样】修改文档大小效果对比如图3.46所示。

图3.46 选中【重新采样】修改文档大小

　　如果选中了【重新采样】复选框，则可以从下方的下拉菜单中选择一个重新取样的方式。

- 【自动】：选择该项，Photoshop自动计算处理图像像素。
- 【保留细节（扩大）】：可以保留因更改图像而损失的细节，同时将弹出一个【减少杂色】的选项，拖动此选项后方的滑块调整杂色的百分比数值。
- 【两次立方（较平滑）（扩大）】：一种将周围像素值分析作为依据的方法，插补像素时会依据插入点像素的颜色变

化情况插入中间色，速度较慢，但精度较高。两次立方使用更复杂的计算，产生的色调渐变，比邻近或两次线性更为平滑。

- 【两次立方 （较锐利）（缩减）】：一种基于两次立方插值且具有增强锐化效果的有效图像减小方法。此方法在重新取样后的图像中保留细节。如果使用两次立方（较锐利）会使图像中某些区域的锐化程度过高。
- 【两次立方（平滑渐变）】：根据图像以平滑渐变的计算方法计算出适合图像像素的更改效果。
- 【邻近（硬边缘）】：以边缘硬化的方法计算出图像邻近的像素。

提示 ❓

如果想在不改变图像像素数量的情况下，重新设置图像的尺寸或分辨率，注意不选中【重新采样】复选框。

3.5.2 修改画布大小

　　画布大小指定的是整个文档的大小，包括图像以外的文档区域。需要注意的是，当放大画布大小时，对图像的大小是没有任何影响的；只有当缩小画布并将多余部分修剪时，才会影响图像的大小。

　　执行菜单栏中的【图像】|【画布大小】，打开【画布大小】对话框，通过修改宽度和高度值来修改画布的尺寸，如图3.47所示。

图3.47 【画面大小】对话框

① 当前大小

　　显示出当前图像的宽度和高度大小和文档

完全掌握Photoshop CC超级手册

的实际大小。

② 新建大小

在没有改变参数的情况下，该值与当前大小是相同的。可以通过修改【宽度】和【高度】的值来设置画布的修改大小。如果设定的宽度和高度大于图像的尺寸，Photoshop就会在原图的基础上增加画布尺寸，如图3.48所示；反之，将缩小画布尺寸。

图3.48 扩大画布后的效果

③ 相对

选中该复选框，将在原来尺寸的基础上修改当前画布大小。即只显示新画布在原画布基础上放大或缩小的尺寸值。正值表示增加画布尺寸，负值表示缩小画布尺寸。

④ 定位

在该显示区中，通过选择不同的指示位置，可以确定图像在修改后的画布中的相对位置，有9个指示位置可以选择，默认为水平、垂直居中。不同定位效果如图3.49所示。

图3.49 不同定位效果

⑤ 画面扩展颜色

【画面扩展颜色】用来设置画布扩展后显示的背景颜色。可以从右侧的下拉菜单中选择一种颜色，也可以自定义一种颜色。还可以单击右侧的颜色块，打开【选择画布扩展颜色】对话框来设置颜色。不同画布扩展颜色显示效果如图3.50所示。

图3.50 不同画面扩展颜色显示效果

3.6 裁剪及变换图像

除了利用【图像大小】和【画布大小】命令修改图像，还可以使用裁剪的方法来修改图像。裁剪可以剪切掉部分图像以突出构图效果。可以使用【裁剪工具】 和【裁剪】命令裁剪图像。也可以使用【裁剪并拼齐】及【裁切】命令来裁切像素。

3.6.1 认识【裁剪工具】

要使用【裁剪工具】 裁剪图像，首先来了解【裁剪工具】 选项栏各属性含义。在Photoshop CC中，改变了裁剪工具的方式，选择工具箱中的【裁剪工具】 后，选项栏显示如图3.51所示。

图3.51 【裁剪工具】选项栏

【透视裁剪工具】与传统的Photoshop裁剪工具类似，选项栏显示如图3.52所示。

图3.52 【透视裁剪工具】选项栏

【裁剪工具】 选项栏的使用方法如下：

- 要裁剪图像而不重新取样，不要在【分辨率】文本框中输入任何数值，即【分辨率】文本框是空白的。可以单击【清除】按钮清除所有文本框参数。
- 要裁剪图像并进行重新取样，可以在【宽度】、【高度】和【分辨率】文本框中输入数值。要交换【宽度】和【高度】参数，可以单击【高度和宽度互换】图标。
- 如果想基于某一图像的尺寸和分辨率对图像进行重新取样，可以选择那幅图像，然后选择【裁剪工具】并单击选项栏中的【前图像】按钮，
- 如果在裁剪时进行重新取样，可以在【常规】选项中设置默认的插值方法。

选择工具箱中的【裁剪工具】后，在图像中拖动裁剪范围。

【裁剪工具】选项栏参数含义如下。

- 【裁剪区域】：鼠标指针成 ▶ 状时，拖动图像可移动裁剪外的区域至裁剪框中。
- 【裁剪工具视图选项】：用来设置裁剪参数线效果。选择【三等分】将显示三等分参考线，方便利用三等分原理裁剪图像；选择【网格】可以根据裁剪大小显示具有间距的固定参考线。不同裁剪参考线显示效果如图3.53所示。
- 【网格】：选择该选项，可以精确地使用裁剪工具。
- 【透视裁剪工具】：可以使用透视功能以透视修改裁剪框。鼠标单击图像可绘制线段，以进行透视裁剪。

图3.53 不同裁剪参考线显示选项

3.6.2 使用【裁剪工具】裁剪图像

使用【裁剪工具】裁剪图像比【图像大小】和【画布大小】修改图像更加灵活，不仅可以自由控制裁切范围的大小和位置，还可以在裁切的同时对图像进行旋转、透视等操作，使用方法如下：

1 打开配套光盘中"调用素材 \第3章\ 裁剪图像.jpg"。选择工具箱中【裁剪工具】，如图3.54所示。

2 图像窗口中出现8个控制点，拖动控制点选择裁剪区域，调整过程如图3.55所示。

图3.54 选择【裁剪工具】　图3.55 拖动裁剪过程

3 选择裁剪区域后图像窗口重点显示剪切区域，裁剪外的区域将以更深的颜色显示。如图3.56所示。

4 移动位置。将鼠标光标移动到裁剪框内，鼠标将变成 ▶ 状，按住鼠标键拖动，可移动图像位置，移动过程如图3.57所示。

图3.56 裁剪框效果　　　图3.57 移动裁剪框

5 将光标放在裁剪框的外面，当光标变成 ↻ 状时，按住鼠标左键拖动，就可以旋转当前的图像，效果如图3.58所示。

6 缩放裁剪框，将光标放在8个控制点的任意一个上，当光标变为双箭头时，按住鼠标左键拖动，就可以把裁切范围放大或缩小，如图3.59所示为放大效果。

图3.58 旋转裁剪框　　　图3.59 放大裁剪框

步骤 7 使用【透视裁剪工具】时，拖动裁剪框的控制点，可以将裁剪框透视变形，拖动中间控制点可以放大或缩小剪裁框。

步骤 8 设置完成后，在裁剪框内双击鼠标或按Enter键即可完成裁剪。也可以在选项栏中单击【提交当前裁剪操作】✔按钮确认裁剪；如果操作错误，可以在选项栏中单击【取消当前裁剪操作】🚫按钮取消裁剪。透视裁剪过程如图3.60所示。

图3.60 透视裁剪过程

技巧 ！

在裁剪画布时，按Enter键，可快速提交当前裁剪操作；按Esc键，可快速取消当前裁剪操作。

3.6.3 使用【裁剪】命令裁剪图像

【裁剪】命令主要是基于当前选区对图像进行裁剪，使用方法相当的简单，只需要使用选取工具选择要保留的图像区域，然后执行菜单栏中的【图像】|【裁剪】命令即可。使用【裁剪】命令裁剪图像操作效果如图3.61所示。

图3.61 使用【裁剪】命令裁剪图像操作效果

3.6.4 使用【裁切】命令裁切图像

【裁切】命令与【裁剪】命令有所不同，裁剪命令主要通过选区的方式来修剪图像，而【裁切】命令主要通过图像周围透明像素或指定的颜色背景像素来裁剪图像。

执行菜单栏中的【图像】|【裁切】命令，打开【裁切】对话框，如图3.62所示。

图3.62 【裁切】对话框

【裁切】对话框中各选项含义如下。

● 【基于】：设置裁切的依据。选择【透明像素】单选按钮，将裁剪掉图像边缘的透明区域，保留包含非透明像素的最小图像；选择【左上角像素颜色】单选按钮，将裁剪掉与左上角颜色相同的颜色区域；选择【右下角像素颜色】单选按钮，将裁剪掉与右下角颜色相同的颜色区域。不过，后两项多适用于单色区域图像，对于复杂的图像颜色就显得无力。如图3.63所示为选择【左上角像素颜色】单选按钮后裁剪的前后效果对比。

图3.63 裁剪的前后效果对比

● 【裁切】：指定裁剪的区域。可以指定一个也可以同时指定多个，包括【顶】、【底】、【左】和【右】4个选项。

视频讲座3-4：自由变换

案例分类：软件功能类
视频位置：配套光盘\movie\案例视频
3-4：自由变换.avi

在编辑处理图像时，常常需要调整图像的大小、角度，或者对图像进行斜切、扭曲、透视、翻转、变形处理等。此时就可以使用Photoshop提供的变换图像的多种方法。

执行菜单栏中的【编辑】|【变换】子菜单中的【缩放】、【旋转】、【斜切】、【扭曲】、【透视】、【变形】等命令，在所选图像的周围将出现变换控制框，通过对控制框的不同的操作，完成图像的不同变换效果。要想掌握变换子菜单中的相关命令，首先了解一下变换子菜单的组成，如图3.64所示。

图3.64 变换子菜单

① 缩放图像

将鼠标光标放置在变换控制框不同的控制点上，鼠标光标将分别显示为"↔"、"↕"、"⤢"或"⤡"形状，在控制点上按住鼠标左键并拖动，即可按照指定的方向缩放图像，不同的缩放效果如图3.65所示。

原始效果

水平缩放

垂直缩放　　　　水平、垂直缩放
图3.65 不同的缩放效果

提示 ❓

按住Shift + Alt组合键的同时拖动变换控制框4个角上的任意一个控制点，可以从图像的中心点按长宽比例进行缩放。

② 旋转图像

将鼠标光标放置在控制点的外侧，鼠标光标将显示为"↻"状，此时，按住鼠标左键并拖动，即可旋转图像。旋转图像的操作效果如图3.66所示。

 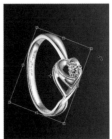

图3.66 旋转图像操作效果

③ 斜切图像

在菜单中选择【斜切】命令，可以斜切选区，另外，还可以使用快捷键来进行斜切和平行斜切选区。

如果直接按住Shift + Ctrl组合键，调整变换控制框的控制点，可以将图像进行斜切变形；如果直接按住Alt + Ctrl组合键，调整变换控制框的控制点，可以将图像进行平行斜切变形；斜切和平行斜切变形操作效果如图3.67所示。

图3.67 斜切和平行斜切变形操作效果

提示 ❓

斜切选区时，斜切的方向是受到限制的，比如水平斜切的同时就不能垂直斜切；而平行斜切也具有这种限制，但它会在另一方产生对称的斜切效果。

完全掌握Photoshop CC超级手册

58

④ 扭曲图像

在菜单中选择【扭曲】命令，可以扭曲图像。另外，还可以使用快捷键来进行扭曲图像。

如果直接按住Ctrl键调整变换控制框的控制点，可以将图像进行扭曲变形，不同的扭曲操作效果如图3.68所示。

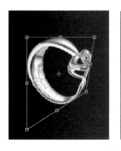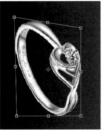

图3.68 不同的扭曲操作效果

提示 ❓

斜切和扭曲有些相似，但扭曲选区打破了斜切的方向限制，它可以向任意方向和位置扭曲选区，而斜切则不能。

⑤ 透视图像

在菜单中选择【透视】命令，可以透视图像。另外，还可以使用快捷键来进行透视图像。

如果直接按住Alt + Ctrl + Shift组合键调整变换控制框的控制点，可以将图像进行透视操作，透视图像操作效果如图3.69所示。

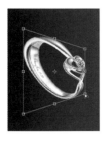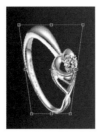

图3.69 透视图像操作效果

提示 ❓

如果拖动中间的控制点，则透视命令和斜切命令的操作效果是一样的。

⑥ 变形图像

变形可以灵活地对选区进行变形操作。在添加变换框后在文档窗口中单击鼠标右键，从弹出的快捷菜单中选择【变形】命令，在选项栏中【变形】右侧的下拉列表中选择【扭转】变形样式，从而对图像进行相应的变形处理。变形图像操作效果如图3.70所示。

图3.70 变形图像操作效果

提示 ❓

如果对变形后的图像不满意，想要还原到上一步的变换操作，可执行菜单栏中的【编辑】|【还原自由变换】命令或按Ctrl + Z组合键。

第4章 颜色及图案填充

〔内容摘要〕

本章主要讲解颜色设置与图案填充，首先了解前景色和背景色，详细介绍了【色板】、【颜色】面板的使用及【吸管工具】吸取颜色的方法；然后讲解了填充工具的使用及渐变工具的使用方法，透明渐变及杂色渐变的编辑技巧；最后讲解了整体图案的定义与局部图案的自定义方法与图案填充的控制技巧。通过本章的学习，掌握颜色设置与图案填充的应用技巧。

〔教学目标〕

- 了解前景色和背景色
- 学习前景色和背景色的不同设置方法
- 掌握色板、颜色面板的使用
- 掌握吸管工具及颜色取样器的使用技巧
- 掌握渐变工具的使用及多种渐变的编辑方法
- 掌握图案的自定义与填充控制技巧

4.1 / 单色填充

在进行绘图前，首先学习绘画颜色的设置方法，在Photoshop CC中，设置颜色通常指设置前景色和背景色。设置前景色和背景色方法很多，比较常用的分别为利用【工具箱】设置颜色、利用【颜色】面板设置、利用【色板】设置、利用【吸管工具】设置指定前景色或背景色。下面分别介绍这些设置前景色和背景色的方法。

4.1.1 前景和背景色

前景色一般应用在绘画、填充和描边选区上，比如使用【画笔工具】✐绘图时，在画布中拖动绘制的颜色即为前景色，如图4.1所示。

背景色一般可以在擦除、删除和涂抹图像时显示，比如在使用【橡皮擦工具】✐在画布中拖动擦除图像，显示出来的颜色就是背景色，如图4.2所示。在某些滤镜特效中，也会用到前景色和背景色。

图4.1 前景色效果　　　　图4.2 背景色效果

4.1.2 【工具箱】中的前景色和背景色

在【工具箱】的底部有一个█颜色设置区域，利用该区域，可以进行前景色和背景色的设置。默认情况下前景色显示为黑色，背景色显示为白色，如图4.3所示。

图4.3 颜色设置区域

单击工具箱中的【切换前景色和背景色】↰ 按钮或按键盘上的X键，可以交换前景色和背景色。单击工具箱中的【默认前景色和背景色】▣ 按钮或按键盘上的D键，可以将前景色和背景色恢复默认效果。

更改前景色或背景色的方法很简单，在【工具箱】中只需要在代表前景色或背景色的颜色区域内单击鼠标，即可打开【拾色器】对话框。在【拾色器】中颜色域中单击即可选择所需的颜色。

4.1.3 【拾色器】对话框

在【拾色器】对话框中，可以使用4种颜色模型来拾取颜色：HSB、RGB、Lab和CMYK。使用【拾色器】可以设置前景色、背景色和文本颜色。也可以为不同的工具、命令和选项设置目标颜色。【拾色器】对话框如图4.4所示。

图4.4 【拾色器】对话框

在颜色预览区域的右侧，根据选择颜色的不同，会出现【打印时颜色超出色域】▲ 和【不是Web安全颜色】◉ 标志，这是因为，用于印刷的颜色和浏览器显示的颜色有一定的显示范围造成的。

当选择的颜色超出印刷色范围时，将出现【打印时颜色超出色域】▲ 标志以示警告。并在其下面的颜色小方块中显示打印机能识别的颜色中与所选色彩最接近的颜色。一般它比所选的颜色要暗一些。单击【打印时颜色超出色域】▲ 标志或小方的颜色小方块，即可将当前所选颜色置换成与之相对应的打印机所能识别的颜色。

当选择的色彩超出浏览器支持的色彩显示范围时，将出现【不是Web安全颜色】◉ 标志以示警告。并在其下方的颜色小方块中显示浏览器支持的与所选色彩最接近的颜色。单击【不是Web安全颜色】◉ 标志或小方的颜色小方块，即可将当前所选颜色置换成与之相对应的Web安全色，以确保制作的Web图片在256色的显示系统上不会出现仿色。

在对话框右下角还有9个单选按钮，即HSB、RGB、Lab色彩模式的三原色按钮，当选中某单选按钮时，滑杆即成为该颜色的控制器。例如，选中R单选按钮，即滑杆变为控制红色，然后在颜色域中选择决定G与B颜色值，如图4.5所示。因此，通过调整滑杆并配合颜色域即可选择成千上万种颜色。每个单选按钮所代表控制的颜色功能分别为【H】—色相、【S】—饱和度、【B】—亮度、【R】—红、【G】—绿、【B】—蓝、【L】—明度、【a】—由绿到鲜红、【b】—由蓝到黄。

另外，在【拾色器】对话框的左侧底部，有一个【只显示Web颜色】复选框，选择该复选框后，在颜色域中就只显示Web安全色，便于Web图像的制作，如图4.6所示。

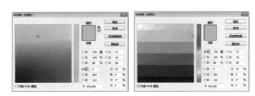

图4.5 选择R单选按钮效果 图4.6 选择【只有Web颜色】复选框

在【拾色器】对话框中，单击【添加到色板】命令，将打开【色板名称】对话框，输入一个新的颜色名称后，单击【确定】按钮，可以为色板添加新的颜色。

在【拾色器】对话框中单击【颜色库】按钮，将打开【颜色库】对话框，如图4.7所示，通过该对话框，可以选择从【色库】下拉菜单中选择不同的色库，颜色库中的颜色将显示在其下方的颜色列表中；也可以从颜色条位置选择不同的颜色，在左侧的颜色列表中显示相关的一些颜色，单击选择需要的颜色即可。

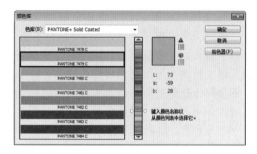

图4.7 【颜色库】对话框

4.1.4 【色板】面板

Photoshop提供了一个【色板】面板，如图4.8所示，【色板】有很多颜色块组成，单击某个颜色块，可快速选择该颜色。该面板中的颜色都是预设好的，不需要进行配置即可使用。当然，为了用户的需要，还可以在【色板】面板中添加自己常用的颜色，比如使用【创建前景色的新色板】创建新颜色，或者单击【删除色板】按钮，删除一些不需要的颜色。使用色板菜单，还可以修改色板的显示效果、复位、载入或存储色板。

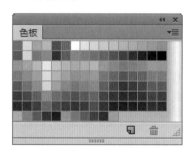

图4.8 【色板】面板

要使用色板，首先执行菜单栏中的【窗口】|【色板】命令，将【色板】面板设置为当前状态，然后移动鼠标至【色板】面板的色块中，此时光标将变成吸管形状，单击即可选定当前指定颜色。通过【色板】的相关命令，用户还可以修改【色板】面板中的颜色，其具体操作方法如下：

① 添加颜色

如果要在【色板】面板中添加颜色，将鼠标移至【色板】面板的空白处，当光标变成油漆桶状时，单击鼠标打开【色板名称】对话框，输入名称后单击【确定】按钮即可添加颜色，添加的颜色为当前工具箱中的前景色。直接单击添加颜色的操作过程如图4.9所示。

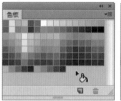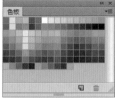

图4.9 直接单击添加颜色的操作过程

② 删除颜色

如果要删除【色板】面板中的颜色，按住Alt键，将光标放置在不需要的色块上，当光标变成剪刀状时单击，即可删除该色块，如图4.10所示。

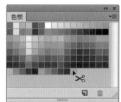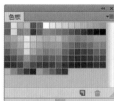

图4.10 辅助键删除色块操作过程

4.1.5 【颜色】面板

使用【颜色】面板选择颜色，如同在【拾色器】对话框中选色一样轻松。在【颜色】面板中不仅能显示当前前景色和背景色的颜色值，而且使用【颜色】面板中的颜色滑块，可以根据几种不同的颜色模式编辑前景色和背景色。也可以从显示在面板底部的色谱条中选取前景色或背景色。

执行菜单栏中的【窗口】|【颜色】命令，将【颜色】面板设置为当前状态。单击其右上角的按钮，在弹出的面板菜单中还可以选择不同的色彩模式和色谱条显示，如图4.11所示。

图4.11 【颜色】面板与面板菜单

单击选择前景色或背景色区域，选中后该区域将有黑色的边框显示。将鼠标移动到右侧的【C】、【M】、【Y】或【K】任一颜色的滑块上按住鼠标左右拖动，比如【Y】下方的滑块，或者在最右侧的文本框中输入相应的数值，即可改变前景或背景色的颜色值；也可以选择要修改的前景色或背景色区域后，在底部的色谱条中直接单击，选择前景或背景色。如果想设置白色或黑色，可以直接单击色谱条右侧的白色或黑色区域，直接选择白色或黑色，如图4.12所示。

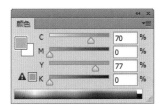

图4.12 滑块与数值

4.1.6 【吸管工具】快速吸取颜色

使用【工具箱】中的【吸管工具】 ✏ 在图像内任意位置单击，可以吸取前景色；或者将指针放置在图像上，按住鼠标左键在图像上任何位置拖动，前景色范围框内的颜色会随着鼠标的移动而发生变化，释放鼠标左键，即可采集新的颜色，如图4.13所示。

技巧

在图像上采集颜色时，直接在需要的颜色位置单击，可以改变前景色；按住键盘上的Alt键，在需要的颜色位置单击，可以改变背景色。

图4.13 使用【吸管工具】选择颜色

选择【吸管工具】后，在选项栏中，不但可以设置取样大小，还可以指定图层或显示取样环，选项栏如图4.14所示。

图4.14 取样大小菜单

选项栏中各选项含义说明如下。

- 【取样大小】：指定取样区域。包含7种选择颜色的方式；选择【取样点】表示读取单像素的精确值；选取【3×3平均】表示在单击区域内以3×3像素范围的平均值作为选取的颜色。

提示

除了【3×3平均】取样外，还有【5×5平均】、【11×11平均】……等，用法和含义与【3×3平均】相似，这里不再赘述。

- 【样本】：指定取样的样本图层。选择【当前图层】表示从当前图层中采集色样；选择【所有图层】表示从文档中的所有图层中采集色样。
- 【显示取样环】：选中该复选框，可预览取样颜色的圆环，以更好地采集色样，如图4.15所示。

图4.15 显示取样环效果

4.1.7 【颜色取样器工具】查看颜色

Photoshop除了提供【吸管工具】以外，还提供了一个方便查看颜色信息的【颜色取样器工具】。它借助【信息】面板帮助用户查看图像窗口中任一位置的颜色信息。

① 添加取样点

在【工具箱】中选择【颜色取样器工具】，然后将鼠标移动到图像窗口中，在需要的位置单击即可完成颜色取样。此时，系统会自动打开【信息】面板，并在【信息】面板中显示取样点的颜色信息，如图4.16所示。

取样点最多可以添加4个，并在【信息】面板的底部以#1、#2、#3、#4显示，通过【信息】面板可以查看所有取样点的颜色信息值。

图4.16 取样点和颜色信息

② 移动取样点

取样点的位置可以任意调整，确认选择【颜色取样器工具】，然后将鼠标移动到取样点上方，光标将变成移动标志，此时，按住

鼠标拖动取样点到其他位置，释放鼠标即可完成取样点的移动。操作过程如图4.17所示。在移动过程中，用户可以随时查看【信息】面板中的颜色值变化。

图4.17 移动取样点操作过程

③ 显示和隐藏取样点

在【信息】面板中，单击面板右侧的 ▼≡ 按钮，打开【信息】面板菜单，取消【颜色取样器】命令左侧的P对号，就可以隐藏取样点。同理，再次选择【颜色取样器】命令，显示P对号，可以显示取样点，如图4.18所示。

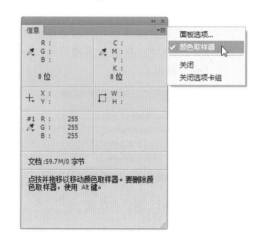

图4.18 显示或隐藏颜色取样点

4.2 渐变填充

渐变工具可以创建多种颜色的逐渐混合效果。选择【渐变工具】■后，在选项栏中设置需要的渐变样式和颜色，然后在画布中按住鼠标拖动，就可以填充渐变颜色。【渐变工具】选项栏如图4.19所示。

![渐变工具选项栏]

图4.19 【渐变工具】选项栏

4.2.1 "渐变"拾色器

在工具箱中选择【渐变工具】■后单击工具选项栏中 ▢ 右侧的【点按可打开"渐变"拾色器】三角形 ▾ 按钮，将弹出【"渐变"拾色器】。从中可以看到现有的一些渐变，如果想使用某个渐变，直接单击该渐变即可。

单击【"渐变"拾色器】右上角的三角形按钮，将打开【"渐变"拾色器】菜单，如图4.20所示。

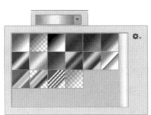

图4.20 【"渐变"拾色器】及菜单

【"渐变"拾色器】菜单各命令的含义说明如下。

- 【新建渐变】：选择该命令，将打开【渐变名称】对话框，可以将当前渐变保存到【"渐变"拾色器】中，以创建新的渐变。

- 【重命名渐变】：为渐变重新命名。在【"渐变"拾色器】中单击选择一个渐变，然后选择该命令，在打开的【渐变名称】对话框中输入新的渐变名称即可。如果没有选择渐变，该命令将处于灰色的不可用状态。

- 【删除渐变】：用来删除不需要的渐变。在【"渐变"拾色器】中单击选择一个渐变，然后选择该命令，可以将选择的渐变删除。

- 【纯文本】、【小缩览图】、【大缩览图】、【小列表】和【大列表】：用来改变【"渐变"拾色器】中渐变的显示方式。

- 预设管理器：选取该命令，将打开【预设管理器】对话框，对渐变预设进行管理。

- 【复位渐变】：将【"渐变"拾色器】中的渐变恢复到默认状态。

- 【载入渐变】：可以将其他的渐变添加到当前的【"渐变"拾色器】中。

- 【存储渐变】：将设置好的渐变保存起来，供以后调用。

- 【替换渐变】：与【载入渐变】相似，将其他的渐变添加到当前【"渐变"拾色器】中，不同的是【替换渐变】将新载入的渐变替换掉原有的渐变。

- 【协调色1】、【协调色2】、【杂色样本】……：选取不同的命令，在【"渐变"拾色器】中，将显示与其对应的渐变。

视频讲座4-1：渐变样式

案例分类：软件功能类
视频位置：配套光盘\movie\视频讲座4-1：渐变样式.avi

在Photoshop CC中包括5种渐变样式，分别为线性渐变■、径向渐变■、角度渐变■、对称渐变■和菱形渐变■。5种渐变样式具体的效果和应用方法介绍如下：

- 【线性渐变】■：单击该按钮，在图像或选区中拖动，将从起点到终点产生直线型渐变效果，拖动线及渐变效果，如图4.21所示。
- 【径向渐变】■：单击该按钮，在图像或选区中拖动，将以圆形方式从起点到终点产生环形渐变效果，拖动线及渐变效果，如图4.22所示。

 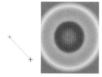

图4.21 线性渐变　　　图4.22 径向渐变

- 【角度渐变】■：单击该按钮，在图像或选区中拖动，以逆时针扫过的方式围绕起点产生渐变效果，拖动线及渐变效果，如图4.23所示。
- 【对称渐变】■：单击该按钮，在图像或选区中拖动，将从起点的两侧产生镜向渐变效果，拖动线及渐变效果如图4.24所示。

图4.23 角度渐变 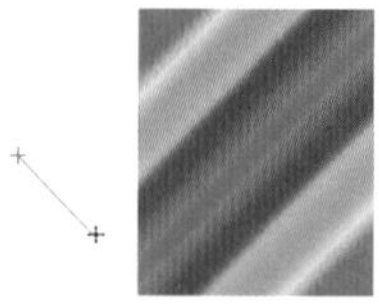　　　图4.24 对称渐变

提示 ❓

【对称渐变】如果对称点设置在画布外，将产生与【线性渐变】一样的渐变效果。所以在某些时候，【对称渐变】可以代替【线性渐变】来使用。

- 【菱形渐变】■：单击该按钮，在图像或选区中拖动，将从起点向外形成菱形的渐变效果，拖动线及渐变效果如图4.25所示。

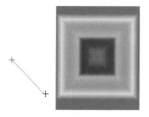

图4.25 菱形渐变

提示 ❓

在进行渐变填充时，如果按住Shift键拖动填充，可以将线条的角度限定为45°的倍数。

4.2.2 【渐变工具】选项栏

　　【渐变工具】选项栏除了【"渐变"拾色器】和渐变样式选项外，还包括【模式】、【不透明度】、【反向】、【仿色】和【透明区域】5个选项，如图4.26所示。

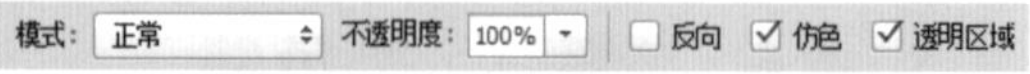

模式: 正常 ÷ 不透明度: 100% ▾ □ 反向 ☑ 仿色 ☑ 透明区域

图4.26 其他选项

其他选项具体的应用方法介绍如下。

- 【模式】：设置渐变填充与图像的混合模式。
- 【不透明度】：设置渐变填充颜色的不透明程度，值越小越透明。原图、不透明度为30%和不透明度为60%的不同填充效果如图4.27所示。

原图　不透明度为30%　不透明度为60%

图4.27 不同不透明度填充效果

- 【反向】：选中该复选框，可以将编辑的渐变颜色的顺序反转过来。比如黑白渐变可以变成白黑渐变。
- 【仿色】：选中该复选框，可以使渐变颜色间产生较为平滑的过渡效果。
- 【透明区域】：该项主要用于对透明渐变的设置。选中该复选框，当编辑透明渐变时，填充的渐变将产生透明效果。如果不选中该复选框，填充的透明渐变将不会出现透明效果。

视频讲座4-2：渐变编辑器

 案例分类：软件功能类
视频位置：配套光盘\movie\视频讲座4-2：渐变编辑器.avi

　　在工具箱中选择【渐变工具】■后，单击选项栏中的【点按可编辑渐变】▭ ▾ 区域，将打开【渐变编辑器】对话框，如图4.28

完全掌握Photoshop CC超级手册

所示。通过【渐变编辑器】可以选择需要的现有渐变，也可以创建自己需要的新渐变。

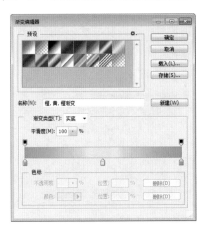

图4.28 【渐变编辑器】对话框

【渐变编辑器】对话框中各选项的含义说明如下：

- 【预设】：显示当前默认或载入的渐变，如果需要使用某个渐变，直接单击即可选择。要使新渐变基于现有渐变，可以在该区域选择一种渐变。
- 【渐变菜单】：单击该三角形 ✿ 按钮，将打开面板菜单，可以对渐变进行预览、复位、替换、载入等操作。
- 【名称】：显示当前选择的渐变名称。也可以直接输入一个新的名称，然后单击右侧的【新建】按钮，创建一个新的渐变，新渐变将显示在【预设】栏中。
- 【渐变类型】：从弹出的菜单中选择渐变的类型，包括【实底】和【杂色】两个选项。
- 【平滑度】：设置渐变颜色的过渡平滑，值越大，过渡越平滑。
- 渐变条：显示当前渐变效果，并可以通过下方的色标和上方的不透明度色标来编辑渐变。

提示 ❓

在渐变条的上方和下方都有编辑色彩的标志，上面的叫不透明度色标，用来设置渐变的透明度，与不透明度控制区对应；下面的叫色标，用来设置渐变的颜色，与颜色控制区对应。只有选定相应色标时，对应选项才可以编辑。

❶ 添加/删除色标

将鼠标光标移动到渐变条的上方，当光标变成手形 🖐 标志时单击鼠标，可以创建一个不透明度色标；将鼠标光标移动到渐变条的下方当光标变成手形 🖐 标志时单击鼠标，可以创建一个色标。多次单击可以添加多个色标，添加色标前后的效果，如图4.29所示。

图4.29 色标添加前后效果

如果想删除不需要的色标或不透明度色标，选择色标或不透明度色标后，单击【色标】选项组对应的【删除】按钮即可；也可以直接将色标或不透明度色标拖动到【渐变编辑器】对话框以外，释放鼠标即可将选择的色标或不透明度色标删除。

❷ 编辑色标颜色

单击渐变条下方的色标 🏠，该色标上方的三角形变黑 🏠，表示选中了该色标，可以使用如下方法来修改色标的颜色：

- 方法1：双击法。在需要修改颜色的色标上，双击鼠标，打开【选择色标颜色】对话框，选择需要的颜色后，单击【确定】按钮即可。

提示 ❓

【选择色标颜色】对话框与前面讲解的【拾色器】对话框用法相同，这里不再赘述。

- 方法2：利用【颜色】选项。选择色标后，在【色标】选项组中，激活颜色控制区，单击【颜色】右侧的【更改所选色标的颜色】▉▉区域，打开【选择色标颜色】对话框，选择需要的颜色后，单击【确定】按钮即可。
- 方法3：直接吸取。选择色标后，将光标移动到【颜色】面板的色谱条或打开的图像中需要的颜色上，单击鼠标即可采集吸管位置的颜色。

❸ 移动或复制色标

直接左右拖动色标，即可移动色标的位置。如果在拖动时按住Alt键，可以复制出一个新的色标。移动色标的操作效果，如图4.30所示。

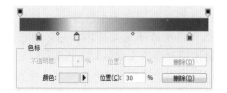

图4.30 移动色标操作效果

如果要精确移动色标，可以选择色标或不透明度色标后，在【色标】选项组中，修改颜色控制区中的【位置】参数，精确调整色标或不透明度色标的位置，如图4.31所示。

图4.31 精确移动色标

④ 编辑色标和不透明度色标中点

当选择一个色标时，在当前色标与临近的色标之间将出现一个菱形标记，这个标记称为颜色中点，拖动该点，可以修改颜色中点两侧的颜色比例，操作效果如图4.32所示。

图4.32 编辑中点

位于【渐变条】上方的色块叫做不透明度色标。同样，当选择一个不透明度色标时，在当前不透明标与临近的不透明度色标之间将出现一个菱形标记，这个标记称为不透明度中点，拖动该点，可以修改不透明度中点两侧的透明度所占比例，操作效果如图4.33所示。

图4.33 编辑不透明度中点

视频讲座4-3：透明渐变

案例分类：软件功能类
视频位置：配套光盘\movie\视频讲座4-3：透明渐变.avi

利用【渐变编辑器】不但可以制作出实色的渐变效果，还可以制作出透明的渐变填充，具体的设置方法如下：

1 在工具箱中选择【渐变工具】■后，单击工具选项栏中的【点按可编辑渐变】

区域，打开【渐变编辑器】对话框。

2 在【渐变编辑器】对话框中的【预设】栏中单击选取一个渐变样式，如选择透明彩虹渐变，如图4.34所示。

图4.34 选择透明彩虹渐变

3 首先来改变渐变的颜色将所有色标向右拖动，如图4.35所示。

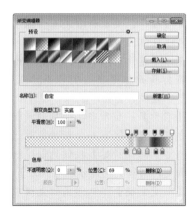

图4.35 设置色标位置

4 设置完成后，单击【确定】按钮，完成七彩渐变的编辑。为了说明效果，这里执行菜单栏中的【文件】|【打开】命令，选择配套光盘中"调用素材/第4章/渐变背景.jpg"图片，将其打开。如图4.36所示。

图4.36 打开文件

完全掌握Photoshop CC超级手册

5 在【图层】面板中，单击面板底部的【创建新图层】 按钮，新建一个【图层1】图层，在选项栏中选择【径向渐变】 ，在图像左上角位置按住鼠标向中间位置拖动，如图4.37所示。

图4.37 填充七彩渐变

6 单击【图层】面板下方的【添加图层蒙版】 按钮，将前景色设置为黑色，使用【画笔工具】 ，设置大小为80像素，硬度为0%，在画布中拖动，将彩虹两端擦除与背景融合。在【图层】面板中设置【图层 1】的混合模式为【柔光】，修改【不透明度】的值为70%。如图4.38所示。

图4.38 完成效果

4.2.3 杂色渐变

除了创建上面的实色渐变和透明渐变外，利用【渐变编辑器】对话框还可以创建杂色渐变，具体的创建方法如下：

1 在工具箱中选择【渐变工具】 ，单击选项栏中【点按可编辑渐变】 区域，打开【渐变编辑器】对话框，然后选择一种渐变，比如选择【色谱】渐变。在【渐变类型】下拉列表中，选择【杂色】选项，此时渐变条将显示杂色效果，如图4.39所示。

图4.39 【渐变编辑器】面板

提示 **?**

杂色渐变效果与选择的预设或自定义渐变无关，即不管开始选择的是什么渐变，选择【杂色】选项后，显示的效果都是一样的。要修改杂色渐变，可以通过【颜色模型】和相关的参数值来修改。

- 【粗糙度】：设置整个渐变颜色之间的粗糙程度。可以在文本框中输入数值，也可以拖动弹出式滑块来修改数值。值越大，颜色之间的粗糙度就越大，颜色之间的对比度就越大。不同的值将显示不同的粗糙程度。
- 【颜色模型】：设置不同的颜色模式。包括RGB、HSB和LAB3种颜色模式。选择不同的颜色模式，其下方将显示不同的颜色设置条，拖动不同颜色滑块，可以修改颜色的显示，以创建不同的杂色效果。
- 【限制颜色】：选中该复选框，可以防止颜色过度饱和。
- 【增加透明度】：选中该复选框，可以向渐变中添加透明杂色，以制作带有透明度的杂色效果。
- 【随机化】：单击该按钮，可以在不改变其他参数的情况下，创建随机的杂色渐变。

Ps 2 读者可以根据上面的相关参数，自行设置一个杂色渐变。利用【渐变工具】进行填充，填充几种不同渐变样式的杂色渐变效果，如图4.40所示。

图4.40 填充几种不同渐变样式的杂色渐变效果

视频讲座4-4：油漆桶工具

案例分类：软件功能类
视频位置：配套光盘\movie\视频讲座
4-4：油漆桶工具.avi

【油漆桶工具】 通过在图像中单击进行颜色或图案的填充。在填充时，可以辅助工具选项栏的相关参数设置，以更好地达到填充的效果。填充颜色时，所使用的颜色为当前工具箱中的前景色，所以在填充前，要先设置好前景色，然后再进行填充；也可以选择使用图案填充，通过选项栏中填充方式的设置，可以为图像填充图案效果。【油漆桶工具】选项栏如图4.41所示。

图4.41 【油漆桶工具】的选项栏

【油漆桶工具】的选项栏各选项的含义说明如下。

- 【设置填充区域的源】 前景 ：设置填充的方式。单击右侧的三角形按钮，可以打开一个选项菜单，可以选择【前景】或【图案】两种选项命令。当选择【前景】选项命令时，填充的内容是当前工具箱中设置的前景色；当选择【图案】选项命令时，其右侧的【图案】选项将被启用，可以从【图案】选项中选择合适的图案，然后进行图案填充。原图、填充前景色和图案的效果，如图4.42所示。

图4.42 原图、填充前景色和图案的效果

- 【模式】：设置填充颜色或图案与原图像产生的混合效果。

- 【不透明度】：设置填充颜色或图案的不透明度。可以产生透明的填充效果，如图4.43所示为原图和使用不同的不透明度值填充紫色所产生的填充效果。

原图 不透明度值为55% 不透明度值为20%
图4.43 不同透明度填充的效果对比

- 【容差】：设置油漆桶工具的填充范围。值越大，填充的范围也越大。

- 【消除锯齿】：选中该复选框，可以使填充的颜色或图案的边缘产生较为平滑的过渡效果。

- 【连续的】：选中该复选框，油漆桶工具只填充与单击点颜色相同或相近的相邻颜色区域；不选中该复选框，油漆桶工具将填充与单击点颜色相同或相近的所有颜色区域。如图4.44所示为选中和不选中【连续的】复选框填充的效果。

原图 选中【连续的】 不选中【连续的】
图4.44 选中和不选中【连续的】复选框效果

- 【所有图层】：选中该复选框，当进行颜色或图案填充时，将影响当前文档中所有的图层。

提示 ❓

【油漆桶工具】不能应用于位图或索引模式下的图像。

4.3 / 图案填充

在应用填充工具进行填充时，除了单色和渐变，还可以填充图案。图案是在绘图过程中被重复使用或拼接粘贴的图像，Photoshop为用户提供了各种默认图案。在Photoshop中，也可以自定义创建新图案，然后将它们存储起来，供不同的工具和命令使用。

视频讲座4-5：整体定义图案

案例分类：软件功能类
视频位置：配套光盘\movie\视频讲座
4-5：整体定义图案.avi

整体定义图案，就是将打开的图片素材整个定义为图案，以填充其他画布制作背景或其他用途，具体的操作方法如下：

1 打开配套光盘中"调用素材/第4章/定义图案.jpg"文件，单击【打开】按钮，打开图片如图4.45所示。

2 执行菜单栏中的【编辑】|【定义图案】命令，打开【图案名称】对话框，为图案进行命名，如"整体图案"，如图4.46所示，然后单击【确定】按钮，完成图案的定义。

图4.45 打开的图片

图4.46 【图案名称】对话框

3 按Ctrl + N组合键，创建一个画布。然后执行菜单栏中的【编辑】|【填充】命令，打开【填充】对话框，设置【使用】为图案，并单击【自定图案】右侧的【点按可打开"图案"拾色器】区域，打开【"图案"拾色器】，选择刚才定义的"整体图案"图案，如图4.47所示。

技巧 !

按Shift + F5组合键，可以快速打开【填充】对话框。

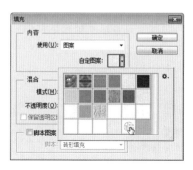

图4.47 【填充】对话框

提示 ?

【填充】对话框中的【点按可打开"图案"拾色器】与使用【油漆桶工具】时，工具选项栏中的图案相同。

4 设置完成后，单击【确定】按钮，确认图案填充，即可将选择的图案填充到当前的画布中，填充后的效果如图4.48所示。

图4.48 图案填充效果

视频讲座4-6：局部定义图案

案例分类：软件功能类
视频位置：配套光盘\movie\视频讲座
4-6：局部定义图案.avi

整体定义图案是将打开的整个图片定义为一个图案，这就局限了图案的定义。而Photoshop CC为了更好地定义图案，提供了局部图案的定义方法，即可以选择打开图片中的任意喜欢的局部效果，将其定义为图案，具体的操作方法如下：

1 打开配套光盘中"调用素材/第4章/定义图案.jpg"文件，单击【打开】按钮，打开图片如图4.49所示。

2 单击工具箱中的【矩形选框工具】 ⬚ 按钮，在图像中合适位置按住鼠标拖动，绘制一个矩形的选区，将部分图形选中，效果如图4.50所示。

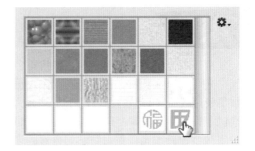

图4.52 图案

4 创建一个新的画布，然后应用填充命令中的图案填充，选择刚定义的局部定义图案，即可应用刚创建的图案进行填充了，如图4.53所示。

图4.49 打开的图片效果　图4.50 选区选择效果

3 选择图案后，执行菜单栏中的【编辑】|【定义图案】命令，打开【图案名称】对话框，为图案进行命名，如图4.51所示，然后单击【确定】按钮，完成图案的自定义。此时，从【"图案"拾色器】中可以看到新创建的自定义图案效果，如图4.52所示。

图4.51 【图案名称】对话框

图4.53 图案填充效果

第5章 图层及图层样式

〔内容摘要〕

图层是Photoshop CC中非常重要的概念，本章从图层的基础知识入手，由浅入深地介绍了图层的基础知识、常见图层的类型、图层面板属性和图层混合模式。同时，还讲解了图层的分布与对齐以及图层栅格化与合并图层。最后详细讲解了图层样式技能，包括混合选项、投影、内阴影、外发光、内发光、斜面和浮雕、光泽、锚边等样式，以及颜色叠加、渐变叠加、图案叠加的设置方法，同时还详细讲解了图层样式的修改、复制、缩放、显示、隐藏以及删除。力求使读者在学习完本章后，能够掌握图层的基础知识及操作技能，熟练掌握图层的使用，掌握图层样式的使用技巧。

〔教学目标〕

- 学习【图层面】板的使用
- 了解图层混合模式
- 学习常见图层的创建方法
- 掌握图层的基本操作技巧
- 掌握图层的对齐与分布
- 掌握图层的栅格化与合并
- 掌握各种图层样式的设置
- 掌握图层样式的修改
- 掌握图层样式的转换

5.1 图层

Photoshop的图层就如果堆叠在一起的透明纸张，通过图层的透明区域可以看到下面图层的内容，并可以通过图层移动来调整图层内容，也可以通过更改图层的不透明度使图层内容变透明。

5.1.1 【图层】面板

【图层】面板显示了图像中的所有图层、图层组和图层效果。可以使用【图层】面板来创建新图层以及处理图层组。还可以利用【图层】面板菜单对图层进行更详细的操作。

执行菜单栏中的【窗口】|【图层】命令，即可打开【图层】面板。在【图层】面板中，图层的属性主要包括【混合模式】、【不透明度】、【锁定】及【填充】属性，如图5.1所示。

图5.1 【图层】面板

❶ 图层混合模式

在【图层】面板的顶部的下拉列表可以调整图层的混合模式。图层混合模式决定这一图层的图像像素如何与图像中的下层像素进行混合。

❷ 图层不透明度

通过直接输入数值或拖动不透明度滑块，可以改变图层的总体不透明度。不透明度的值越小，当前选择层就越透明；值越大，当前选择层就越不透明；当值为100%时，图层完全不透明。如图5.2所示为不透明度分别为100%、70%和30%时的不同效果。

图5.2 不透明度分别为100%、70%和30%时的不同效果

❸ 锁定设置

Photoshop提供了锁定图层的功能，可以全部或部分锁定某一个图层和图层组，以保护图层相关的内容，使它的部分或全部在编辑图像时不受影响，给编辑图像带来方便，如图5.3所示。

锁定：图 画 移 锁

图5.3 图层锁定

当使用锁定属性时，除背景层外，显示为黑色实心的锁标记 🔒，表示图层的属性完全被锁定；显示为灰色实心的锁标记 🔒，表示图层的属性部分被锁定。下面具体讲解锁定的功能：

- 【锁定透明像素】图：单击该按钮，锁定当前层的透明区域，可以将透明区域保护起来。在使用绘图工具时，只对不透明部分起作用，而对透明部分不起作用。

- 【锁定图像像素】画：单击该按钮，将当前图层保护起来，除了可以移动图层内容外，不受任何填充、描边及其他绘图操作的影响。在该图层上无法使用绘图工具，绘图工具在图像窗口中将会显示为禁止图标🚫。

- 【锁定位置】移：单击该按钮，将不能够对锁定的图层进行旋转、翻转、移动、自由变换等编辑操作。但能够对当前图层进行填充、描边和其他绘图操作。

- 【锁定全部】🔒：单击该按钮，将完全锁定当前图层。任何绘图操作和编辑操作均不能够在这一图层上使用。而只能够在【图层】面板中调整该图层的叠放次序。

提示　❓

对于图层组的锁定，与图层锁定相似。锁定图层组后，该图层组中的所有图层也会被锁定。当需要解除锁定时，只需再次单击其相应的锁定按钮，即可解除图层属性的锁定。

❹ 填充不透明度

填充不透明度与不透明度类似，但填充不透明度只影响图层中绘制的像素或图层上绘制的形状，不影响已经应用在图层中的图层效果，如外发光、投影、描边等。

如图5.4所示，为应用描边和投影样式后的原图效果与修改不透明度和填充值为20%后的效果对比。

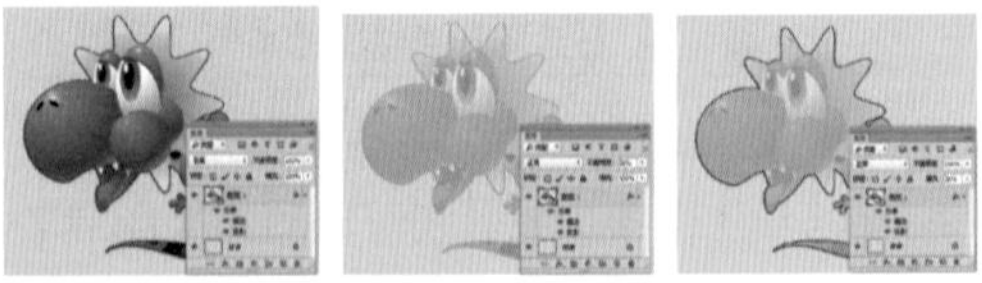

图5.4 原图与修改不透明度和填充值为20%后的效果对比

5.1.2 图层混合模式

在Photoshop中，混合模式应用于很多地方，比如画笔、图章、图层等，具有相当重要的作用，模式的不同得到的效果也不同，利用

混合模式，可以制作出许多意想不到的艺术效果。下面来详细讲解图层混合模式相关命令的使用技巧。首先了解一下当前层（即使用混合模式的层）和下面图层（即被作用层）的关系如图5.5所示。

图5.5 层的分布效果

① 正常

这是Photoshop的默认模式，选择此模式当前层上的图像将覆盖下层图像，只有修改不透明度的值，才可以显示出下层图像。正常模式效果如图5.6所示。

② 溶解

当前层上的图像呈点状粒子效果，在不透明度小于100%时，效果更加明显。溶解模式效果如图5.7所示。

图5.6 正常模式　　　　图5.7 溶解模式

③ 变暗

当前层中的图像颜色值与下面层图像的颜色值进行混合比较，混合颜色值亮的像素将被替换，比混合颜色值暗的像素将保持不变，最终得到暗色调的图像效果。变暗模式效果如图5.8所示。

④ 正片叠底

当前层图像颜色值与下层图像颜色值相乘，再除以数值255，得到最终像素的颜色值。任何颜色与黑色混合将产生黑色。当前层中的白色将消失，显示下层图像。正片叠底模式效果如图5.9所示。

图5.8 变暗模式　　　　图5.9 正片叠底模式

⑤ 颜色加深

该模式可以使图像变暗，功能类似于加深工具。在该模式下利用黑色绘图将抹黑图像，而利用白色绘图将不起任何作用。颜色加深模式效果如图5.10所示。

⑥ 线性加深

该模式可以使图像变暗，与颜色加深有些类似，不同的是该模式通过降低各通道颜色的亮度来加深图像，而颜色加深是增加各通道颜色的对比度来加深图像。在该模式下使用白色描绘图不会产生任何作用。线性加深模式效果如图5.11所示。

图5.10 颜色加深模式　　　图5.11 线性加深模式

⑦ 深色

比较混合色与当前图像的所有通道值的总和并显示值较小的颜色。深色不会生成第3种颜色，因为它将从当前图像和混合色中选择最小的通道值为创建结果颜色。深色模式效果如图5.12所示。

8 变亮

该模式可以将当前图像或混合色中较亮的颜色作为结果色。比混合色暗的像素将被取代，比混合色亮的像素保持不变。在这种模式下，当前图像中的黑色将消失，而白色将保持不变。变亮模式效果如图5.13所示。

图5.12 深色模式　　　图5.13 变亮模式

9 滤色

该模式与正片叠底效果相反。通常会显示一种图像被漂白的效果。在滤色模式下使用白色绘画会使图像变为白色，使用黑色则不会发生任何变化。滤色模式效果如图5.14所示。

10 颜色减淡

该模式可以使图像变亮，其功能类似于减淡工具。它通过减小对比度使当前图像变亮以反映混合色，在图像上使用黑色绘图将不会产生任何作用，使用白色可以创建光源中心点极亮的效果。颜色减淡模式效果如图5.15所示。

图5.14 滤色模式　　　图5.15 颜色减淡模式

11 线性减淡（添加）

该模式通过增加各通道颜色的亮度加亮当前图像。与黑色混合将不会发生任何变化，与白色混合将显示白色。线性减淡模式效果如图5.16所示。

12 浅色

该模式通过比较混合色和当前图像所有通道值的总和并显示值较大的颜色。浅色不会生成第3种交叠，因为它将从当前图像颜色和混合色中选择最大的通道值为创建结果颜色。浅色模式效果如图5.17所示。

图5.16 线性减淡（添加）模式 图5.17 浅色模式

13 叠加

该模式可以复合或过滤颜色，具体取决于当前图像的颜色。当前图像在下层图像上叠加，保留当前颜色的明暗对比。当前颜色与混合色相混以反映原色的亮度或暗度。叠加后当前图像的亮度区域和阴影区将被保留。叠加模式效果如图5.18所示。

14 柔光

该模式可以使图像变亮或变暗，具体取决于混合色。此效果与发散的聚光灯照射在图像上相似。如果混合色比50%灰色亮，则图像变亮，就像被减淡了一样；如果混合色比50%灰色暗，则图像变暗，就像被加深了一样。用黑色或白色绘图时会产生明显较暗或较亮的区域，但不会产生纯黑色或纯白色。柔光模式效果如图5.19所示。

图5.18 叠加模式　　　　图5.19 柔光模式

⑮ 强光

该模式可以产生一种强烈的聚光灯照射在图像上的效果。如果当前层图像的颜色比下层图像的颜色更淡，则图像发亮；如果当前层图像的颜色比下层图像的颜色更暗，则图像发暗。在强光模式下使用黑色绘图将得到黑色效果，使用白色绘图则得到白色效果。强光模式效果如图5.20所示。

⑯ 亮光

该模式通过调整对比度加深或减淡颜色。如果混合色比50%灰度要亮，就会降低对比度使图像颜色变浅；反之，会增加对比度使图像颜色变深。亮光模式效果如图5.21所示。

图5.20 强光模式　　　　图5.21 亮光模式

⑰ 线性光

该模式通过调整亮度加深或减淡颜色。如果混合色比50%灰度要亮，图像将通过增加亮度使图像变浅；反之，会降低亮度使图像变深。线性光模式效果如图5.22所示。

⑱ 点光

该模式通过置换像素混合图像，如果混合色比50%灰度亮，则比当前图像暗的像素将被取代，而比当前图像暗的像素保持不变；

反之，比当前图像亮的像素将被取代，而比当前图像暗的像素保持不变。点光模式效果如图5.23所示。

图5.22 线性光模式　　　　图5.23 点光模式

⑲ 实色混合

该模式将混合颜色的红色、绿色和蓝色通道值添加到当前的RGB值。如果通道的结果总和大于或等于255，则值为255；如果小于255，则值为0。因此，所有混合像素的红色、绿色和蓝色通道值要么是0，要么是255。这会将所有像素更改为原色：红色、绿色、蓝色、青色、黄色、洋红、白色或黑色。实色混合模式效果如图5.24所示。

⑳ 差值

当前像素的颜色值与下层图像像素的颜色值差值的绝对值就是混合后像素的颜色值。与白色混合将反转当前色值，与黑色混合则不发生变化。差值模式效果如图5.25所示。

图5.24 实色混合模式　　　　图5.25 差值模式

㉑ 排除

与差值模式非常相似，但得到的图像效果比差值模式更淡。与白色混合将反转当前颜色，与黑色混合不发生变化。排除模式效果如图5.26所示。

㉒ **减去**

　　该模式通过查看每个通道中的颜色信息，并从基色中减去混合色。在 8 位和 16 位图像中，任何生成的负片值都会剪切为零。减去模式效果如图5.27所示。

图5.26 排除模式　　　图5.27 减去模式

㉓ **划分**

　　该模式可以查看每个通道中的颜色信息，并从基色中分割混合色。划分模式效果如图5.28所示。

㉔ **色相**

　　该模式可以使用当前图像的亮度和饱和度以及混合色的色相创建结果色。色相模式效果如图5.29所示。

图5.28 划分模式　　　图5.29 色相模式

㉕ **饱和度**

　　当前图像的色相值与下层图像的亮度值和饱和度值创建结果色。在无饱和度的区域上使用此模式绘图不会发生任何变化。饱和度模式效果如图5.30所示。

㉖ **颜色**

　　当前图像的亮度以及混合色的色相和饱和度创建结果色。这样可以保留图像中的灰阶，并且对于给单色图像上色和给彩色图像着色都会非常有用。颜色模式效果如图5.31所示。

图5.30 饱和度模式　　　图5.31 颜色模式

㉗ **明度**

　　使用当前图像的色相和饱和度以及混合色的亮度创建最终颜色。此模式创建与颜色模式相反的效果。明度模式效果如图5.32所示。

图5.32 明度模式

5.2 / 创建图层

除了背景图层和文本图层之外，可以通过【图层】面板创建前面所介绍的各种图层，还可以创建图层组、剪贴组等。具体操作介绍如下。

5.2.1 创建新图层

空白图层是最普通的图层，在处理或编辑图像的时候经常要建立空白层。在【图层】面板中，单击底部的【创建新图层】 按钮，将创建一个空白图层，如图5.33所示。

图5.33 创建图层过程

技巧 !

执行菜单栏中的【图层】|【新建】|【图层】命令，或者选择【图层】面板菜单中的【新建图层】命令，打开【新建图层】对话框，设置好参数后，单击【确定】按钮，即可创建一个新的图层。

5.2.2 转换背景与普通层

在新建文档时，系统会自动创建一个背景图层。背景图层在默认状态下是全部锁定的，是对原图像的一种保护，默认的背景层不能进行图层不透明度、混合模式和顺序的更改，但可以复制背景图层。

● 背景层转换为普通层。在背景图层上双击鼠标，将弹出一个【新建图层】对话框，指定相关的参数后，单击【确定】按钮，即可将背景层转换为普通层。将背景层转换为普通层的操作过程如图5.34所示。

图5.34 将背景层转换为普通层的操作过程

● 普通层转换为背景层。选择一个普通层，执行菜单栏中的【图层】|【新建】|【图层背景】命令，即可将普通层转换为背景层。但需要指出的是如果已经存在背景图层，则不能再创建新的背景图层。

5.2.3 创建图层组

在大型设计中，由于用到的图层较多，就会在图层的控制上出现问题，因为过多的图层在【图层】面板中想快速查找到需要的图层会产生困难。这时，就可以将不同类型的图层进行分类，然后放置在指定的图层组中，以便快速查找和修改。

单击【图层】面板底部的【创建新组】 按钮，在当前图层上方创建一个图层组，创建过程如图5.35所示。

图5.35 创建图层组

如果想将相关的图层放置在图层组中，可以直接拖动相关图层到图层组上，当图层组周围出现黑色边框时释放鼠标即可。为了方便滚动浏览【图层】面板中的其他图层，可以单击图层组图标左面的三角形图标来实现展开和折叠图层组。

如果想删除图层组，可以选择要删除的组，然后执行菜单栏中的【图层】|【删除】|【组】命令，或者在图层组上单击鼠标右键，从弹出的菜单中选择【删除组】命令，将打开一个询问对话框，如图5.36所示。单击【组和内容】按钮，将删除组及组中的所有图层；如果单击【仅组】按钮，将只删除组，而不删除组中的图层；单击【取消】按钮，不进行任何操作。

图5.36 询问对话框

5.2.4 从图层建立组

如果在制作过程中，发现图层过多想创建组，而且直接将同类型的图层放置在新创建的组中，可以应用【从图层建立组】命令。

首先在【图层】面板中选择多个图层，然后执行菜单栏中的【图层】|【新建】|【从图层建立组】命令，打开【从图层新建组】对话框，单击【确定】按钮，即可创建一个新组，并将选择的图层放置在新创建的组中。从图层建立组操作效果如图5.37所示。

图5.37 从图层建立组操作效果

5.2.5 创建填充图层

填充图层就是创建一个填充一种颜色、渐变或图案的图层。它可以基于选区进行局部填充的创建。单击【图层】面板下方的【创建新的填充或调整图层】按钮，从弹出的菜单中选择【纯色】、【渐变】或【图案】命令，即可创建填充图层。3个命令的不同含义如下。

① 纯色

选择该命令后，将打开【拾取实色】对话框，用法与【拾色器】用法相同，可以指定填充层的颜色，因为填充的为实色，所以将覆盖下面的图层显示，这里将其不透明度修改为50%。纯色填充的操作效果如图5.38所示。

图5.38 纯色填充效果

② 渐变

选择该命令后，将打开【渐变填充】对话框，通过该对话框的设置，可以创建一个渐变填充层，并可以随意修改渐变的样式、颜色、角度、缩放等属性。渐变填充的操作效果如图5.39所示。

图5.39 渐变填充效果

③ 图案

选择该命令后，将打开【图案填充】对话框，可以应用系统默认的图案，也可以应用自定义的图案来填充，还可以修改图案的大小及图层的链接。图案填充的操作效果如图5.40所示。

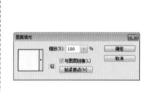

图5.40 图案填充效果

视频讲座5-1：创建调整图层

案例分类：照片调色密技类
视频位置：配套光盘\movie\视频讲座
5-1：创建调整图层.avi

调整图层主要用来调整图像的色彩，比如曲线、色彩平衡、亮度/对比度、色相/饱和度、可选颜色、通道混合器、渐变映射、照片滤镜、反相、阈值、色调分离等调整层。调整图层单独存在于一个独立的层中，不会对其他层的像素进行改变，所以使用起来相当方便。

PS 1 打开配套光盘中"调用素材/第5章/蓝天白云.jpg"文件，单击【打开】按钮，打开图片如图5.41所示。

PS 2 在【图层】面板中，单击【创建新的填充或调整图层】●按钮，从弹出的菜单中选择一个调整命令，也可以执行菜单栏中的【图层】|【新建调整图层】命令，从子菜单中选择一个调整命令，如选择【色彩平衡】命令，如图5.42所示。

图5.41 打开的图片　　图5.42 选择【色彩平衡】命令

PS 3 此时，系统将打开【属性】面板，通过【属性】面板修改色彩平衡的参数，如图5.43所示。在【图层】面板中，可以看到新增加了一个【色彩平衡1】图层，调整后的图片效果如图5.44所示。

图5.43 修改参数　　图5.44 调整后的效果

创建调整图层后，如果想再次修改调整图层的参数，可以双击【图层】面板中调整层的图层缩览图，再次打开【调整】面板进行参数的修改。

使用调整图层具有以下优点：

● 不会造成图层图像的破坏。可以尝试不同的设置并随时重新编辑调整图层。也可以通过降低该图层的不透明度来减轻调整的效果。

● 编辑具有选择性。在调整图层的图像蒙版上绘画可将调整应用于图像的一部分。稍后，通过重新编辑图层蒙版，可以控制调整图像的哪些部分。通过使用不同的灰度色调在蒙版上绘画，可以改变调整。

● 能够将调整应用于多个图像。在图像之间拷贝和粘贴调整图层，以便应用相同的颜色和色调调整。

5.2.6 创建形状图层

选择工具箱中的【钢笔工具】 ✐ 或【自定形状工具】 ✿ ，在选项栏中选择【形状】 形状 ✦ 选项，如图5.45所示。然后在文档中绘制图形，此时将自动产生一个形状图层。

图5.45 选项栏

形状图层与填充图层很相似，在【图层】面板中会出现一个图层，在图层上的缩览图中，左侧为【图层缩览图】，右侧为【图层蒙版缩览图】，中间有一个【指示矢量蒙版链接到图层】 ⑧ 图标，如图5.46所示。

图5.46 形状图层

如果要删除形状图层，可以直接拖动【图层缩览图】到【图层】面板下方的【删除图层】🗑按钮上即可。

智能对象可以保存源内容的所有原始特征，在使用Photoshop对其进行编辑时不会直接应用到智能对象的原始数据，这是一种非破坏性的编辑功能。

执行菜单栏中的【文件】|【打开为智能对象】命令，选择一个文件作为智能对象打开，智能对象的缩览图右下角会显示智能对象图标，如图5.47所示。

图5.47　打开为智能对象

- 智能对象可以根据需要按任意比例对对象进行旋转、缩放和变形等，不会丢失原始图像数据或降低图像的品质，简单来说智能对象可以进行非破坏性变换。
- 将智能对象创建多个副本，此时对原始内容进行编辑后，所有与之连接的副本都会自动更新。

- 智能对象可以保留非Photoshop处理数据，如嵌入Illustrator中的矢量图像时，Photoshop会自动将其转换为可识别的内容。
- 应用于智能对象的滤镜都为智能滤镜，智能滤镜可以随时修改参数或撤销操作，并不会对图像造成损坏。
- 将多个图层内容创建为一个智能对象后，可以简化【图层】面板中的图层结构。

将图层中的对象创建为智能对象：

在【图层】面板中选择一个或多个图层，执行菜单栏中的【图层】|【智能对象】|【转换为智能对象】命令，可将所选图层转换至一个智能对象中，如图5.48所示。

图5.48　转换为智能对象

提示

打开一个文件，执行菜单栏中的【文件】|【置入】命令，可以将置入的文件作为智能对象置入到当前文档中。

5.3　图层的基本操作

进行实际的图形设计创作时，都会使用大量的图层，因此熟练地掌握图层的操作就变得极为重要。例如，图层的新建，调整图层位置和大小，改变叠放次序，调整混合模式和不透明度、合并图层等。下面来详细讲解图层的各种操作方法。

5.3.1　移动图层

在编辑图像时，移动图层的操作是很频繁的，可以通过【移动工具】▶⊕来移动图层中的图像。移动图层图像时，如果是移动整个图层的图像内容，不需要建立选区，只需将要移动的图层设为当前图层，然后使用【移动工具】▶⊕，也可以在使用其他工具的情况下，按住Ctrl键将其临时切换到移动工具，拖动就可以移动图像。另外，还可以通过键盘上的方向键来操作。

PS 1　打开配套光盘中的"调用素材/第5章/图层操作.psd"图片。在【图层】面板中单击选择【图层1】图层，如图5.49所示。然后选择工具箱中的【移动工具】▶⊕，或者按V键。

PS 2　将鼠标指针放在图像中，按住鼠标向右进行拖动。在这里要特别注意移动的图层不能锁定，操作效果如图5.50所示。

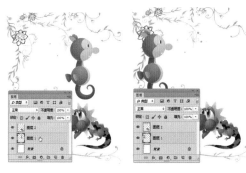

图5.49 选择【图层1】 图层

图5.50 移动图层操作 效果

视频讲座5-2：在同一文档中复制图层

案例分类：软件功能类
视频位置：配套光盘\movie\视频讲座5-2：在同一文档中复制图层.avi

复制图层是在图像文档内或在图像文档之间拷贝内容的一种便捷方法。图层的复制分为两种情况：一种是在同一图像文档中复制图层；另一种是在两个图像文档中进行图层图像的复制。

在同一图像文档中复制图层的操作方法如下。

PS 1 打开配套光盘中"调用素材/第5章/图层操作.psd"文件。

PS 2 拖动法复制。在【图层】面板中，选择要复制的图层即【图层1】图层，将其拖动到【图层】面板底部的【创建新图层】按钮上，然后释放鼠标即可生成【图层1 拷贝】图层，复制图层的操作效果如图5.51所示。

图5.51 复制图层的操作效果

PS 3 菜单法复制。选择要复制的图层如【图层1】层，然后执行菜单栏中的【图层】|【复制图层】命令，或者从【图层】面板菜单中选择【复制图层】命令，打开【复制图层】对话框，如图5.52所示。在该对话框中可以对复制的图层进行重新命名，设置完成后单击【确定】按钮，即可完成图层复制，如图5.53所示。

图5.52 【复制图层】对话框

图5.53 复制图层效果

视频讲座5-3：在不同文档中复制图层

案例分类：软件功能类
视频位置：配套光盘\movie\视频讲座5-3：在不同文档中复制图层.avi

在不同图像之间复制图层，首先要打开两个文档，源图像和复制所在的目标图像文档，然后在源图像文档中选择要复制的图层。

● 方法1：文档拖动法。使用移动工具将源图像中的图像直接拖动到目标图像文档中，操作过程如图5.54所示。

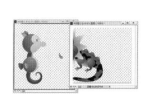

图5.54 直接拖动法

- 方法2：面板拖动法。在【图层】面板中，直接拖动图层到目标图像文档中，操作方法如图5.55所示。

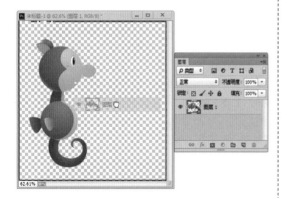

图5.55 面板拖动法

提示

在复制图层时，如果图层复制到具有不同分辨率的文件中，图层内容将会显得更大或更小。

- 方法3：菜单法。选择要复制的图层，执行菜单栏中的【图层】|【复制图层】命令，打开【复制图层】对话框，在【文档】下拉菜单中选择目标图像文档，然后单击【确定】按钮，即可将选择文档中的图像复制到目标文档中，如图5.56所示。

图5.56 选择目标文档

5.3.2 删除图层

不需要的图层就要删除，删除图层的操作非常简单，具体有3种方法来删除图层，分别介绍如下。

- 方法1：拖动删除法。在【图层】面板中选择要删除的图层，然后拖动该图层到【图层】面板底部的【删除图层】

按钮上，释放鼠标即可将该图层删除。删除图层操作效果如图5.57所示。

图5.57 删除图层操作效果

- 方法2：直接删除法。在【图层】面板中选择要删除的图层，然后单击【图层】面板底部的【删除图层】按钮，将弹出一个询问对话框，如图5.58所示，单击【是】按钮即可将该层删除。

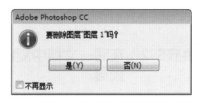

图5.58 询问对话框

- 方法3：菜单法。在【图层】面板中选择要删除的图层，执行菜单栏中的【图层】|【删除】|【图层】命令，或者从【图层】面板菜单中选择【删除图层】命令，在弹出的询问对话框中单击【是】按钮，也可将选择的图层删除。

视频讲座5-4：改变图层的排列顺序

 案例分类：软件功能类
视频位置：配套光盘\movie\视频讲座5-4：改变图层的排列顺序.avi

在新建或复制图层时，新图层一般位于当前图层的上方，图像的排列顺序不同直接影响图像的显示效果，位于上层的图像会遮盖下层的图层。所以，在实际操作中，经常会进行图层的重新排列，具体的操作方法如下：

PS 1 打开配套光盘中"调用素材/第5章/图层顺序.psd"文件。从文档和图层中可以看到，"鳄鱼"层位于最上方，"松鼠"层位于最下方，"鱿鱼"层位于中间，如图5.59所示。

图5.59 图层效果

PS 2 在【图层】面板中，在"鱿鱼"图层上按住鼠标，将图层向上拖动，当图层到达需要的位置时，将显示一条黑色的实线效果，释放鼠标后，图层会移动到当前位置。操作过程及效果如图5.60所示。

图5.60 图层排列的操作过程

技巧

按Shift + Ctrl +]组合键键可以快速将当前图层置为顶层；按Shift + Ctrl +[组合键键可以快速将当前图层置为底层；按Ctrl +]组合键键可以快速将当前图层前移一层；按Ctrl + [组合键键可以快速将当前图层后移一层。

PS 3 此时，在文档窗口中，可以看到"鱿鱼"图片位于其他图片的上方，如图5.61所示。

图5.61 改变图层顺序

提示

如果【图层】面板中存在有背景图层，那么背景图层始终位于【图层】面板的最底层。此时，对其他图层执行【置为底层】命令，也只能将当前选取的图层置于背景图层的上一层。

5.3.3 更改图层属性

为了便于图层的区分与修改，还可以根据需要对当前图层的显示颜色进行修改。右击图层位置在打开的菜单中可以指定当前图层的颜色，如图5.62所示。

图5.62 图层显示颜色

5.3.4 链接图层

链接图层与使用图层组有相似的地方，可以更加方便多个图层的操作，比如同时对多个图层进行旋转、缩放、对齐、合并等。

① 链接图层

创建链接图层的操作方法很简单，具体操作如下：

PS 1 在【图层】面板中选择要进行链接的图层，如图5.63所示。使用Shift键可以选择连续的多个图层，使用Ctrl键可以选择任意的多个图层。

PS 2 单击【图层】面板底部的【链接图层】 按钮，或者执行菜单栏中的【图层】|【链接图层】命令，即可将选择的图层进行链接，如图5.64所示。

图5.63 选择多个图层　图5.64 链接多个图层

② 选择链接图层

要想一次选择所有链接的图层，可以在【图层】面板中，单击选择其中的一个链接层，然后执行菜单栏中的【图层】|【选择链接图层】命令，或者单击【图层】面板菜单中的【选择链接图层】命令，即可将所有的链接图层同时选中。

③ 取消链接图层

如果想取消某一层与其他层的链接，可以单击选择链接层，然后单击【图层】面板底部的【链接图层】 按钮即可。

如果想取消所有图层的链接，可以应用【选择链接图层】命令选择所有链接图层后，执行菜单栏中的【图层】|【取消图层链接】命令，或者单击【图层】面板菜单中的【取消图层链接】命令，也可以直接单击【图层】面板底部的【链接图层】 按钮，取消所有图层的链接。

5.3.5　搜索图层

当图像图层太过繁多时，需快速找到某个图层，可执行菜单栏中【选择】|【查找图层】命令，此时【图层】面板上方会出现一个文本框，输入图层的名称，【图层】面板中将只会显示该图层，如图5.65所示。

图5.65　查找图层过程

在Photoshop CC中也可以根据图层的类型进行图层的查找包含名称、效果、模式。属性和颜色。如图5.66所示。

图5.66　按类型查找图层

5.4　对齐与分布图层

在处理图像时，有时需要将多个图像进行对齐或分布。分布或对齐图层，其实就是将图层中的图像进行对齐或分布，下面就来讲解对齐与分布图层的方法。

视频讲座5-5：对齐图层

案例分类：软件功能类
视频位置：配套光盘\movie\视频讲座5-5：对齐图层.avi

图层对齐其实就是图层中的图像对齐。在操作多个图层时，经常会用到图层的对齐。要想对齐图层，首先要选择或链接相关的图层，对齐对象至少有两个对象才可以应用，图层选择与图像效果如图5.67所示。确认选择工具箱中的【移动工具】 ►╬ ，在选项栏中，可以看到对齐按钮处于激活状态，这时就可以应用对齐命令，也可以通过菜单【图层】|【对齐】子菜单命令进行图层对象的对齐。

图5.67 图层选择与图像效果

对齐操作各按钮的含义如下。

- 【顶对齐】 ：所有选择的对象以最上方的像素对齐。
- 【垂直居中对齐】 ：所有选择的对象以垂直中心像素对齐。
- 【底对齐】 ：所有选择的对象以最下方的像素对齐。
- 【左对齐】 ：所有选择的对象以最左边的像素对齐。
- 【水平居中对齐】 ：所有选择的对象以水平中心像素对齐。
- 【右对齐】 ：所有选择的对象以最右边的像素对齐。

各种对齐方式如图5.68所示。

顶对齐　　　垂直居中对齐　　　底对齐

左对齐　　　水平居中对齐　　　右对齐

图5.68 各种对齐方式

视频讲座5-6：分布图层

案例分类：软件功能类
视频位置：配套光盘\movie\视频讲座
5-6：分布图层.avi

图层分布其实就是图层中的图像分布，主要用于设置当前选择对象的间距分布对齐。要想分布图层，首先要选择或链接相关的图层，分布对象至少有3个对象才可以应用，确认选择工具箱中的【移动工具】 ，在工具选项栏中，可以看到分布按钮处于激活状态，这时就可以应用分布命令，也可以通过菜单【图层】|【分布】子菜单命令，来进行图层对象的分布。

分布操作各按钮的含义如下。

- 【按顶分布】 ：所有选择的对象以最上方的像素进行分布对齐。
- 【垂直居中分布】 ：所有选择的对象以垂直中心像素进行分布对齐。
- 【按底分布】 ：所有选择的对象以最下方的像素进行分布对齐。
- 【按左分布】 ：所有选择的对象以最左边的像素进行分布对齐。
- 【水平居中分布】 ：所有选择的对象以水平中心像素进行分布对齐。
- 【按右分布】 ：所有选择的对象以最右边的像素进行分布对齐。

各种分布方式如图5.69所示。

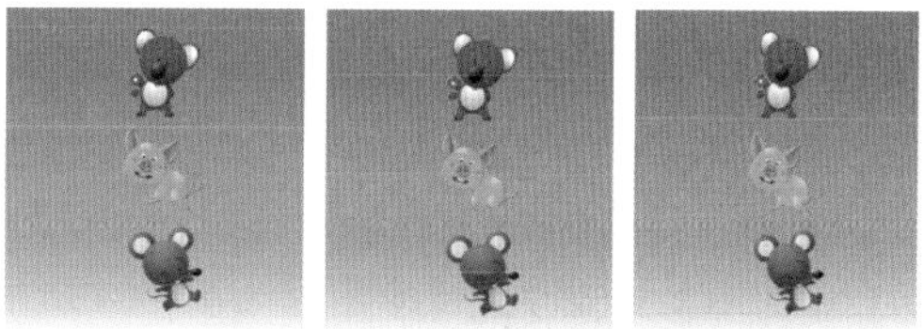

按顶分布　　垂直居中分布　　按底分布

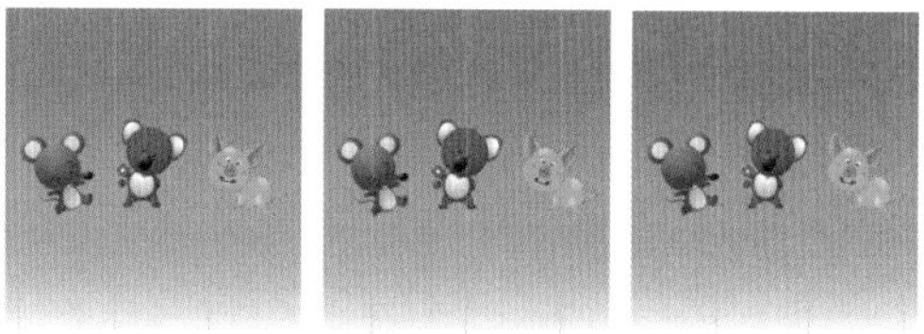

按左分布　　水平居中分布　　按右分布

图5.69 不同分布效果

视频讲座5-7：将图层与选区对齐

案例分类：软件功能类
视频位置：配套光盘\movie\视频讲座
5-7：将图层与选区对齐.avi

在画面中创建选区后，选择一个图层，执行菜单栏中的【图层】|【将图层与选区对齐】命令，单击选择对齐方式可基于选区对齐所选图层，如图5.70所示。

图5.70 将图层与选区对齐

5.5 / 管理图层

图层的类型有很多，其中像文字、矢量蒙版、形状等矢量图层，这些图层在处理时，如果不进行栅格化，则不能进行其他绘图的操作。当然，设计中由于过多的图层，会增加操作的难度，此时可以将完成效果的图层进行合并，下面就来详细讲解栅格化与合并图层的方法。

5.5.1 栅格化图层

Photoshop主要是一个处理位图图像的软件，绘图工具或滤镜命令对于包含矢量数据的图层是不起作用的，当遇到文字、矢量蒙版、形状等矢量图层时，需要将它们栅格化，转化为位图图层，才能进行处理。

选择需要栅格化的一个矢量图层，执行菜单栏中的【图层】|【栅格化】命令，然后在其子菜单中选择相应的栅格命令即可，栅格化后的图层缩览图将发生变化。如文字层的图层栅格化前后效果如图5.71所示。

图5.71 文字层栅格化前后对比效果

5.5.2 合并图层

在编辑图像时，当图层过多时文件所占磁盘空间就会越大，对一些确定的图层内容可以不必单独存放在独立的图层中，这时可以将它们合并成一个层，以节省空间提高操作速度。

从【图层】菜单栏中选择合并命令，或者选择【图层】面板菜单中的合并图层命令，可以对图层进行合并，具体的方法有以下3种。

- 【向下合并】：该命令将当前图层与其下一图层图像合并，其他图层保持不变，合并后的图层名称为下一图层的名称。应用该命令的前后效果如图5.72所示。

提示 ?

当只选择一个图层时，该命令将显示为【向下合并】；如果选择多个图层，该命令将显示为【合并图层】，但用法是一样的，请读者注意。

图5.72 向下合并图层的前后效果对比

提示 ?

在编辑较复杂的图像文件时，图层太多会增加图像的大小，从而增加系统处理图像的速度。因此，建议将不需要修改的图像所在的图层合并为一个图层，从而提高系统的运行速度。

- 【合并可见图层】：该命令可以将图层中所有显示的图层合并为一个图层，隐藏的图层保持不变。在合并图层时，当前层不能为隐藏层，否则该命令将处于灰色的不可用状态。合并可见图层前后对比效果如图5.73所示。

图5.73 合并可见图层前后对比效果

● 【拼合图像】：该命令将所有图层进行合并，如果有隐藏的图层，系统会弹出一个如图5.74所示的提示对话框，询问是否扔掉隐藏的图层，合并后的图层名称将自动更改为背景层。单击【确定】按钮，将删除隐藏的图层，并将其他图层合并为一个图层。单击【取消】按钮，则不进行任何操作。

图5.74 提示对话框

技巧

按Ctrl + E组合键可以快速向下合并图层或合并选择的图层；按Shift + Ctrl +E组合键可快速合并可见图层。

5.5.3 盖印图层

【盖印图层】是一个非常实用的命令，可以在不合并其他图层的情况下，得到一个合并了多个图层的新图层。如果在编辑图像时，又想保持原有图层的完整性，又想得到多个图层的合并效果，盖印图层是最好的解决方法，如图5.75所示。

图5.75 盖印图层

技巧

按Shift + Ctrl + Alt + E组合键可以执行盖印图层操作。

5.6 图层样式

图层样式是Photoshop最具特色的功能之一，在设计中应用相当广泛，是构成图像效果的关键。Photoshop CC提供了众多的图层样式命令，包括投影、内阴影、外发光、内发光、斜面和浮雕、光泽、颜色叠加等。

要想应用图层样式，执行菜单栏中的【图层】|【图层样式】命令，从其子菜单中选择图层样式相关命令，或者单击【图层】面板底部的【添加图层样式】 *fx* 按钮，从弹出的菜单中选择图层样式相关命令，打开【图层样式】对话框，设置相关的样式属性即可为图层添加样式。

提示

图层样式不能应用在背景层、锁定全部的图层或图层组。

5.6.1 混合选项

Photoshop 中有大量不同的图层效果，可以将这些效果任意组合应用到图层。执行菜单栏中的【图层】|【图层样式】|【混合选项】命令，或者单击【图层】面板底部的【添加图层样式】 *fx* 按钮，从弹出的菜单中选择【混合选项】命令，弹出【图层样式】|【混合选项】对话框，如图5.76所示，在其中可以对图层的效果进行多种样式的调整。

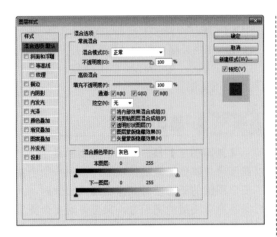

图5.76 【图层样式】|【混合选项】对话框

【图层样式】|【混合选项】对话框中各选项的含义说明如下。

① 【常规混合】

- 【混合模式】：设置当前图层与其下方图层的混合模式，可产生不同的混合效果。混合模式只有多实践，才能掌握的娴熟，使用时才能得心应手，制作出需要的效果。

- 【不透明度】：可以设置当前图层产生效果的透明程度，可以制作出朦胧效果。

② 【高级混合】

- 【填充不透明度】：拖动【填充不透明度】右侧的滑块，设置填充颜色或图案的不透明度；也可以直接在其后的数值框中输入定值。

- 【通道】：通过选中其下方的复选框，R（红）、G（绿）、B（蓝）通道，用以确定参与图层混合的通道。

- 【挖空】：用来控制混合后图层色调的深浅，通过当前层看到其他图层中的图像。包括无、浅和深3个选项。

- 【将内部效果混合成组】：可以将混合后的效果编为一组，将图像内部制作成镂空效果，以便以后使用、修改。

- 【将剪贴图层混合成组】：选中该复选框，挖空效果将对编组图层有效，如果不选中将只对当前层有效。

- 【透明形状图层】：添加图层样式的图层有透明区域时，选中该复选框，可以

产生蒙版效果。

- 【图层蒙版隐藏效果】：添加图层样式的图层有蒙版时，选中该复选框，生成的效果如果延伸到蒙版中，将被遮盖。

- 【矢量蒙版隐藏效果】：添加图层样式的图层有矢量蒙版时，选中该复选框，生成的效果如果延伸到图层蒙版中，将被遮盖。

③ 【混合颜色带】

- 【混合颜色带】：在【混合颜色带】后面的下拉列表中可以选择和当前图层混合的颜色，包括灰色、红、绿、蓝4个选项。

- 【本图层】和【下一图层】颜色条的两侧都有两个小直角三角形组成的三角形，拖动可以调整当前图层的颜色深浅。按下Alt键，三角形会分开为两个小三角，拖动其中一个，可以精确地调整图层颜色的深浅。

5.6.2 斜面和浮雕

利用【斜面和浮雕】选项可以为当前图层中的图像添加不同组合方式的高光和阴影区域，从而产生斜面浮雕效果。【斜面和浮雕】效果可以很方便地制作有立体感的文字或是按钮效果，在图层样式效果设计中经常会用到，其参数设置如图5.77所示。

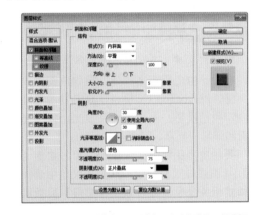

图5.77 【图层样式】|【斜面和浮雕】对话框

【图层样式】|【斜面和浮雕】对话框中各选项的含义说明如下。

① 设置斜面和浮雕结构

- 【样式】：设置浮雕效果生成的样式，

包括【外斜面】、【内斜面】、【浮雕效果】、【枕状浮雕】和【描边浮雕】5种浮雕样式。选择不同的浮雕样式会产生不同的浮雕效果。原图与不同的斜面浮雕效果如图5.78所示。

原图　　外斜面　　内斜面

浮雕效果　　枕状浮雕　　描边浮雕

图5.78 原图与不同的斜面浮雕效果

- 【方法】：用来设置浮雕边缘产生的效果。包括【平滑】、【雕刻清晰】和【雕刻柔和】3个选项。【平滑】表示产生的浮雕效果边缘比较柔和；【雕刻清晰】表示产生的浮雕效果边缘立体感比较明显，雕刻效果清晰；【雕刻柔和】表示产生的浮雕效果边缘在平滑与雕刻清晰之间。设置不同方法效果如图5.79所示。

图5.79 设置不同方法效果

- 【深度】：设置雕刻的深度，值越大，雕刻的深度也越大，浮雕效果越明显。不同深度值的浮雕效果如图5.80所示。

图5.80 不同深度值的浮雕效果

- 【方向】：设置浮雕效果产生的方向，主要是高光和阴影区域的方向。选择【上】选项，浮雕的高光位置在上方；选择【下】选项，浮雕的高光位置在下方。
- 【大小】：设置斜面和浮雕中高光和阴影的面积大小。不同大小值的高光和阴影面积显示效果如图5.81所示。

图5.81 不同大小值的高光和阴影面积显示效果

- 【软化】：设置浮雕高光与阴影间的模糊程度，值越大，高光与阴影的边界越模糊。不同软化值效果如图5.82所示。

图5.82 不同软化值效果

❷ 设置斜面和浮雕阴影

- 【角度】和【高度】：设置光照的角度和高度。高度接近0时，几乎没有任何浮雕效果。
- 【光泽等高线】：可以设定如何处理斜面的高光和暗调。
- 【高光模式】和【不透明度】：设置浮雕效果高光区域与其下一图层的混合模式和透明程度。单击右侧的色块，可在弹出的【拾色器】对话框中修改高光区域的颜色。
- 【暗调模式】和【不透明度】：设置浮雕效果阴影区域与其下一图层的混合模式和透明程度。单击右侧的色块，可在弹出的【拾色器】对话框中修改阴影区域的颜色。

【斜面和浮雕】选项下还包括【等高线】和【纹理】两个选项。利用这两个选项可以对斜面和浮雕制作出更多的效果。

- 【等高线】：选择【等高线】选项后，其右侧将显示等高线的参数设置区。利用等高线的设置可以让浮雕产生更多的斜面和浮雕效果。应用【等高线】效果对比如图5.83所示。

图5.83 应用【等高线】效果对比

- 【纹理】：选择【纹理】选项后，其右侧将显示纹理的参数设置区。选择不同的图案可以制作出具有纹理填充的浮雕效果，并且可以设置纹理的缩放和深度。应用【纹理】效果对比如图5.84所示。

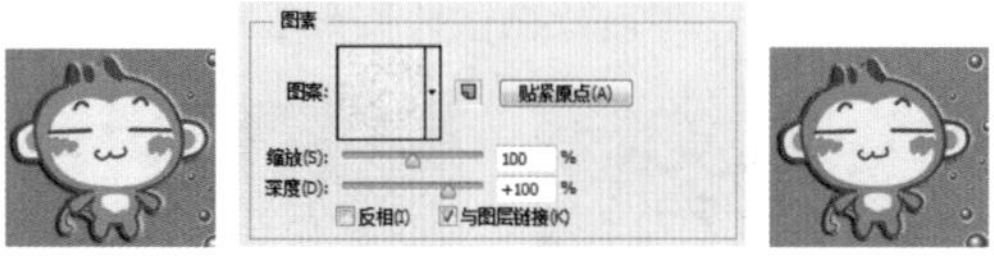

图5.84 应用【纹理】效果对比

5.6.3 描边

可以使用颜色、渐变或图案为当前图形描绘一个边缘。此图层样式与使用【编辑】|【描边】命令相似。选择该选项后，参数效果如图5.85所示。

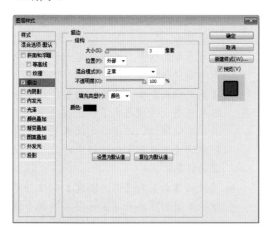

图5.85 【图层样式】|【描边】对话框

【图层样式】|【描边】对话框中各选项的含义说明如下。

- 【大小】：设置描边的粗细程度。值越大，描绘的边缘越粗；值越小，描绘的边缘越细。
- 【位置】：设置描边相对于当前图形的位置，右侧的下拉列表中供选择的选项包括外部、内部和居中3个选项。
- 【填充类型】：设置描边的填充样式。右侧的下拉列表中供选择的选项包括颜色、渐变和图案3个选项。
- 【颜色】：设置描边的颜色。此项根据选择【填充类型】的不同，会产生不同的变化。

原图与图像应用不同【描边】效果的前后对比，如图5.86所示。

图5.86 原图与图像应用不同【描边】效果的前后对比

5.6.4 投影和内阴影

【图层样式】功能提供了两种阴影效果的制作，分别为【投影】和【内阴影】，这两种阴影效果区别在于：投影是在图层对象背后产生阴影，从而产生投影的视觉；而内阴影则是内投影，即在图层以内区域产生一个图像阴影，使图层具有凹陷外观。原图、投影和内阴影效果如图5.87所示。

原图　　　　　投影　　　　　内阴影

图5.87 原图、投影和内阴影效果对比

【投影】和【内阴影】这两种图层样式只是产生的图像效果不同，但参数设置基本相同，只有【扩展】和【阻塞】不同，但用法几乎相同，所以下面以【投影】为例讲解参数含义，如图5.88所示。

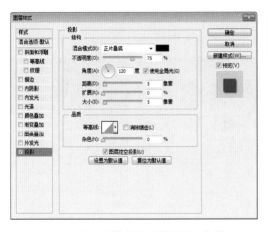

图5.88 【图层样式】|【投影】对话框

【图层样式】|【投影】对话框中各选项的含义说明如下。

1 置投影结构

- 【混合模式】：设置投影效果与其下方图层的混合模式。在【混合模式】右侧有一个颜色框，单击该颜色块可以打开【选择阴影颜色】对话框，以修改阴影的颜色。

- 【不透明度】：设置阴影的不透明度，值越大则阴影颜色越深。如图5.89所示，为不透明度分别为30%和80%时的效果对比。

- 【角度】：设置投影效果应用于图层时所采用的光照角度，阴影方向会随着角度变化而发生变化。如图5.90所示，为角度分别为30°和120°时的效果对比。

不透明度为30%　　　　不透明度为80%

图5.89 不同不透明度的比较

角度为30°　　　　角度为120°

图5.90 不同角度的对比

- 【使用全局光】：选中该复选框，可以为同一图像中的所有图层样式设置相同的光线照明角度。

- 【距离】：设置图像的投影效果与原图像之间的相对距离，变化范围为0~30000之间的整数。数值越大，投影离原图像越远。如图5.91所示，为距离分别为9像素和30像素的效果对比。

距离为9像素　　　　距离为30像素

图5.91 不同距离值的效果对比

- 【扩展】：设置投影效果边缘的模糊扩散程度，变化范围0~100%之间的整数，值越大，投影效果越强烈。但它与下方的【大小】选项相关联，如果【大小】值为0时，此项不起作用。设置不同扩展与大小值的投影效果如图5.92所示。

图5.92 设置不同扩展与大小的投影效果

- 【大小】：设置阴影的柔化效果，变化范围为0~250，值越大，柔化程度越大。

② 设置投影品质

- 【等高线】：此选项可以设置阴影的明暗变化。单击【等高线】选项右侧区域，可以打开【等高线编辑器】对话框，自定义等高线；单击【等级】选项右侧的【点按可打开"等高线"拾色器】▼按钮，可以弹出【"等高线"拾色器】，可以从中选择一个已有的等高线应用于阴影，预置的等高线有线性、锥形、高斯、半圆、环形等12种，如图5.93所示。应用不同等高线效果如图5.94所示。

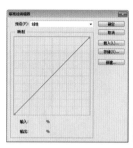
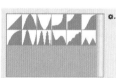

图5.93 "等高线"拾色器

线性　　　　锯齿1　　　　环形

图5.94 不同等高线效果

提示 ❓

在【"等高线"拾色器】中，通过【"等高线"拾色器】菜单，可以新建、存储、复位、替换、视图等高线等操作，操作方法比较简单，这里不再赘述。

- 【消除锯齿】：选中该复选框，可以将投影边缘的像素进行平滑，以消除锯齿现象。
- 【杂色】：通过拖动右侧的滑块或直接输入数值，可以为阴影添加随机杂点效

果。值越大，杂色越多。添加杂色的前后效果如图5.95所示。

图5.95 添加杂色的前后效果对比

- 【图层挖空投影】：可以根据下层图像对阴影进行挖空设置，以制作出更加逼真的投影效果。不过只有当【图层】面板中当前层的【填充】不透明度设置为小于100%时才会有效果。当【填充】的值为60%，使用与不使用图层挖空投影前后效果对比如图5.96所示。

图5.96 使用与不使用图层挖空投影前后对比

5.6.5 外发光和内发光

在图像制作过程中，经常会用到文字或是物体发光的效果，【发光】效果在直觉上比【阴影】效果更具有电脑色彩，而其制作方法也比较简单，可以使用图层样式中的【外发光】和【内发光】命令即可。

【外发光】主要在图像的外部创建发光效果，而【内发光】是在图像的内边缘或图中心创建发光效果，其对话框中的参数设置与【外发光】选项的基本相同，只是【内发光】多了【居中】和【边缘】两个选项，用于设置内发光的位置。下面以【外发光】为例讲解参数含义，如图5.97所示。

完全掌握Photoshop CC超级手册

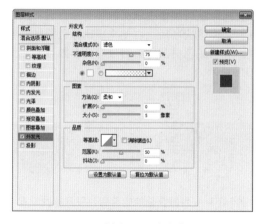

图5.97 【图层样式】|【外发光】对话框

【图层样式】|【外发光】对话框中各选项的含义说明如下。

1 设置发光结构

- 【混合模式】：设置发光效果与其下方图层的混合模式。
- 【不透明度】：设置发光的不透明度，值越大，则发光颜色越不透明。
- 【杂色】选项：设置在发光效果中添加杂点的数量。
- ⊙ □ 【单色发光】：选择此单选按钮后，单击单选按钮右侧的色块，可以打开【拾色器】对话框来设置发光的颜色。
- ⊙ ▭▾ 【渐变发光】：选择此单选按钮后，单击其右侧的三角形【点按可打开"渐变"拾色器】▾按钮，可打开【"渐变"拾色器】对话框，选择一种渐变样式，可以在发光边缘中应用渐变效果；在【点按可编辑渐变】▭▾上单击，可以打开【渐变编辑器】对话框，用来选择或编辑需要的渐变样式。如图5.98所示为原图、单色发光与渐变发光的不同显示效果。

图5.98 原图、单色发光与渐变发光的不同显示效果

2 设置发光图素

- 【方法】：指定创建发光效果的方法。单击其右侧的三角形 ▾按钮，可以从弹出的下拉菜单中选择发光的类型。当选择【柔和】选项时，发光的边缘产生模糊效果，发光的边缘根据图形的整体外形发光；当选择【精确】选项时，发光的边缘会根据图形的细节发光，根据图形的每一个部位发光，效果比【柔和】生硬。柔和与精确发光效果对比，如图5.99所示。

图5.99 柔和与精确发光效果对比

- 【扩展】：设置发光效果边缘模糊的扩散程度，变化范围为0~100%之间的整数，值越大，发光效果越强烈。它与【大小】选项相关联，如果【大小】的值为0，此项不起作用。
- 【大小】：设置发光效果的范围及模糊程度，变化范围为0~250之间的整数，值越大模糊程度越大。不同扩展与大小值的发光效果对比如图5.100所示。

图5.100 不同扩展与大小值的发光效果对比

【内发光】比【外发光】多了两个选项,用于设置内发光的光源。【居中】表示从当前图层图像的中心位置向外发光;【边缘】表示从当前图层图像的边缘向里发光。

❸ 设置发光品质

- 【等高线】:当使用单色发光时,利用【等高线】选项可以创建透明光环效果。当使用渐变填充发光时,利用【等高线】选项可以创建渐变颜色和不透明度的重复变化效果。

- 【范围】:控制发光中作为等高线目标的部分或范围。相同的等高线不同范围值的效果如图5.101所示。

图5.101 相同的等高线不同范围值的效果

- 【抖动】:控制随机化发光中的渐变。

5.6.6 光泽

【光泽】选项可以在图像内部产生类似光泽的效果。由于该参数区中的参数与前面讲过的参数相似,这里不再赘述。为图像设置光泽效果对比如图5.102所示。

图5.102 为图像设置光泽效果对比

5.6.7 颜色叠加

利用【颜色叠加】选项可以在图层内容上填充一种纯色,与使用【填充】命令填充前景色功能相似,不过更方便,可以随意更改填充

的颜色,还可以修改填充的混合模式和不透明度。选择该选项后,右侧将显示颜色叠加的参数。应用颜色叠加的前后效果及参数设置如图5.103所示。

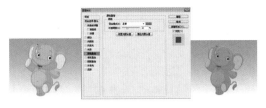

图5.103 应用颜色叠加的前后效果及参数设置

5.6.8 渐变叠加

利用【渐变叠加】可以在图层内容上填充一种渐变颜色。此图层样式与在图层中填充渐变颜色功能相似,与建立一个渐变填充图层用法类似。选择该选项后,参数设置如图5.104所示。

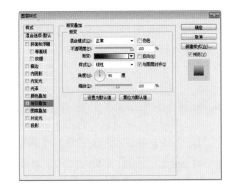

图5.104 【图层样式】|【渐变叠加】对话框

【图层样式】|【渐变叠加】对话框中各选项的含义说明如下。

- 【样式】:设置渐变填充的样式。从右侧的渐变选项面板中,可以选择一种渐变样式,包括【线性】、【径向】、【角度】、【对称的】和【菱形】5种不同的渐变样式,选择不同的选项可以产生不同的渐变效果,具体使用方法与渐变填充用法相同。

- 【与图层对齐】:选中该复选框,将以图形为中心应用渐变叠加效果;不选中该复选框,将以图形所在的画布大小为填充中心应用渐变叠加效果。

- 【角度】:拖动或直接输入数值,可以改变渐变的角度。

- 【缩放】:用来控制渐变颜色间的混合

过渡程度。值越大,颜色过渡越平滑; 值越小,颜色过渡越生硬。

原图与图像应用【渐变叠加】效果的前后对比如图5.105所示。

图5.105 原图与添加【渐变叠加】样式后的图像效果对比

5.6.9 图案叠加

利用【图案叠加】可以在图层内容上填充一种图案。此图层样式与使用【填充】命令填充图案相同,与建立一个图案填充图层用法类似。选择该选项后,参数设置如图5.106所示。

图5.106 【图层样式】|【图案叠加】对话框

【图层样式】|【图案叠加】对话框中各选项的含义说明如下。

- 【图案】:单击【图案】右侧的▨区域,将弹出的图案选项面板,从该面板中可以选择用于叠加的图案。
- 【从当前图案创建新的预设】:单击此按钮,可以将当前图案创建成一个新的预设图案,并存放在【图案】选项面板中。
- 【贴紧原点】:单击此按钮,可以以当前图像左上角为原点,将图案贴紧左上角原点对齐。
- 【缩放】:设置图案的缩放比例。取值范围为1~1000%,值越大,图案也越大;值越小,图案越小。
- 【与图层链接】:选中该复选框,以当前图形为原点定位图案的原点;如果取消该复选框,则将以图形所在的画布左上角定位图案的原点。

原图与图像应用【图案叠加】效果的前后对比如图5.107所示。

图5.107 原图与图像应用【图案叠加】效果的前后对比

5.7 编辑图层样式

创建完图层样式后,可以对图层样式进行详细的编辑,比如快速复制图层样式、修改图层样式的参数、删除不需要的图层样式或隐藏与显示图层样式。

5.7.1 更改图层样式

为图层添加图层样式后,如果对其中的效果不满意,可以再次修改图层样式。在【图层】面板中双击要修改样式的名称,比如【投影】,双击【投影】样式后,将打开【图层样式】|【投影】对话框,可以对【投影】的参数

进行修改,修改完成后,单击【确定】按钮即可。修改图层样式的操作效果如图5.108所示。

图5.108 修改图层样式的操作

应用图层样式后，在【图层】面板中当前选择的图层的右侧会出现一个 *fx* 图标，双击该图标，打开【图层样式】对话框，这时可修改图层样式的参数。

视频讲座5-8：使用命令复制图层样式

案例分类：软件功能类
视频位置：配套光盘\movie\案视频讲座
5-8：使用命令复制图层样式.avi

在设计过程中，有时可能会为了实现多个图像应用相同样式的情况，在这种情况下，如果单独为各个图层添加样式并修改相同的参数就显得相当麻烦，而这时就可以应用复制图层样式的方法，快速将应用相同样式的图层应用相同的样式。

要使用命令复制图层样式，具体的操作方法如下。

PS 1 打开配套光盘中"调用素材/第5章/图层样式.psd"文件。

PS 2 在【图层】面板中选择包含要拷贝样式的图层，如图5.109所示，然后执行菜单栏中的【图层】|【图层样式】|【拷贝图层样式】命令。

PS 3 在【图层】面板中选择要应用相同样式的目标图层，如"青蛙"图层。然后执行菜单栏中的【图层】|【图层样式】|【粘贴图层样式】命令，即可将样式应用在选择的图层上。使用命令复制图层样式的前后对比效果如图5.110所示。

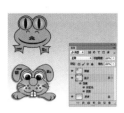 

图5.109 选择兔子图层　图5.110 粘贴图层样式

视频讲座5-9：通过拖动复制图层样式

案例分类：软件功能类
视频位置：配套光盘\movie\视频讲座
5-9：通过拖动复制图层样式.avi

除了使用菜单命令复制图层样式外，还可以在【图层】面板中，通过拖动来复制图层样式，或直接将效果从【图层】面板中拖动到图像，也可以复制图层样式。具体的操作方法如下：

PS 1 打开配套光盘中"调用素材/第5章/图层样式.psd"文件。

PS 2 在【图层】面板中，按住Alt键将"兔子"图层的描边样式拖动到"青蛙"图层上。释放鼠标即可完成图层样式的复制，拖动法复制图层样式的操作效果如图5.111所示。

在【图层】面板中，如果拖动效果到其他图层时不按住Alt键，则会将原图层中的样式应用到目标图层上，而原图层的样式将被移走。

图5.111 拖动法复制图层样式的操作效果

复制图层样式，还可以将一个或多个图层的效果，从【图层】面板中直接拖动到文档的图像上，以应用图层样式，图层样式将应用于鼠标放置点处的最上层图像上。

5.7.2 缩放图层样式

利用【缩放效果】命令，可以对图层的样式效果进行缩放，而不会对应用图层样式的图像进行缩放。具体的操作方法如下：

PS 1 在【图层】面板中选择一个应用了样式的图层，然后执行菜单栏中的【图层】|【图层样式】|【缩放效果】命令，打开【缩放图层效果】对话框。如图5.112所示。

图5.112 【缩放图层效果】对话框

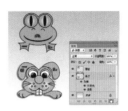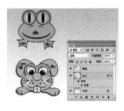

图5.114 删除单一图层样式的操作效果

PS 2 在【缩放图层效果】对话框中，输入一个百分比或拖动滑块修改缩放图层效果，如果选中了【预览】复选框，可以在文档中直接预览到修改的效果。设置完成后，单击【确定】按钮，即可完成缩放图层效果的操作。

5.7.3 隐藏与显示图层样式

为了便于设计人员查看添加或不添加样式的前后效果对比，Photoshop为用户提供了隐藏或显示图层样式的方法。不但可以隐藏或显示所有的图层样式，还可以隐藏或显示指定的图层样式，具体的操作如下。

- 如果想隐藏或显示图层中的所有图层样式，可以在该图层样式的【效果】左侧单击，当眼睛图标显示时，表示显示所有图层样式；当眼睛图标消失时，表示隐藏所有图层样式。

- 如果想隐藏或显示图层中指定的样式，可以在该图层样式的指定样式名称左侧单击，当眼睛图标显示时，表示显示该图层样式；当眼睛图标消失时，表示隐藏该图层样式。原图、隐藏所有图层样式和隐藏指定图层样式效果如图5.113所示。

图5.113 原图、隐藏所有图层样式和隐藏指定图层样式

5.7.4 删除图层样式

创建的图层样式不需要时，可以将其删除。删除图层样式时，可以删除单一的图层样式，也可以从图层中删除整个图层样式。

❶ 删除单一图层样式

要删除单一的图层样式，可以执行如下操作。

PS 1 在【图层】面板中，确认展开图层样式。

PS 2 将需要删除的某个图层样式，拖动到【图层】面板底部的【删除图层】 🗑 按钮上，即可将单一的图层样式删除。删除单一图层样式的操作效果如图5.114所示。

❷ 删除整个图层样式

要删除整个图层样式，在【图层】面板中选择包含要删除样式的图层，然后可以执行下列操作之一：

- 在【图层】面板中，将【效果】栏拖动到【删除图层】 🗑 按钮上，即可将整个图层样式删除。删除操作效果如图5.115所示。

图5.115 拖动删除整个样式操作效果

> **技巧** ❗
>
> 执行菜单栏中的【图层】|【图层样式】|【清除图层样式】命令，可以快速清除当前图层的所有图层样式。

5.7.5 将图层样式转换为图层

创建图层样式后，只能通过【图层样式】对话框对样式进行修改，却不能对样式使用其他的操作，比如使用滤镜功能，这时就可以将图层样式转换为图像图层，以便对样式进行更加丰富的效果处理。

> **提示** ❓
>
> 图层样式一旦转换为图像图层，就不能再像编辑原图层上的图层样式那样进行编辑，而且更改原图像图层时，图层样式将不再更新。

要将图层样式创建图层，操作方法非常简单。

PS 1 打开配套光盘中"调用素材/第5章/创建图层.psd"文件。

PS 2 在【图层】面板中，选择包含图层样式的"小骆驼"图层。

PS 3 执行菜单栏中的【图层】|【图层样式】|【创建图层】命令，即可将图层样式转换为图层。转换完成后，在【图层】面板中将显示出样式效果所产生的新图层。可以用处理基本图层的方法编辑新图层。创建图层的操作效果如图5.116所示。

图5.116 创建图层的操作效果

提示

创建图层后产生的图层有时可能不能生成与图层样式完全相同的效果，创建新图层时可能会看到警告，直接单击【确定】按钮就可以了。

第6章

选区的编辑与抠图应用

〔内容摘要〕

在图形的设计制作中，经常需要确定一个工作区域，以便处理图形中的不同位置，这个区域就是选框或套索工具所确定的范围；而对于经常与图像打交道的设计人员来说，图像的抠图也是非常重要的。本章就从选区工具及命令的基本应用及抠图实战为着力点，详细讲解选区工具及命令的基础知识，并将其在抠图中的应用以案例的形式加以展示，让读者不但学习到选区工具或命令的基础知识，还对图像的抠图技法有个详细的了解。

〔教学目标〕

- 学习选区、套索和魔棒工具的使用
- 学习运用色彩范围选取图像的方法
- 掌握选区的添加、减去和交叉等操作技能
- 掌握选区的羽化及调整方法
- 掌握方形、圆形及多边形图像的抠图技法
- 掌握其他复杂图像的抠图技法

6.1 创建规则选区

创建规则形状选区一般是由选框工具组来完成，选框工具组有4种工具，包括【矩形选框工具】、【椭圆选框工具】、【单行选框工具】和【单列选框工具】。

在默认状态下工具箱中显示的为【矩形选框工具】，其他3个工具隐藏了起来，将鼠标光标放在矩形选框工具上，单击鼠标并按住不放。此时，出现一个选框工具组，然后拖动鼠标至想要选择的工具图标处释放鼠标即可选择其他的工具；也可以在矩形选框工具图标上单击鼠标右键，就会弹出工具选项菜单，单击选择相应的工具即可。弹出的选框工具组如图6.1所示。

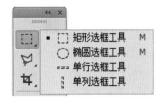

图6.1 弹出的选框工具组

技巧

在【矩形选框工具】和【椭圆选框工具】的右侧都有一个字母M，此字母表示该工具的快捷键，单击M键可以选择其中的一个工具，按键盘中的Shift + M组合键，可以在这两个工具之间进行转换。

6.1.1 选项栏

使用任意一个选框工具，在工具选项栏中将显示该工具的属性，利用这些不同的属性，可以创建出更加繁杂的选区效果。选框工具组中，相关选框工具的工具选项栏内容是一样的，主要有【羽化】、【消除锯齿】、【样式】等选项，下面以【椭圆选框工具】⬭选项栏为例来讲解各选项的含义及用法。【椭圆选框工具】⬭选项栏如图6.2所示。

图6.2 【椭圆选框工具】选项栏

【椭圆选框工具】选项栏各选项的含义及用法介绍如下。

- 【新选区】▣：单击该按钮，将激活新选区属性，使用选框工具在图形中创建选区时，新创建的选区将替代原有的选区。

- 【添加到选区】▣：单击该按钮，将激活添加到选区属性，使用选框工具在画布中创建选区时，如果当前画布中存在选区，鼠标光标将变成双十字形➕状，表示添加到选区。此时绘制新选区，新建的选区将与原来的选区合并成为新的选区。操作步骤及效果如图6.3所示。

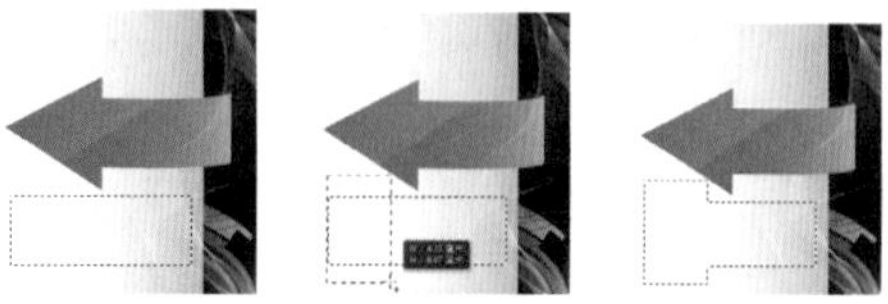

图6.3 添加到选区操作步骤及效果

- 【从选区减去】▣：单击该按钮，将激活从选区减去属性，使用选框工具在图形中创建选区时，如果当前画布中存在选区，鼠标光标将变成➖状，如果新创建的选区与原来的选区有相交部分，将从原选区中减去相交的部分，余下的选择区域作为新的选区。操作步骤及效果如图6.4所示。

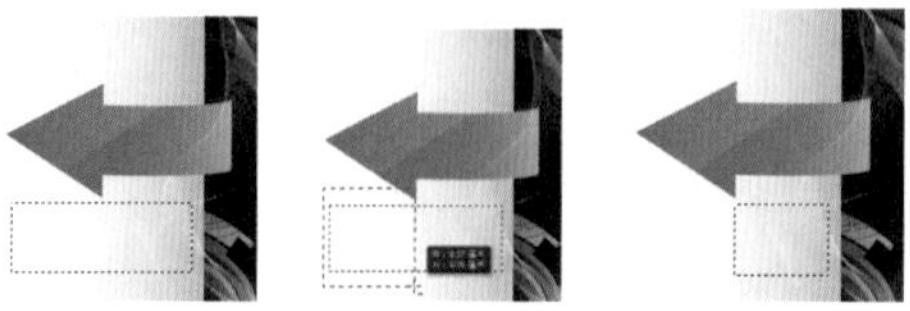

图6.4 从选区中减去操作步骤及效果

- 【与选区交叉】▣：单击该按钮，将激活与选区交叉属性，使用选框工具在图形中创建选区时，如果当前画布中存在选区，鼠标光标将变成➕状，如果新创建的选区与原来的选区有相交部分，结果会将相交的部分作为新的选区。操作步骤及效果如图6.5所示。

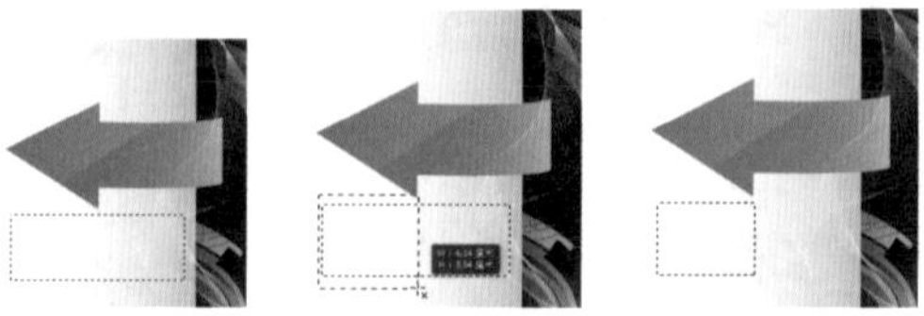

图6.5 与选区交叉操作步骤及效果

提示 ❓

在进行选区交叉操作的时候，当两个选区没有出现交叉而释放鼠标左键，将会出现一个对话框，表示不能完成保留交叉选区的操作，这时的工作区域将不保留任何选区。

- 【羽化】：在【羽化】文本框中输入数值，可以设置选区的羽化程度。对被羽化的选区填充颜色或图案后，选区内外的颜色柔和过渡，数值越大，柔和效果越明显。

- 【消除锯齿】：图像是由像素点构成，而像素点是方形的，所以在编辑和修改圆形或弧形图形时，其边缘会出现锯齿效果。选中该复选框，可以消除选区锯齿，平滑选区边缘。

- 【样式】：在【样式】下拉列表中可以选择创建选区时选区样式。包括【正常】、【固定比例】和【固定大小】3个选项。【正常】为默认选项，可在操作文件中随意创建任意大小的选区；选择【固定比例】选项后，【宽度】及【高度】文本框被激活，在其中输入选区【高度】和【宽度】的比例，可以得到宽度和高度成比例的不同大小的选区；选择【固定大小】选项后，【宽度】及【高度】文本框被激活，在其中输入选区【高度】和【宽度】的像素值，可以得到宽度和高度都相同的选区。

提示 ?

以上这些在【样式】项中包含的样式,只适用于矩形和椭圆形选框工具,单行、单列选框没有此功能。

6.1.2 矩形选框工具

【矩形选框工具】适合选择矩形图形,一般常用于切割矩形区域。

单击工具箱中的【矩形选框工具】,将鼠标移动到当前图形中,在合适的位置按下鼠标,在不释放鼠标的情况下拖动鼠标,到拖动到合适的位置后释放鼠标,即可创建一个矩形选区,如图6.6所示。

图6.6 创建矩形选区

技巧 !

使用选框工具、套索工具、多边形套索工具、磁性套索工具和魔棒工具进行添加到选区操作时,按住Shift键的同时绘制选区,是在原有选区的基础上建立新的选区,也可以在原有选区上添加新的选区范围。

视频讲座6-1:使用【矩形选框工具】抠方形图像

案例分类:抠图技法类
视频位置:配套光盘\movie\视频讲座6-1:使用【矩形选框工具】抠方形图像.avi

下面通过实例来讲解【矩形选框工具】的抠图应用及技巧。

PS 1 执行菜单栏中的【文件】|【打开】命令,将弹出【打开】对话框,选择配套光盘中"调用素材/第6章/方形挂钟.jpg"文件,将图像

打开,如图6.7所示。

PS 2 在工具箱中,单击选择【矩形选框工具】,在选项栏中单击【新选区】按钮,设置【羽化】为0像素,【样式】为【正常】,如图6.8所示。

图6.7 打开的图像　　图6.8 矩形选框工具

PS 3 使用【矩形选框工具】在图像中方形挂钟的上方绘制一个矩形选框,如图6.9所示。

PS 4 执行菜单栏中的【选择】|【变换选区】命令,如图6.10所示。

图6.9 绘制选框　图6.10 【变换选区】命令

PS 5 单击鼠标右键,在弹出的快捷菜单中选择【扭曲】命令,如图6.11所示。

PS 6 使用鼠标拖动变换框上的控制角点,将其逐个移动至相应方形挂钟角端,将绘制的矩形选框与方形挂钟边缘完全重合,按Enter键确认选区的变换,如图6.12所示。

图6.11 【扭曲】命令　　图6.12 调整选区

技巧 !

在进行细微调整选区的时候,可以按Ctrl++组合键将图像放大显示,方便调整。

7 此时选区刚好将挂钟图像选中，如图6.13所示。

8 按Ctrl+J组合键，以选区为基础拷贝一个新图层，在【图层】面板中，单击【背景】图层前方的眼睛图标，将【背景】图层中的图像隐藏，如图6.14所示，完成本例抠图。

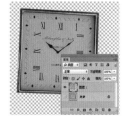

图6.13 调整选区效果　　图6.14 最终抠图效果

6.1.3 椭圆选框工具

　　【椭圆选框工具】 ⬭ 适合选择圆形或是椭圆形的图形，单击工具箱中的【椭圆选框工具】 ⬭，将鼠标移动到当前图形中按下鼠标左键，在不释放鼠标的情况下拖动鼠标，到拖动到合适的位置后释放鼠标，即可创建一个椭圆形选区，如图6.15所示。

图6.15 椭圆选区效果

技巧

使用选框工具、套索工具、多边形套索工具、磁性套索工具和魔棒工具进行从选区减去操作时。按住Alt键的同时绘制选区，可达到从选区减去的效果。如果新绘制的选区与原选区没有重合，则选区不会有任何变化。

视频讲座6-2：使用【椭圆选框工具】抠圆形图像

 案例分类：抠图技法类
视频位置：配套光盘\movie\视频讲座6-2：使用【椭圆选框工具】抠圆形图像.avi

　　下面通过实例来讲解【椭圆选框工具】 ⬭ 的抠图应用及技巧。

1 执行菜单栏中的【文件】|【打开】命令，将弹出【打开】对话框，选择配套光盘中"调用素材/第6章/圆形钟表.jpg"文件，将图像打开，如图6.16所示。

2 选择工具箱中的【椭圆选框工具】 ⬭，在选项栏中单击选中【新选区】按钮，设置【羽化】为0像素，【模式】为【正常】，如图6.17所示。

图6.16 打开的图像　　图6.17 椭圆选框工具

3 使用【椭圆选框工具】在图像中圆形钟表的上方绘制一个椭圆形选框，如图6.18所示。

4 执行菜单栏中的【选择】|【变换选区】命令，如图6.19所示。

图6.18 绘制椭圆选框　图6.19 【变换选区】命令

5 使用鼠标拖动选区变换框4条边上的中心控制点，将其分别拖动到圆形钟表的边缘上，如图6.20所示。

6 按Enter键确认选区的变换，可以看到，此时选区刚好将圆形钟表选中，如图6.21所示。

完全掌握Photoshop CC超级手册

图6.20 调整选区

图6.21 调整选区效果

PS 7 按Ctrl+J组合键以选区为基础，拷贝一个新图层，如图6.22所示。

PS 8 在【图层】面板中，单击【背景】图层前方的眼睛图标，将【背景】图层中的图像隐藏，如图6.23所示。

图6.22 拷贝图像

图6.23 最终抠图效果

6.1.4 单行、单列选框工具

【单行选框工具】和【单列选框工具】主要用来创建单行或单列的选区，在实际应用中使用比较少。单击工具箱中的【单行选框工具】 --- 或【单列选框工具】 ，然后将鼠标移动到当前图形中单击鼠标左键，即可在当前图形中创建水平单行选区或垂直单行选区，而且高度或宽度只有1像素，如图6.24所示。

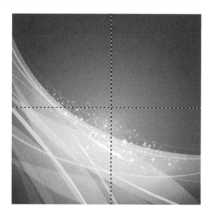
图6.24 创建的选区效果

6.2／创建不规则选区

创建不规则形状选区一般是由套索工具组来完成，该工具组包含3种不同类型的工具：【套索工具】 、【多边形套索】 和【磁性套索工具】 。

在默认状态下，工具箱中显示的为【套索工具】 ，其他2个工具隐藏了起来，将鼠标光标放在【套索工具】 上，单击鼠标并按住不放。此时，出现一个套索工具组，然后拖动鼠标至想要选择的工具图标处释放鼠标即可选择其他的工具；也可以在【套索工具】图标上单击鼠标右键，弹出工具组，单击选择相应的工具即可。弹出的套索工具组如图6.25所示。

图6.25 套索工具组

6.2.1 套索工具

【套索工具】 也叫自由套索工具，之所以叫自由套索工具，是因为这个工具在使用上非常的自由，可以比较随意地创建任意形状的选区。具体的使用方法如下。

PS 1 在工具箱中单击选择【套索工具】 。

PS 2 将鼠标光标移至图像窗口，在需要选取图像处按住鼠标左键并拖动鼠标选取需要的范围。

PS 3 当鼠标拖回到起点位置时，释放鼠标左键，即可将图像选中，选择图像的过程如图6.26所示。

提示 ❓

使用套索工具可以随意创建自由形状的选区，但对于创建精确度要求较高的选区，使用该工具会很不方便。

图6.26 利用套索工具选择图像效果

6.2.2 多边形套索工具

如果要将不规则的直边图像从复杂背景中抠出来，使用【套索工具】○可能就无法得到比较理想的选区，那么【多边形套索工具】就是最佳的选择工具了，如三角形、五角星等。虽然多边形套索工具和套索工具在工具选项栏中的参数完全相同，但其使用方法与套索工具却有些区别。操作步骤如下：

PS 1 在工具箱中选择【多边形套索工具】。

PS 2 将光标移动到文档操作窗口中，在靠近五角星的顶点位置单击鼠标以确定起点，移动鼠标到下一个顶点位置，再次单击鼠标。

PS 3 以相同的方法，直到选中所有的范围并回到起点，当【多边形套索工具】光标的右下角出现一个小圆圈时单击，即可封闭并选中该区域。选择图像的操作效果如图6.27所示。

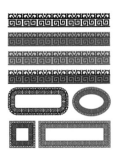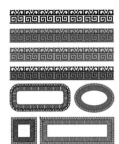

图6.27 利用【多边形套索工具】选择图像

视频讲座6-3：使用【多边形套索工具】抠多边形图像

案例分类：抠图技法类
视频位置：配套光盘\movie\视频讲座6-3：使用【多边形套索工具】抠多边形图像.avi

下面通过实例来讲解【多边形套索工具】的抠图应用及技巧。

PS 1 执行菜单栏中的【文件】|【打开】命令，将弹出【打开】对话框，选择配套光盘中"调用素材/第6章/书籍.jpg"文件，将图像打开，如图6.28所示。

PS 2 选择工具箱中的【多边形套索工具】，在选项栏中单击选中【新选区】按钮，设置【羽化】为0像素，如图6.29所示。

图6.28 打开的图像　　图6.29 多边形套索工具

PS 3 使用【多边形套索工具】在图像中书籍一角单击，按住并拖动鼠标到下一个角处单击即可绘制直线，如图6.30所示。

PS 4 按照上述方法，沿书籍边缘绘制直线，当鼠标回到起始点的时候，在【多边形套索工具】光标的右下角会显示一个圆形图标，此时单击鼠标即可完成选区的绘制，如图6.31所示。

图6.30 绘制选区　　　图6.31 封闭选区

PS 5 按Ctrl+J组合键以选区为基础，拷贝一个新图层，如图6.32所示。

完全掌握 Photoshop CC 超级手册

PS 6 在【图层】面板中，单击【背景】图层前方的眼睛图标，将【背景】图层中的图像隐藏，如图6.33所示。

 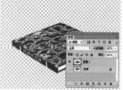

图6.32 拷贝图像　　图6.33 最终抠图效果

6.2.3 磁性套索工具

完成工具选项栏中的参数设置后，利用磁性套索工具即可选择图像，具体的操作方法如下。

PS 1 在工具箱中选择【磁性套索工具】。

PS 2 将鼠标光标移动到文档操作窗口中，在要选择图像合适的边缘位置（单击以设置第一个点。

PS 3 沿着要选取的物体边缘移动鼠标，当鼠标光标返回到起点位置时，光标右下角会出现一个小圆圈，此时单击即可完成选取。选择图像的操作效果如图6.34所示。

图6.34 利用磁性套索工具选择图像的操作效果

视频讲座6-4：使用【磁性套索工具】对瓷杯抠图

案例分类：抠图技法类
视频位置：配套光盘\movie\视频讲座6-4：使用【磁性套索工具】对瓷杯抠图.avi

下面通过实例来讲解【磁性套索工具】的抠图应用及技巧。

PS 1 执行菜单栏中的【文件】|【打开】命令，将弹出【打开】对话框，选择配套光盘中"调用素材/第6章/咖啡杯.jpg"文件，将图像打开，如图6.35所示。

PS 2 选择工具箱中的【磁性套索工具】，

在选项栏中单击选中【新选区】按钮，设置【羽化】为0像素，如图6.36所示。

图6.35 打开的图像　　图6.36 磁性套索工具

PS 3 使用【磁性套索工具】在图像中杯子的边缘上单击，按住鼠标并沿边缘附近拖动，如图6.37所示。

PS 4 当鼠标回到起始点的时候，在【磁性套索工具】光标的右下角会显示一个圆形标志，此时单击鼠标即可完成选区的绘制，如图6.38所示。

图6.37 绘制选区　　图6.38 封闭选区

PS 5 按Ctrl+J组合键以选区为基础，拷贝一个新图层，如图6.39所示。

PS 6 在【图层】面板中，单击【背景】图层前方的眼睛图标，将【背景】图层中的图像隐藏，如图6.40所示。

图6.39 拷贝图像　　图6.40 最终抠图效果

6.2.4 魔棒工具

【魔棒工具】根据颜色进行选取，用于选择图像中颜色相同或相近的区域，是一款非常有用的选取工具。使用魔棒工具时在图像中的某一种颜色处单击，即可选取该颜色一定容差值范围内的相邻颜色区域。

在工具箱中选择【魔棒工具】，选项栏如图6.41所示，各选项设置可以更好地控制【魔棒工具】的选择。

图6.41 【魔棒工具】的工具选项栏

其他选项设置所代表的具体含义如下：

- 【容差】：在【容差】文本框中的数值大小可以确定魔棒工具选取颜色的容差范围。该数值越大，则所选取的相邻颜色就越多。如图6.42所示为【容差】值为15时的效果；如图6.43所示为【容差】值为60时的效果。

图6.42 【容差】值为15　　图6.43 【容差】值为60

- 【连续】：选中【连续】复选框，则只选取与单击处相邻的、容差范围内的颜色区域；不选中【连续】复选框，将整个图像或图层中容差范围内的颜色区域均被选中。选中与不选中【连续】复选框的不同选择效果如图6.44所示。

图6.44 选中与不选中【连续】复选框的选择效果

- 【对所有图层取样】：选中该复选框，将在所有可见图层中选取容差范围内的颜色区域；否则，魔棒工具只选取当前图层中容差范围内的颜色区域。

视频讲座6-5：使用【魔棒工具】对包包抠图

案例分类：抠图技法类
视频位置：配套光盘\movie\视频讲座
6-5：使用【魔棒工具】对包包抠图.avi

下面通过实例来讲解【魔棒工具】的抠图应用及技巧。

PS 1 执行菜单栏中的【文件】|【打开】命令，将弹出【打开】对话框，选择配套光盘中"调用素材/第6章/女包.jpg"文件，将图像打开，如图6.45所示。

PS 2 选择工具箱中的【魔棒工具】，在选项栏中单击选中【新选区】按钮，设置【容差】为20，选中【连续】复选框，如图6.46所示。

图6.45 打开的图像　　图6.46 魔棒工具

PS 3 使用设置好的【魔棒工具】在图像中白色背景处单击，可以看到选区仅选中了女包边缘外围的白色背景图像，如图6.47所示。

PS 4 在【魔棒工具】的选项栏中，单击选中【添加到选区】按钮，使用【魔棒工具】在图像中包内部未选中的白色背景区域逐个单击，将其添加到选区中，如图6.48所示。

图6.47 绘制选区　　图6.48 封闭选区

PS 5 执行菜单栏中的【选择】|【反向】命令，将选区反选，如图6.49所示。

PS 6 按Ctrl+J组合键，以选区为基础拷贝一个新图层，在【图层】面板中，单击【背景】图层前方的眼睛图标，将【背景】图层中的图像隐藏，完成本例抠图，如图6.50所示。

图6.49 将选区反选　　图6.50 最终抠图效果

完全掌握Photoshop CC超级手册

6.2.5 快速选择工具

【快速选择工具】 是Photoshop最近几个版本中新增加的一个选择工具，它可以调整画笔的笔触而快速通过单击创建选区，拖动时，选区会向外扩展并自动查找和跟随图像中定义的边缘。

在工具箱中，单击选择【快速选择工具】 ，其工具选项栏如图6.51所示。各选项设置可以更好地控制快速选择工具的选择功能。

图6.51 【快速选择工具】选项栏

其他选项设置所代表的具体含义如下：

- 【新选区】 ：该按钮为默认选项，用来创建新选区。当使用【快速选择工具】 创建选区后，此项将自动切换到【添加到选区】 。
- 【添加到选区】 ：该项可以在原有选区的基础上，通过单击或拖动来添加更多的选区。
- 【从选区减去】 ：该项可以在原有选区的基础上，通过单击或拖动减去当前绘制选区。
- 【对所有图层取样】：选中该复选框，可以基于所有图层创建一个选区，而不是仅基于当前选定图层。
- 【自动增强】：选中该复选框，可以减少选区边界的粗糙度和块效应。可以通过自动将选区向图像边缘进一步流动并应用一些边缘调整，也可以通过【调整边缘】对话框中使用【平滑】、【对比度】和【半径】选项手动应用这些边缘调整。

视频讲座6-6：使用【快速选择工具】对摆件抠图

案例分类：抠图技法类
视频位置：配套光盘\movie\视频讲座6-6：使用【快速选择工具】对摆件抠图.avi

下面通过实例来讲解【快速选择工具】 的抠图应用及技巧。

PS 1 执行菜单栏中的【文件】|【打开】命令，将弹出【打开】对话框，选择配套光盘中"调用素材/第6章/小摆件.jpg"文件，将图像打开，如图6.52所示。

PS 2 选择工具箱中的【快速选择工具】 ，在选项栏中单击选中【新选区】按钮，选中【自动增强】复选框，如图6.53所示。

图6.52 打开的图像　　图6.53 快速选择工具

PS 3 单击选项栏中的【点按以打开"画笔"选取器】按钮，打开【画笔选取器】，在选取器中设置【快速选择工具】的笔刷为30像素，如图6.54所示。

PS 4 使用设置好的【快速选择工具】在图像中摆件上涂抹，对其进行选择，如图6.55所示。

图6.54 设置笔刷　　图6.55 选择图像

PS 5 如果在选择图像的过程中释放了鼠标，系统会自动将选择模式切换为【添加到选区】，继续在所要选择的物体上涂抹，即可进行添加选区，在选择过程中如果遇到多选的情况可以暂时不管，如图6.56所示。

PS 6 在【快速选择工具】的选项栏中单击选中【从选区减去】按钮，将图像中多余的选区部分从选区中减去，如图6.57所示。

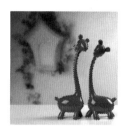 

图6.56 添加到选区　　图6.57 从选区中减去

PS 7 按Ctrl+J组合键以选区为基础，拷贝一个新图层，如图6.58所示。

PS 8 在【图层】面板中，单击【背景】图层前方的眼睛图标，将【背景】图层中的图像隐藏，如图6.59所示。

图6.58 拷贝图像　　图6.59 最终抠图效果

6.3 / 两个常用的选择命令

在选择图像过程中，经常会用到全选和反选命令，下面来讲解这两个命令的使用方法。

6.3.1 全选

执行菜单栏中的【选择】|【全部】命令，或者按Ctrl + A组合键，可以将当前图层中的图像全部选中，而生成的选区大小与画布大小相等。图像全选的操作过程如图6.60所示。

图6.60 全选图像

6.3.2 反向

执行菜单栏中的【选择】|【反向】命令，或者按Shift + Ctrl + I组合键，可以将图像中的选区进行反向。选区反向的操作过程如图6.61所示。

图6.61 选区反向效果

6.4 / 编辑选区

创建选区后，选区并不一定完全适合，这就需要对选区进行移动和变换。下面就来讲解选区的常用调整技巧。

6.4.1 移动选区

选区的移动非常的简单，重点是要选择正确的移动工具，它不像图像一样，不能使用【移动工具】 来移动选区。

选择工具箱中的任何一个选框或套索工具，在工具选项栏中单击【新选区】 按钮，将光标置于选区中，此时光标变为 ，按住鼠标左键向需要的位置拖动，即可移动选区。移动选区操作效果如图6.62所示。

图6.62 选区的移动操作效果

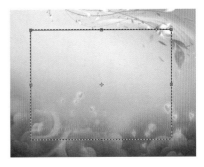

图6.63 变换框的组成

提示 ❓

要将方向限制为 45° 的倍数，可开始拖动，然后再按住 Shift 键继续拖动，使用键盘上的方向键可以以1个像素的增量移动选区；按住 Shift键并使用键盘上的方向键，可以以10个像素的增量移动选区。

6.4.2 变换选区

对选区的变换不同于图像的变换，除了执行菜单栏中【选择】|【修改】子菜单中的命令，对选区进行适当缩放、平滑、边界和羽化外，还可以执行菜单栏中的【选择】|【变换选区】命令对选区进行形状更改，如缩放、旋转、镜像、自由扭曲。执行菜单栏中的【选择】|【变换选区】命令后，选区周围显示选区变换控制框。当显示选区变换控制框后，可以执行菜单栏中的【编辑】|【变换】子菜单中的【缩放】、【旋转】、【斜切】、【扭曲】、【透视】、【变形】等命令，进行选区的变换。也可以直接在选区内单击鼠标右键，从弹出的快捷菜单中选择相关的变换命令，或者使用相关的辅助键来完成选区的变换操作。要想掌握变换子菜单中的相关命令，首先了解一下变换框的组成，如图6.63所示。

当使用变换命令时，选区四周将出现一个变换框，并显示8个控制点，对选区的变换主要就是对这8个控制点的操作。中心点默认情况下位于变换框的正中心位置，它是变换对象的中心，可以通过拖动的方法来移动中心点的位置，以调整变换中心点，制作出不同的变换效果。

提示 ❓

中心点在变换中起到至关重要的作用，读者可以利用下面讲解的相关变换方法，移动中心点的位置进行变换，体会中心点的功能作用。

① 缩放选区

将鼠标光标放置在选区变换控制框不同的控制点上，鼠标光标将分别显示为"↔"、"↕"、"⤢"和"⤡"4种形状，在控制点上按住鼠标左键并拖动，即可按照指定的方向缩放图像。不同的缩放效果如图6.64所示。

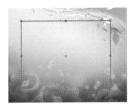

原始效果　　　　水平缩放

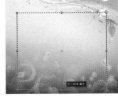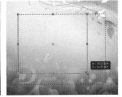

垂直缩放　　　水平、垂直缩放

图6.64 不同的缩放效果

② 旋转选区

将鼠标光标放置在控制点的外侧，鼠标光标将显示为"↻"状，此时，按住鼠标左键并拖动，即可旋转选区。旋转选区的操作效果如图6.65所示。

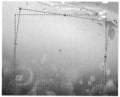

图6.65 旋转选区操作效果

③ 斜切与平行斜切选区

在菜单中选择【斜切】命令，可以斜切选区。另外，还可以使用快捷键来进行斜切和平行斜切选区。

如果按住Shift + Ctrl组合键，调整选区变换控制框的控制点，可以将选区进行斜切变形；如果按住Alt + Ctrl组合键，调整选区变换控制框的控制点，可以将选区进行平行斜切变形。斜切和平行斜切变形操作效果如图6.66所示。

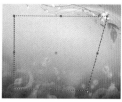
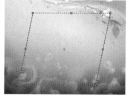

图6.66 斜切和平行斜切变形操作效果

④ 扭曲选区

在菜单中选择【扭曲】命令，可以扭曲选区。另外，还可以使用快捷键来进行扭曲选区。

按住Ctrl键，调整选区变换控制框的控制点，可以将选区进行扭曲变形。不同的扭曲操作效果如图6.67所示。

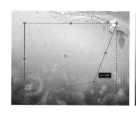
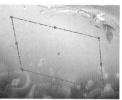

图6.67 不同的扭曲操作效果

⑤ 透视选区

在菜单中选择【透视】命令，可以透视选区。另外，还可以使用快捷键来进行透视选区。

按住Alt+Ctrl+Shift组合键，调整选区变换控制框的控制点，可以将选区进行透视操作。透视选区操作效果如图6.68所示。

图6.68 透视选区操作效果

⑥ 变形选区

在添加选区变换框后在文档窗口中单击鼠标右键，从弹出的快捷菜单中选择【变形】命令，然后通过调整变形框的控制点对选区进行适当的变换。变形选区操作效果如图6.69所示。

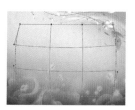

图6.69 变形选区操作效果

6.4.3 精确变换选区

执行菜单栏中的【选择】|【变换选区】命令，在工具选项栏中设置参数，可精确变换选区，如图6.70所示。

图6.70 变换选区的工具选项栏

变换选区的工具选项栏中各选项的含义说明如下。

- 【参考点位置】：在▦区域中的节点上单击，可以确定变形的参考点，被选中的节点呈黑色方块。移动鼠标光标到文件中选区变换控制框的中心上，当鼠标光标变成▸♦状时，按住鼠标左键并拖动，也可调整参考点的位置。调整参考点与直接移动参考点效果如图6.71所示。

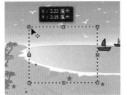

图6.71 调整参考点与直接移动参考点效果

- 【X（水平）】、【Y（垂直）】：在【X（水平）】、【Y（垂直）】文本框中输入数值，可以精确控制选区水平、垂直方向上的位置，其数值可以为正值，也可以为负值。如果单击【使用参考点相关定位】△按钮使之呈凹下状态，在X、Y文本框中输入的数值为相对于原选区所在位置的偏移量。移动变换框前后效果对比如图6.72所示。

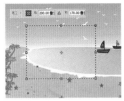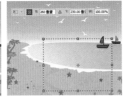

图6.72 移动变换框前后效果对比

- 【W（水平）】、【H（垂直）】：在【W】、【H】文本框中输入数值，可以以百分比的形式，精确调整选区的"宽度"、"高度"。如果单击【保持长宽比】按钮，使之呈凹下状态，可以确保选区保持选区原有的宽高比。缩放选框的前后效果对比如图6.73所示。

图6.73 缩放选框的前后效果对比

- 【旋转】：在△0.00文本框中输入角度值，可精确改变选区的角度。设置参数为正值时，顺时针旋转；设置参数为负值时，逆时针旋转。原图与不同角度的旋转效果如图6.74所示。

图6.74 原图与不同角度的旋转效果

- 【设置水平斜切】和【设置垂直斜切】：在 H:0.00 文本框中输入角度值，改变选区在水平方向上的斜切变形程度。在 V:0.00 文本框中输入角度值，改变选区在垂直方向上的斜切变形程度。原图与水平、垂直斜切效果如图6.75所示。

图6.75 原图与水平、垂直斜切效果

- 【在自由变换和变形模式之间切换】：单击该按钮使之呈凹下状态，选项栏将出现变化，显示出变形选项栏效果，如图6.76所示。可以在变形菜单中选择不同的变形效果，并可以通过右侧的相关变形参数修改变形效果。

图6.76 变形选项栏效果

- 【取消变换】：单击该按钮或按Esc键，可以取消对选区的变形操作。
- 【提交变换】：单击该按钮或按Enter键，可以确认对选区的变形操作。

6.5 修改选区

有时对所创建的复杂选区不太满意，但只要通过简单的调整即可满足要求，此时就可以使用Photoshop提供的修改选区的多种方法。

6.5.1 边界选区

有时需要将选区变为选区边界，可以在现有选区的情况下，执行菜单栏中的【选择】|【修改】|【边界】命令，并在弹出的【边界选区】对话框中输入数值，比如为10像素，即可将当前选区改变为边界选区。创建边界选区的操作过程如图6.77所示。

图6.77 创建边界选区的操作过程

6.5.2 平滑选区

当使用选框工具或其他选区命令选取时，容易得到比较细碎或尖突的选区，该选区存在严重的锯齿状态。执行菜单栏中的【选择】|【修改】|【平滑】命令，在打开【平滑选区】对话框中设置【取样半径】的值，比如为10像素，即可使选区的边界平滑。平滑选区的操作过程如图6.78所示。

图6.78 平滑选区操作过程

6.5.3 扩展选区

当需要将选区的范围进行扩展操作时，可以执行菜单栏中的【选择】|【修改】|【扩展】命令，打开【扩展选区】对话框，设置选区的【扩展量】，比如为10像素，然后单击【确定】按钮，即可将选区的范围向外扩展10像素。扩展选区的操作过程如图6.79所示。

图6.79 扩展选区的操作过程

6.5.4 收缩选区

选区的收缩与选区的扩展正好相反，选区的收缩是将选区的范围进行收缩处理。确认当前有一个要收缩的选区，然后执行菜单栏中的【选择】|【修改】|【收缩】命令，打开【收缩选区】对话框，在【收缩量】文本框中输入要收缩的量，比如输入10像素，即可使得选区向内收缩相应数值的像素。收缩选区的操作过程如图6.80所示。

图6.80 收缩选区的操作过程

6.5.5 扩大选取和选取近似

执行菜单栏中的【选择】|【修改】|【扩大选取】或【选取相似】命令，有助于其他选区工具的选区设置，一般常与【魔棒工具】配合使用。

执行菜单栏中的【选择】|【扩大选取】命令，可以使得选区在图像中进行相邻的扩展，类似于容差设置增大的魔棒工具使用。

执行菜单栏中的【选择】|【选取相似】命令，可以使得选区在整个图像中进行不连续的扩展，但是选区中的颜色范围基本相近，类似于在使用【魔棒工具】时，在工具选项栏中取消选中【连续】复选框的应用。

利用魔棒工具在图像上单击以确定选区，如果执行菜单栏中的【选择】|【扩大选取】命令，得到的选区扩大选择范围效果；而执行菜单栏中的【选择】|【选取相似】命令，得到的相似颜色全部选中的效果。原图与扩大选取和选取相似的效果如图6.81所示。

完全掌握Photoshop CC超级手册

图6.81 原图与扩大选取和选取相似的效果

6.6 柔化选区

羽化效果就是让图片产生渐变的柔和效果，可以在选项栏中的羽化后的文本框中输入不同数值，来设定选取范围的柔化效果，也可以使用菜单中的羽化命令来设置羽化。另外，还可以使用消除锯齿选项来柔化选区。

6.6.1 利用消除锯齿柔化选区

通过【消除锯齿】选项可以平滑较硬的选区边缘。消除锯齿主要是通过软化边缘像素与背景像素之间的颜色过渡效果，使选区的锯齿状边缘平滑。由于只有边缘像素发生变化，因此不会丢失细节。消除锯齿在剪切、拷贝和粘贴选区以创建复合图像时非常有用。

消除锯齿适用于【椭圆选框工具】〇、【套索工具】〇、【多边形套索工具】〇、【磁性套索工具】〇或【魔棒工具】〇。消除锯齿显示在这些工具的选项栏中。要应用消除锯齿功能可进行如下操作。

PS 1 选择【椭圆选框工具】〇、【套索工具】〇、【多边形套索工具】〇、【磁性套索工具】〇或【魔棒工具】〇。

PS 2 在选项栏中选中【消除锯齿】复选框。

6.6.2 利用【羽化】柔化选区

在前面所讲述的若干创建选区工具选项栏中基本都有【羽化】选项，在该文本框中输入数值即可创建边缘柔化的选区。

只要在【羽化】文本框中输入数值就可以对选区进行柔化处理。数值越大，柔化效果越明显，同时选区形状也会发生一定变化。

选项栏中羽化设置如下。

PS 1 选择任一套索或选框工具。比如选择【椭圆选框工具】〇，选项栏如图6.82所示。

图6.82 【椭圆选框工具】选项栏

PS 2 确认在【羽化】文本框中数值为0像素，在图像中创建椭圆选区，将前景色设置为白色，按Alt + Delete组合键进行前景色填充，此时的图像效果如图6.83所示。

PS 3 按两次Alt + Ctrl + Z组合键，将前面的填充和选区撤销。然后在【羽化】文本框中输入数值为10像素，在图像中绘制椭圆选区，并按Alt + Delete组合键进行前景色填充，此时的图像效果如图6.84所示。

图6.83 羽化值为0 　　　图6.84 羽化值为10

6.6.3 为现有选区定义羽化边缘

利用菜单中的【羽化】命令，与选项栏中的羽化在应用上正好相反，它主要对已经存在的选区设置羽化。具体使用方法如下。

PS 1 确认在图像中创建一个选区。

PS 2 执行菜单栏中的【选择】|【修改】|【羽化】命令，打开【羽化选区】对话框，设置【羽化半径】的值，然后单击【确定】按钮确认。

不带羽化和带羽化使用图案填充同一选区的不同效果如图6.85所示。

提示

如果选区小而羽化半径设置得太大，则看不到选区。

不带羽化填充图案　　带羽化填充图案

图6.85 填充效果对比

6.6.4 从选区中移去边缘像素

利用魔棒工具、套索工具等选框工具创建选区时，Photoshop可能会包含选区边界上的额外像素，当移动该选区中的像素时，就能查看到这些像素的存在。将明亮的图像移到黑暗的背景中或将黑暗的图像移到明亮的背景中时，这种现象就特别明显。这些额外的像素通常是Photoshop中的消除锯齿功能所产生，该功能可使边缘像素部分模糊化，同时也会使得边界周围的额外像素添加到选区中。执行菜单栏中的【图层】|【修边】命令，就可以删除这些不想要的像素。

❶ 消除粘贴图像的边缘效应

执行菜单栏中的【图层】|【修边】|【去边】命令，可删除边缘像素中不想要的颜色，采用与选区边界内最相近的颜色取代该选区边缘的颜色。使用【去边】命令时，应该将要消除边缘效应的区域位于已移动的选区中，或位于有透明背景的图层中。选择【去边】命令后，打开【去边】对话框，如图6.86所示，允许用户指定要去边的边缘区域的宽度。

图6.86 【去边】对话框

❷ 移去黑色（或白色）杂边

如果在黑色背景中选择图像，可执行菜单栏【图层】|【修边】子菜单中的【移去黑色杂边】命令，删除边缘处多余的黑色像素。如果是在白色背景中选择图像，可执行菜单栏【图层】|【修边】子菜单中的【移去白色杂边】命令，删除边缘处多余的白色像素。

6.7 选区的填充与描边

选区除了用来选择图像外，还可以进行颜色的填充和描边，以制作出各种各样的图像效果，下面来讲解选区的填充与描边。

6.7.1 选区的填充

在Photoshop中，如果需要在某一个区域内填充颜色，可以先创建一个选区，然后在选区中填充颜色（前景色或背景色），还可以使用图案进行填充。

创建选区后，执行菜单栏中的【编辑】|【填充】命令，打开【填充】对话框，对选区进行填充设置。如图6.87所示。

图6.87 【填充】对话框

提示

这里的填充其实与图层颜色的填充是一样的，只是用来填充的选项更多，操作更复杂。选区也可以使用与图层填充相同的方法进行填充颜色。

【填充】对话框中各选项的含义说明如下。

- 【使用】：可以在下拉列表中选择【前景色】、【背景色】、【颜色】、【内容识别】、【图案】、【历史记录】、【黑色】、【50%灰色】或【白色】填充当前的选择区域。填充前景色、背景色和图案的不同效果如图6.88所示。

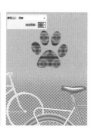

图6.88 填充前景色、背景色和图案的不同效果

- 【模式】：可以在该下拉列表框中选择混合模式。
- 【不透明度】：在该文本框中输入不透明度数值。可以控制填充的不透明程度。值越大，填充的效果越不透明。不同透明度值的填充效果如图6.89所示。

图6.89 不同透明度值的填充效果

- 【保留透明区域】：选中该复选框，在进行填充时，如果当前层中有透明区域，将不会填充当前图层中的透明区域；如果不选中该复选框，将填充透明区域。原图与选中、不选中【保留透明区域】复选框的填充效果如图6.90所示。

图6.90 原图与选中、不选中【保留透明区域】复选框的填充效果

6.7.2 选区的描边

执行菜单栏中的【编辑】|【描边】命令，可以沿着选区边界勾画线条，此时会打开【描边】对话框，如图6.91所示。

图6.91 【描边】对话框

【描边】对话框中各选项的含义说明如下。

- 【宽度】：在文本框中输入数值，确定描边的宽度。值越大，描边就越粗。不同描边值的描边效果如图6.92所示。

图6.92 不同描边值的描边效果

- 【颜色】：用来指定描边的颜色。单击【颜色】右侧的色块，打开【选取描边颜色】对话框，设置描边的颜色。
- 【位置】：确定描边相对于选区所在的位置。可选择【内部】、【居中】或【居外】。选择【内部】单选按钮，描绘的边缘将位于选区的内部；选择【居中】单选按钮，描绘的边缘将平均分布在选区两侧；选择【外部】单选按钮，描绘的边缘将位于选区的外部。3种位置的描边效果如图6.93所示。

- 【模式】：可以在该下拉列表框中选择混合模式。
- 【不透明度】：在该文本框中输入不透明度数值。可以控制填充的不透明程度。值越大，填充的效果越不透明。
- 【保留透明区域】：选中该复选框，在进行填充时，如果当前层中有透明区域，将不会填充当前图层中的透明区域；如果不选中该复选框，将填充透明区域。

图6.93 3种位置的描边效果

6.8 / 其他抠图命令

除了前面讲解过的选框工具组和套索工具组选择方法外，下面来详细讲解其他常用抠图命令的使用技巧。

6.8.1 色彩范围

使用【色彩范围】命令也可以创建选区，其选取原理也是以颜色作为依据，有些类似于魔棒工具，但是其功能比魔棒工具更加强大。

打开一个要选择的图片，执行菜单栏中的【选择】|【色彩范围】命令，打开【色彩范围】对话框，在该对话框中部的矩形预览区可显示选择范围或图像，如图6.94所示。

该对话框中主要有【选择】、【本地化颜色簇】、【颜色容差】、【范围】、【预览区】、【吸管】、【反相】等选项设置，它们的作用及使用方法如下：

① 选择

在【选择】命令下拉列表中包含有【取样颜色】、【红色】、【黄色】、【绿色】、【青色】、【蓝色】、【洋红】、【高光】、【中间调】、【暗调】、【溢色】等命令，如图6.95所示。

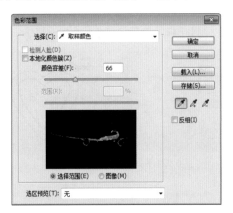

图6.94 【色彩范围】对话框

图6.95 【选择】中的选项

对这些命令的选择可以实现图形中相应内容的选择，例如，若要选择图形中的高光区，可以选择【选择】命令下拉列表中的【高光】选项，单击【确定】按钮后，图形中的高光部分就会被选中。

【选择】中的选项使用方法说明如下。

- 【取样颜色】：可以使用吸管进行颜色取样，利用鼠标在图像页面内单击选择颜色；在色彩范围预视窗口单击来选取当前的色彩范围。取样颜色可以配合【颜色容差】进行设置，颜色容差中的数值越大，则选取的色彩范围也就越大。
- 【红色】、【黄色】、【绿色】……：指定图像中的红色、黄色、绿色成分的色彩范围。选择该选项后，【颜色容差】就会失去作用。
- 【高光】：选择图像中的高光区域。
- 【中间调】：选择图像中的中间调区域。
- 【阴影】：选择图像中的阴影区域。
- 【肤色】：选择图像中的皮肤色调区域。
- 【溢色】：该项可以将一些无法印刷的颜色选出来。但该选项只用于RGB和Lab模式下。

❷ 本地化颜色簇

如果正在图像中选择多个颜色范围，则选中【本地化颜色簇】复选框来构建更加精确的选区。如果已选中【本地化颜色簇】复选框，则使用【范围】滑块以控制要包含在蒙版中的颜色与取样点的最大和最小距离。例如，图像在前景和背景中都包含一束黄色的花，但只想选择前景中的花，对前景中的花进行颜色取样并缩小范围，以避免选中背景中有相似颜色的花。

❸ 颜色容差

颜色容差主要是设置选择颜色的差别范围，拖动下面的滑块或直接在右侧的文本框中输入数值，可以对选择的范围设置大小，值越大，选择的颜色范围越大。颜色容差值分别为40和110的不同效果如图6.96所示。

图6.96 颜色容差值分别为40和110的不同效果

❹ 预览区

预览区用来显示当前选取的图像范围和对图像进行选取的操作。预览框的下方有两个单选按钮可以选择不同的预览方式。不同预览效果如图6.97所示。

- 【选择范围】：选择该项，预览区以灰度的形式显示图像，并将选中的图像以白色显示。
- 【图像】：选择该项，预览区中显示全部图像，没有选择区域的显示，所以一般不常用。

图6.97 不同预览效果

❺ 选区预览

在【选区预览】下拉列表中包含有无、灰度、黑色杂边、白色杂边、快速蒙版5个选项，如图6.98所示。通过选择不同的选项，可以在文档操作窗口中查看原图像的显示方式。

图6.98 选区预览下拉列表

选区预览下拉列表中各选项的含义说明如下。

- 【无】：选择此选项，文档操作窗口中的原图像不显示选区预览效果。

- 【灰度】：选择此选项，将以灰度的形式在文档操作窗口中显示原图像的选区效果。
- 【黑色杂边】：选择此选项，在文档操作窗口中，以黑色来显示原图像中未被选取的图像区域。
- 【白色杂边】：选择此选项，在文档操作窗口中，以白色来显示原图像中未被选取的图像区域。
- 【快速蒙版】：选择此选项，在文档操作窗口中，以蒙版的形式显示原图像中未被选取的图像区域。

选择参数设置与各种不同的显示效果如图6.99所示。

选择参数设置　　　　无　　　　灰度

黑色杂边　　　白色杂边　　快速蒙版

图6.99 选择参数设置与各种不同的显示效果

⑥ 吸管工具

吸管工具包括3个吸管，如图6.100所示，主要用来设置选取的颜色。使用第1个【吸管工具】🖊在图像中单击，即可选择相对应的颜色范围；选择带有"＋"号的吸管【添加到取样】🖊，在图像中单击可以增加选取范围；选择带有"一"号的吸管【从取样中减去】🖊，在图像中单击可以减少选取范围。

图6.100 吸管工具

⑦ 反相

反相复选框的作用是可以在选取范围和非选取范围之间切换。功能类似于菜单栏中的【选择】|【反向】命令。

提示

对于创建好的选区，单击【色彩范围】对话框中的【存储】按钮，可以将其存储起来；单击【载入】按钮，可以将存储的选区载入来使用。

视频讲座6-7：使用【色彩范围】对抱枕抠图

案例分类：抠图技法类
视频位置：配套光盘\movie\视频讲座6-7：使用【色彩范围】对抱枕抠图.avi

下面通过实例来讲解【色彩范围】命令的抠图应用。

PS 1 执行菜单栏中的【文件】|【打开】命令，将弹出【打开】对话框，选择配套光盘中"调用素材/第6章/心形抱枕.jpg"文件，将图像打开，如图6.101所示。

PS 2 执行菜单栏中的【选择】|【色彩范围】命令，打开【色彩范围】对话框，如图6.102所示。

图6.101 打开的图像

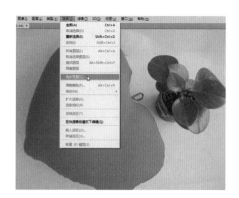

图6.102 【色彩范围】命令

PS 3 在【色彩范围】的选项栏中设置【选择】为【取样颜色】，【颜色容差】为50，单击选中对话框右侧的【吸管工具】🖊，使用【吸管工具】在图像中红色抱枕处进行取样，

完全掌握Photoshop CC超级手册

可以看到在【色彩范围】对话框中部的矩形预览区中，红色抱枕图像的大部分变为了白色，如图6.103所示。

PS 4 单击选中【色彩范围】对话框右侧的【添加到取样】 ✐ 按钮，使用【添加到取样】在对话框中部的矩形预览区抱枕图像上灰色的区域单击，将其添加到取样中，如图6.104所示。

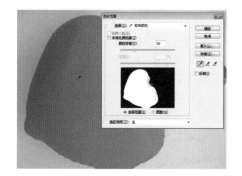

图6.103 取样颜色

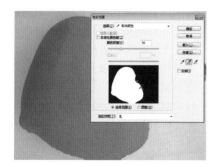

图6.104 添加到取样

PS 5 将矩形预览区中抱枕图像上灰色的区域全部转化为白色后，单击【确定】按钮，如图6.105所示。

PS 6 此时看以看到，抱枕图像已经被载入选区。选择工具箱中的【快速选择工具】 ✐，在选项栏中单击选中【从选区减去】按钮，设置笔刷为60像素，如图6.106所示。

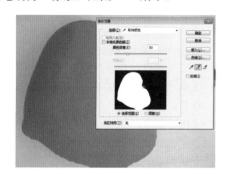

图6.105 确认色彩范围

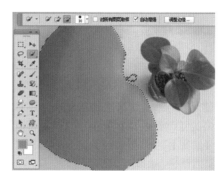

图6.106 快速选择工具

PS 7 使用【快速选择工具】在图像中左侧的花朵位置进行涂抹，将选中的花盆部分从选区中减去，如图6.107所示。

PS 8 按Ctrl+J组合键，以选区为基础拷贝一个新图层，在【图层】面板中，单击【背景】图层前方的眼睛图标，将【背景】图层中的图像隐藏，完成本例抠图，如图6.108所示。

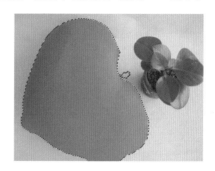

图6.107 从选区中减去

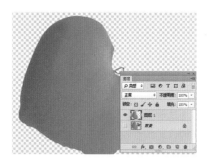

图6.108 最终抠图效果

6.8.2 调整边缘

【调整边缘】选项可以提高选区边缘的品质，并允许对照不同的背景查看选区，以便轻松编辑选区。还可以使用【调整边缘】选项来调整图层蒙版。

在前面讲解的选框或套索等选取工具时，其选项栏中都有一个共同的【调整边缘】按钮，这里要讲的就是这个按钮的使用。

使用任意一种选择工具创建选区，单击选项栏中的【调整边缘】按钮，或者执行菜单栏中的【选择】|【调整边缘】命令，打开【调整边缘】对话框，如图6.109所示。

按Alt + Ctrl + R组合键，可以快速打开【调整边缘】对话框。

图6.109 【调整边缘】对话框

【调整边缘】对话框中各选项的含义说明如下：

- 【视图模式】：从右侧下拉菜单中，选择一种模式，以更改选区的显示方式。选中【显示半径】复选框，将在发生边缘调整的位置显示选区边框；选中【显示原稿】复选框，将显示原始选区以进行对比。

关于每种模式的使用信息，可以将光标放置在该模式上，稍等片刻将出现一个工具提示。

- 【调整半径工具】 和【抹除调整工具】 ：使用这两种工具可以精确调整选区的边缘区域，以增加选择或抹除选择。

按Alt键可以在【调整半径工具】 和【抹除调整工具】 工具之间切换。如果想修改画笔大小，可以按方括号键。

- 【智能半径】：选中该复选框，可以自动调整边界区域中发现的硬边缘和柔化边缘的半径。如果边框一律是硬边缘或柔化边缘，或者要控制半径设置并且更精确地调整画笔，则取消选择此选项。

- 【半径】：半径决定选区边界周围的区域大小，将在此区域中进行边缘调整。增加半径可以在包含柔化过渡或细节的区域中创建更加精确的选区边界，如短的毛发中的边界或模糊边界。对锐边使用较小的半径，对较柔和的边缘使用较大的半径。越值大，选区边界的区域就越大。取值范围为0~250之间的数值。

- 【平滑】：减少选区边界中的不规则区域，以创建更加平滑的轮廓。值越大，越平滑。取值范围为0~100之间的整数。

- 【羽化】：可以在选区及其周围像素之间创建柔化边缘过渡。值越大，边缘的柔化过渡效果越明显。取值范围为0~250之间的数值。

- 【对比度】：对比度可以锐化选区边缘并去除模糊的不自然感。增加对比度，可以移去由于【半径】设置过高而导致在选区边缘附近产生的过多杂色。取值范围为0~100之间的整数。通常情况下，使用【智能半径】选项和调整工具效果会更好。

- 【移动边缘】：使用负值向内移动柔化边缘的边框，或使用正值向外移动这些边框。向内移动这些边框有助于从选区边缘移去不想要的背景颜色。

- 【净化颜色】：将彩色边替换为附近完全选中的像素的颜色。颜色替换的强度与选区边缘的软化度是成比例的。

- 【数量】：更改净化和彩色边替换的程度。

- 【输出到】：决定调整后的选区是变为当前图层上的选区或蒙版，还是生成一个新图层或文档。

- 【缩放工具】 和【抓手工具】 ：使用【缩放工具】 ，可以在调整选区时将其放大或缩小；使用【抓手工具】 ，可调整图像的位置。

视频讲座6-8：使用【调整边缘】对金发美女抠图

案例分类：抠图技法类
视频位置：配套光盘\movie\视频讲座
6-8：使用【调整边缘】对金发美女抠图.avi

下面通过实例来讲解【调整边缘】命令的抠图应用。

PS 1 执行菜单栏中的【文件】|【打开】命令，将弹出【打开】对话框，选择配套光盘中"调用素材/第6章/金黄发美女.jpg"文件，将图像打开，如图6.110所示。

图6.110 打开的图像

PS 2 选择工具箱中的【魔棒工具】 ，在选项栏中单击选中【新选区】按钮，设置【容差】为20，选中【连续】复选框，如图6.111所示。

图6.111 魔棒工具

PS 3 使用设置好的【魔棒工具】在图像中白色背景处单击，将大面积的白色背景选中，如图6.112所示。

PS 4 执行菜单栏中的【选择】|【反向】命令，将选区反选，如图6.113所示。

图6.112 选择背景图像

图6.113 【反向】命令

PS 5 执行菜单栏中的【选择】|【调整边缘】命令，打开【调整边缘】对话框，如图6.114所示。

PS 6 在【调整边缘】对话框中单击【单击选择视图模式】按钮，在弹出的视图模式栏中选择【黑底】，如图6.115所示。

图6.114 【调整边缘】命令

图6.115 设置视图模式

PS 7 选择【调整边缘】对话框右侧的【调整半径工具】 ✎，在选项栏中设置【调整半径工具】的【大小】为55，如图6.116所示。

PS 8 使用设置好的【调整半径工具】在图像中人物头发边缘进行涂抹，如图6.117所示。

图6.116 调整半径工具

图6.117 涂抹边缘

PS 9 涂抹完成之后可以看到人物的头发部分图像更加清晰了，如图6.118所示。

PS 10 调整完成后单击【确定】按钮，可以看到选区的变化效果，如图6.119所示。

图6.118 擦除效果

图6.119 选区变化效果

PS 11 按Ctrl+J组合键，以选区为基础拷贝一个新图层，在【图层】面板中，单击【背景】图层前方的眼睛图标，将【背景】图层中的图像隐藏，查看抠图效果，如图6.120所示。

PS 12 执行菜单栏中的【文件】|【置入】命令，将配套光盘中"调用素材/第6章/砖墙背景.jpg"文件，置入到当前图像文档中，如图6.121所示。

图6.120 拷贝图像

图6.121 置入背景图像

PS 13 按Enter键确认背景图像的置入,在【图层】面板中,拖动【砖墙背景】图层至【图层1】的下方,完成本例抠图,如图6.122所示。

图6.122 最终抠图效果

视频讲座6-9:使用【渐变映射】对卷发美女抠图

 案例分类:抠图技法类
视频位置:配套光盘\movie\视频讲座6-9:使用【渐变映射】对卷发美女抠图.avi

下面通过实例来讲解【渐变映射】的抠图应用。

PS 1 执行菜单栏中的【文件】|【打开】命令,将弹出【打开】对话框,选择配套光盘中"调用素材/第6章/黄发女孩.jpg"文件,将图像打开,如图6.123所示。

PS 2 按F7键打开【图层】面板,拖动【背景】图层至面板底部的【创建新图层】按钮上,复制一个【背景 拷贝】图层,如图6.124所示。

图6.123 打开的图像 图6.124 复制图层

PS 3 确认选中【背景 拷贝】图层,执行菜单栏中的【图像】|【调整】|【渐变映射】命令,打开【渐变映射】对话框,如图6.125所示。单击对话框中的【点按可编辑渐变】按钮,打开【渐变编辑器】对话框。

PS 4 在【渐变编辑器】中设置【预设】为【前景色到背景色渐变】,单击渐变条下方的【色标】按钮,设置渐变为红色(C:20,M:100,Y:100,K:0)到黑色的渐变,单击【确定】按钮,如图6.126所示。

图6.125 【渐变映射】对话框

图6.126 设置渐变

PS 5 执行菜单栏中的【图像】|【应用图像】命令,在弹出的【应用图像】对话框中单击【确定】按钮,如图6.127所示。

PS 6 此时可以看到执行【渐变映射】后的图像效果,如图6.128所示。

图6.127 【应用图像】对话框

图6.128 渐变映射效果

PS 7 执行菜单栏中的【窗口】|【通道】命令，打开【通道】面板，选择【红】通道，拖动【红】通道至面板底部的【创建新通道】按钮上，复制一个【红 拷贝】通道，如图6.129所示。

PS 8 执行菜单栏中的【图像】|【调整】|【曲线】命令，打开【曲线】对话框，单击选中对话框下面的【设置白场工具】，在图像中人物头发灰色区域单击，如图6.130所示。

图6.129 复制通道　　　图6.130 设置白场工具

PS 9 设置完成后单击【确定】按钮，调整效果如图6.131所示。

PS 10 设置【前景色】为黑色，使用工具箱中的【画笔工具】将图像中残留的部分白色图像涂抹成黑色，如图6.132所示。

图6.131 设置白场效果　　图6.132 涂抹部分图像

PS 11 涂抹完成后，单击【通道】面板底部的【将通道作为选区载入】按钮，将【红 拷贝】通道中的白色图像载入选区，如图6.133所示。

PS 12 在【通道】面板中单击【RGB】通道，退出通道模式，在【图层】面板中单击【背景 拷贝】图层前方的眼镜图标，将其隐藏，选中【背景】图层，如图6.134所示。

图6.133 载入选区　　　图6.134 隐藏图层

PS 13 按Ctrl+J组合键，以选区为基础拷贝一个【图层1】图层，如图6.135所示。

PS 14 再次选中【背景】图层，使用工具箱中的【自由钢笔工具】，并在选项栏中选中【磁性的】复选框，沿图像中人物的边缘绘制路径，如图6.136所示。

图6.135 拷贝图像　　　图6.136 绘制路径

PS 15 绘制完成后，结合工具箱中的【直接选择工具】及其他路径调整工具将绘制的路径调整到与人物边缘重合的位置，如图6.137所示。

PS 16 调整完成后，按Ctrl+Enter组合键将路径快速载入选区，如图6.138所示。

图6.137 调整路径　　　图6.138 载入选区

PS 17 按Ctrl+J组合键，以选区为基础拷贝一个【图层2】图层，单击【背景】图层前方的眼睛图标，将【背景】图层隐藏，如图6.139所示。

PS 18 此时可以看到人物被抠出的效果，如图6.140所示。

图6.139 拷贝图像　　　图6.140 抠图效果

PS 19 执行菜单栏中的【文件】|【置入】命令，将配套光盘中的"调用素材/第6章/绿色背景.jpg"文件置入图像，如图6.141所示。

PS 20 按Enter键确认图像的置入，在【图层】面板中拖动【绿色背景】图层至【图层2】的下方，图6.142所示。

图6.141 置入背景图像　　　图6.142 调整图层

PS 21 完成本实例的抠图，最终效果如图6.143所示。

图6.143 最终抠图效果

第 7 章 路径和形状工具

〔内容摘要〕

路径和形状工具在图像处理过程中应用非常广泛，本章详细介绍了路径和形状工具的创建和编辑方法，包括钢笔工具的使用、路径的选择与编辑、路径面板的使用、路径的填充与描边、路径和选区之间的转换方法等。掌握这些工具，可以在Photoshop中创建精确的矢量图形，在一定程度上弥补了位图的不足。

〔教学目标〕

- 学习钢笔工具的使用方法
- 学习路径的选取与编辑
- 掌握【路径】面板的使用
- 掌握路径的填充与描边
- 掌握路径与选区之间的转换方法
- 掌握形状的自定义及使用方法

7.1 钢笔工具

钢笔工具是创建路径的最基本工具，使用该工具可以创建各种精确的直线或曲线路径。钢笔工具是制作复杂图形的一把利器，它几乎可以绘制任何图形。

7.1.1 【钢笔工具】选项栏

在工具箱中选【钢笔工具】 ⚲ 后，选项栏中将显示出【钢笔工具】 ⚲ 的相关属性，如图7.1所示。

图7.1 【钢笔工具】选项栏

提示 ❓

在英文输入法下按P键，可以快速选择【钢笔工具】。如果按Shift + P组合键，可以在【钢笔工具】和【自由钢笔工具】之间进行切换。

- 【路径操作】 ▣：这些按钮主要是用来指定新路径与原路径之间的关系，比

如相加、相减、相交或排除运算，它与前面讲解过的选区的相加减应用相似。【创建新的形状区域】 ▣ 表示开始创建新路径区域；【添加到形状区域】 ▣ 表示将现有路径或形状添加到原路径或形状区域中；【从形状区域减去】 ▣ 表示从现有路径或形状区域中减去与新绘制重叠的区域；【交叉形状区域】 ▣ 表示将保留原区域与新绘制区域的交叉区域；【重叠形状区域除外】 ▣ 表示将原区域与新绘制的区域相交叉的部分排除，保留没有重叠的区域。

- 【路径对齐】 ▤：这些按钮主要是来控制路径的对齐方式的，比如【左边】 ▤ 是路径最左边位置对齐、【水平居中】 ▤ 是路径的水平方向中心对齐、【右边】 ▤ 是路径最右边位置对齐、【顶边】 ▤ 是路径最顶端位置对齐、【垂直居中】 ▤ 是路径垂直中心对齐、【底边】 ▤ 是路径最底边位置的对齐、【按宽度均匀分布】 ▤ 是按路径间的间距进

行对齐、【分配高度】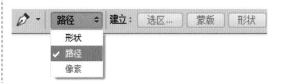是按照路径从高到低的顺序排列、【对齐到选区】是路径与选区进行对齐、【对齐到画布】是路径和画布某一位置的对齐。

- 【路径排列】：用来对元件前后位置的调节，比如【将形状置为顶层】是把多个元件中选择一个元件调到最顶层位置显示、【将形状前移一层】是把选中的元件向前移动一层显示、【将形状后移一层】是把选中的元件向下移动一层显示、【将形状置为底层】是把多个元件中选择一个元件调到最底层位置显示。

- 【几何选项】：用来设置路径或形状工具的几何参数。单击黑色的倒三角按钮，可以打开当前工具的几何选项面板，比如这里选择了钢笔工具，将弹出【钢笔工具】选项面板，选中【橡皮带】复选框移动鼠标，则光标和刚绘制的锚之间会有一条动态变化的直线或曲线，表明若在光标处设置锚点会绘制什么样的线条，对绘图起辅助作用。

- 【自动添加/删除】：选中该复选框，在使用钢笔工具绘制路径时，钢笔工具不但具有绘制路径的功能，还可以添加或删除锚点。将光标移动到绘制的路径上，在光标右下角将出现一个"+"加号，单击鼠标可以在该处添加一个锚点；将光标移动到绘制路径的锚点上，在光标的右下角将出现一个"-"减号，单击鼠标即可将该锚点删除。

- 【颜色】：该项也只在选择【形状图层】按钮时，才可以使用。单击右侧的色块，可以打开【拾色器】对话框，设置形状图层的填充颜色。

7.1.2 路径和形状的绘图模式

路径是利用【钢笔工具】或形状工具的路径工作状态制作的直线或曲线，路径其实是一些矢量线条，此无论图像缩小或是放大，都不会影响其分辨率或是平滑程度。编辑好的路径可以保存在图像中（保存为*.psd或是*.tif文件），也可以单独输出为路径文件，然后在其他的软件中进行编辑或是使用。钢笔工具可以和路径面板一起工作。通过路径面板可以对路径进行描边、填充或将之转变为选区。

使用形状或钢笔工具时，可以在选项栏中选择二种不同的模式进行绘制。在选定形状或钢笔工具时，可通过选择选项栏中的图标来选取一种模式，如图7.2所示。

图7.2 路径和形状工具选项栏

下面来详细讲解三种绘图模式的使用方法：

- 【形状】：选择该选项，在使用形状工具绘图时，可以以前景色为填充色，创建一个形状图层，同时会在当前的【图层】面板中创建一个矢量蒙版，在【路径】面板中，还将出现一个剪贴路径。形状图层的使用效果如图7.3所示。

图7.3 形状图层绘图效果

- 【路径】：选择该选项，在使用钢笔或形状工具绘制图形时，可以绘制出路径效果，并在【路径】面板中以工作路径的形式存在，但【图层】面板不会有任何的变化。路径绘图效果如图7.4所示。

图7.4 路径绘图效果

- 【像素】：在选择钢笔工具时，该按钮是不可用的，只有选择形状工具时，该按钮才可以使用。单击该按钮，在使用形状工具绘制图像时，在【图层】面板中不会产生新的图层，也不会在【路径】面板中产生路径，它只能在当前图层中，以前景色为填充绘制一个图形对象，覆盖当前层中的重叠区域。填充像素绘图效果如图7.5所示。

图7.5 填充像素绘图效果

7.1.3 绘制直线段

使用【钢笔工具】 ✐ 可以绘制最简单的路径是直线，通过两次不同位置的单击可以创建一条直线段，继续单击可创建由角点连接的直线段组成的路径。

PS 1 选择【钢笔工具】 ✐ 。

PS 2 移动光标到文档窗口中，在合适的位置单击确定路径的起点，可绘制第1个锚点。

然后单击其他要设置锚点的位置可以得到第2个锚点，在当前锚点和前一个锚点之间会以直线连接。

提示 ❓

在绘制直线段时，注意单击时不要拖动鼠标，否则将绘制出曲线效果。

PS 3 同样的方法，多次单击可以绘制更多的路径线段和锚点。如果要封闭路径，可将光标移动到起点附近。当光标右下方出现一个带有小圆圈 ✐ 的标志时，单击就可以得到一个封闭的路径。绘制直线路径效果如图7.6所示。

图7.6 绘制直线路径效果

技巧 ❗

在绘制路径时，如果中途想中止绘制，可以按住Ctrl键的同时在文档窗口中路径以外的任意位置单击鼠标，绘制出不封闭的路径；按住Ctrl键光标将变成直接选择工具形状，此时可以移动锚点或路径线段的位置；按住Shift键进行绘制，可以绘制成45°角倍数的路径。

7.1.4 绘制曲线

绘制曲线相对来说比较复杂一点，在曲线改变方向的位置添加一个锚点，然后拖动构成曲线形状的方向线。方向线的长度和斜度决定了曲线的形状。

PS 1 选择【钢笔工具】 ✐ 。

PS 2 将【钢笔工具】定位到曲线的起点，并按住鼠标拖动，以设置要创建的曲线段的斜度，然后释放鼠标，操作效果如图7.7所示。

PS 3 创建C形曲线。将光标移动到合适的位置，按住鼠标向前一条方向线相反的方向拖动，绘制效果如图7.8所示。

PS 4 绘制S形曲线。将光标移动到合适的位置，按住鼠标向前一条方向线相同的方向拖动，绘制效果如图7.9所示。

图7.7 拖动绘制第一曲线点

图7.8 绘制C形曲线

图7.9 绘制S形曲线

技巧 !

在绘制曲线路径时，如果要创建尖锐的曲线，即在某锚点处改变切线方向，可先释放鼠标，然后按住Alt键的同时拖动控制点改变曲线形状；也可以在按住Alt键的同时拖动该锚点，拖动控制线来修改曲线形状。

7.1.5 直线和曲线混合绘制

　　【钢笔工具】 除了可以绘制直线和曲线外，还可以绘制直线和曲线的混合线，如绘制跟有曲线的直线、跟有直线的曲线或由角点连接的两条曲线段，具体绘制方法如下。

PS 1 选择【钢笔工具】 。

PS 2 如果想在直线后绘制曲线，使用【钢笔工具】单击两个位置以创建直线段。将【钢笔工具】放置在所选锚点上，【钢笔工具】旁边将出现一条小对角线或斜线 ，此时按住鼠标向外拖动，将拖出一个方向线，释放鼠标，然后在其他位置单击或拖动鼠标，即可创建

出一条曲线。在直线后绘制曲线操作过程如图7.10所示。

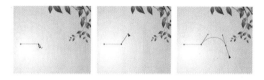

图7.10 在直线后绘制曲线操作过程

PS 3 如果想在曲线后绘制直线，首先利用前面讲过的方法绘制一个曲线并释放鼠标。按住Alt键时将【钢笔工具】更改为【转换点工具】 ，然后单击选定的锚点，可将该锚点从平滑点转换为拐角点，然后释放Alt键和鼠标，在合适的位置单击，即可创建出一条直线。在曲线后绘制直线操作过程如图7.11所示。

图7.11 在曲线后绘制直线操作过程

PS 4 如果想在曲线后绘制曲线，首先利用前面讲过的方法绘制一个曲线并释放鼠标。按住Alt键将一端的方向线向相反的一端拖动，将该平滑点转换为角点，然后释放Alt键和鼠标，在合适的位置按住鼠标拖动完成第二条曲线。在曲线后绘制曲线的操作过程如图7.12所示。

图7.12 在曲线后绘制曲线的操作过程

视频讲座7-1：使用【钢笔工具】对杯子抠图

 案例分类：抠图技法类
视频位置：配套光盘\movie\视频讲座7-1：使用【钢笔工具】对杯子抠图.avi

　　下面通过实例来讲解【钢笔工具】 的使用方法及抠图应用。

PS 1 执行菜单栏中的【文件】|【打开】命令，将弹出【打开】对话框，选择配套光盘中"调用素材/第7章/茶杯.jpg"文件，将图像打开，如图7.13所示。

PS 2 选择工具箱中的【钢笔工具】 ✐，如图7.14所示。

图7.13 打开的图像 　　图7.14 钢笔工具

PS 3 在【钢笔工具】的选项栏中设置【选择工具模式】为【路径】，如图7.15所示。

PS 4 使用【钢笔工具】在图像中水杯的左侧直边上单击，绘制起始锚点，然后释放鼠标将刚才光标移动到该边缘上的另一处单击，即可绘制直线路径，如图7.16所示。

提示

在按住Shift键的同时使用【钢笔工具】，可以绘制平行或垂直的直线路径。

图7.15 设置工具模式 　　图7.16 绘制直线路径

PS 5 继续使用【钢笔工具】继上一点后，将光标移动到白色瓷杯上方的弧度边缘上单击，按住鼠标进行拖动，可以拖拽出该锚点的平衡杆，拖动平衡杆的顶端即可绘制曲线路径，并将曲线路径调整到与白色瓷杯弧度边缘重合的位置，如图7.17所示。

PS 6 按照上述方法沿白色瓷杯边缘继续绘制路径，当光标回到起始点的时候，在【钢笔工具】光标的右下方会显示一个圆形图标。此时，单击鼠标即可完成封闭选区的绘制，如图7.18所示。

图7.17 绘制曲线路径 　　图7.18 封闭选区

PS 7 执行菜单栏中的【窗口】|【路径】命令，打开【路径】面板，在【路径】面板中可以看到通过绘制路径所得到的"工作路径"，单击面板底部的【将路径作为载入】 ⬚ 按钮，即可将绘制的封闭路径载入选区，如图7.19所示。

PS 8 再次使用【钢笔工具】沿白色瓷杯手柄处内侧边缘绘制一条封闭选区，如图7.20所示。

图7.19 载入选区 　　图7.20 绘制路径

PS 9 绘制完成后，在画布中单击鼠标右键，在弹出的快捷菜单中选择【载入选区】命令，打开【建立选区】对话框，如图7.21所示。

PS 10 在【载入选区】对话框中选中【从选区中减去】单选按钮，其他选项保持默认，设置完成后单击【确定】按钮，如图7.22所示。

图7.21 【载入选区】命令 图7.22 从选区中减去

PS 11 此时，可以看到选区已经刚好将白色瓷杯图像全部选中，按Ctrl+J组合键以选区为基础拷贝一个新图层，如图7.23所示。

PS 12 在【图层】面板中，单击【背景】图层前方的眼睛图标，将背景图层中的图像隐藏，完成本例抠图，如图7.24所示。

图7.23 拷贝图像　　　图7.24 最终抠图效果

7.1.6 自由钢笔工具

　　【自由钢笔工具】在使用上分为两种情况：一种是自由钢笔工具；一种是磁性钢笔工具。【自由钢笔工具】带有很大的随意性，可以像画笔一样进行随意的绘制，在使用上类似套索工具。应用【自由钢笔工具】进行路径绘制的具体步骤如下。

PS 1 选择【自由钢笔工具】。

PS 2 在需要进行绘制的起始位置处按住鼠标左键确定起点，在不释放鼠标的情况下随意拖动鼠标，在拖动时可以看到一条尾随的路径效果，释放鼠标即可完成路径的绘制。

PS 3 如果要创建闭合路径，可以将光标拖动到路径的起点位置，光标右下方出现一个带有小圆圈的标志，此时释放鼠标就可以得到一个封闭的路径。

技巧

要停止路径的绘制，只要释放鼠标左键即可使路径处于开放状态。如果要从停止的位置处继续创建路径，可以先使用【直接选择工具】单击开放路径，再切换到【自由钢笔工具】将光标置于开放路径的一端的锚点处，当光标右下角显示减号标志，按住鼠标左键继续拖动即可。如果在中途想闭合路径，可以按住Ctrl键，此时光标的右下角将出现一个小圆圈，释放鼠标即可在当前位置和路径起点之间自动生成一个直线段，将路径闭合。

7.1.7 【自由钢笔工具】选项栏

　　【自由钢笔工具】选项栏如图7.25所示。

图7.25 【自由钢笔工具】选项栏

- 【曲线拟合】：该参数控制绘制路径时对鼠标移动的敏感性，输入的数值越高，所创建的路径的锚点越少，路径也就越光滑。

- 【磁性的】：该复选框等同于工具【选项】栏中的【磁性的】复选框。但是在弹出面板中同时可以设置【磁性的】选项中的各项参数。

- 【宽度】：确定磁性钢笔探测的距离，在该文本框中可输入1~40之间的像素值。该数值越大，磁性钢笔探测的距离就越大。

- 【对比】：确定边缘像素之间的对比度，在该文本框中可输入0%～100%间的百分比值。值越大，对对比度要求越高，只检测高对比度的边缘。

- 【频率】：确定绘制路径时设置锚点的密度，在该文本框中可输入0～100间的值。该数值越大，则路径上的锚点数就越多。

- 【钢笔压力】：只在使用绘图压敏笔时才有用，选中该复选框，会增加钢笔的压力，可以使【钢笔工具】绘制的路径宽度变细。

技巧

在使用【磁性钢笔工具】绘制路径时，按左方块[键，可将磁性钢笔的宽度值减小1像素；按右方块]键，可将磁性钢笔的宽度增加1像素。

视频讲座7-2：使用【自由钢笔工具】对球鞋抠图

案例分类：抠图技法类
视频位置：配套光盘\movie\视频讲座
7-2：使用【自由钢笔工具】对球鞋抠图.avi

下面通过实例来讲解【自由钢笔工具】的使用方法及抠图应用。

PS 1 执行菜单栏中的【文件】|【打开】命令，将弹出【打开】对话框，选择配套光盘中"调用素材/第7章/鞋子.jpg"文件，将图像打开，如图7.26所示。

PS 2 选择工具箱中的【自由钢笔工具】，如图7.27所示。

图7.26 打开的图像

图7.27 自由钢笔工具

PS 3 在【自由钢笔工具】的选项栏中设置【选择工具模式】为【路径】，取消【磁性的】复选框，如图7.28所示。

PS 4 使用【自由钢笔工具】在图像中沿鞋子边缘进行拖动绘制路径，可以发现【自由钢笔工具】虽然可以根据鼠标的拖动随意绘制路径，但是如果要进行细致的选择图像，存在较难的操作，如图7.29所示。

图7.28 设置工具模式

图7.29 绘制路径

PS 5 执行菜单中的【窗口】|【路径】命令，打开【路径】面板，确认选中【工作路径】，单击面板底部的【删除路径】按钮，将刚绘制的路径删除，如图7.30所示。

PS 6 在【自由钢笔工具】的选项栏中选中【磁性的】复选框，如图7.31所示。

图7.30 删除路径

图7.31 选中【磁性的】复选框

PS 7 再次使用【自由钢笔工具】沿图像中鞋子的边缘单击并拖动鼠标绘制选区，此时可以看到路径自动根据图像的对比进行边缘吸附，如图7.32所示。

PS 8 当鼠标回到起始点时，在【自由钢笔工具】光标的右下方会显示一个圆形图标，此时单击鼠标即可完成封闭选区的绘制，如图7.33所示。

图7.32 绘制路径

图7.33 封闭路径

PS 9 绘制完成后，选择工具箱中的【路径选择工具】，使用该工具在刚才所绘制的路径上单击，可以看到有一些锚点和曲线并没有与鞋子边缘完全重合，如图7.34所示。

PS 10 选择工具箱中的【直接选择工具】，如图7.35所示。

图7.34 路径选择工具

图7.35 直接选择工具

PS 11 使用【直接选择工具】将不在鞋子边缘上的锚点拖动到鞋子边缘上，再拖动锚点两端的平衡杆端点将曲线调整到与鞋子边缘重合，如图7.36所示。

PS 12 选择工具箱中的【删除锚点工具】，如图7.37所示。

图7.36 调整锚点及曲线

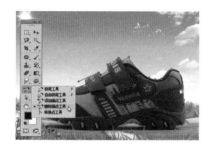

图7.37 删除锚点工具

PS 13 使用【删除锚点工具】在路径上多余的锚点上进行单击，将多余的锚点删除，并结合【直接选择工具】将删除后剩余的锚点调整到合适位置，如图7.38所示。

PS 14 选择工具箱中的【添加锚点工具】，如图7.39所示。

图7.38 删除锚点

图7.39 添加锚点工具

PS 15 使用【添加锚点工具】在图像中所绘制的路径上无法调整合适的曲线处进行单击，进行添加锚点，并结合【直接选择工具】将添加后的锚点调整到合适位置，如图7.40所示。

PS 16 使用上述所介绍的工具及路径调整方法，将路径上所有的锚点及曲线调整到与鞋子边缘重合的位置，如图7.41所示。

图7.40 添加锚点　　图7.41 路径调整效果

PS 17 执行菜单栏中的【窗口】|【路径】命令，打开【路径】面板，在面板中确认选中"工作路径"，单击面板底部的【将路径作为选区载入】按钮，将路径转换为选区，如图7.42所示。

PS 18 按Ctrl+J组合键，以选区为基础拷贝一个新图层，在【图层】面板中，单击【背景】图层前方的眼睛图标，将【背景】图层中的图像隐藏，完成本例抠图，如图7.43所示。

图7.42 载入选区

图7.43 最终抠图效果

7.2 / 路径的基本操作

路径的强大之处在于，它具有灵活的编辑功能，对应的编辑工具也相当丰富，所以，路径是绘图和选择图像中非常重要的一部分。

7.2.1 认识路径

路径可以是一个点、一条直线或一条曲线，但它通常是锚点连接在一起的一系列直线段或曲线段。因为路径没有锁定在屏幕的背景像素上，所以它们很容易调整、选择和移动。同时，路径也可以存储并输出到其他应用程序中。因此，路径不同于Photoshop描绘工具创建的任何对象，也不同于Photoshop选框工具创建的选区。

绘制路径时的单击鼠标确定的点，叫做锚点。可以用来连接各个直线或曲线段。在路径中，锚点可分为平滑点和曲线点。路径有很多的部分组成，了解这些组成才可以更好地编辑与修改路径。路径组成如图7.44所示。

图7.44 路径组成

路径组成部分的说明：

- 【角点】：角点两侧的方向线并不处于同一直线上，拖动其中一条控制点时，另一条控制点并不会随之移动，而且只有锚点的一侧的路径线发生相应的调整。有些角点的两侧没有任何方向线。
- 【方向线】：在锚点一侧或两侧显示一条或两条线，这条线就叫做方向线，这条线是一般曲线型路径在该平滑点处的切线。
- 【平滑点】：平滑点只产生在曲线型路径上，当选择该点后，在该点的两侧将出现方向线，而且该点两侧的方向线处于同一直线上，拖动其中的一条方向线；另一条方向线也会相应移动，同时锚点两侧的路径线也发生相应的调整。
- 【方向点】：在方向线的终点处有一个端点，这个点就叫做方向点。通过拖动该方向点，可以修改方向线的位置和方向，进而修改曲线型路径的弯曲效果。

7.2.2 选择、移动路径

如果要选择整个路径，则先选中工具箱中的【路径选择工具】 ，然后直接单击需要选择的路径即可。当整个路径选中时，该路径中的所有锚点都显示为黑色方块。选择路径后，按住鼠标拖动即可移动路径的位置。如果路径由几个路径组件组成，则只有指针所指的路径组件被选中。

完全掌握Photoshop CC超级手册

如果要选择路径段或锚点，可以使用工具箱中的【直接选择工具】，单击需要选择的锚点；如果要同时选中多个锚点，可以在按住Shift键的同时逐个单击要选择的锚点。选择锚点后，按住鼠标拖动，即可移动锚点的位置。选择锚点并移动锚点效果如图7.45所示。

技巧 !

如果要使用【直接选择工具】选择整个路径锚点，可以在按住Alt键的同时在路径中单击，即可将全部路径锚点选中。

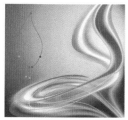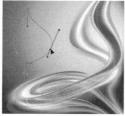

图7.45 选择锚点并移动

技巧 !

选择【路径选择工具】或【直接选择工具】，利用拖动框的形式也可以选择多个路径或路径锚点。

7.2.3 调整方向点

在工具箱中，单击选择【直接选择工具】，在角点或平滑点上单击鼠标，可以将该锚点选中，在该锚点的一侧或两侧显示方向点，将光标放置在要修改的方向点上，拖动鼠标即可调整方向点。调整方向点操作效果如图7.46所示。

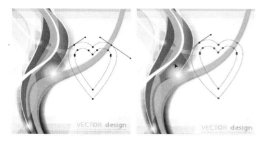

图7.46 调整方向点操作效果

7.2.4 复制路径

选择路径后就可以进行复制路径操作。在工具箱中选择【路径选择工具】，然后在文档中单击选择要复制的路径，按住Alt键，此时可以看到在光标的右下角出现一个"+"加号标志，按住鼠标拖动该路径，即可将其复制出一个副本，复制操作效果如图7.47所示。

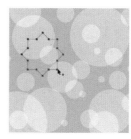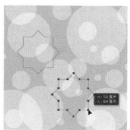

图7.47 拖动法复制路径操作效果

提示 ?

使用拖动法复制路径比较随意，而且可以复制同一路径层中的不同路径对象。

7.2.5 变换路径

路径可进行旋转、缩放、倾斜、扭曲等操作，执行菜单栏中的【编辑】|【自由变换路径】命令。利用【路径选择工具】选中路径后，此时【编辑】|【自由变换路径】和【变换路径】命令被激活。选择【编辑】|【自由变换路径】命令后，所选路径的周围显示路径变换框。也可以在路径选择工具选项栏中选中【显示定界框】复选框，对路径进行变换操作。操作方法与前面讲解过的选区的变换方法相同，这里不再赘述。

另外，还可以对选择的路径进行对齐和分布处理，用法也与前面讲解过的对齐与分布命令使用相同，这里不再赘述。

提示 ?

在执行旋转变换时，应该注意旋转中心的控制，只要拖动调节控制框中的十字圆圈即可。按Alt + Ctrl + T组合键，再进行变换操作，将只改变所选路径的副本，而不影响原路径。

7.3 添加或删除锚点

绘制好路径后，不但可以使用【路径选择工具】和【直接选择工具】选择和调整路径锚点。利用【添加锚点工具】和【删除锚点工具】可以对路径添加或删除锚点。

7.3.1 添加锚点

使用【添加锚点工具】在路径上单击，可以为路径添加新的锚点。具体添加锚点的操作方法如下：

选择【添加锚点工具】，然后将光标移动到文档窗口中要添加锚点的路径位置，此时光标的右下角将出现一个"+"加号标志，单击鼠标即可在该路径位置添加一个锚点。同样的方法可以添加更多的锚点。如果在添加锚点时按住鼠标拖动，还可以改变路径的形状。添加锚点操作效果如图7.48所示。

图7.48 添加锚点操作效果

7.3.2 删除锚点

选择【删除锚点工具】，将光标移动到路径中想要删除的锚点上，此时光标的右下角将出现一个"-"减号标志，单击鼠标即可将该锚点删除。删除锚点后路径将根据其他的锚点重新定义路径的形。删除锚点的操作效果如图7.49所示。

图7.49 删除锚点的操作效果

7.4 平滑点和角点

使用【转换点工具】不但可以将角点转换为平滑点，还可以将角点转换为拐角点，将拐角点转换为平滑点；还可以对路径的角点、拐角点和平滑点之间进行不同的切换操作。

7.4.1 将角点转换为平滑点

选择【转换点工具】，将光标移动到路径上的角点处，按住鼠标拖动即可将角点转换为平滑点。操作效果如图7.50所示。

图7.50 角点转换平滑点操作效果

7.4.2 将平滑点转换为具有独立方向的角点

首先利用【直接选择工具】选择某个平滑点，并使其方向线显示出来。选择【转换点工具】，将光标移动到平滑点一侧的方向点上，按住鼠标拖动该方向点，将方向线转换为独立的方向线，这样就可以将方向线连接的平滑点转换为具有独立方向的角点。操作效果如图7.51所示。

图7.51 将平滑点转换为具有独立方向的角点

7.4.3 将平滑点转换为没有方向线的角点

选择【转换点工具】，将光标移动到路径上的平滑点处，单击鼠标即可将平滑点转换为没有方向线的角点。将平滑点转换为没有方向线的角点操作效果如图7.52所示。

图7.52 将平滑点转换为没有方向线的角点

7.4.4 将没有方向线角点转换为有方向线的角点

选择【转换点工具】，将光标移动到路径上的角点处，按住Alt键的同时拖动，可以从该角点一侧拉出一条方向线，通过该方向线可

以修改路径的形状，并将该点转换为有方向线的角点。操作效果如图7.53所示。

图7.53 将没有方向线角点转换为有方向线的角点操作效果

提示

在使用【钢笔工具】时，按住Alt键将光标移动到锚点上，此时【钢笔工具】将切换为【转换点工具】，可以修改锚点；如果当前使用的是【转换点工具】，按住Ctrl键，可以将【转换点工具】切换为【直接选择工具】，对锚点或路径线段进行选择修改。

7.5 路径组件的重叠模式

在路径选择工具选项栏中，单击【路径操作】按钮，可在下拉菜单中选择Photoshop提供的4种不同方式的组合路径，它们分别是【合并形状】、【减去顶层图形】、【与形状区域相交】和【排除重叠图形】。在同一个路径层中，存在两个或两个以上的路径时，就可以按不同的方式进行组合。

7.5.1 合并形状

单击选择【合并形状】命令，新绘制的路径会与现有路径进行合并，如图7.54所示。

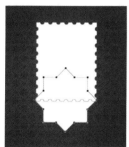

图7.54 合并形状效果

7.5.2 减去顶层图形

单击选择【减去顶层图形】命令，可从现有的路径中减去新绘制的路径，如图7.55所示。

图7.55 减去顶层图形效果

7.5.3 与形状区域相交

单击选择【与形状区域相交】命令，得到的路径是新路径与现有路径相交的区域，如图7.56所示。

图7.56 与形状区域相交效果

单击选择【排除重叠图形】 命令，得到的路径是合并路径中排除重叠的区域，如图7.57所示。

图7.57 排除重叠图形效果

7.6 管理路径

创建路径后，所有的路径都自动保存在【路径】面板中。利用【路径】面板可以对创建的路径进行细致的管理，对路径进行填充或描边，还可以将路径转化为选区或将选区转化为路径操作。

执行菜单栏中的【窗口】|【路径】命令，将打开【路径】面板，如图7.58所示。

图7.58 【路径】面板

提示

当前文档中正在创建或编辑的路径为【工作路径】。【路径】面板中可以保存很多路径，但只有一个工作路径。

7.6.1 创建新路径

为了不在一个路径层中绘制路径，可以创建新的路径层，以放置不同的路径。在【路径】面板中，单击底部的【创建新路径】 按

钮，即可创建一个新的路径层，使用相关的路径工具，即可在其上创建路径。使用【创建新路径】 按钮创建的路径名称是系统自动命名的。操作效果如图7.59所示。

提示

创建新路径还可以从【路径】面板菜单中选择【新建路径】命令，打开【新建路径】对话框。可以通过【名称】右侧的文本框自行设置路径的名称。

图7.59 创建新路径操作效果

提示

如果当前路径层为工作路径，在创建新路径时，新的路径会替换原来的工作路径，这里要特别注意。如果不想替换，可以双击工作路径，将其存储起来即可。

7.6.2 查看路径

路径不同于图层图像，在【图层】面板中，不管当前选择的是哪个图层，在文档窗口中的图像除了隐藏的都将显示出来。而路径则不同，位于不同路径层上的路径不会同时显示出来，只会显示当前选择的路径层上的路径。

不管路径是否显示在文档窗口中，都不会被打印出来。它就像网格和辅助线一样，只起到辅助做图的作用，对图像的实际内容不会有任何的影响。

选择【路径1】文档窗口中将显示手形路径；选择【路径2】文档窗口中将显示出伞路径，而手形路径消失了。选择不同路径的显示效果如图7.60所示。

图7.60 选择不同路径显示的效果

有时由于选中的路径，在图像上显示出路径效果，这样会对影响图像的编辑，所以需要将路径隐藏，要想隐藏某个路径，只需要不选择该路径就可以了。如果想隐藏所有的路径，可以在【路径】面板中单击空白区域即可。

技巧

如果想隐藏某路径层上的路径显示，可以在按住Shift键的同时，单击该路径层，即可将其隐藏。

7.6.3 重命名路径

为了更好的区别路径，可以为路径层重新命名。在【路径】面板中，直接双击要重新命名的路径层，激活当前名称区域，使其处于可编辑状态，然后输入新的路径名称，按Enter键即可完成命名。重命名操作效果如图7.61所示。

图7.61 重命名路径操作效果

7.6.4 删除路径

在【路径】面板中，单击选择要删除的路径层，然后将其拖动到【路径】面板底部的【删除当前路径】 按钮上，释放鼠标即可将该路径删除。删除路径的操作效果如图7.62所示。

图7.62 删除路径的操作效果

技巧

在【路径】面板中，单击选择要删除的路径层后，单击面板底部的【删除当前路径】 按钮，将弹出一个询问对话框，如果单击【是】按钮，也可以将路径删除。如果不想弹出询问对话框，可以在选择要删除的路径层后，按住Alt键单击【删除当前路径】 按钮。

7.7 为路径添加颜色

Photoshop允许使用前景色、背景色或图案以各种混合模式填充路径，也允许使用绘图工具描边路径。对路径进行描边或填充时，该操作是针对整个路径的，包括所有子路径。

视频讲座7-3：填充路径

案例分类：软件功能类
视频位置：配套光盘\movie\视频讲座
7-3：填充路径.avi

填充路径功能类似于填充选区，完全可以在路径中填充上各种颜色或图案。在工具箱中，设置前景色为任意一种颜色，选中【路径】面板中的路径后，单击【路径】面板底部【用前景色填充路径】 ● 按钮，即可将路径填充颜色。填充操作效果如图7.63所示。

图7.63 用前景色填充路径

利用单击【用前景色填充路径】 ● 按钮填充路径，只能使用前景色进行填充，也就是只能填充单一的颜色。如果要填充图案或其他内容，可以在【路径】面板菜单中选择【填充路径】命令，打开如图7.64所示的【填充路径】对话框，对路径的填充进行详细的设置。

图7.64 【填充路径】对话框

在【填充路径】对话框中，重点介绍【渲染】区域中的参数设置。

- 【羽化半径】：在该文本框中输入数值，使得填充边界变得较为柔和。值越大，填充颜色边缘的柔和度也就越大。
- 【消除锯齿】：选中该复选框，可以消除填充边界处的锯齿。

视频讲座7-4：描边路径

案例分类：软件功能类
视频位置：配套光盘\movie\视频讲座
7-4：描边路径.avi

路径的描边功能类似于选区的描边。但比选区的描边要复杂一些。要进行描边路径，首先要确定描边的工具，并设置该工具的笔触参数后才可以进行描边。描边的具体操作步骤如下：

PS 1 在【图层】面板中确定要描边的图层。然后在【路径】面板中选择要进行描边的路径层。

PS 2 选择【画笔工具】 ✎（也可以选择其他的绘图工具），并设置合适的画笔笔触和其他参数。然后将前景色设置为一种需要的颜色，比如这里设置为蓝色。

完全掌握Photoshop CC超级手册

步骤 3 在【路径】面板中，单击面板底部的【用画笔描边路径】○ 按钮，即可使用画笔为路径描边。描边路径的操作效果如图7.65所示。

图7.65 描边路径的操作效果

如果对路径描边时需要选择描边工具，可以在选中路径后，按住Alt键单击【用画笔描边路径】○ 按钮，或者在【路径】面板菜单中，选择【描边路径】命令，打开【描边路径】对话框，如图7.66所示，在工具下拉列表框中可以选择进行描边的工具。

图7.66 【描边路径】对话框

【描边路径】对话框中各选项的含义说明如下：

- 【工具】：在右侧的下拉列表中，可选择要使用的描边工具。可以是铅笔、画笔、橡皮擦、仿制图章、涂抹等多种绘图工具。
- 【模拟压力】：选中该复选框，则可以模拟绘画时笔尖压力起笔时从轻变重，提笔时从重变轻的变化。选中与不选中该复选框描边的不同效果如图7.67所示。

图7.67 有无模拟压力的描边效果

7.8 / 路径与选区的转换

前面讲解了路径的填充，但无论哪种填充方法，都只能填充单一颜色或图案，如果想填充渐变颜色，最简单的方法就是将路径转换为选区之后，应用渐变填充。当然，有时选区又不如路径的修改方便，这时可以将选区转换为路径进行编辑。下面来详细详解路径和选区的转换操作。

7.8.1 从路径建立选区

不但可以从封闭的路径创建选区，还可以将开放的路径转换为选区，从路径创建选区的操作方法有几种，下面来讲解不同的创建选区的方法。

❶ 按钮法建立选区

在【路径】面板中选择要转换为选区的路径层，然后单击【路径】面板底部的【将路径作为选区载入】按钮，即可从当前路径建立一个选区。操作效果如图7.68所示。

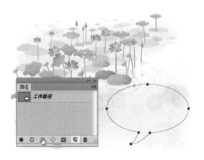

图7.68 按钮法建立选区操作效果

❷ 菜单法建立选区

在【路径】面板中选择要建立选区的路径，然后在【路径】面板菜单中选择【建立选区】命令，打开【建立选区】对话框，如图7.69所示。可以对要建立的选区进行相关的参数设置。

图7.69 【建立选区】对话框

【建立选区】对话框中各选项的含义说明如下。

- 【羽化半径】：在该文本框中输入数值，使得填充边界变得较为柔和。值越大，填充颜色边缘的柔和度也就越大。
- 【消除锯齿】：选中该复选框可以消除填充边界处的锯齿。
- 【操作】：设置新建选区与原有选区的操作方式。

❸ 快捷键法建立

在【路径】面板中，按住Ctrl键的同时，单击要建立选区的路径层，即可从该路径建立选区。

在创建路径的过程中，如果想将创建的路径转换为选区，可以按Ctrl + Enter组合键，快速将当前文档窗口的中从路径建立选区，这样就不需要在【路径】面板中进行转换了。

7.8.2 从选区生成路径

Photoshop CC不但可以从路径建立选区，还可以从选区建立路径，将现有的选区通过相关的命令转换为路径，以更加方便编辑操作。下面来讲解几种不同从选区建立路径的方法。

❶ 按钮法建立路径

在文档窗口中，利用相关的选区或套索命令，创建一个选区。确认当前文档窗口中存在选区后，在【路径】面板中，单击【路径】面板底部的【从选区生成工作路径】按钮，即可从当前选区中建立一个工作路径。操作效果如图7.70所示。

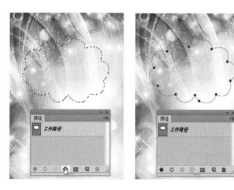

图7.70 按钮法建立路径操作效果

② 菜单法建立路径

确认当前文档窗口中存在选区后，在【路径】面板菜单中选择【建立工作路径】命令，打开【建立工作路径】对话框，如图7.71所示，可以对要建立的路径设置它的【容差】值。容差用来控制选区转换为路径后的平滑程度，变化范围为0.5~8.0像素，该值越小则产生的锚点就越多，线条也就越平滑。

图7.71 【建立工作路径】对话框

> **技巧**
>
> 在按住Alt键的同时，单击【路径】面板底部的【从选区生成工作路径】 ◇ 按钮，同样可以打开【建立工作路径】对话框。

7.9 形状工具

形状工具可以绘制出各种简单的形状图形或路径。在工具箱中，默认情况下显示的形状工具为【矩形工具】 ■，在该按钮上按住鼠标稍等片刻或单击鼠标右键，可以打开该工具组，将其他形状工具显示出来，如图7.72所示。该工具组中包括矩形、圆角矩形、椭圆、多边形、直线和自定形状6种工具，配合【选项】栏可以绘制出各种形状的图形。

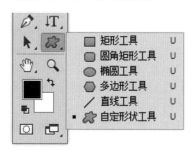

图7.72 形状工具组

> **技巧**
>
> 按U键可以快速选择当前形状工具；按Shift＋U组合键可以在6种形状工具之间进行切换选择。

7.9.1 【形状工具】选项栏

每个形状工具都提供了一个选项子集，要访问这些选项，在选项栏中单击形状按钮右侧的箭头，比如【矩形工具】 ■ 的选项子集效果如图7.73所示。

图7.73 【矩形工具】的选项子集效果

形状工具选项含义说明如下。

- 【不受约束】：允许通过拖动设置矩形、圆角矩形、椭圆或自定形状的宽度和高度。
- 【方形】：选择该单选按钮，在文档窗口中拖动鼠标，可将矩形或圆角矩形约束为方形。
- 【固定大小】：基于创建自定形状时的大小对自定形状进行绘制。选择该单选按钮，可以在【W】中输入宽度值，在【H】中输入高度值。
- 【比例】：选择该单选按钮，在【W】中输入水平比例，在【H】中输入垂直比例，然后在文档窗口中拖动鼠标，将矩形、圆角矩形或椭圆绘制为成比例的形状。

- 【从中心】：选择该单选按钮，从中心开始绘制矩形、圆角矩形、椭圆或自定形状。该选项与按住Alt键绘制相同。
- 【对齐边缘】：选择该单选按钮，可对齐矢量图形边缘的像素网格。
- 【半径】：对于圆角矩形，指定圆角半径。对于多边形，指定多边形中心与外部点之间的距离。
- 【平滑拐角】或【平滑缩进】：用平滑拐角或缩进绘制多边形。
- 【星形】：选中该复选框，可以绘制星形。
- 【缩进边依据】：只有选中了【星形】复选框此选项才可以使用。可以利用【缩进边依据】进一步指定星形缩进的大小和半径的百分比，取值范围为1～99%。如果设置为50%，则所创建的点占据星形半径总长度的一半；如果设置大于50%，则创建的点更尖、更稀疏；如果小于50%，则创建更圆的点。
- 箭头的起点和终点：向直线中添加箭头。选中【起点】复选框，在绘制直线段时，将在起点位置绘制箭头；选中【终点】复选框，在绘制直线段时，将在终点位置绘制箭头。选择这两个复选框，可同时在两端添加箭头。【宽度】设置箭头宽度，可以控制箭头宽度与直线粗细的百分比，直线【粗细】的值不同，在相同宽度值下绘制的箭头效果也不同。取值范围在10%~1000%之间。【长度】设置箭头的长度，可以控制箭头长度与直线粗细的百分比，直线【粗细】的值不同，在相同长度值下绘制的箭头效果也不同。取值范围在10%~5000%之间。【凹度】设置箭头尾部凹、凸的程度，可以控制箭头凹度与直线粗细的百分比，直线【粗细】的值不同，在相同凹度值下绘制的箭头效果也不同。取值范围在-50%~50%之间。当输入的值为正值时，箭头尾部向内凹陷；当输入的值为负值时，箭头尾部向外凸出；当值为0时，箭头尾部保持平

齐效果。

- 【定义的比例】：选中该单选按钮，在文档窗口中拖动鼠标，将按照自定形状创建时的比例，绘制自定义形状。
- 【定义的大小】：选中该单选按钮，在文档窗口中单击鼠标，将按照自定形状创建时的图形大小，绘制自定义形状。

7.9.2 矩形工具

【矩形工具】■主要用来绘制矩形、正方形的形状或路径。选择【矩形工具】后，在选项栏中单击黑色的倒三角按钮 ⚙，可以打开【矩形工具】选项面板，如图7.74所示。

图7.74 【矩形工具】选项面板

【矩形工具】选项面板中各选项的含义说明如下。

- 【不受约束】：该项为【矩形工具】的默认选项，此时在文档窗口中按住鼠标拖动，可以绘制任意大小的矩形；如果按住Shift键的同时拖动，可以绘制一个正方形；如果按住Alt键的同时拖动，可以以鼠标单击点为中心绘制矩形；如果按住Alt + Shift组合键，可以以鼠标单击点为中心绘制正方形。
- 【方形】：选择该单选按钮，在文档窗口中拖动鼠标，可绘制任意大小的正方形。
- 【固定大小】：选择该单选按钮，在【W】中输入宽度值，在【H】中输入高度值后，在文档窗口中单击鼠标，可绘制出指定大小的矩形。
- 【比例】：选择该单选按钮，在【W】中输入水平比例，在【H】中输入垂直比例，然后在文档窗口中拖动鼠标，可以按指定比例绘制矩形。
- 【从中心】：选择该单选按钮，在文档

完全掌握Photoshop CC超级手册

窗口中绘制矩形时，将以鼠标单击拖动点为中心绘制矩形。该选项与按住Alt键绘制矩形相同。

利用【矩形工具】在文档窗口中直接拖动即可进行绘制，绘制的正方形和矩形效果如图7.75所示。

图7.75 绘制的正方形和矩形效果

7.9.3 圆角矩形工具

【圆角矩形工具】■主要用来绘制带有一定圆角度的圆角矩形或正圆角矩形（按住Shift键的同时在文档窗口中拖动绘制）。选择【圆角矩形工具】后，在选项栏中单击黑色的倒三角按钮◆，可以打开【圆角矩形工具】选项面板，如图7.76所示。该选项面板中的参数与【矩形工具】相同，使用方法也相同，这里不再赘述，只是在选项栏中多出了一个【半径】选项。

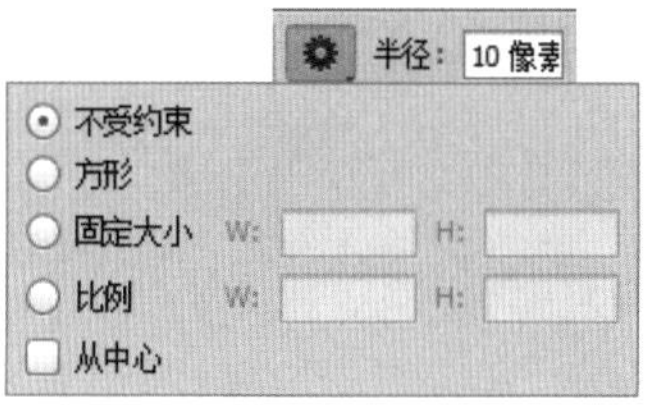

图7.76 【圆角矩形工具】选项面板

- 【半径】：设置圆角矩形4个角的圆滑程度，取值范围为0~1000像素，默认为10像素。值越大，绘制的圆角矩形圆角度就越大。当值为0时，绘制就是矩形。

利用【圆角矩形工具】在文档窗口中直接拖动即可进行绘制，如图7.77所示为【半径】值分别为0、15和30像素时，使用【圆角矩形工具】绘制的圆角矩形效果。

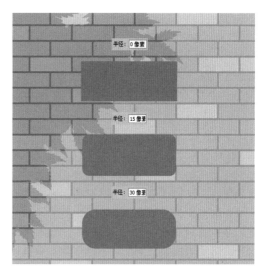

图7.77 不同半径值的圆角矩形效果

7.9.4 椭圆工具

【椭圆工具】●主要用来绘制椭圆或圆形（按住Shift键的同时在文档窗口中拖动绘制）。选择【椭圆工具】●后，在选项栏中单击黑色的倒三角按钮◆，可以打开【椭圆工具】选项面板，如图7.78所示。该选项面板中的参数与【矩形工具】相同，使用方法也相同，这里不再赘述。

图7.78 【椭圆工具】选项面板

利用【椭圆工具】●在文档窗口中直接拖动即可进行绘制，绘制的椭圆或圆形效果如图7.79所示。

图7.79 绘制的椭圆或圆形效果

7.9.5 多边形工具

【多边形工具】 ⬡ 主要用来绘制多边形和各种星形。选择【多边形工具】后，在选项栏中单击黑色的倒三角按钮 ⚙，可以打开【多边形工具】选项面板，如图7.80所示。在工具选项栏上的【边数】右侧的文本框中输入数值，可以设置要绘制的多边形或星形的边数。默认为5，范围是3~100。

图7.80 【多边形工具】选项面板

【多边形工具】选项面板中各选项的含义说明如下：

- 【半径】：指定多边形或星形的中心到外部点之间的距离。指定半径后可以按照一个固定的大小绘制。
- 【平滑拐角】：选中该复选框，可以将多边形或星形的尖角转化为平滑的圆角。选中与不选中【平滑拐角】复选框效果如图7.81所示。

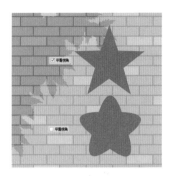

图7.81 选中与不选中【平滑拐角】复选框效果

- 【星形】：选中该复选框，可以绘制星形。
- 【缩进边依据】：只有选中了【星形】复选框此选项才可以使用。可以利用【缩进边依据】进一步指定星形缩进的大小和半径的百分比，取值范围为1~99%。设置不同【缩进边依据】值的效果如图7.82示。

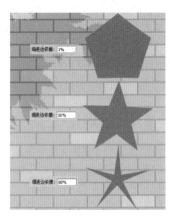

图7.82 设置不同【缩进边依据】值的效果

- 【平滑缩进】：选中该复选框，可以平滑星形的角，使绘制出的星形的角更加柔和。选中与不选中【平滑缩进】复选框效果如图7.83所示。

图7.83 选中与不选中【平滑缩进】复选框效果

完全掌握Photoshop CC超级手册

7.9.6 直线工具

【直线工具】╱主要用来绘制直线或带有各种箭头的直线段。选择选择【直线工具】╱后，在选项栏中单击黑色的倒三角按钮 ⚙，可以打开【直线工具】选项面板，如图7.84所示。在工具选项栏上的【粗细】右侧的文本框中输入数值，可以设置线条的宽度，取值范围为1~1000像素。

图7.84 【直线工具】选项面板

【直线工具】选项面板各选项含义说明如下。

- 【起点】：选中该复选框，在绘制直线段时，将在起点位置绘制箭头。
- 【终点】：选中该复选框，在绘制直线段时，将在终点位置绘制箭头。

提示 ?

如果同时选中【起点】和【终点】复选框，在绘制直线段时，将在起点和终点位置绘制箭头效果。这里的起点指的是绘制直线段时的起点。选中不同复选框后的箭头效果如图7.85所示。

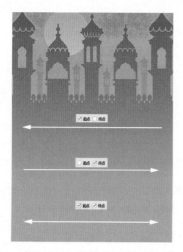

图7.85 选中不同复选框后的箭头效果

- 【宽度】：设置箭头宽度，可以控制箭头宽度与直线粗细的百分比，直线【粗细】的值不同，在相同宽度值下绘制的箭头效果也不同。取值范围在10%~1000%之间。如图7.86所示为直线【粗细】为10像素，设置不同宽度值的箭头效果。

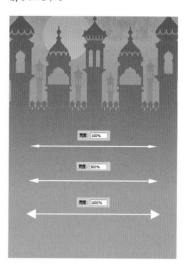

图7.86 设置不同宽度值的箭头效果

- 【长度】：设置箭头的长度，可以控制箭头长度与直线粗细的百分比，直线【粗细】的值不同，在相同长度值下绘制的箭头效果也不同。取值范围在10%~5000%之间。如图7.87所示为直线【粗细】为12像素，设置不同长度值的箭头效果。

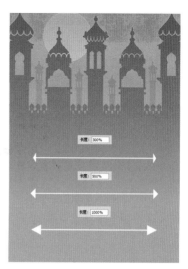

图7.87 设置不同长度值的箭头效果

- 【凹度】：设置箭头尾部凹、凸的程度，可以控制箭头凹度与直线粗细的百分比，直线【粗细】的值不同，在相同凹度值下绘制的箭头效果也不同。取值范围在-50%~50%之间。当输入的值为正值时，箭头尾部向内凹陷；当输入的值为负值时，箭头尾部向外凸出；当值为0时，箭头尾部保持平齐效果。如图7.88所示为直线【粗细】为10像素，设置不同【凹度】值的效果。

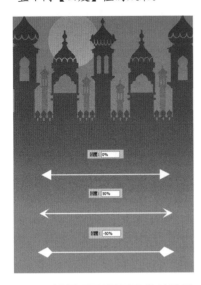

图7.88 设置不同【凹度】值的效果

视频讲座7-5：编辑自定形状拾色器

案例分类：软件功能类
视频位置：配套光盘\movie\视频讲座
7-5：编辑自定形状拾色器.avi

选择【自定形状工具】 ，在选项栏中单击【点按可打开"自定形状"拾色器】按钮，即可打开自定形状拾色器，如图7.89所示。

图7.89 自定形状拾色器

下面来讲解自定形状拾色器菜单中命令的使用方法。

① 重命名形状

在【自定形状】拾色器中选择要进行重命

名的自定形状，然后选择该命令，将打开【形状名称】对话框，如图7.90所示。在该对话框的左侧将显示当前形状的缩览图，在【名称】右侧的文本框中输入新的形状名称，单击【确定】即可完成重命名。

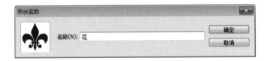

图7.90 【形状名称】对话框

② 删除形状

要删除【自定形状】拾色器中的形状，可以在【自定形状】拾色器中单击选择要删除的形状，然后选择【删除形状】命令，即可将其删除。

提示 ?

删除形状只是将该形状从【自定形状】拾色器显示中删除，如果该形状属于某个库，当复位或重新载入形状时，还可以将其复位或载入。

③ 更改形状显示

【自定形状】拾色器中的形状可以以多种方式显示，默认情况下为【小缩览图】方式，还可以选择【纯文本】、【大缩览图】、【小列表】和【大列表】方式。

④ 复位形状

【复位形状】命令可以将【自定形状】拾色器中的形状恢复到Photoshop默认的效果。当选择【复位形状】命令后，将打开一个询问对话框，询问是否用默认的形状替换当前的形状，如图7.91所示。如果单击【确定】按钮，将【自定形状】恢复到默认效果；如果单击【追加】按钮，将会把默认的形状添加到当前【自定形状】拾色器中。原【自定形状】拾色器中的形状将保留下来。

图7.91 询问对话框

⑤ **载入形状**

　　【载入形状】命令可以将Photoshop CC自带的形状库载入到当前【自定形状】拾色器中，也可以将其他Photoshop版本中的自定形状载入到当前拾色器中，或者将其他的自定形状库载入到当前拾色器中。选择该命令后，将打开【载入】对话框，选择自定形状库载入即可。

⑥ **存储形状**

　　【存储形状】命令可以将自定义的形状保存起来，以便在日后的设计中使用。如果新创建的形状不进行保存，则下次打开Photoshop时，将会丢失这些形状。选择该命令后，将打开【存储】对话框，选择形状库的位置并设置好名称后，单击【保存】按钮即可。形状库的后缀名为.CSH。当下次使用时，只需要使用【载入形状】命令，将其载入即可。

⑦ **替换形状**

　　【自定形状】拾色器显示的是默认的形状库，如果想显示其他库而又不想显示默认的形状，可以使用【替换形状】命令，使用新的自定形状来替换当前的自定形状。选择【替换形状】命令后，将打开【载入】对话框，选择要用来替换的形状库，单击【载入】按钮即可。在【自定形状】菜单底部列表中选择不同的形状库，也可以替换当前的形状库。

视频讲座7-6：创建自定形状

案例分类：软件功能类
视频位置：配套光盘\movie\视频讲座
7-6：创建自定形状.avi

　　为了方便用户使用不同的自定形状，Photoshop为用户提供了创建自定形状的方法，利用【编辑】菜单中的【定义自定形状】命令，可以创建一个属于自己的自定形状。下面来讲解具体创建自定形状的方法。

PS 1　打开配套光盘中"调用素材/第7章/小动物.jpg"，将图片打开，如图7.92所示。

PS 2　选择【魔棒工具】，在选项栏中设置【容差】的值为20像素，在图片的背景区域单击鼠标，将背景选中，如图7.93所示。

图7.92 打开的图片　　　图7.93 选中背景

PS 3　因为此时选择的是背景，所以执行菜单栏中的【选择】|【反向】命令或按Shift + Ctrl + I组合键，将选区反选，将小动物选中，如图7.94所示。

PS 4　打开【路径】面板，单击【路径】面板底部的【从选区生成工作路径】按钮，即可从当前选区中建立一个工作路径，如图7.95所示。

图7.94 选中小动物　　　图7.95 创建工作路径

提示　　　　　　　　　　？

选区创建路径后，有些区域可能会发生较大的变化，可以利用前面讲过的调整路径的方法对其进行调整，以使形状更加平滑。

PS 5　执行菜单栏中的【编辑】|【定义自定形状】命令，打开【形状名称】对话框，设置形状的【名称】为"小动物"，如图7.96所示。

图7.96 【形状名称】对话框

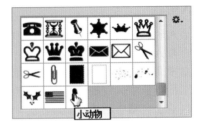

图7.97 自定"小动物"形状

设置好名称后，单击【确定】按钮即可创建一个自定形状。在工具箱中选择【自定形状工具】 ，单击【点按可打开"自定形状"拾色器】按钮，即可打开自定形状拾色器，可以在形状的最后看到刚创建的自定"小动物"形状，如图7.97所示。这样就可以像其他形状一样使用了。

第8章 文字的格式化应用

〔内容摘要〕

本章主要讲解Photoshop CC中的文本功能，主要包括【文字工具】、【字符】面板和【段落】面板，以及如何处理文字图层，文字的转移与变换，栅格化文字层的操作方法。通过本章的学习，读者应该能够掌握如何使用文本功能来创建和格式化文本，以及如何结合其他工具来创建文字特效。

〔教学目标〕

- 了解文字工具
- 学习创建和编辑点文字
- 学习创建和编辑段落文字
- 掌握【字符】和【段落】面板的使用
- 掌握路径文字的创建及调整技巧
- 掌握文字的处理技巧
- 掌握文字的变形及栅格化应用

8.1 文字的创建

文字是作品的灵魂，可以起到画龙点睛的作用。Photoshop 中的文字由基于矢量的文字轮廓组成，这些形状描述字样的字母、数字和符号。尽管Photoshop CC是一个图像设计和处理软件，但其文本处理功能也是十分强大的。Photoshop CC为用户提供了4种类型的文字工具，包括【横排文字工具】T、【直排文字工具】IT、【横排文字蒙版工具】和【直排文字蒙版工具】。在默认状态下显示的为【横排文字工具】，将光标放置在该工具按钮上，按住鼠标稍等片刻或单击鼠标右键，将显示文字工具组，如图8.1所示。

技巧

按T键可以选择文字工具，按Shift + T键可以在这4种文字工具之间进行切换。

8.1.1 横排和直排文字工具

【横排文字工具】T用来创建水平矢量文字，【直排文字工具】IT用来创建垂直矢量文字，输入水平或垂直排列的矢量文字后，在【图层】面板中，将自动创建一个新的图层——文字层。横排及直排文字及图层效果如图8.2所示。

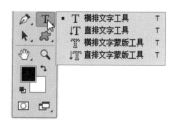

图8.1 文字工具组

图8.2 横排和直排文字及图层效果

8.1.2 横排和直排文字蒙版工具

【横排文字蒙版工具】 与【横排文字工具】的使用方法相似，可以创建水平文字；【直排文字蒙版工具】 与【直排文字工具】的使用方法相似，可以创建垂直文字，但这两个工具创建文字时，是以蒙版的形式出现，完成文字的输入后，文字将显示为文字选区，而且在【图层】面板中，不会产生新的图层。横排和直排蒙版文字和图层效果如图8.3所示。

图8.3 横排和直排蒙版文字和图层效果

提示

使用文字蒙版工具创建文字字型选区后，不会产生新的文字图层，因为它不具有文字的属性，所以也无法按照编辑文字的方法对蒙版文字进行各种属性的编辑。

视频讲座8-1：创建点文字

案例分类：软件功能类
视频位置：配套光盘\movie\视频讲座
8-1：创建点文字.avi

创建点文字时，每行文字都是独立的，单行的长度会随着文字的增加而增长，但默认状态下永远不会换行，只能进行手动换行。创建点文字的操作方法如下。

PS 1 在工具箱中选择文字工具组中的任意一个文字工具，比如选择【横排文字工具】 。
PS 2 在图像上单击鼠标，为文字设置插入点，此时可以看到图像上有一个闪动的竖线光标，如果是横排文字在竖线上将出现一个文字基线标记，如果是直排文字，基线标记就是字符的中心轴。

PS 3 在选项栏中设置文字的字体、字号、颜色等参数，也可以通过【字符】面板来设置，设置完成后直接输入文字即可。要强制换行，可以按Enter键。如果想完成文字输入，可以单击选项栏中的【提交所有当前编辑】 按钮，也可以按数字键盘上的Enter键或直接按Ctrl + Enter组合键。输入点文字后的效果如图8.4所示。

图8.4 输入点文字操作效果

视频讲座8-2：创建段落文字

案例分类：软件功能类
视频位置：配套光盘\movie\视频讲座
8-2：创建段落文字.avi

输入段落文字时，文字会基于指定的文字外框大小进行换行。而且通过Enter键可以将文字分为多个段落，可以通过调整外框的大小来调整文字的排列，还可以利用外框旋转、缩放和斜切文字。下面来详细讲解创建段落文字的方法，具体操作步骤如下。

PS 1 在工具箱中选择文字工具组中的任意一个文字工具，比如选择【横排文字工具】。
PS 2 在文档窗口中的合适位置按住鼠标，在不释放鼠标的情况下沿对角线方向拖动一个矩形框，为文字定义一个文字框。释放鼠标即可创建一个段落文字框，创建效果如图8.5所示。

图8.5 拖动段落边框效果

PS 3 在段落边框中可以看到闪动的输入光标，在选项栏中设置文字的字体、字号、颜色等参数，也可以通过【字符】或【段落】面板来设置。选择合适的输入法，输入文字即可创建段落文字，当文字达到边框的边缘位置时，文字将自动换行。

PS 4 如果想开始新的段落可以按Enter键，如果输入的文字超出文字框的容纳时，在文字框的右下角将显示一个溢出图标⊞，可以调整文字外框的大小以显示超出的文字。如果想完成文字输入，可以单击选项栏中的【提交所有当前编辑】✔按钮，也可以按数字键盘上的Enter键或直接按Ctrl + Enter组合键。输入段落文字后的效果如图8.6所示。

图8.6 段落文字

8.1.3 利用文字外框调整文字

如果文字是点文字，可以在编辑模式下按住Ctrl键显示文字外框；如果是段落文字，输入文字时就会显示文字外框，如果已经是输入完成的段落文字，则可以将其切换到编辑模式中，以显示文字外框。

PS 1 调整外框的大小或文字的大小。将光标放置在文字外框的四个角的任意控制点上，当光标变成双箭头↗时，拖动鼠标即可调整文字外框大小或文字大小。如果是点文字则可以修改文字的大小；如果是段落文字则修改文字外框的大小。调整点文字外框的操作效果如图8.7所示。

提示 ❓

利用文字外框缩放文字或缩放文字外框时，按住Shift键可以保持比例进行缩放。在缩放段落文字外框时，如果想同时缩放文字，可以按住Ctrl键并拖动；如果想从中心点调整文字外框或文字大小，可以按住Alt键并拖动。

图8.7 调整点文字外框的操作效果

PS 2 旋转文字外框。将光标放置在文字外框外，当光标变成弯曲的双箭头↰时，按住鼠标拖动，可以旋转文字。旋转文字的操作效果如图8.8所示。

提示 ❓

旋转文字外框时，按住Shift键拖动可以使旋转角度限制为按15°的增量旋转。如果想修改旋转中心点，可以按住Ctrl键显示中心点并拖动中心点到新的位置即可。

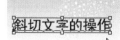

图8.8 旋转文字的操作效果

PS 3 斜切文字外框。按住Ctrl键的同时将光标放置在文字外框的中间4个任意控制点上，当光标变成一个箭头▷时，按住鼠标拖动，可以斜切文字。斜切文字的操作效果如图8.9所示。

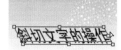

图8.9 斜切文字的操作效果

8.1.4 点文字与段落文字的转换

将段落文字转换为点文字时，每个文字行的末尾除了最后一行，都会添加一个回车符。点文字与段落文字的转换操作如下。

PS 1 在【图层】面板中单击选择要转换的文字图层。

PS 2 执行菜单栏中的【文字】|【转换为点文本】命令，可以将段落文字转换为点文字；如果执行菜单栏中的【文字】|【转换为段落文本】命令，可以将点文字转换为段落文字。

将段落文字转换为点文字时，如果段落文字中有溢出的文字，转换后都将被删除。要避免丢失文字，可以调整文字外框，将溢出的文字显示出来即可。在文本编辑状态下，不能进行段落文本与点文本的转换操作。

8.2 文字的编辑

本节主要讲解文字的基本编辑方法，如定位和选择文字、移动文字、拼写检查、更改文字方向、栅格文字层等。

8.2.1 定位和选择文字

如果要编辑已经输入的文字，首先在【图层】面板中选中该文字图层，在工具箱中选择相关的文字工具，将光标放置在在文档窗口中的文字附近，当光标变为 I 时，单击鼠标，定位光标的位置，如果此时按住鼠标拖动，可以选择文字，选取的文字将出现反白效果，如图8.10所示。选择文字后，即可应用【字符】或【段落】面板或其他方式对文字进行编辑。

图8.10 定位和选择文字

技巧 ！

除了上面讲解的最基本的拖动选择文字外，还有一些常用的选择方式：在文本中单击，然后按住Shift键单击可以选择一定范围的字符；双击一个字可以选择该字，单击3次可以选择一行，单击4次可以选择一段，单击5次可以选择文本外框中的全部文字；在【图层】面板中双击文字层文字图标，可以选择图层中的所有文字。

8.2.2 移动文字

在输入文字的过程中，如果将光标移动到位于文字以外的其他位置，光标将变为 ▸₊ 状，按住鼠标可以拖动文字的位置，移动文字操作效果如图8.11所示。如果文字已经完成输入，可以在图层面板中选择该文字层，然后使用【移动工具】 ▸₊ 即可移动文字。

图8.11 移动文字操作效果

提示 ？

选择、移动文字只能是横排文字或直排文字，不能是蒙版文字。

8.2.3 拼写检查

利用拼写检查可以快速查找拼写错误的文字。在拼写检查时，Photoshop会对指定词典中没有的单词进行询问。如果被询问的拼写是正确的，用户还可以通过【添加】按钮将其添加到自己的词典中以备后用；如果确认拼写是错误的，则可以通过【更正】按钮来更正它。要进行拼写检查可进行如下操作。

PS 1 在【图层】面板中，选择要检查的文字图层；如果要检查特定的文本，可以选择这些文本。

PS 2 执行菜单栏中的【编辑】|【拼写检查】命令，此时将打开【拼写检查】对话框，如图8.12所示。

提示 **?**

【拼写检查】不能检查隐藏或锁定的图层，所以请检查前将图层显示或解锁。

图8.12 【拼写检查】对话框

PS 3 当找到可能的错误后，单击【忽略】按钮可以继续拼写检查而不更改当前可能错误的文本；如果单击【全部忽略】按钮，则会忽略剩余的拼写检查过程中可能的错误。

PS 4 确认拼写正确的文本显示在【更改为】文本框中，单击【更改】则可以校正拼写错误，如果【更改为】文本框中出现的并不是想要的文本，可以在【建议】列表中选择正确的拼写，或者在【更改为】文本框中输入正确的文本再单击【更改】按钮；如果直接单击【更改全部】按钮，则将校正文档中出现的所有拼写错误。

PS 5 如果想检查所有图层的拼写，可以选中【检查所有图层】复选框。

8.2.4 查找和替换文本

为了文本操作的方便，Photoshop还为用户提供了查找和替换文本的功能，通过该功能可以快速查找或替换指定的文本。

PS 1 选择要查找或替换的文本图层，或者将光标定位在要搜索文本的开头位置。如果要搜索文档中的所有文本图层，选择一个非文本图层。

提示 **?**

【查找和替换文本】也不能查找和替换隐藏或锁定的文本图层，所以请查找和替换文本前将文本图层显示或解锁。

PS 2 执行菜单栏中的【编辑】|【查找和替换文本】命令，打开【查找和替换文本】对话框，如图8.13所示。

图8.13 【查找和替换文本】对话框

PS 3 在【查找内容】文本框中输入或粘贴想要查找的文本，如果想更改该文本，可以在【更改为】文本框中输入新的文本内容。

PS 4 指定一个或多个选项可以细分搜索范围。选中【搜索所有图层】复选框，可以搜索文档中的所有图层。不过该项只有在【图层】面板中选定了非文字图层时才可以使用。选中【区分大小写】复选框，则将搜索与【查找内容】文本框中文本大小写完全匹配的内容；选中【向前】复选框表示从光标定位点向前搜索；选中【全字匹配】复选框，则忽略嵌入更长文本中的搜索文本，如要以全字匹配方式搜索"look"则会忽略"looking"。

PS 5 单击【查找下一个】按钮可以开始搜索，单击【更改】按钮则使用【更改为】文本替换查找到的文本，如果想重复搜索，需要再次单击【查找下一个】按钮；单击【更改全部】按钮则探索并替换所有查找匹配的内容；单击【更改/查找】按钮，则会用【更改为】文本替换找到的文本并自动搜索下一个匹配文本。

8.2.5 更改文字方向

输入文字时，选择的文字工具决定了输入文字的方向，【横排文字工具】**T** 用来创建水平矢量文字，【直排文字工具】**IT** 用来创建垂直矢量文字。当文字图层的方向为水平时，文字左右排列；当文字图层的方向为垂直时，文字上下排列。

如果已经输入了文字确定了文字方向，还可以使用相关命令来更改文字方向。具体操作方法如下。

PS 1 在【图层】面板中选择要更改文字方向的文字图层。

PS 2 可以执行下列任意一种操作：

- 选择一个文字工具，然后单击选项栏中的【切换文本取向】**IT**按钮。
- 执行菜单栏中的【文字】|【水平】或【文字】|【取向】|【垂直】命令。
- 在【字符】面板菜单中选择【更改文本方向】命令。

8.2.6 栅格化文字层

文字本身是矢量图形，要对其使用滤镜等位图命令，这时就需要文字转换为位图才可以使用。

要将文字转换为位图，首先在【图层】面板中单击选择文字层，然后执行菜单栏中的【图层】|【栅格化】|【文字】命令，即可将文字层转换为普通层，文字就被转换为了位图，这时的文字就不能再使用文字工具进行编辑了。栅格化文字操作效果如图8.14所示。

图8.14 栅格化文字操作效果

> **技巧** !
>
> 在【图层】面板中的文字层上单击鼠标右键，在弹出的快捷菜单中选择【栅格化文字】命令，也可以栅格化文字层。

8.3 字符的格式化

格式化字符主要通过【字符】面板来操作，默认情况下，【字符】面板是不显示的。要显示它，可执行菜单栏中的【窗口】|【字符】命令，或者单击文字选项栏中的【切换字符和段落面板】按钮，可以打开如图8.15所示的【字符】面板。

图8.15 【字符】面板

> **技巧** !
>
> 要在【字符】面板中设置某个选项，可以从该选项右边的下拉菜单中选择一个值。对于具有数字值的选项，可以使用向上或向下箭头来设置值，或者直接在文本框中输入值。直接编辑值时，按Enter键可确认应用；按Shift + Enter组合键可应用值并随后高光显示刚刚编辑的值；按Tab键可应用值并移到面板中的下一个文本框中。

在【字符】面板中可以对文本的格式进行调整，包括字体、样式、大小、行距、颜色等，下面来详细讲解这些格式命令的使用。

8.3.1 文字字体

通过【设置字体系列】下拉列表，可以为文字设置不同的字体，一般比较常用的字体有宋体、仿宋、黑体等。

要设置文字的字体，首先选择要修改字体的文字，然后在【字符】面板中单击【设置字体系列】右侧的下三角按钮 ▾，从弹出的字体下拉菜单中选择一种合适的字体，即可将文字的字体修改。不同字体效果如图8.16所示。

图8.16 不同字体效果

8.3.2 字体样式

可以在下拉列表中选择使用的字体样式，包括Regular（规则的）、Italic（斜体）、Bold（粗体）和Bold Italic（粗斜体）4个选项。不同的字体样式显示效果如图8.17所示。

图8.17 不同文字样式效果

提示

有些文字是没有字体样式的，该下拉列表将显示为不可用状态。

8.3.3 字体大小

通过【字符】面板中的【设置字体大小】T 文本框，可以设置文字的大小。可以从下拉列表中选择常用的字符尺寸，也可以直接在文本框中输入所需要的字符尺寸大小。不同字体大小如图8.18所示。

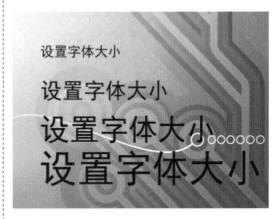

图8.18 不同字体大小

8.3.4 设置行距

行距就是相邻两行基线之间的垂直纵向间距。可以在【字符】面板中的【设置行距】文本框中设置行距。

选择一段要设置行距的文字，然后在【字符】面板中的【设置行距】下拉列表中选择一个行距值，也可以在文本框中输入新的行距数值，以修改行距。下面是将原行距为40点修改为60点的效果对比如图8.19所示。

图8.19 修改行距效果对比

技巧

如果需要单独调整其中两行文字之间的行距，可以使用文字工具选取排列在上方的一排文字，然后再设置适当的行距值即可。

8.3.5 水平/垂直缩放文字

除了拖动文字框改变文字的大小外，还可以使用【字符】面板中的【水平缩放】 ⊥ 和【垂直缩放】 ⊥T ，来调整文字的缩放效果，可以从下拉列表中选择一个缩放的百分比数值，也可以直接在文本框中输入新的缩放数值。文字不同缩放效果如图8.20所示。

图8.20 文字不同缩放效果

8.3.6 字距调整

在【字符】面板中，通过【设置所选字符的字距调整】 VA 可以设置选定字符的间距，与【设置两个字符间的字距微调】相似，只是这里不是定位光标位置，而是选择文字。选择文字后，在【设置所选字符的字距调整】下拉列表中选择数值，或者直接在文本框中输入数值，即可修改选定文字的字符间距。如果输入的值大于零，则字符间距增大；如果输入的值小于零，则字符的间距减小。不同字符间距效果如图8.21所示。

图8.21 不同字符间距效果

提示 ❓

在【设置所选字符的字距调整】 VA 的上方有一个【比例间距】 ⇔ 设置，其用法与【设置所选字符的字距调整】的用法相似，也是选择文字后修改数值来修改字符的间距。但【比例间距】输入的数值越大，字符间的距离就越小，它的取值范围为0~100%。

8.3.7 字距微调

【设置两个字符间的字距微调】 VA 用来设置两个字符之间的距离，与【设置所选字符的字距调整】 VA 的调整相似，但不能直接调整选择的所有文字，而是只能将光标定位在某两个字符之间，调整这两个字符之间的字距微调。可以从下拉列表中选择相关的参数，也可以直接在文本框中输入一个数值，即可修改字距微调。当输入的值为大于零时，字符的间距变大；当输入的值小于零时，字符的间距变小。修改字距微调前后效果对比如图8.22所示。

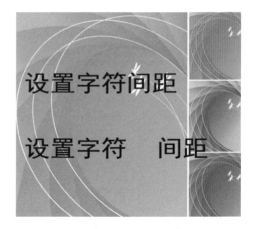

图8.22 修改字距微调前后效果对比

8.3.8 基线偏移

通过【字符】面板中的【设置基线偏移】 A∄ 选项，可以调整文字的基线偏移量，一般利用该功能来编辑数学公式和分子式等表达式。默认的文字基线位于文字的底部位置，通过调整文字的基线偏移，可以将文字向上或向下调整位置。

要设置基线偏移，首先选择要调整的文字，然后在【设置基线偏移】 A∄ 选项下拉列表中，或者在文本框中输入新的数值，即可调整文字的基线偏移大小。默认的基线位置为0，当输入的值大于零时，文字向上移动；当输入的值小于零时，文字向下移动。设置文字基线偏移效果如图8.23所示。

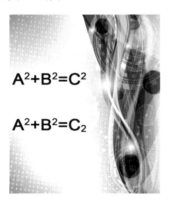

图8.23 设置文字基线偏移效果

8.3.9 文本颜色

默认情况下，输入的文字颜色使用的是当前前景色。可以在输入文字之前或之后更改文字的颜色。

可以使用下面的任意一种方法来修改文字颜色。文字修改颜色效果对比如图8.24所示。

单击选项栏或【字符】面板中的颜色块，打开【选择文本颜色】对话框修改颜色。

按Alt + Delete组合键用前景色填充文字；按Ctrl + Delete组合键用背景色填充文字。

图8.24 【选择文本颜色】对话框

8.3.10 特殊字体

Photoshop提供了多种设置特殊字体的按钮，选择要应用特殊效果的文字后，单击这些按钮即可应用特殊的文字效果，如图8.25所示。

图8.25 特殊字体按钮

不同特殊字体效果如图8.26所示。特殊字体按钮的使用说明如下。

- 【仿粗体】**T**：单击该按钮，可以将所选文字加粗。
- 【仿斜体】*T*：单击该按钮，可以将所选文字倾斜显示。
- 【全部大写字母】**TT**：单击该按钮，可以将所选文字的小写字母变成大写字母。
- 【小型大写字母】Tr：单击该按钮，可以将所选文字的字母变为小型的大写字母。
- 【上标】T^1：单击该按钮，可以将所选文字设置为上标效果。
- 【下标】T_1：单击该按钮，可以将所选文字设置为下标效果。
- 【下划线】**T**：单击该按钮，可以为所选文字添加下划线效果。
- 【删除线】**T**：单击该按钮，可以为所选文字添加删除线效果。

图8.26 不同特殊字体效果

8.3.11 旋转直排文字字符

在处理直排文字时，可以将字符方向旋转90°。旋转后的字符是直立的；未旋转的字符是横向的。

PS 1 选择要旋转或取消旋转的直排文字。

PS 2 从【字符】面板菜单中选择【标准垂直罗马对齐方式】命令，左侧带有对号标记表示已经选中该命令。旋转直排文字字符前后效果对比如图8.27所示。

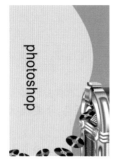

图8.27 旋转直排文字字符前后效果对比

提示 ?

不能旋转双字节字符，比如出现在中文、日语、朝鲜语字体中的全角字符，所选范围中的任何双字节字符都不旋转。

8.3.12 消除文字锯齿

消除锯齿通过部分地填充边缘像素来产生边缘平滑的文字，使文字边缘混合到背景中。

使用消除锯齿功能时，小尺寸和低分辨率的文字的变化可能不一致。要减少这种不一致性，可以在【字符】面板菜单中取消选择【分数宽度】命令。消除锯齿设置为无和锐利效果对比如图8.28所示。

PS 1 在【图层】面板中选择文字图层。

PS 2 从选项栏或【字符】面板中的【设置消除锯齿的方法】下拉菜单中选择一个选项，或者执行菜单栏中的【图层】|【文字】命令，并从子菜单中选取一个选项。

- 【无】：不应用消除锯齿。
- 【锐利】：文字以最锐利的效果显示。
- 【犀利】：文字以稍微锐利的效果显示。
- 【浑厚】：文字以厚重的效果显示。
- 【平滑】：文字以平滑的效果显示。

图8.28 消除锯齿设置为无和锐利效果对比

8.4 段落的格式化

前面主要是介绍格式化字符操作，但如果使用较多的文字进行排版、宣传品制作等操作时，【字符】面板中的选项就显得有些无力了，这时就要应用Photoshop CC提供的【段落】面板了，【段落】面板中包括大量的功能，可以用来设置段落的对齐方式、缩进、段前和段后间距及使用连字功能等。

要应用【段落】面板中各选项，不管选择的是整个段落或只选取该段中的任一字符，又或在段落中放置插入点，修改的都是整个段落的效果。执行菜单栏中的【窗口】|【段落】命令，或者单击文字选项栏中的【切换字符和段落面板】按钮，可以打开如图8.29所示的【段落】面板。

图8.29 【段落】面板

8.4.1 段落对齐

【段落】面板中的对齐主要控制段落中各行文字的对齐情况，主要包括左对齐文本、居中对齐文本、右对齐文本、最后一行左对齐▤、最后一行居中对齐▤、最后一行右对齐▤和全部对齐▤7种对齐方式。在这7种对齐方式中，左、右和居中对齐文本比较容易理解，最后一行左、右和居中对齐是将段落文字除最后一行外，其他的文字两端对齐，最后一行按左、右或居中对齐。全部对齐是将所有文字两端对齐，如果最后一行的文字过少而不能达到对齐时，可以适当地将文字的间距拉大，以匹配两端对齐。7种对齐方法的不同显示效果如图8.30所示。

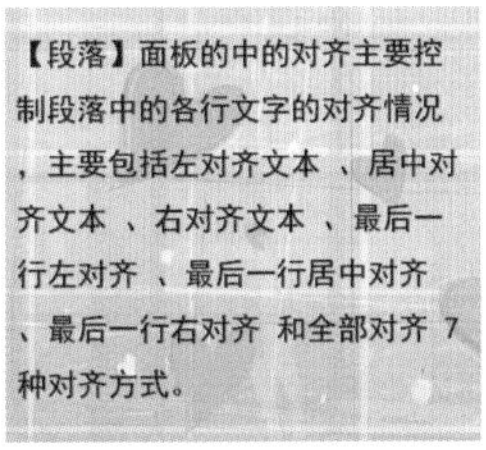

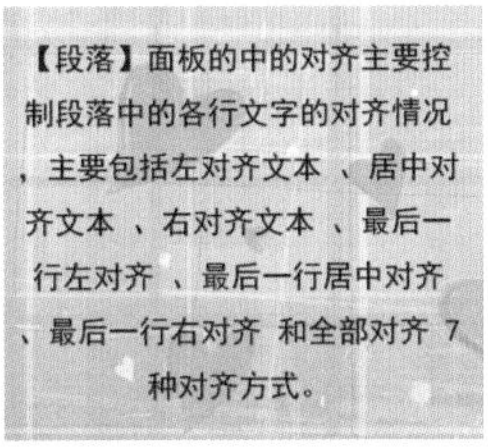

【段落】面板的中的对齐主要控制段落中的各行文字的对齐情况，主要包括左对齐文本、居中对齐文本、右对齐文本、最后一行左对齐、最后一行居中对齐、最后一行右对齐和全部对齐7种对齐方式。

【段落】面板的中的对齐主要控制段落中的各行文字的对齐情况，主要包括左对齐文本、居中对齐文本、右对齐文本、最后一行左对齐、最后一行居中对齐、最后一行右对齐和全部对齐7种对齐方式。

左对齐文本▤　　居中对齐文本▤

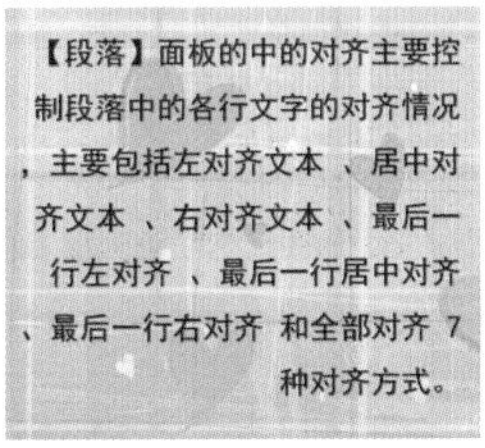

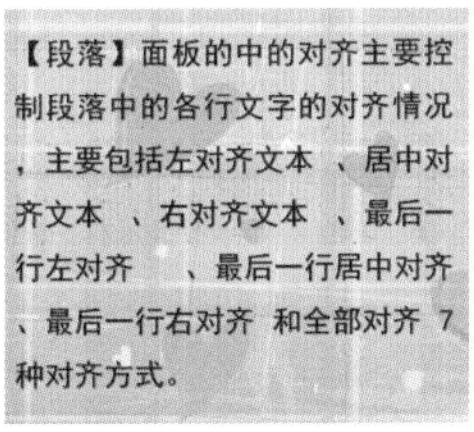

【段落】面板的中的对齐主要控制段落中的各行文字的对齐情况，主要包括左对齐文本、居中对齐文本、右对齐文本、最后一行左对齐、最后一行居中对齐、最后一行右对齐和全部对齐7种对齐方式。

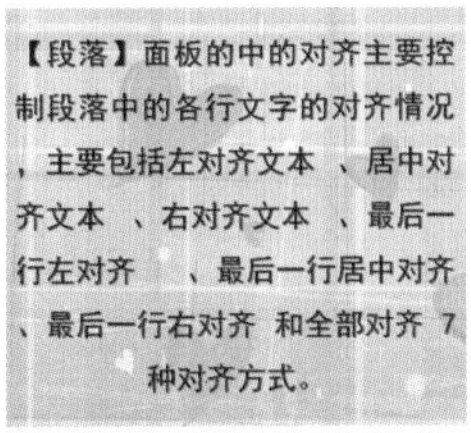

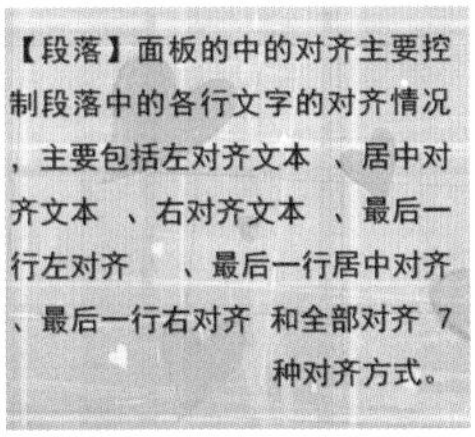

【段落】面板的中的对齐主要控制段落中的各行文字的对齐情况，主要包括左对齐文本、居中对齐文本、右对齐文本、最后一行左对齐、最后一行居中对齐、最后一行右对齐和全部对齐7种对齐方式。

右对齐文本▤　　最后一行左对齐▤

【段落】面板的中的对齐主要控制段落中的各行文字的对齐情况，主要包括左对齐文本、居中对齐文本、右对齐文本、最后一行左对齐、最后一行居中对齐、最后一行右对齐和全部对齐7种对齐方式。

【段落】面板的中的对齐主要控制段落中的各行文字的对齐情况，主要包括左对齐文本、居中对齐文本、右对齐文本、最后一行左对齐、最后一行居中对齐、最后一行右对齐和全部对齐7种对齐方式。

最后一行居中对齐▤　最后一行右对齐▤

【段落】面板的中的对齐主要控制段落中的各行文字的对齐情况，主要包括左对齐文本、居中对齐文本、右对齐文本、最后一行左对齐、最后一行居中对齐、最后一行右对齐和全部对齐7种对齐方式。

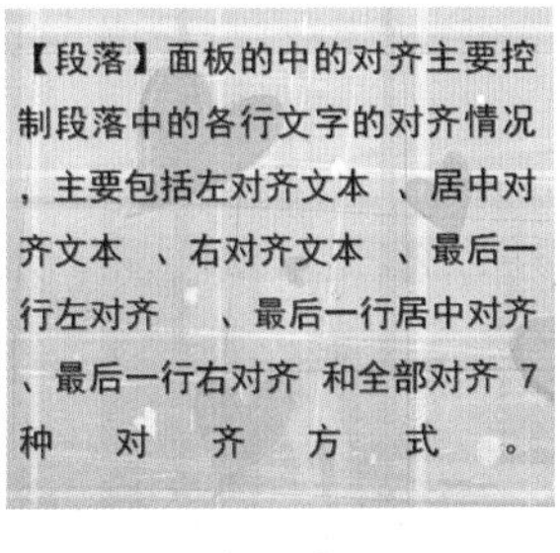

全部对齐▤

图8.30 7种对齐方法的不同显示效果

提示 ❓

这里讲解的是水平文字的对齐情况，对于垂直文字的对齐，这些对齐按钮将有所变化，但是应用方法是相同的。

8.4.2 段落缩进

缩进是指文本行左右两端与文本框之间的间距。利用左缩进▪▤和右缩进▤▪，可以从文本框的左边或右边缩进。左、右缩进的效果如图8.31所示。

原始效果　　左缩进值为40　右缩进值为40

图8.31 左、右缩进的效果

8.4.3 首行缩进

首行缩进就是为选择段落的第一段的第一行文字设置缩进，缩进只影响选中的段落，因此可以给不同的段落设置不同的缩进效果。选择要设置首行缩进的段落，在首行左缩进▪▤文本框中输入缩进的数值即可完成首行缩进。首行缩进操作效果如图8.32所示。

图8.32 首行缩进操作效果

8.4.4 段前和段后空格

段前和段后添加空格其实就是段落间距，段落间距用来设置段落与段落之间的间距。包括段前添加空格▪▤和段后添加空格▪▤，段前添加空格主要用来设置当前段落与上一段之间的间距；段后添加空格用来设置当前段落与下一段之间的间距。设置的方法很简单，只需要选择一个段落，然后在相应的文本框中输入数值即可。段前和段后添加空格设置的不同效果如图8.33所示。

初始段落　段前间距值为20点　段后间距值为20点

图8.33 段前和段后间距设置的不同效果

在【段落】面板中，其他选项设置包括【避头尾法则设置】、【间距组合设置】和【连字】。下面来讲解它们的使用方法。

- 【避头尾法则设置】：用来设置标点符号的放置，设置标点符号是否可以放在行首。
- 【间距组合设置】：设置段落中文本的间距组合设置。从右侧的下拉列表中，可以选择不同的间距组合设置。
- 【连字】：选中该复选框，在出现单词换行时，将出现连字符以连接单词。

8.5 路径文字及变形处理

使用文字工具可以创建路径文字，也可以对文字执行各种操作，比如变形文字、将文字转换成形状或路径、添加图层样式等。

视频讲座8-3：创建路径文字

案例分类：软件功能类
视频位置：配套光盘\movie\视频讲座8-3：创建路径文字.avi

使用文字工具可以沿钢笔或形状工具创建的路径边缘输入文字，而且文字会沿着路径起点到终点的方向排列。在路径上输入横排文字会导致字母与基线垂直；在路径上输入直排文字会导致文字方向与基线平行。创建路径文字的方法如下。

PS 1 打开配套光盘中"调用素材/第8章/路径文字背景.jpg"图片。

PS 2 选择【钢笔工具】，沿地球的边缘绘制一条曲线路径，以制作路径文字，如图8.34所示。

PS 3 选择【横排文字工具】T，移动光标到路径上，当光标变成状时单击鼠标，路径上将出现一个闪动的光标，此时即可输入文字。输入后的效果如图8.35所示。

提示 ?

使用【直排文字工具】IT、【横排文字蒙版工具】T和【直排文字蒙版工具】IT创建路径文字与使用【横排文字工具】T是一样的。

图8.34 绘制路径　　图8.35 添加路径文字

视频讲座8-4：移动或翻转路径文字

案例分类：软件功能类
视频位置：配套光盘\movie\视频讲座8-4：移动或翻转路径文字.avi

输入路径文字后，还可以对路径上的文字位置进行移动操作。选择【路径选择工具】或【直接选择工具】，将其放置在路径文字上，光标将变成状，此时按住鼠标沿路径拖动，即可移动文字的位置。拖动时要注意光标在文字路径的一侧，否则会将文字拖动到路径另一侧。移动路径文字的操作效果如图8.36所示。

图8.36 移动路径文字的操作效果

如果想翻转路径文字，即将文字翻转到路径的另一侧，光标变成 ⊥ 状，将文字向路径的另一侧拖动即可。翻转路径文字的操作效果如图8.37所示。

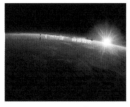

图8.37 翻转路径文字的操作效果

提示 ❓
要在不改变文字方向的情况下将文字移动到路径的另一侧，可以使用【字符】面板中的【基线偏移】选项，在其文本框中输入一个负值，以便降低文字位置，使其沿路径的内侧排列。

视频讲座8-5：移动及调整文字路径

 案例分类：软件功能类
视频位置：配套光盘\movie\视频讲座8-5：移动及调整文字路径.avi

创建路径文字后，不但可以移动路径文字的位置，还可以调整路径的位置，还可以调整路径形状。

要移动路径，选择【路径选择工具】 ▶ 或【移动工具】 ▶ 直接将路径拖动到新的位置。如果使用【路径选择工具】 ▶，需要注意工具的图标不能显示为 ⊥ 状，否则将沿路径移动文字。移动路径的操作效果如图8.38所示。

图8.38 移动路径的操作效果

要调整路径形状，选择【直接选择工具】 ▶，在路径的锚点上单击，然后像前面讲解的路径编辑方法一样改变路径的形状即可。调整路径形状操作效果如图8.39所示。

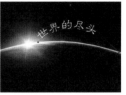

图8.39 调整路径形状操作效果

提示 ❓
当移动路径或更改其形状时，相关的文字会根据路径的位置和形状自动改变以适应路径。

视频讲座8-6：创建和取消文字变形

 案例分类：软件功能类
视频位置：配套光盘\movie\视频讲座8-6：创建和取消文字变形.avi

要应用文字变形，单击选项栏中的【创建文字变形】 ⊥ 按钮，或者执行菜单栏中的【类型】|【文字变形】命令，打开如图8.40所示的【变形文字】对话框，对文字创建变形效果，并可以随时更改文字的变形样式，变形选项可以更加精确地控制变形的弯曲及方向。

提示 ❓
不能变形包含【仿粗体】格式设置的文字图层，也不能变形使用不包含轮廓数据的字体（如位图字体）的文字图层。

图8.40 【变形文字】对话框

【变形文字】对话框各选项含义说明如下。

- 【样式】：从右侧的下拉菜单中，可以选择一种文字变形的样式，如扇形、下弧、上弧、拱形、波浪等多种变形，各种变形文字的效果如图8.41所示。

图8.41 各种变形文字的效果

- 【水平】和【垂直】：指定文字变形产生的方向。
- 【弯曲】：指定文字应用变形的程度。值越大，变形效果越明显。
- 【水平扭曲】和【垂直扭曲】：用来设置变形文字的水平或垂直透视变形。

要取消文字变形，直接选择应用了变形的文字图层，然后单击选项栏中的【创建文字变形】 ✗ 按钮，或者执行菜单栏中的【图层】|【文字】|【文字变形】命令，打开【变形文字】对话框，从【样式】下拉菜单中选择【无】命令，单击【确定】按钮即可。

视频讲座8-7：基于文字创建工作路径

案例分类：软件功能类
视频位置：配套光盘\movie\视频讲座8-7：基于文字创建工作路径.avi

利用【创建工作路径】命令可以将文字转换为用于定义形状轮廓的临时工作路径，可以将这些文字用作矢量形状。从文字图层创建工作路径之后，可以像处理任何其他路径一样对该路径进行存储等操作。虽然无法以文本形式编辑路径中的字符，但原始文字图层将保持不变并可编辑。

PS 1 选择文字图层。

PS 2 执行菜单栏中的【类型】|【创建工作路径】命令，也可以直接在文字图层上单击鼠标右键，从弹出的快捷菜单中选择【创建工作路径】命令，即可基于文字创建工作路径。文字图层没有任何变化，但在【路径】面板中将生成一个工作路径。创建工作路径的前后效果

对比如图8.42所示。

图8.42 创建工作路径的前后效果对比

视频讲座8-8：将文字转换为形状

案例分类：软件功能类
视频位置：配套光盘\movie\视频讲座8-8：将文字转换为形状.avi

文字不但可以创建工作路径，还可以将文字层转换为形状层，与创建路径不同的是，转换为形状后，文字层将变成形状层，文字就不能使用相关的文字命令来编辑了，因为它已经变成了形状路径。

PS 1 选择文字层。

PS 2 执行菜单栏中的【类型】|【转换为形状】命令，也可以直接在文字图层上单击鼠标右键，从弹出的快捷菜单中选择【转换为形状】命令，即可将当前文字层转换为形状层，并且在【路径】面板中，将自动生成一个矢量图形蒙版。文字转换为形状操作效果如图8.43所示。

完全掌握Photoshop CC超级手册

提示

不能基于不包含轮廓数据的字体（如位图字体）创建形状。

图8.43 转换为形状操作效果

第9章 强大的绘画功能

〔内容摘要〕

本章主要讲解Photoshop绘图工具的使用。首先讲解了【画笔工具】的使用，【画笔工具】在绘图中占有非常重要的地位，灵活使用Photoshop的画笔，几乎可以模仿实际中所有绘图工具所能产生的效果，读者要多加练习画笔的使用及相关参数设置，掌握画笔的应用技巧。同时，还讲解了擦除工具的使用，并对抠图技法进行了初步的介绍，掌握这些知识并应用在实战中，可以让你的作品更加出色。

〔教学目标〕

- 学习和掌握【画笔工具】的使用
- 掌握画笔面板参数的使用方法和技巧
- 掌握画笔其他效果及自定义笔触的方法
- 掌握擦除工具的抠图应用

9.1 绘画工具

Photoshop CC 为用户提供了多个绘画工具，主要包括如【画笔工具】、【铅笔工具】、【混合器画笔工具】、【历史记录画笔工具】、【历史记录艺术画笔工具】、【橡皮擦工具】、【背景橡皮擦工具】、【魔术橡皮擦工具】等。

9.1.1 绘画工具选项栏

在使用绘画工具进行绘图前，首先来了解一下绘画工具选项栏中的相关选项，以更好地使用这些绘画工具进行绘图操作。绘画工具选项有很多是相同的，下面以【画笔工具】选项栏为例进行详解。选择工具箱中的【画笔工具】后，选项栏显示如图9.1所示。

图9.1 【画笔工具】选项栏

- 【点按可打开"画笔预设"选取器】：单击该区域，将打开【画笔预设】选取

器，如图9.2所示。用来设置笔触的大小、硬度或选择不同的笔触。

- 【切换画笔面板】：单击该按钮，可以打开【画笔】面板，如图9.3所示。

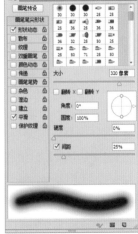

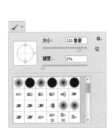

图9.2 【画笔预设】选取器　图9.3 【画笔】面板

- 【模式】：单击【模式】选项右侧的 `正常 ⬦` 区域，将打开模式下拉列表，从该下拉列表中，选择需要的模式，然后在画面中绘图，可以产生神奇的效果。

- 【不透明度】：单击【不透明度】选项右侧的三角形 `100% ▾` 按钮，将打开弹出式滑块框，通过拖动上面的滑块来修改笔触的不透明度，也可以直接在文本框中输入数值修改不透明度。当值为100%时，绘制的颜色完全不透明，将覆盖下面的背景图像；当值小于100%时，将根据不同的值透出背景中的图像，值越小，透明性越大，当值为0%时，将完全显示背景图像。

- 【绘图板压力控制不透明度】：单击该按钮，使用波多黎各压力可覆盖【画笔】面板中的不透明度设置。

- 【流量】：表示笔触颜色的流出量，流出量越大，颜色越深，即流量可以控制画笔颜色的深浅。在画笔选项栏中，单击【流量】选项右侧的 `100% ▾` 按钮，将打开弹出式滑块框，通过拖动上面的滑块来修改笔触流量，也可以直接在文本框中输入数值修改笔触流量。当值为100%时，绘制的颜色最深最浓；当值小于100%时，绘制的颜色将变浅，值越小，颜色越淡。

- 【启用喷枪模式】：单击该按钮，将启用喷枪模式。喷枪模式在硬度值小于100%时，即使用边缘柔和度大的笔触时，按住鼠标不动，喷枪可以连续喷出颜料，扩充柔和的边缘。单击此按钮可打开或关闭此选项。

- 【绘图板压力控制大小】：单击该按钮，使用光笔压力可覆盖【画笔】面板中的大小设置。

9.1.2 画笔或铅笔工具

【画笔工具】和【铅笔工具】可在图像上绘制当前的前景色。不过，【画笔工具】创建的笔触较柔和，而【铅笔工具】创建的笔触较生硬。要使用【画笔工具】或【铅笔工具】进行绘画，可执行如下操作：

PS 1 首先在工具箱中设置一种前景色。

PS 2 选择【画笔工具】或【铅笔工具】，在选项栏的【"画笔预设"选取器】或【画笔】面板中选择合适的画笔，并设置【模式】和【不透明度】选项。

PS 3 在画布中直接单击并拖动即可进行绘画。使用【画笔工具】和【铅笔工具】不同绘画效果分别如图9.4、图9.5所示。

图9.4 【画笔工具】 　　图9.5 【铅笔工具】
绘画效果 　　　　　　 绘画效果

技巧 !

要绘制直线，可以在画布中单击起点，然后按住 Shift 键单击终点。

9.1.3 颜色替换工具

使用【颜色替换工具】，在图像特定的颜色区域中涂抹，可使用已设置的颜色替换原有的颜色。【颜色替换工具】选项栏如图9.6所示。

图9.6 【颜色替换工具】选项栏

设置前景色为红色，使用【颜色替换工具】在需要替换颜色的位置进行涂抹，替换完成效果如图9.7所示。

图9.7 使用【颜色替换工具】效果

9.1.4 混合器画笔工具

【混合器画笔工具】是Photoshop CC新增加的一个绘画工具，它可以模拟真实的绘画技术，比如混合画布上的颜色、组合画笔上的颜色或绘制过程中使用不同的绘画湿度等。

【混合器画笔工具】有两个绘画色管：一个是储槽；另一个是拾取器。储槽色管存储最终应用于画布的颜色，并且具有较多的油彩容量。拾取器色管接收来自画布的油彩，其内容与画布颜色是连续混合的。【混合器画笔工具】选项栏如图9.8所示。

图9.8 【混合器画笔工具】选项栏

【混合器画笔工具】选项栏各选项含义说明如下。

- 【当前画笔载入】：单击色块，打开【选择绘画颜色】对话框，可设置一种纯色。单击三角形按钮，弹出一个菜单，选择【载入画笔】命令，将使用储槽颜色填充画笔；选择【清理画笔】命令将移去画笔中的油彩。如果要在每次描边后执行这些操作，可以单击【每次描边后载入画笔】或【每次描边后清理画笔】按钮。

- 【潮湿】：用来控制画笔从图像中拾取的油彩量。值越大，拾取的油彩量越多，产生越长的绘画条痕。【潮湿】值分别为0%和100%时产生的不同绘画效果如图9.9所示。

图9.9 【潮湿】值分别为0%和100%时产生的不同绘画效果

- 【载入】：指定储槽中载入的油彩量大小。载入速率越低，绘画干燥的速度就越快，即值越小，绘图过程中油彩量减少量越快。【载入】值分别为1%和100%时产生的不同绘画效果如图9.10所示。

图9.10 【载入】值分别为1%和100%时产生的不同绘画效果

- 【混合】：控制画布油彩理同储槽油彩量的比例。当比例为0%时，所有油彩都来自储槽；比例为100%时，所有油彩将从画布中拾取。不过，该项会受到【潮湿】选项的影响。

- 【对所有图层取样】：选中该复选框，可以拾取所有可见图层中的画布颜色。

9.1.5 历史记录艺术画笔工具

【历史记录艺术画笔工具】✍可以使用指定历史记录状态或快照中的源数据，以风格化笔触进行绘画。通过尝试使用不同的绘画样式、区域和容差选项，可以用不同的色彩和艺术风格模拟绘画的纹理，以产生各种不同的艺术效果。

与【历史记录画笔工具】✍相似，【历史记录艺术画笔工具】✍也可以用指定的历史记录源或快照作为源数据。但是，【历史记录画笔工具】✍是通过重新创建指定的源数据来绘画，而【历史记录艺术画笔工具】✍在使用这些数据的同时，还加入了为创建不同的色彩和艺术风格设置的效果。其选项栏如图9.11所示。

图9.11 【历史记录艺术画笔工具】选项栏

【历史记录艺术画笔工具】选项栏各选项的含义说明如下。

- 【样式】：设置使用历史记录艺术画笔绘画时所使用的风格。包括绷紧短、绷紧中、绷紧长、松散中等、松散长、轻涂、绷紧卷曲、绷紧卷曲长、松散卷

曲、松散卷曲长10种样式。如图9.12所示，使用不同的样式绘图所产生的不同艺术效果。

原图　　绷紧短　　绷紧中　　绷紧长

松散中等　松散长　轻涂效果　绷紧卷曲

绷紧卷曲长　松散卷曲　松散卷曲长

图9.12 使用不同的样式绘图产生的不同艺术效果

- 【区域】：设置历史艺术画笔的感应范围，即绘图时艺术效果产生的区域大小。值越大，艺术效果产生的区域也越大。
- 【容差】：控制图像的色彩变化程度，取值范围为0~100%。值越大，所产生的效果与原图像越接近。

9.2 画笔工具

【画笔工具】✍是绘图中使用最为频繁的工具，它与现实中的画笔绘画非常相似。在实际应用中，画笔使用率要高很多，在Photoshop中很多工作的实际使用中与【画笔工具】有关系，所以这里就是画笔为例，讲解【画笔工具】属性设置。【画笔工具】选项栏如图9.13所示。

图9.13 【画笔工具】选项栏

视频讲座9-1：直径、硬度和笔触

 案例分类：软件功能类
视频位置：配套光盘\movie\视频讲座9-1：直径、硬度和笔触.avi

选择【画笔工具】✍后，在工具选项栏中单击【画笔】右侧的【点按可打开"画笔预设"选取器】区域，打开【画笔预设】选取器，如图9.14所示。

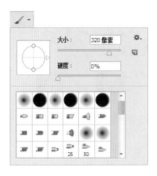

图9.14 【画笔预设】选取器

- 【大小】：调整画笔笔触的直径大小。可以通过拖动下方的滑块来修改直径，也可以在右侧的文本框中输入数值来改变直径大小。值越大，笔触就越粗。不同大小的绘图效果如图9.15所示。

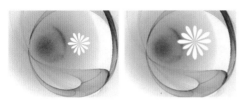

图9.15 不同大小的绘图效果

- 【硬度】：调整画笔边缘的柔和程度。可以通过拖动下方的滑块来修改柔和程度，也可以在右侧的文本框中输入数值来改变笔触边缘的柔和程度。值越大，边缘硬度越大，绘制的效果越生硬。不同硬度值的绘图效果如图9.16所示

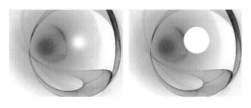

图9.16 不同硬度大小效果

- 笔触选择区：显示当前预设的一些笔触，并可以直接单击来选择需要的笔触进行绘图。

在所有除圆形画笔以外的其他笔触中，都有其对应的实际像素大小，当主直径参数高于定义画笔时的实际像素大小后，所绘制的画笔笔触就会出现失真效果。

9.2.1 画笔的预览

在【画笔预设】选取器中，单击右上角的 ✿ 按钮，打开【画笔预设】菜单，可以为笔触设置不同的预览效果，包括【纯文本】、【小缩览图】、【大缩览图】、【小列表】、【大列表】和【描边缩览图】6个选项。不同预览效果如图9.17所示。

【纯文本】 【小缩览图】 【大缩览图】

【小列表】 【大列表】 【描边缩览图】
图9.17 几种笔触的预览效果

9.2.2 复位、载入、存储和替换笔触

Photoshop CC为用户提供了许多笔触，在默认状态下，【画笔预设】中只显示一些常用的画笔，可以通过载入或替换的方法载入更多的笔触。另外，Photoshop 第三方也提供了很多笔触，也可以将更多的第三方笔触载入进来，以供不同的需要。

在【画笔预设】菜单的底部，显示了Photoshop提供的常用笔触集合，选择一个集合后，将弹出一个询问菜单，提示是否替换当前的画笔，单击【确定】按钮，将替换当前笔触选择区中的画笔；单击【追加】按钮，将在不改变原笔触的基础上，添加新的笔触到笔触选择区中；单击【取消】按钮，取消笔触的添加。

视频讲座9-2：载入Photoshop资源库

案例分类：软件功能类
视频位置：配套光盘\movie\视频讲座
9-2：载入Photoshop资源库.avi

如需载入Photoshop提供的预设资源库，可执行菜单栏中的【编辑】|【预设】|【预设管理器】命令，在打开的【预设管理器】对话框中，单击下拉菜单按钮选择需要使用的选项，如图9.18所示。

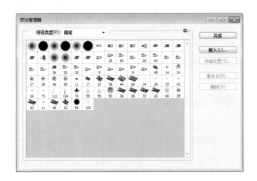

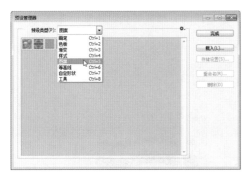

图9.18 预设管理器

单击【预设管理器】对话框右上角的 按钮，可打开下拉菜单，在菜单中选择一项资源，即可将其载入，如图9.19所示。

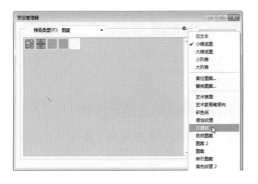

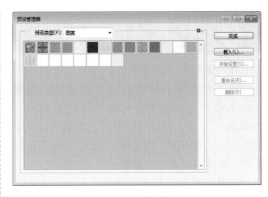

图9.19 选择资源

9.2.3 绘图模式

在画笔选项栏中单击【模式】选项右侧的区域，将打开模式下拉列表，从该下拉列表中选择需要的模式，然后在画面中绘图，可以产生神奇的效果。

视频讲座9-3：不透明度

案例分类：软件功能类
视频位置：配套光盘\movie\视频讲座
9-3：不透明度.avi

在【画笔工具】选项栏中单击【不透明度】选项右侧的三角形 按钮，将打开一个调节不透明度的滑条，通过拖动上面的滑块来修改笔触不透明度，也可以直接在文本框中输入数值修改不透明度。

当值为100%时，绘制的颜色完全不透明，将覆盖下面的背景图像；当值小于100%时，将根据不同的值透出背景中的图像，值越小，透明度越大；当值为0%时，将完全显示背景图像。不同透明度绘制的颜色效果如图9.20所示。

值为100%　　　　值为70%　　　　值为30%

图9.20 不同透明度的笔触效果

9.3 【画笔】面板

执行菜单栏中的【窗口】|【画笔】命令，或者在画笔选项栏的右侧，单击【切换画笔面板】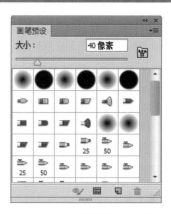按钮，都可以打开【画笔】面板。Photoshop 为用户提供了非常多的画笔，可以选择现有的预设画笔，并能修改预设画笔设计新画笔；也可以自定义创建属于自己的画笔。

在【画笔】面板的左侧是画笔设置区，选择某个选项，可以在面板的右侧显示该选项相关的画笔选项；在面板的底部，是画笔笔触预览区，可以显示当使用当前画笔选项时绘画描边的外观。另外，单击面板菜单按钮，可以打开【画笔】面板的菜单，以进行更加详细地参数设置，如图9.21所示。

图9.21 【画笔】面板

技巧 !

单击选项组左侧的复选框可在不查看选项的情况下启用或停用这些选项。

9.3.1 画笔预设

画笔预设其实就是一种存储画笔笔尖，带有诸如大小、形状、硬度等定义的特性。画笔预设存储了Photoshop提供的众多画笔笔尖，也可以创建属于自己的画笔笔尖。在【画笔】面板中单击【画笔预设】按钮，即可打开如图9.22所示的【画笔预设】面板。

图9.22 【画笔预设】面板

❶ 选择预设画笔

在工具箱中选择一种绘画工具，在选项栏中单击【点按可打开"画笔预设"选取器】区域，打开【画笔预设】选取器，从画笔笔尖形状列表中单击选择预设画笔，如图9.23所示。这是最常用的一种选择预设画笔的方法。

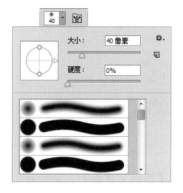

图9.23 选择预设画笔

提示 ?

除了使用上面讲解的选择预设画笔的方法，还可以从【画笔】或【画笔预设】面板中选择预设画笔。

❷ 更改预设画笔的显示方式

从【画笔预设】面板菜单 ✿ 中选择显示选项，共包括6种显示：仅文本、小缩览图、大缩览图、小列表、大列表和描边缩览图。

- 仅文本：以纯文本列表形式查看画笔。
- 小缩览图或大缩览图：分别以小或大缩览图的形式查看画笔。
- 小列表或大列表：分别以带有缩览图的小或大列表的形式查看画笔。
- 描边缩览图：不但可以查看每个画笔的缩览图，而且还可以查看样式画笔描边效果。

❸ 更改预设画笔库

通过【画笔预设】面板菜单▼≡，还可以更改预设画笔库。

- 【载入画笔】：将指定的画笔库添加到当前画笔库。
- 【替换画笔】：用指定的画笔库替换当前画笔库。
- 预设库文件：位于面板菜单的底部，共包括15个，如混合画笔、基本画笔、方头画笔等。在选择库文件时，将弹出一个询问对话框，单击【确定】按钮，将以选择的画笔库替换当前的画笔库；单击【追加】按钮，可以将选择的画笔库添加到当前的画笔库中。

技巧

如果想返回到预设画笔的默认库，可以从【画笔预设】面板菜单中选择【复位画笔】命令，可以替换当前画笔库或将默认库追加到当前画笔库中。当然，如果想将当前画笔库保存起来，可以选择【存储画笔】命令。

视频讲座9-4：自定义画笔预设

案例分类：软件功能类
视频位置：配套光盘\movie\视频讲座9-4：自定义画笔预设.avi

前面讲解了画笔预设的应用，可以看到，虽然Photoshop为用户提供了许多的预设画笔，但还远远不能满足用户的需要，下面来讲解自定义画笔预设的方法。

PS 1 执行菜单栏中的【文件】|【打开】命令，或者按Ctrl + O组合键，将弹出【打开】对话框，选择配套光盘中"调用素材/第9章/花.jpg"图片，将其打开，如图9.24所示。

PS 2 执行菜单栏中的【编辑】|【定义画笔预设】命令，打开如图9.25所示的【画笔名称】对话框，为其命名，比如"花"，然后单击【确定】按钮，即可将素材定义为画笔预设。

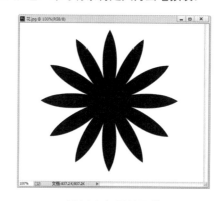

图9.24 打开的图片

图9.25 【画笔名称】对话框

PS 3 选择【画笔工具】✐后，在工具选项栏中单击【画笔】选项右侧的【点按可打开"画笔预设"选取器】区域，打开【"画笔预设"选取器】，在笔触选择区的最后将显示出刚定义的画笔笔触——花，效果如图9.26所示。

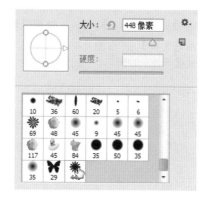

图9.26 创建的画笔笔触效果

PS 4 为了更好地说明笔触的使用，下面设置花朵笔触的不同参数，绘制漂亮的图案效果。单击选项栏中的【切换画笔面板】▣按钮，打开【画笔】面板，分别设置画笔的参数，如图9.27所示。

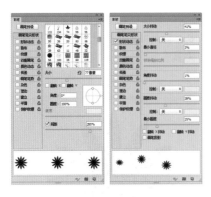

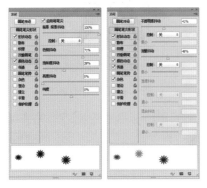

图9.27 画笔参数设置

PS 5 参数设置完成后，执行菜单栏中的【文件】|【打开】命令，选择配套光盘中"调用素材/第9章/画笔背景.jpg"图片，将其打开，如图9.28所示。

PS 6 将前景色设置为白色，背景色设置为红色（R：255，G：0，B：0），使用设置好参数的【画笔工具】 在图片中拖动绘图，绘制完成的效果如图9.29所示。

图9.28 打开的图片　　图9.29 绘制后的效果

视频讲座9-5：画笔笔尖形状

 案例分类：软件功能类
视频位置：配套光盘\movie\视频讲座
9-5：画笔笔尖形状.avi

在【画笔】面板的左侧的画笔设置区中，

单击选择【画笔笔尖形状】选项，在面板的右侧将显示画笔笔尖形状的相关画笔参数，包括大小、角度、圆度、间距等，如图9.30所示。

图9.30 【画笔】|【画笔笔尖形状】选项

【画笔】|【画笔笔尖形状】各选项的含义说明如下。

- 【大小】：调整画笔笔触的直径大小。可以通过拖动下方的滑块来修改直径，也可以在右侧的文本框中直接输入数值来改变直径大小。值越大，笔触也越粗。不同大小值的画笔描边效果如图9.31所示。

图9.31 不同大小值的画笔描边效果

- 【翻转X】、【翻转Y】：控制画笔笔尖的水平、垂直翻转。选中【翻转X】复选框，将画笔笔尖水平翻转；选中【翻转Y】复选框，将画笔笔尖垂直翻转。如图9.32所示为原始画笔、【翻转X】和【翻转Y】的效果对比。

原始效果　　　　翻转X　　　　　翻转Y

图9.32 原始画笔、【翻转X】和【翻转Y】的效果对比

- 【角度】：设置笔尖的绘画角度。可以在其右侧的文本框中输入数值，也可以在笔尖形状预览窗口中拖动箭头标志来修改画笔的角度值。不同角度值绘制的形状效果如图9.33所示。

图9.33 不同角度值绘制的形状效果

- 【圆度】：设置笔尖的圆形程度。可以在其右侧文本框中输入数值，也可以在笔尖形状预览窗口中拖动控制点来修改笔尖的圆度。当值为100%时，笔尖为圆形；当值小于100%时，笔头为椭圆形。不同圆角度绘画效果如图9.34所示。

图9.34 不同圆角度绘画效果

- 【硬度】：设置画笔笔触边缘的柔和程度。可以在其右侧文本框中输入数值，也可以通过拖动其下方的滑块来修改笔触硬度。值越大，边缘越生硬；值越小，边缘柔化程度越大。不同硬度值绘制出的形状如图9.35所示。

硬度值为100% 硬度值为50% 硬度值为0%

图9.35 不同硬度值绘画的效果

- 【间距】：设置画笔笔触间的间距大小。值越小，所绘制的形状间距越小；值越大，所绘制的形状间距越大。不同间距大小绘画描边效果如图9.36所示。

间距值为1% 间距值为90% 间距值为200%

图9.36 不同间距大小绘画描边效果

9.3.2 硬毛刷笔尖形状

硬毛刷可以通过硬毛刷笔尖指定精确的毛刷特性，从而创建十分逼真、自然的描边。硬毛笔刷位于默认的画笔库中，在画笔笔尖形状列表单击选择某个硬毛笔刷后，在画笔选项区将显示硬毛刷的参数，如图9.37所示。

图9.37 硬毛刷的参数

硬毛刷的参数含义说明如下。

- 【形状】：指定硬毛刷的整体排列。从右侧的下拉菜单中，可以选择一种形状，包括圆点、圆钝形、圆曲线、圆角、圆扇形、平点、平钝形、平曲线、平角和平扇形10种形状。不同形状笔刷效果如图9.38所示。

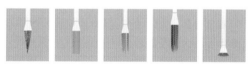

圆点　圆钝形　圆曲线　圆角　圆扇形

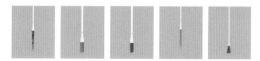

平点　平钝形　平曲线　平角　平扇形

图9.38 不同形状笔刷效果

- 【硬毛刷】：指定硬毛刷的整体毛刷密度。值越大，毛刷的密度就越大。不同硬毛刷值的绘画效果如图9.39所示。

图9.39 不同硬毛刷值的绘画效果

- 【长度】：指定毛刷刷毛的长度。不同长度值的硬毛刷效果如图9.40所示。

图9.40 不同长度值的硬毛刷效果

- 【粗细】：指定各个硬毛刷的宽度。
- 【硬度】：指定毛刷的强度。值越大，绘制的笔触越浓重；如果设置的值较低，则画笔绘画时容易发生变形。
- 【角度】：指定使用鼠标绘画时的画笔笔尖角度。
- 【间距】：指定描边中两个画笔笔迹之间的距离。如果取消选择此复选框，则使用鼠标拖动绘画时，光标的速度将决定间距的大小。

视频讲座9-6：形状动态

案例分类：软件功能类
视频位置：配套光盘\movie\视频讲座
9-6：形状动态.avi

在【画笔】面板的左侧的画笔设置区中单击选择【形状动态】选项，在面板的右侧将显示画笔笔尖形状动态的相关参数设置选项，包括大小抖动、最小直径、倾斜缩放比例、角度抖动、圆度抖动、最小圆度等，如图9.41所示。

图9.41 【画笔】|【形状动态】选项

【画笔】|【形状动态】各选项的含义说明如下。

- 【大小抖动】：设置笔触绘制的大小变化效果。值越大，大小变化越大，在下方的【控制】选项中，还可以控制笔触的变化形式，包括关、渐隐、钢笔压力、钢笔斜度和光笔轮5个选项。大小抖动的不同显示效果如图9.42所示。

抖动值为0%　　抖动值为50%　　抖动值为100%

图9.42 不同大小抖动值绘制效果

- 【最小直径】：设置画笔笔触的最小显示直径。当使用【大小抖动】时，使用该值，可以控制笔触的最小笔触的直径。
- 【倾斜缩放比例】：设置画笔笔触的倾斜缩放比例大小。只有在【控制】选项中选择了【钢笔斜度】命令后，此项才可以应用。
- 【角度抖动】：设置画笔笔触的角度变化程度。值越大，角度变化也越大，绘制的形状越复杂。不同角度抖动值绘制的形状效果如图9.43所示。

抖动值为0%　　抖动值为30%　　抖动值为80%

图9.43 不同角度抖动值绘画效果

- 【圆度抖动】：设置画笔笔触的圆角变化程度。可以从下方的【控制】选项中选择一种圆度的变化方式。不同的圆度抖动值绘制的形状效果如图9.44所示。

圆度抖动值为0%　圆度抖动值为50%　圆度抖动值
为100%

图9.44 不同的圆度抖动值绘制的形状效果

- 【最小圆度】：设置画笔笔触的最小圆度值。当使用【圆度抖动】时，该项才可以使用。值越小，圆度抖动的变化程度越大。

【翻转X抖动】和【翻转Y抖动】与【画笔笔尖形状】选项中的【翻转X】、【翻转Y】用法相似，不同的是，前者在翻转时不是全部翻转，而是随机性的翻转。

视频讲座9-7：散布

案例分类：软件功能类
视频位置：配套光盘\movie\视频讲座
9-7：散布.avi

画笔散布选项设置可确定在绘制过程中画笔笔迹的数目和位置。在【画笔】面板的左侧的画笔设置区中单击选择【散布】选项，在面板的右侧将显示画笔笔尖散布的相关参数设置，包括散布、数量、数量抖动等，如图9.45所示。

图9.45 【画笔】|【散布】选项

【画笔】|【散布】各选项的含义说明如下。

- 【散布】：设置画笔笔迹在绘制过程中的分布方式。当选中【两轴】复选框时，画笔的笔迹按水平方向分布，当取消选择【两轴】复选框时，画笔的笔迹按垂直方向分布。在其下方的【控制】选项中可以设置画笔笔迹散布的变化方式。不同散布参数值绘画效果如图9.46所示。

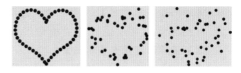

图9.46 不同散布参数值绘画效果

- 【数量】：设置在每个间距间隔中应用的画笔笔迹散布数量。需要注意的是，如果在不增加间距值或散布值的情况下增加数量，绘画性能可能会降低。不同数量值绘画效果如图9.47所示。

图9.47 不同数量值绘画效果

- 【数量抖动】：设置在每个间距间隔中应用的画笔笔迹散布的变化百分比。在其下方的【控制】选项中可以设置以何种方式来控制画笔笔迹的数量变化。

9.3.3 纹理

纹理画笔利用添加的图案使画笔绘制的图像，看起来像是在带纹理的画布上绘制的一样，产生明显的纹理效果。在【画笔】面板的左侧的画笔设置区中单击选择【纹理】选项，在面板的右侧将显示纹理的相关参数设置选项，包括缩放、模式、深度、最小深度、深度抖动等参数选项，如图9.48所示。

图9.48 【画笔】|【纹理】选项

【画笔】|【纹理】各选项的含义说明如下。

- 【图案拾色器】：单击【点按可打开"图案"拾色器】区域 ，将打开

【"图案"拾色器】，从中可以选择所需的图案，可以通过【"图案"拾色器】菜单，打开更多的图案。

- 【反相】：选中该复选框，图案中的亮暗区域将进行反转。图案中的最亮区域转换为暗区域，图案中的最暗区域转换为亮区域。

- 【缩放】：设置图案的缩放比例。输入数字或拖动滑块来改变图案大小的百分比值。不同缩放效果如图9.49所示。

缩放为1%　　　缩放为30%　　缩放为100%

图9.49 不同缩放效果

- 【为每个笔尖设置纹理】：选中该复选框，在绘画时，为每个笔尖都应用纹理。如果不选中该复选框，则无法使用下面的【最小深度】和【深度抖动】两个选项。

- 【模式】：设置画笔和图案的混合模式。使用不同的模式，可以绘制出不同的混合笔迹效果。

- 【深度】：设置图案油彩渗入纹理的深度。输入数字或拖动滑块来改变渗入的程度，值越大，渗入的纹理深度越深，图案越明显。不同深度值绘图效果如图9.50所示。

图9.50 不同深度值绘图效果

- 【最小深度】：当选中【为每个笔尖设置纹理】复选框并将【控制】选项设置为渐隐、钢笔压力、钢笔斜度、光笔轮时，此参数决定了图案油彩渗入纹理的最小深度。

- 【深度抖动】：设置图案渗入纹理的变化程度。当选中【为每个笔尖设置纹理】复选框时，拖动其下方的滑块或在

其右侧的文本框中输入数值，可以在其下方的【控制】选项中设置以何种方式控制画笔笔迹的深度变化。

提示 ❓

为当前工具指定纹理时，可以将纹理的图案和比例拷贝到支持纹理的所有工具。例如，可以将画笔工具使用的当前纹理图案和比例拷贝到铅笔、仿制图章、图案图章、历史画笔、艺术历史画笔、橡皮擦、减淡、加深、海绵等工具。从【画笔】面板菜单中选择【将纹理拷贝到其他工具】命令，可以将纹理图案和比例拷贝到其他绘画和编辑工具。

9.3.4 双重画笔

双重画笔模拟使用两个笔尖创建画笔笔迹，产生两种相同或不同纹理的重叠混合效果。在【画笔】面板左侧画笔设置区中单击选择【双重画笔】选项，就可以绘制出双重画笔效果，如图9.51所示。

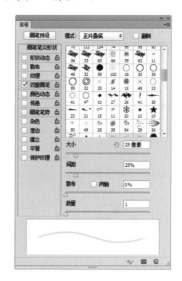

图9.51 【画笔】|【双重画笔】选项

【画笔】|【双重画笔】各选项的含义说明如下。

- 【模式】：设置双重画笔间的混合模式。使用不同的模式，可以制作出不同的混合笔迹效果。

- 【翻转】：选中该复选框，可以启用随机画笔翻转功能，产生笔触的随机翻转效果。

- 【大小】：控制双笔尖的大小。

完全掌握Photoshop CC超级手册

- 【间距】：设置画笔中双笔尖画笔笔迹之间的距离。输入数字或拖动滑块来改变笔尖的间距大小。不同间距的绘画效果如图9.52所示。

图9.52 不同间距的绘画效果

- 【散布】：设置画笔中双笔尖画笔笔迹的分布方式。当选中【两轴】复选框时，画笔笔迹按水平方向分布；当取消选中【两轴】复选框时，画笔笔迹按垂直方向分布。
- 【数量】：设置在每个间距间隔应用的画笔笔迹的数量。输入数字或拖动滑块来改变笔迹的数量。

视频讲座9-8：颜色动态

 案例分类：软件功能类
视频位置：配套光盘\movie\视频讲座
9-8：颜色动态.avi

颜色动态控制笔画中油彩色相、饱和度、亮度和纯度等的变化，在【画笔】面板的左侧画笔设置区中单击选择【颜色动态】选项，在面板的右侧将显示颜色动态的相关参数设置，如图9.53所示。

图9.53 【画笔】|【颜色动态】选项

【画笔】|【颜色动态】各选项的含义说明如下。

- 【前景/背景抖动】：输入数字或拖动滑块，可以设置前景色和背景色之间的油彩变化方式。在其下方的【控制】选项中可以设置以何种方式控制画笔笔迹的颜色变化。不同前景/背景抖动值绘画效果如图9.54所示。

前景/背景抖动　前景/背景抖动　前景/背景抖动
为0%　　　　为50%　　　　为100%

图9.54 不同前景/背景抖动值绘画效果

- 【色相抖动】：输入数字或拖动滑块，可以设置在绘制过程中颜色色彩的变化百分比。较低的值在改变色相的同时保持接近前景色的色相。较高的值增大色相间的差异。不同色相抖动绘画效果如图9.55所示。

色相抖动为20%　色相抖动为50%　色相抖动为100%

图9.55 不同色相抖动绘画效果

- 【饱和度抖动】：设置在绘制过程中颜色饱和度的变化程度。较低的值在改变饱和度的同时保持接近前景色的饱和度。较高的值增大饱和度级别之间的差异。不同饱和度抖动绘图效果如图9.56所示。

饱和度抖动为0%　饱和度抖动为50%　饱和度抖动
　　　　　　　　　　　　　　　为100%

图9.56 不同饱和度抖动绘画效果

- 【亮度抖动】：设置在绘制过程中颜色明度的变化程度。较低的值在改变亮度的同时保持接近前景色的亮度。较高的值增大亮度级别之间的差异。不同亮度抖动绘画效果如图9.57所示。

181

亮度抖动为0% 亮度抖动为20% 亮度抖动为100%

图9.57 不同亮度抖动绘画效果

- 【纯度】：设置在绘制过程中，颜色深度的大小。如果该值为-100，则颜色将完全去色；如果该值为100，则颜色将完全饱和。不同纯度绘画效果如图9.58所示。

纯度为-100%   纯度为-50%   纯度为100%

图9.58 不同纯度绘画效果

9.3.5 传递

画笔的传递用来设置画笔不透明度抖动和流量抖动。在【画笔】面板的左侧画笔设置区中单击选择【传递】选项，在面板的右侧将显示传递的相关参数设置，如图9.59所示。

图9.59 【画笔】|【传递】选项

【画笔】|【传递】各选项的含义说明如下。

- 【不透明度抖动】：设置画笔绘画时不透明度的变化程度。输入数字或拖动滑块，可以设置在绘制过程中颜色不透明度的变化百分比。在其下方的【控制】选项中可以设置以何种方式来控制画笔笔迹颜色的不透明度变化。不同不透明度抖动绘画效果如图9.60所示。

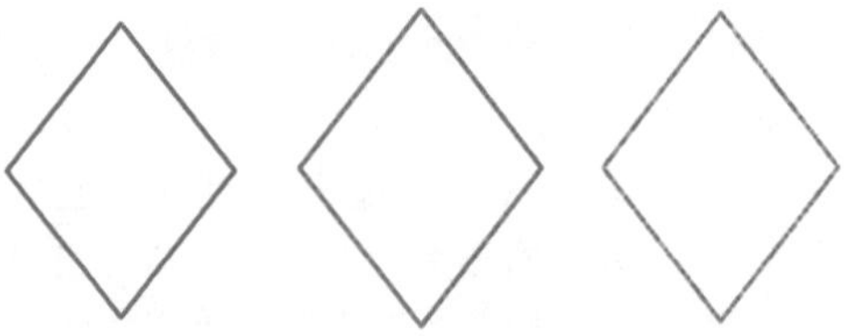

不透明度抖动   不透明度抖动   不透明度抖动
为0%   为50%   为100%

图9.60 不同不透明度抖动绘图效果

- 【流量抖动】：设置画笔绘图时油彩的流量变化程度。输入数字或拖动滑块，可以设置在绘制过程中颜色流量的变化百分比。在其下方的【控制】选项中可以设置以何种方式来控制画笔颜色的流量变化。

9.3.6 画笔笔势

画笔笔势用来调整毛刷画笔笔尖、侵蚀画笔笔尖的角度，如图9.61所示。

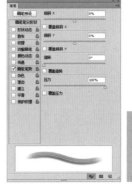

图9.61 画笔笔势及效果

9.3.7 其他画笔选项

在【画笔】面板的左侧底部，还包含一些选项，如图9.62所示。选中某个选项的复选框，即可为当前画笔设置添加该特效。

图9.62 其他选项

其他选项的含义说明如下。

- 【画笔笔势】：选中该复选框，可以设置倾斜、旋转、覆盖旋转等参数。
- 【杂色】：选中该复选框，可以为个别的画笔笔尖添加随机的杂点。当应用于柔边画笔笔触时，此选项最有效。应用【杂点】特效画笔的前后效果如图9.63所示。

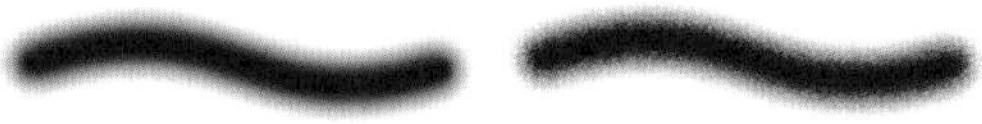

图9.63 应用【杂点】特效画笔的前后效果

- 【湿边】：选中该复选框，可以沿绘制出的画笔笔迹边缘增大油彩量，从而出

现水彩画润湿边缘扩散的效果。应用【湿边】特效画笔的前后效果如图9.64所示。

![图9.64 应用湿边特效画笔前后效果]

图9.64 应用【湿边】特效画笔的前后效果

- 【建立】：选中该复选框，可以使喷枪样式的建立效果。
- 【平滑】：选中该复选框，可以使画笔绘制出的颜色边缘较平滑。当使用光笔进行快速绘画时，此选项最有效，但是它在笔画渲染中可能会导致轻微的滞后。
- 【保护纹理】：选中该复选框，可对所有具有纹理的画笔预设应用相同的图案和比例。当使用多个纹理画笔笔触绘画时，选中此复选框，可以模拟绘制出一致的画布纹理效果。

提示 ❓

如果设置了较多的画笔选项，想一次取消选中状态，可以从【画笔】面板菜单中选择【清除画笔控制】命令，可以轻松地清除所有画笔选项。

9.4 擦除工具

擦除图像的工具包括【橡皮擦工具】、【背景橡皮擦工具】和【魔术橡皮擦工具】，主要用于擦除错误的绘图或将图像的某些部分擦除成背景色或透明。

9.4.1 橡皮擦工具

选择【橡皮擦工具】后，其选项栏如图9.65所示，包括【画笔】、【模式】、【不透明度】、【流量】和【抹到历史记录】。

![图9.65 橡皮擦工具选项栏]

图9.65 【橡皮擦工具】选项栏

【橡皮擦工具】选项栏中各选项的含义说明如下。

- 【画笔】：设置【橡皮擦工具】的直径、笔触效果、硬度等参数，用法与【画笔工具】的用法相同。

- 【切换画笔面板】：单击此按钮，即可打开【画笔】面板。
- 【模式】：选择橡皮的擦除方式，包括【画笔】、【铅笔】和【块】3种方式。【画笔】可以擦除边缘较柔和的边缘效果；【铅笔】可擦除边缘较硬的效果；【块】可以擦除块状效果。3种方式不同的擦除效果如图9.66所示。

画笔方式　　铅笔方式　　块方式

图9.66 不同模式的橡皮擦除效果

- 【不透明度】：设置擦除的程度。当值为100%时，将完全擦除图像；当值小

于100%时，将根据不同的值擦出不同深浅的图像，值越小，透明度越大。

图9.68 在普通层上擦除效果

- 【绘图板压力控制不透明度】：启动该按钮可以模拟绘图板压力控制不透明度。
- 【流量】：设置描边的流动速率。值越大，擦除的效果越明显。当值为100%时，将完全擦除图像；当值为1%时，将看不到擦除效果。
- 【喷枪】：单击该按钮，可以启用喷枪功能。当按住鼠标不动时，可以产生扩展擦除效果。
- 【抹到历史记录】：选中该复选框后，在【历史记录】面板中可以设置擦除的历史记录画笔位置或历史快照位置，擦除时可以将擦除区域恢复到设置的历史记录位置。
- 【绘图板压力控制大小】：启动该按钮可以模拟绘图板压力控制大小。

【橡皮擦工具】 的使用方法很简单，首先在工具箱中选择【橡皮擦工具】 ，在工具选项栏中设置合适的橡皮擦参数，然后将鼠标移动到图像中，在需要的位置按住鼠标左键拖动擦除即可。在应用【橡皮擦工具】时，根据图层的不同，擦除的效果也不同，具体的擦除效果如下：

- 如果在背景层或透明被锁定的图层中擦除时，被擦除的部分将显示为背景色。在背景层中擦除的效果如图9.67所示。

图9.67 在背景层中擦除的效果

- 在没有被锁定透明的普通层中擦除时，被擦除的部分将显示为透明，与背景颜

视频讲座9-9：使用【橡皮擦工具】将苹果抠图

案例分类：抠图技法类
视频位置：配套光盘\movie\视频讲座9-9：使用【橡皮擦工具】将苹果抠图.avi

下面通过实例来讲解【橡皮擦工具】 的抠图应用及技巧。

PS 1 执行菜单栏中的【文件】|【打开】命令，将弹出【打开】对话框，选择配套光盘中"调用素材/第9章/苹果.jpg"文件，将图像打开，如图9.69所示。

PS 2 选择工具箱中的【橡皮擦工具】 ，在选项栏中设置【模式】为【画笔】，【不透明度】为100%，【流量】为100%，如图9.70所示。

图9.69 打开的图像

图9.70 设置【橡皮擦工具】参数

PS 3 单击【橡皮擦工具】选项栏中的【点按可以打开"画笔预设"选取器】按钮，打开【"画笔预设"选取器】，在选取器中设置橡皮擦的笔刷为100像素的硬边缘笔刷，设置【背景色】与图像背景色相同为白色，如图9.71所示。

PS 4 使用设置好的【橡皮擦工具】直接在【背景】图层上图像左侧的苹果上进行涂抹，可以看到涂抹后的区域显示白色，如图9.72所示。

图9.71 设置笔刷

图9.72 擦除图像

PS 5 在【图层】面板中，拖动【背景】图层至面板下方的【创建新图层】按钮上，复制一个【背景 拷贝】图层，并选中该图层，单击【背景】图层前方的眼睛图标将其隐藏，以便于下面查看抠图效果，如图9.73所示。

PS 6 选择工具箱中的【魔棒工具】，在选项栏中设置【容差】为20，选中【连续】复选框，如图9.74所示。

图9.73 复制图层

图9.74 选择【魔棒工具】

PS 7 使用【魔棒工具】在图像中白色背景图像上单击，将大面积的白色图像选中，按Delete键将选中的图像删除，如图9.75所示。

PS 8 在【图层】面板中确认选中【背景 拷贝】图层，选择【橡皮擦工具】，设置笔刷为80像素的硬边缘笔刷，在苹果的底部阴影处涂抹，将阴影图像擦除，可以看到擦除后的区域显示透明，如图9.76所示。

图9.75 删除背景图像

图9.76 最终抠图效果

9.4.2 背景橡皮擦工具

选择【背景橡皮工具】后，【背景橡皮工具】的选项栏如图9.77所示，其中包括【画笔】、【取样】、【限制】、【容差】、【保护前景色】等选项。

图9.77 【背景橡皮擦工具】选项栏

【背景橡皮擦工具】选项栏中各选项的含义说明如下。

- 【画笔】：设置【背景橡皮擦工具】的大小、形状、硬度等属性。

- 【画笔】：设置【背景橡皮擦工具】的大小、形状、硬度等属性，设置方法与前面讲过的画笔设置方法相同，这里不再赘述。

- 【取样：连续】 ：用法等同于【橡皮擦工具】，在擦除过程中连续取样，可以擦除拖动光标经过的所有图像像素。

- 【取样：一次】 ：擦除前先进行颜色取样，即光标定位的位置颜色，然后按住鼠标拖动，可以在图像上擦除与取样颜色相同或相近的颜色，而且每次单击取样的颜色只能做一次连续的擦除，如果释放鼠标后想继续擦除，需要再次单击重新取样。

- 【取样：背景色板】 ：在擦除前先设置好背景色，即设置好取样颜色，然后可以擦除与背景色相同或相近的颜色。

- 【限制】：控制【背景橡皮擦工具】擦除的颜色界限，包括3个选项，分别为【不连续】、【连续】和【查找边缘】。选择【不连续】选项，在图像上拖动可以擦除所有包含取样点颜色的区域；选择【连续】选项，在图像上拖动只擦除相互连接的包含取样点颜色的区域；选择【查找边缘】选项，将擦除包含取样点颜色的相互连接区域，可以更好地保留形状边缘的锐化程度。

- 【容差】：控制擦除颜色的相近范围。输入数值或拖动滑块可以修改图像颜色的精度，值越大，擦除相近颜色的范围就越大；值越小，擦除相近颜色的范围就越小。

- 【保护前景色】：选中该复选框，在擦除图像时，可防止擦除与工具箱中的前景色相匹配的颜色区域。如图9.78所示为原图、选中和不选中【保护前景色】复选框的擦除效果。

图9.78 原图、选中和不选中【保护前景色】复选框的擦除效果

- 【绘图板压力控制大小】：启动该按钮可以模拟绘图板压力控制大小。

视频讲座9-10：使用【背景橡皮擦工具】将皮包抠图

案例分类：抠图技法类
视频位置：配套光盘\movie\视频讲座9-10：使用【背景橡皮擦工具】将皮包抠图.avi

下面通过实例来讲解【背景橡皮擦工具】 的抠图应用及技巧。

PS 1 执行菜单栏中的【文件】|【打开】命令，将弹出【打开】对话框，选择配套光盘中"调用素材/第9章/时尚包.jpg"文件，将图像打开，如图9.79所示。

图9.79 打开的图像

PS 2 选择工具箱中的【背景橡皮擦工具】 ，在选项栏中单击选中【取样：一次】 按钮，设置【限制】为【连续】，【容差】为10%，如图9.80所示。

图9.80 设置【背景橡皮擦工具】参数

PS 3 单击【背景橡皮擦工具】选项栏中的【点按可以打开"画笔预设"选取器】按钮，打开【"画笔预设"选取器】，在选取器中设置橡皮擦的笔刷为70像素，其他保持默认，如图9.81所示。

PS 4 设置完成后，将鼠标移动到想要擦除的背景图像处，如图9.82所示。

提示 ❓

【取样：一次】功能是以鼠标每一次单击点的颜色为取样，擦除的图像为该取样点颜色容差范围内的颜色。

图9.81 设置笔刷

图9.82 确定取样点

PS 5 确定取样位置后，在按住鼠标不放的情况下拖动，直到将整个图像中不需要的类似颜色擦除即可，如图9.83所示。

PS 6 此时，打开【图层】面板可以看到背景图层变成了普通图层"图层0"，如图9.84所示。

提示 ❓

在擦除过程中，如果不小心释放了鼠标，需要重新选择取样颜色进行擦除。

图9.83 擦除图像

图9.84 查看图层

PS 7 执行菜单栏中的【窗口】|【历史记录】命令，打开【历史记录】面板，在面板中单击【打开】步骤，将操作步骤还原到打开图像时的状态，如图9.85所示。

PS 8 在【背景橡皮擦工具】的选项栏中单击选中【取样：背景色板】按钮，单击工具箱下方的【设置背景色】色块，使用【拾色器（背景色）】的吸管工具在图像背景上单击，吸取背景色。如图9.86所示。

图9.85 撤销操作步骤

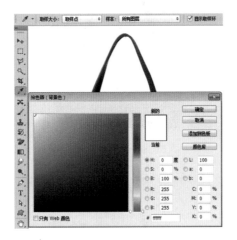

图9.86 取样：背景色

PS 9 使用【背景橡皮擦工具】在图像中拖动，可以看到图像中背景图像被擦除了，如图9.87所示。

PS 10 此时，打开【图层】面板可以看到背景图层变成了普通图层"图层0"，完成本实例的抠图，如图9.88所示。

图9.87 擦除图像

图9.88 完成抠图

9.4.3 魔术橡皮擦工具

在工具箱中选择【魔术橡皮擦工具】后，其选项栏如图9.89所示，包括【容差】、【消除锯齿】、【连续】、【对所有图层取样】和【不透明度】选项。

图9.89 【魔术橡皮擦工具】选项栏

【魔术橡皮擦工具】选项栏中各选项的含义说明如下。

● 【容差】：控制擦除的颜色范围。在其右侧的文本框中输入容差数值，值越大，擦除相近颜色的范围就越大；值越小，擦除相近颜色的范围就越小。取值范围为0~255。不同的容差值擦除效果如图9.90所示。

原始图像　　容差值为10　　容差值为30

图9.90 不同容差值的擦除效果

● 【消除锯齿】：选中该复选框，可使擦除区域的边缘与其他像素的边缘产生平滑过渡效果。

● 【连续】：选中该复选框，将擦除与鼠标单击点颜色相似并相连接的颜色像素；取消该复选框，将擦除与鼠标单击点颜色相似的所有颜色像素。选中与不选中【连续】复选框的擦除效果如图9.91所示。

原始图像　　选中【连续】　不选中【连续】
　　　　　　　复选框　　　　复选框

图9.91 选中与不选中【连续】复选框的擦除效果

- 【对所有图层取样】：选中该复选框，在擦除图像时，将对所有的图层进行擦除；取消选中该项，在擦除图像时，只擦除当前图层中的图像像素。

- 【不透明度】：指定被擦除图像的透明程度。100%的不透明度将完全擦除图像像素；较低的不透明度参数，将擦除的区域显示为半透明状态。不同透明度擦除图像的效果如图9.92所示。

不透明度的值　不透明度的值　不透明度的值
为10%　　　　为50%　　　　为100%

图9.92 不同透明度擦除图像的效果

【魔术橡皮擦工具】的用法与【魔棒工具】相似，只是【魔棒工具】产生的是选区。使用【魔术橡皮擦工具】在图像中单击，可以擦除图像中与光标单击处颜色相近的像素。不过，在擦除图像时，分为两种不同的情况：

- 在锁定了透明的图层中擦除图像时，被擦除的像素会显示为背景色。锁定透明图层的擦除效果如图9.93所示。

图9.93 锁定透明图层的擦除效果

- 在背景层或普通层中擦除图像时，被擦除的像素会显示为透明效果。普通层中擦除图像效果如图9.94所示。

图9.94 原图与不同设置擦除效果

技巧

Caps Lock键可以在标准光标和十字线之间切换。通过在图像中拖动，可以调整绘画光标的大小或更改绘画光标的硬度。要调整绘图光标大小，在按住Alt键的同时按住鼠标右键左右拖动即可；要调整绘图光标的硬度，按住鼠标右键上下拖动即可。

视频讲座9-11：使用【魔术橡皮擦工具】将保温杯抠图

案例分类：抠图技法类
视频位置：配套光盘\movie\视频讲座9-11：使用【魔术橡皮擦工具】将保温杯抠图.avi

下面通过实例来讲解【魔术橡皮擦工具】的抠图应用及技巧。

PS 1 执行菜单栏中的【文件】|【打开】命令，将弹出【打开】对话框，选择配套光盘中"调用素材/第9章/保温杯.jpg"文件，将图像打开，如图9.95所示。

PS 2 选择工具箱中的【魔术橡皮擦工具】，在选项栏中设置【容差】为32，选中【连续】复选框，【不透明度】为100%，如图9.96所示。

图9.95 打开的图像　　　图9.96 选择【魔术橡皮擦工具】

PS 3 使用设置好的【魔术橡皮擦工具】在图像中背景区域单击，可以看到金属保温杯外面的灰色背景图像被删除了，如图9.97所示。

PS 4 再次使用【魔术橡皮擦工具】在金属保温杯手柄处的背景区域单击，即可完成抠图效果，如图9.98所示。

提示 ?

在【连续】状态下，【魔术橡皮擦工具】只能删除相邻的容差内的颜色图像。

图9.97 擦除图像　　　图9.98 多次擦除

PS 5 按F7键打开【图层】面板，可以看到在"背景"图层上使用过【魔术橡皮擦工具】后，【背景】图层转换为了普通图层【图层0】，如图9.99所示。

图9.99 查看图层

PS 6 执行菜单栏中的【窗口】|【历史记录】命令，打开【历史记录】面板，在面板中单击【打开】步骤，将操作步骤还原到打开图像时的状态，如图9.100所示。

图9.100 撤销操作

PS 7 在【魔术橡皮擦工具】的选项栏中撤选【连续】复选框，如图9.101所示。

PS 8 使用【魔术橡皮擦工具】在图像中背景区域单击，可以看到图像中所有的蓝色背景图像均被删除，打开【图层】面板，可以看到【背景】图层转换为了普通图层【图层0】，完成本例抠图，如图9.102所示。

图9.101 撤选【连续】复选框

图9.102 最终抠图效果

第10章 照片修饰与编修工具

〔内容摘要〕

本章主要讲解图像的修饰与编修工具的使用。各种修饰与编修工具，包括图像的修复工具、复制工具、局部修饰及局部调色等，如模糊、锐化、涂抹、减淡、加深和海绵工具。在实际工作过程中这几个工具是非常重要且使用频率极高的工具，灵活掌握其使用方法，可以给图像处理工作带来很大的方便。通过本章的学习，掌握修复工具的使用方法，以便在以后的数码照片编修工作过程中灵活运用。

〔教学目标〕

- 掌握图像修复工具的使用
- 掌握图像复制工具的使用
- 掌握图像的局部修饰工具的使用
- 掌握图像局部调色工具的使用

10.1 修复图像工具

修复图像主要使用【污点修复画笔工具】、【修复画笔工具】、【修补工具】和【红眼工具】4种，主要用于对图像的修复与修补。在默认状态下显示的为【污点修复画笔工具】，将光标放置在该工具按钮上，按住鼠标稍等片刻或是单击鼠标右键，将显示图像修补工具组，如图10.1所示。

图10.1 图像修补工具组

10.1.1 污点修复画笔工具

【污点修复画笔工具】主要用来修复图像中的污点，一般多用于对小污点的修复，该工具的神奇之处在于，使用该工具在污点上单击或拖动，它可以根据污点周围图像的像素值来自动分析处理，将污点去除，而且将污点位置的图像自动换成与周围图像相似的像素，以达到修复污点的目的。

选择【污点修复画笔工具】后，工具选项栏中的选项如图10.2所示。

图10.2 【污点修复画笔工具】选项栏

【污点修复画笔工具】选项栏中各选项的含义说明如下。

- 【画笔】：设置污点修复画笔的笔触，如直径、硬度、笔触形状等。

- 【模式】：设置【污点修复画笔工具】绘制时的像素与原来像素之间的混合模式。
- 【近似匹配】：选中该单选按钮，在使用污点修复画笔修改图像时，将根据图像周围像素的相似度进行匹配，以达到修复污点的效果。
- 【创建纹理】：选中该单选按钮，在使用污点修复画笔修改图像时，将在修复污点的同时使图像的对比度加大，以显示出纹理效果。
- 【内容识别】：选中该单选按钮，当对图像的某一区域进行污点修复时，软件自动分析周围图像的特点，将图像进行拼接组合，然后填充该区域并进行智能融合，从而达到快速无缝的修复效果。
- 【对所有图层取样】：选中该复选框，将对所有图层进行取样操作。如果不选中该复选框，将只对当前图层取样。
- 【绘图板压力控制大小】：启动该按钮可以模拟绘图板压力控制大小。

视频讲座10-1：使用【污点修复画笔工具】去除黑痣

案例分类：数码照片修饰技法类
视频位置：配套光盘\movie\视频讲座10-1：使用【污点修复画笔工具】去除黑痣.avi

下面通过实例来讲解【污点修复画笔工具】修复人物面部的黑痣的操作方法。

PS 1 执行菜单栏中的【文件】|【打开】命令，将弹出【打开】对话框，选择配套光盘中"调用素材/第10章/卷发美女.jpg"文件，将图像打开，如图10.3所示。从图中可以看到，在人物面部有一些黑痣，这里使用污点修复画笔将其去除。

PS 2 选择工具箱中的【污点修复画笔工具】，如图10.4所示。

图10.3 打开的图像

图10.4 选择【污点修复画笔工具】

PS 3 在选项栏中设置【画笔】的大小为20像素，并选中【内容识别】单选按钮，如图10.5所示。

PS 4 使用【污点修复画笔工具】，在面部黑痣位置单击，如图10.6所示。

图10.5 参数设置

图10.6 拖动效果

PS 5 单击完成后，释放鼠标以修复图像，如果释放鼠标后修复不理想，可以多次拖动来修复，去除后的效果如图10.7所示。

图10.7 最终效果

完全掌握Photoshop CC超级手册

10.1.2 修复画笔工具

【修复画笔工具】 🖊 可以将图像中的划痕、污点、斑点等轻松去除。与【图章工具】所不同的是它可以同时保留图像中的阴影、光照和纹理效果。并且在修复图像的同时，可以将图像中的阴影、光照、纹理等与源像素进行匹配，以达到精确修复图像的效果。

选择【修复画笔工具】 🖊 后，工具选项栏如图10.8所示。

🖊 ⁃ ¹⁹ ⁃ ⬜ 🔲 模式：正常 ⁃ 源：⦿取样 ○图案 ⁃ □对齐 样本：当前图层 ⁃ 🖊

图10.8 【修复画笔工具】选项栏

【修复画笔工具】选项栏中各选项含义说明如下。

- 【画笔】：设置【修复画笔工具】的笔触，如直径、硬度、笔触形状等。
- 【模式】：设置【修复画笔工具】绘制时的像素与原来像素之间的混合模式。
- 【源】：设置用来修复图像的源。选中【取样】单选按钮，表示使用当前图像中定义的像素修复图像；选中【图案】单选按钮，则可以从右侧的"图案"拾色器中选择一个图案来修复图像。
- 【对齐】：选中该复选框，每次单击或拖动修复图像时，都将与第一次单击的点进行对齐操作；如果不选中该复选框，则每次单击或拖动的起点都是取样时的单击位置。
- 【样本】：设置当前取样作用的图层。从右侧的下拉列表中，可以选择【当前图层】、【当前和下方图层】和【所有图层】3个选项，并且如果单击右侧的【打开以在修复时忽略调整图层】 🔍 按钮，可以忽略调整的图层。

视频讲座10-2：使用【修复画笔工具】去除纹身

案例分类：数码照片修饰技法类
视频位置：配套光盘\movie\视频讲座
10-2：使用【修复画笔工具】去除纹身.avi

下面通过去除人物胳膊处的纹身，来讲解【修复画笔工具】修复图像的操作方法。

PS 1 执行菜单栏中的【文件】|【打开】命令，将弹出【打开】对话框，选择配套光盘中"调用素材/第10章/纹身照片.jpg"文件，将图像打开，从图中可以看到，在人物的胳膊上有一处纹身，如图10.9所示。

PS 2 选择工具箱中的【修复画笔工具】 🖊 ，如图10.10所示。

图10.9 打开的图像

图10.10 选择【修复画笔工具】

PS 3 在工具选项栏中单击画笔右侧的【单击以打开"画笔"选取器】按钮，打开【"画笔"选取器】，设置画笔的【大小】为40像素，【硬度】为100%，选中【取样】单选按钮，其他选项不变，如图10.11所示。

PS 4 下面来进行取样，将鼠标光标移动到人物胳膊纹身下方的皮肤上，按住Alt键的同时单击鼠标进行取样，如图10.12所示。

图10.11 设置工具参数

图10.12 取样

技巧

在设置画笔大小时，要根据当前修复的污点大小来设置，为了去除的比较柔和，可以设置一定程度的硬度柔化边缘。

PS 5 设置取样点后，释放Alt键，将鼠标光标移至要消除的纹身上，单击鼠标或按住鼠标拖动，可以看到在取样点位置将出现一个"十"字形符号，当拖动鼠标时，该符号将随着拖动的光标进行相对应的移动。"十"字形符号处为复制的源对象，鼠标位置为复制的目的地，如图10.13所示。

PS 6 如果一次单击不能很好地去除斑点，可以按住鼠标多次单击或拖动，复制取样点周围的像素，直到将斑点去除掉为止。去除后的效果如图10.14所示。

图10.13 拖动时的效果

图10.14 最终效果

10.1.3 修补工具

【修补工具】以选区的形式选择取样图像或使用图案填充来修补图像。它与【修复画笔工具】的应用有些相似，只是取样时使用的是选区的形式来取样，并将取样像素的阴影、光照、纹理等与源像素进行匹配处理，以完美修补图像。

选择【修补工具】后，工具选项栏如图10.15所示。

图10.15 【修补工具】选项栏

【修补工具】选项栏中各选项含义说明如下。

- 选区操作：该区域的按钮主要用来进行选区的相加、相减和相交的操作，用法与选区用法相同。
- 【修补】：设置修补时选区所表示的内容。选择【源】单选按钮，表示将选区定义为想要修复的区域；选择【目标】单选按钮，表示将选区定义为取样区域。
- 【透明】：不选中该复选框，在进行修复时，图像不带有透明性质；而选中该复选框后，修复时图像带有透明性质。比如使用图案填充时，如果选中【透明】复选框，在填充时图案将有一定的透明度，可以显示出背景图，否则不能显示出背景图。
- 【使用图案】：该项只有在使用【修补工具】选择图像后才可以使用，单击该按钮，可以从"图案"拾色器中选择图案对选区进行填充，以图案的形式进行修补。

视频讲座10-3：使用【修补工具】修补水渍照片

案例分类：数码照片修饰技法类
视频位置：配套光盘\movie\视频讲座10-3：使用【修补工具】修补水渍照片.avi

下面通过修补水渍照片实例来讲解【修补工具】的操作方法，具体的操作步骤如下。

PS 1 执行菜单栏中的【文件】|【打开】命令，将弹出【打开】对话框，选择配套光盘中"调用素材/第10章/水渍照片.jpg"文件，将图像

完全掌握Photoshop CC超级手册

打开,如图10.16所示。从图中可以看到,在照片右上角有一处水渍污点,下面来将其去除。

PS 2 选择工具箱中的【修补工具】 ，如图10.17所示。

图10.16 水渍照片

图10.17 修补工具

PS 3 在【修补工具】的选项栏中单击【新选区】 按钮,设置【修补】为【正常】,选中【源】单选按钮,如图10.18所示。

PS 4 使用【修补工具】在照片右上角的水渍区域外围进行拖动框选,如图10.19所示。

图10.18 参数设置

图10.19 框选效果

PS 5 框选完成后释放鼠标,可以很直观地看到选区的范围,将鼠标光标放置在选区内,当鼠标光标变为 时即可进行拖动修复,如图10.20所示。

PS 6 将选区拖动到与所要修复的图像相似背景处,如图10.21所示。

图10.20 光标效果

图10.21 拖动效果

PS 7 当源选区中的水渍图像全部消失后即可释放鼠标,按Ctrl+D组合键取消选区,完成本实例的制作,效果如图10.22所示。

图10.22 修补后的效果

10.1.4 内容感知移动工具

【内容识别移动工具】 是Photoshop CS6新增加的功能,使用【内容识别移动工具】选中对象并移动或扩展到图像的其他区域,然后内容识别移动功能会重组和混合对象,产生出色的视觉效果。扩展模式可对头发、树或建筑等对象进行扩展或收缩。移动模式可将对象置于完全不同的位置中,当对象与背景相似时效果最佳。如图10.23所示为【内容识别移动工具】选项栏。

图10.25 选择工具

`PS 3` 在【内容感知移动工具】的选项栏中，单击选中【新选区】▣按钮，设置【模式】为【扩展】，【适应】为【中】，如图10.26所示。

`PS 4` 在图像中人物边缘附近拖动绘制选区，将人物图像选中，如图10.27所示。

图10.23 选项栏

- 选区操作：该区域的按钮主要用来进行选区的相加、相减和相交的操作，用法与选区用法相同。
- 【模式】：指定选择图像的移动方式，包括【移动】和【扩展】两个选项。选择【移动】选项可以将图像移动到其他位置；如果选择【扩展】选项，则可以达到复制图像的目的。
- 【适应】：指定图像的修复适应度，即修复的精细程度。
- 【对所有图层取样】：如果要处理的文档中包含多个图层，选中该复选框，可以对所有图层进行取样修复。

视频讲座10-4：利用【内容感知移动工具】制作双胞胎姐妹

图10.26 设置【内容感知工具】参数

案例分类：数码照片修饰技法类
视频位置：配套光盘\movie\视频讲座10-4：利用【内容感知移动工具】制作双胞胎姐妹.avi

本例主要讲解利用内容感知移动工具制作双胞胎姐妹效果，【内容感知移动工具】具体操作方法如下。

`PS 1` 执行菜单栏中的【文件】|【打开】命令，将弹出【打开】对话框，选择配套光盘中"调用素材/第10章/裙子女人.jpg"文件，将图片打开，如图10.24所示。

`PS 2` 选择工具箱中的【内容感知移动工具】，如图10.25所示。

图10.27 绘制选区

`PS 5` 将鼠标放置在选区中，水平拖动选区至照片右侧，如图10.28所示。

`PS 6` 拖动到合适的位置释放鼠标，系统会自动分析融合，完成后按Ctrl+D组合键取消选区，可以看到画布中得到了双胞胎姐妹的效果，如图10.29所示。

图10.24 打开的图片

完全掌握Photoshop CC超级手册

图10.28 拖动选区图像

图10.29 最终效果

10.1.5 红眼工具

由于光线与一些摄像角度的问题，在照片中出现红眼现象是很普遍的，虽然不少数码相机都有防红眼的功能，但还是不能从根本上解决问题，在Photoshop中，可以使用【红眼工具】非常轻松地去除红眼效果。

选择【红眼工具】，其工具选项栏如图10.30所示。

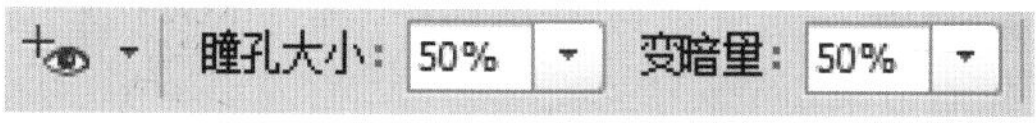

瞳孔大小：50% 变暗量：50%

图10.30 【红眼工具】选项栏

【红眼工具】选项栏中各选项含义说明如下。

- 【瞳孔大小】：设置目标瞳孔的大小。从右侧的文本框中，可以直接输入大小数值，也可以拖动滑块来改变，取值范围为1%~100%之间的整数。
- 【变暗量】：设置去除红眼后的颜色变暗程度。从右侧的文本框中，可以直接输入大小数值，也可以拖动滑块来改变，取值范围为1%~100%之间的整数。值越大，颜色变的越深、越暗。

视频讲座10-5：使用【红眼工具】去除人物红眼

案例分类：数码照片修饰技法类
视频位置：配套光盘\movie\视频讲座10-5：使用【红眼工具】去除人物红眼.avi

利用【红眼工具】，只需要设置合适的【瞳孔大小】和【变暗量】，在瞳孔的位置单击鼠标，即可去除红眼，具体的操作步骤如下。

PS 1 执行菜单栏中的【文件】|【打开】命令，将弹出【打开】对话框，选择配套光盘中"调用素材/第10章/红眼美女.jpg"文件，将图片打开，如图10.31所示。从图中可以看到，人物的眼睛处有红眼，下面利用【红眼工具】

将其去除。

PS 2 选择工具箱中的【红眼工具】，如图10.32所示。

图10.31 打开的图像

图10.32 红眼工具

PS 3 在选项栏中设置【瞳孔大小】为50%，【变暗量】为50%，如图10.33所示。

PS 4 移动光标到图像左侧的人物眼睛红色瞳孔上，单击鼠标，即可将左侧眼睛的红眼去除，如图10.34所示。

图10.33 设置【红眼工具】参数

图10.34 去除红眼

提示 ❓

在使用【红眼工具】时，注意十字光标与红眼位置的对齐，否则将出现错误。

PS 5 同样的方法，根据眼睛瞳孔的大小，设置不同的【瞳孔大小】和【变暗量】参数值，在右侧红眼瞳孔部分单击鼠标，去除红眼，完成的最终效果如图10.35所示。

图10.35 最终效果

10.2 / 复制图像

复制图像主要使用图章工具，可以选择图像的不同部分，并将它们复制到同一个文件或其他文件中。这与复制和粘贴功能不同，在复制过程中，Photoshop对原区域进行取样读取，并将其复制到目标区域中。在文档窗口的目标区域中拖动鼠标时，取样文档区域的内容就会逐渐显示出来，这个过程能将旧像素图像和新像素图像混合得天衣无缝。

图章工具包括【仿制图章工具】🖲和【图案图章工具】🖲，在默认状态下显示为【仿制图章工具】🖲，将光标放置在该工具按钮上，按住鼠标稍等片刻或是单击鼠标右键，将显示图章工具组，如图10.36所示。

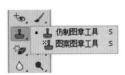

图10.36 图章工具组

10.2.1 仿制图章工具

【仿制图章工具】🖲在用法上有些类似于【修复画笔工具】🖋，利用Alt辅助键进行取样，然后在其他位置拖动鼠标，即可从取样点开始将图像复制到新的位置。其选项栏中的选项前面已经讲解过，这里不再赘述。

视频讲座10-6：使用【仿制图章工具】为人物祛斑

案例分类：数码照片修饰技法类
视频位置：配套光盘\movie\视频讲座10-6：使用【仿制图章工具】为人物祛斑.avi

本例主要讲解使用【仿制图章工具】为人物祛斑，具体操作方法如下。

PS 1 执行菜单栏中的【文件】|【打开】命令，将弹出【打开】对话框，选择配套光盘中"调用素材/第10章/斑点美女.jpg"文件，将图片打开，如图10.37所示。

PS 2 选择工具箱中的【仿制图章工具】🖲，如图10.38所示。

图10.37 打开的图片

图10.38 选择【仿制图章工具】

PS 3 在选项栏中设置【模式】为【正常】，【不透明度】为100%，【流量】为100%，【样本】为【当前图层】，如图10.39所示。

PS 4 在选项栏中单击【点按可打开"画笔预设"选取器】按钮，打开【"画笔预设"选取器】，设置仿制图章的画笔【大小】为30像素的柔边缘笔刷，【硬度】设置为0%，如图10.40所示。

完全掌握Photoshop CC超级手册

图10.39 设置仿制图章参数

图10.40 设置笔刷

PS 5 将光标移动到照片人物脸部斑点附近的正常皮肤处，按住Alt键的同时单击鼠标，设置取样点，如图10.41所示。

PS 6 取样完成后，将光标移动到斑点上单击修复，注意光标对应的十字光标的位置，以免复制的图形超出范围，如图10.42所示。

图10.41 单击取样　　图10.42 仿制图像

PS 7 按照上述方法，将其他位置的斑点也进行去除，如图10.43所示。

PS 8 去除干净后，完成本实例的制作，最终效果如图10.44所示。

图10.43 仿制图像　　图10.44 最终效果

10.2.2 图案图章工具

应用【图案图章工具】可以使用图案进行描绘，使用该工具前可以先定义需要的图案，并将该图案复制到当前的图像中。图案图章可以用来创建特殊效果、背景网纹及织物或壁纸等设计。

选择【图案图章工具】，其工具选项栏如图10.45所示。

图10.45 【图案图章工具】选项栏

【图案图章工具】选项栏中各选项含义说明如下。

- 【画笔】：设置【图案图章工具】的笔触，如直径、硬度、笔触等。
- 【模式】：设置【图案图章工具】绘制时的像素与原来像素之间的混合模式。
- 【不透明度】：单击【不透明度】选项右侧的三角形 按钮，将打开一个调节不透明度的滑条，通过拖动上面的滑块来修改笔触的不透明度，也可以直接在文本框中输入数值修改不透明度。当值为100%时，绘制的图案完全不透明，将覆盖下面的图像；当值小于100%时，将根据不同的值透出背景中的图像，值越小，透明度越大；当值为0%时，将完全显示背景图像。
- 【流量】：表示笔触颜色的流出量，流出量越大，颜色越深，简单理解可以说成流量控制画笔颜色的深浅。在选项栏中单击【流量】选项右侧的 按钮，将打开一个调节流量的滑条，通过拖动上面的滑块来修改笔触流量，也可以直接在文本框中输入数值修改笔触流量。值为100%时，绘制的颜色最深最浓；当值小于100%时，绘制的颜色将变浅，值越小，颜色越淡。
- 【喷枪】：单击该按钮，可以启用喷枪功能。当按住鼠标不动时，可以扩展图案填充效果。
- 【图案】：单击右侧的【点按可打开"图案"拾色器】区域，将打开"图案"拾色器，可以从中选择需要的图案。

- 【对齐】：选中该复选框，每次单击或拖动绘制图案时，都将与第一次单击的点进行对齐操作；如果不选中该复选框，则每次单击或拖动的起点都是取样时的单击位置。

- 【印象派效果】：选中该复选框，可以对图案应用印象派艺术效果，使图案变得扭曲、模糊。不选中和选中【印象派效果】复选框绘图对比效果如图10.46所示。

图10.46 不选中和选中【印象派效果】复选框绘图对比效果

视频讲座10-7：使用【图案图章工具】替换背景

案例分类：数码照片修饰技法类
视频位置：配套光盘\movie\视频讲座
10-7：使用【图案图章工具】替换背景.avi

图案图章工具与图案填充有些相似，只是比图案填充更加的灵活，操作更加方便，适合局部选区的图案填充和图案的绘制。下面以实例的形式详细讲解【图案图章工具】的使用方法。

PS 1 首先来定义图案。执行菜单栏中的【文件】|【打开】命令，将弹出【打开】对话框，选择配套光盘中"调用素材/第10章/金发美女.jpg"文件，将图片打开，如图10.47所示。

图10.47 打开的图片

PS 2 选择工具箱中的【魔棒工具】，如图10.48所示。

图10.48 选择【魔棒工具】

PS 3 在选项栏中设置【容差】为10，撤选【连续】复选框，如图10.49所示。

PS 4 使用设置好的【魔棒工具】在图像背景上单击，可以看到照片中所有的背景图像均被选中，如图10.50所示。

图10.49 设置【魔棒工具】参数

图10.50 选择图像

PS 5 选择工具箱中的【图案图章工具】，如图10.51所示。

PS 6 在工具选项栏中设置笔刷【大小】为110像素的柔边缘笔刷，设置【模式】为【正常】，【不透明度】为100%，【流量】为100%，如图10.52所示。

提示

在使用【图案图章工具】 🔳 绘制图案时，要注意选择选项栏中的【对齐】复选框，这样在释放鼠标再次绘制时，可以自动沿原来的图案效果对齐绘制，不会产生错乱效果。

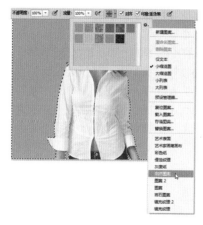

图10.53 追加图案

图10.51 选择【图案图章工具】

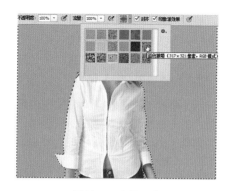

图10.54 选择图案

PS 9 使用设置好的【图案图章工具】在图像中的选区内涂抹，可以看到涂抹过的区域显示花朵图案，如图10.55所示。

PS 10 涂抹完成后，完成本实例的制作效果，如图10.56所示。

图10.52 设置图章笔刷

PS 7 单击选项栏后方的【单击以打开"图案"拾色器】按钮，打开【"图案"拾色器】面板，单击面板右上角的面板菜单按钮，在弹出的面板菜单中选择【自然图案】命令，进行追加图案，如图10.53所示。

PS 8 追加完成后，在【"图案"拾色器】面板中选中"蓝色雏菊"图案，如图10.54所示。

图10.55 绘制图案背景

图10.56 最终效果

10.3 图像修饰工具

　　【模糊工具】 ○ 可以柔化图像中的局部区域，使其显示模糊，而与之相反的【锐化工具】 △，可以锐化图像中的局部区域，使其更加清晰。这两个工具主要通过调整相邻像素之间的对比度达到图像的模糊或锐化，前者会降低相邻像素间的对比度，后者则是增加相邻像素间的对比度。

　　【模糊工具】 ○ 和【锐化工具】 △ 通常用于提高数字化图像的质量。有时扫描仪会过分加深边界，使图像显得比较刺眼，这种边界可以使用模糊工具调整得柔和些。【模糊工具】还可以柔化粘贴到某个文档中的图像参差不齐的边界，使之更加平滑地融入背景。

【涂抹工具】🖐以鼠标单击位置为原始颜色，并根据画笔的大小，将其拖动涂抹，类似于在没有干的图画上用手指涂抹的效果。

【模糊工具】◐、【锐化工具】△和【涂抹工具】🖐处于一个工具组中，在默认状态下显示的为【模糊工具】◐，将光标放置在该工具按钮上，按住鼠标稍等片刻或是单击鼠标右键，将显示该工具组，如图10.57所示。

图10.57 工具组效果

10.3.1 模糊工具

使用【模糊工具】◐可柔化图像中因过度锐化而产生的生硬边界，也可以用于柔化图像的高亮区或阴影区。选择模糊工具后，选项栏效果如图10.58所示。

图10.58 【模糊工具】选项栏

【模糊工具】选项栏中各选项的含义说明如下。

- 【画笔】：设置模糊工具的笔触，如直径、硬度、笔触形状等，与【画笔工具】的应用相同。
- 【切换画笔面板】：单击此按钮，即可打开【画笔】面板。
- 【模式】：设置模糊工具在使用时指定模式与原来像素之间的混合效果。
- 【强度】：可以设置模糊的强度。数值越大，使用模糊工具拖动时图像的模糊程度越大。
- 【对所有图层取样】：选中该复选框，将对所有图层进行取样操作。如果不选中该复选框，将只对当前图层取样。
- 【绘图板压力控制大小】：启动该按钮，可以模拟绘图板压力控制大小。

使用【模糊工具】◐在图像中拖动，对图像进行模糊，反复在某处图像上拖动，可以

加深模糊的程度。模糊图像前后效果对比如图10.59所示。

图10.59 模糊图像的前后效果对比

视频讲座10-8：使用【模糊工具】制作小景深效果

 案例分类：数码照片修饰技法类
视频位置：配套光盘\movie\视频讲座10-8：使用【模糊工具】制作小景深效果.avi

本例主要讲解使用模糊工具制作照片小景深效果。【模糊工具】的具体操作方法如下：

PS 1 执行菜单栏中的【文件】|【打开】命令，将弹出【打开】对话框，选择配套光盘中"调用素材/第10章/古典美女.jpg"文件，将图片打开，如图10.60所示。

PS 2 选择工具箱中的【模糊工具】◐，如图10.61所示。

图10.60 打开的图片

图10.61 模糊工具

完全掌握Photoshop CC超级手册

PS 3 在选项栏中设置【模式】为【正常】，【强度】为45%，如图10.62所示。

PS 4 单击【点按可打开"画笔预设"拾取器】按钮，在【"画笔预设"拾取器】面板中设置笔刷【大小】为175像素，【硬度】为0%，如图10.63所示。

图10.62 设置【模糊工具】选项

图10.63 设置笔刷

PS 5 使用设置好的【模糊工具】在图像中远方的背景处进行涂抹，制作远景模糊效果，如图10.64所示。

PS 6 读者可以根据实际情况对远近不同景物做不同程度的模糊效果，涂抹完成后，完成本例制作。最终效果如图10.65所示。

图10.64 拖动模糊　　　图10.65 完成效果

10.3.2 锐化工具

开始锐化图像前，可以在选项栏中设置锐化工具的笔触大小，并设置【强度】值、【模式】等，它与【模糊工具】的选项栏相同，这里不再细讲。【锐化工具】可以加强图像的颜色，提高清晰度，以增加对比度的形式来增加图像的锐化程度。

选择【锐化工具】△后，在图像中拖动进行锐化，锐化图像的前后效果如图10.66所示。

图10.66 锐化图像的前后效果

视频讲座10-9：使用【锐化工具】处理清晰丽人效果

 案例分类：数码照片修饰技法类
视频位置：配套光盘\movie\视频讲座10-9：使用【锐化工具】处理清晰丽人效果.avi

本例主要讲解使用【锐化工具】处理清晰丽人效果，操作方法如下：

PS 1 执行菜单栏中的【文件】|【打开】命令，将弹出【打开】对话框，选择配套光盘中"调用素材/第10章/金发姑娘.jpg"文件，将图片打开，如图10.67所示。

PS 2 选择工具箱中的【锐化工具】△，如图10.68所示。

图10.67 打开的图片

图10.68 锐化工具

PS 3 在选项栏中设置【模式】为【正常】，【强度】为50%，如图10.69所示。

PS 4 单击【点按可打开"画笔预设"选取器】按钮，在【"画笔预设"选取器】中设置笔刷【大小】为45像素的柔边缘，如图10.70所示。

图10.69 设置锐化选项

图10.70 设置笔刷

PS 5 使用设置好的【锐化工具】在图像中人物眼睛上涂抹，可以看到涂抹后的眼睛变得更加的清晰亮丽了，如图10.71所示。

PS 6 使用【锐化工具】继续在人物嘴巴上涂抹，让人物的笑容变得更加清晰，完成本实例的制作。最终效果如图10.72所示。

图10.71 锐化眼睛　　图10.72 最终效果

10.3.3 涂抹工具

【涂抹工具】就像使用手指搅拌颜料桶一样可以将颜色混合。使用涂抹工具时，由单击处的颜色开始，并将其与鼠标拖动过的颜色进行混合。除了混合颜色外，涂抹工具还可用于在图像中实现水彩般的图像效果。如果图像在颜色与颜色之间的边界生硬，或颜色与颜色之间过渡不好，可以使用涂抹工具，将过渡颜色柔和化。

选择【涂抹工具】后，工具选项栏效果如图10.73所示。

图10.73 【涂抹工具】选项栏

【涂抹工具】选项栏中各选项的含义说明如下。

- 【画笔】：设置【涂抹工具】的笔触，如直径、硬度、笔触形状等，与【画笔工具】的应用相同。
- 【模式】：设置【涂抹工具】在使用时指定模式与原来像素之间的混合效果。
- 【强度】：可以设置涂抹的强度。数值越大，涂抹的延续就越长，如果值为100%，则可以直接连续不断的绘制下去。
- 【对所有图层取样】：选中该复选框，将对所有图层进行取样操作。如果不选中该复选框，将只对当前图层取样。
- 【手指绘画】：使用【涂抹工具】对图像进行涂抹时，如果选中选项栏中的【手指绘画】复选框，则产生一种类似于用手指蘸着颜料在图像中进行涂抹的效果，它与当前工具箱中前景色有关；如果不选中此复选框，只是使用起点处的颜色进行涂抹。

如图10.74所示为原图、不选中【手指绘画】和选中【手指绘画】复选框后的不同涂抹效果对比。

图10.74 不同涂抹效果

视频讲座10-10：使用【涂抹工具】制作牙膏字

案例分类：软件功能类
视频位置：配套光盘\movie\视频讲座10-10：使用【涂抹工具】制作牙膏字.avi

本例主要讲解使用【涂抹工具】制作牙膏字效果，具体使用方法如下。

PS 1 执行菜单栏中的【文件】|【打开】命令，将弹出【打开】对话框，选择配套光盘中"调用素材/第10章/美女模特.jpg"文件，将图片打开，如图10.75所示。

PS 2 按F7键打开【图层】面板，单击面板底部的【创建新图层】□按钮，新建一个【图层1】图层，如图10.76所示。

图10.75 打开的图片

图10.76 新建图层

PS 3 选择工具箱中的【椭圆选框工具】，如图10.77所示。

PS 4 在选项栏中单击选中【新选区】□按钮，设置【羽化】为0像素，【样式】为【正常】，如图10.78所示。

图10.77 椭圆选框工具

图10.78 设置参数

PS 5 在按住Shift键的同时在图像中左上角绘制一个正圆形选区，如图10.79所示。

PS 6 选择工具箱中的【渐变工具】■，如图10.80所示。

图10.79 绘制正圆

图10.80 选择渐变工具

PS 7 在选项栏中，单击【点按可打开"渐变"拾色器】按钮，在【"渐变"拾色器】面板中单击选中【色谱】渐变效果，设置渐变为【角度渐变】，【模式】为【正常】，【不透明度】为100%，如图10.81所示。

PS 8 使用【渐变工具】在正圆形选区中从中心向外拖动，填充渐变，填充完成之后按Ctrl+D组合键将选区取消，如图10.82所示。

图10.81 设置渐变参数

图10.82 拖动填充

图10.83 涂抹工具

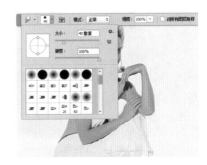

图10.84 设置笔刷

PS 9 选择工具箱中的【涂抹工具】 ，如图10.83所示。

PS 10 在选项栏中，设置【模式】为【正常】，【强度】为100%，读者根据刚才所绘制的正圆形选区范围设置相似大小的画笔笔刷，这里是【大小】为20像素的硬边缘笔刷，如图10.84所示。

PS 11 将设置好的【涂抹工具】放置在圆形渐变图案上，按住鼠标左键并拖动即可绘制出彩条牙膏效果，如图10.85所示。

PS 12 使用上述方法在图像中人物左上方的空白处绘制自己喜欢的文字，完成本实例的制作，如图10.86所示。

图10.85 拖动效果

图10.86 完成效果

10.4 图像调色工具

　　【减淡工具】 和【加深工具】 模拟了传统的暗室技术。摄像师可以使用减淡工具和加深工具改进其摄影作品，在底片中增加或减少光线，从而增强图像的清晰度。在摄影技术中，加光通常用来加亮阴影区（图像中最暗的部分），遮光通常用来使高亮区（图像中最亮的部分）变暗。这两种技术都增加了照片的细节部分。【海绵工具】 可以给图像加色或去色，以增加或降低图像的饱和度。

　　【减淡工具】 、【加深工具】 和【海绵工具】 处于一个工具组中，在默认状态下显示的为【减淡工具】 ，将光标置于该工具按钮上，按住鼠标稍等片刻或是单击鼠标右键，将显示该工具组，如图10.87所示。

图10.87 工具组效果

技巧

按O键，可以选择当前工具，按Shift + O组合键可以在这3种调色工具之间进行切换。

10.4.1 减淡工具

【减淡工具】🔍有时也叫加亮工具，使用减淡工具可以改善图像的曝光效果，对图像的阴影、中间色或高光部分进行提亮和加光处理，使之达到强调突出的作用。

选择【减淡工具】🔍后，其选项栏中的选项如图10.88所示。

图10.88 【减淡工具】选项栏

【减淡工具】选项栏各选项含义说明如下。

- 【画笔】：设置【减淡工具】的笔触，如直径、硬度、笔触形状等，与【画笔工具】的应用相同。
- 【切换画笔面板】：单击此按钮，即可打开【画笔】面板。
- 【范围】：设置【减淡工具】的应用范围。包括【阴影】、【中间调】和【高光】3个选项。选择【阴影】选项，【减淡工具】只作用在图像的暗色部分；选择【中间调】选项，【减淡工具】只作用在图像中暗色与亮色之间的颜色部分；选择【高光】选项，【减淡工具】只作用在图像中高亮的部分。对图像使用【减淡工具】后的效果对比如图10.89所示。
- 【曝光度】：设置【减淡工具】的曝光强度。值越大，拖动时减淡的程度就越大，图像越亮。

原图　　　　　　　　减淡阴影

减淡中间调　　　　　减淡高光

图10.89 不同的范围设置效果

- 【喷枪】：选中该复选框，可以使【减淡工具】在拖动时模拟传统的喷枪手法，即按住鼠标不动，可以扩展淡化区域。
- 【保护色调】：选中该复选框，可以保护与前景色相似的色调，不受【减淡工具】的影响，即在使用【减淡工具】时，与前景色相似的色调颜色将不会淡化。
- 【绘图板压力控制大小】：启动该按钮，可以模拟绘图板压力控制大小。

使用【减淡工具】🔍在图像中拖动，可以减淡图像色彩，提高图像亮度，多次拖动可以加倍减淡图像色彩，提高图像亮度。

视频讲座10-11：使用【减淡工具】消除黑眼圈

案例分类：数码照片修饰技法类
视频位置：配套光盘\movie\视频讲座
10-11：使用【减淡工具】消除黑眼圈.avi

本实例主要讲解使用【减淡工具】消除黑眼圈，具体操作方法如下。

PS 1 执行菜单栏中的【文件】|【打开】命令，将弹出【打开】对话框，选择配套光盘中"调用素材/第10章/气质美女.jpg"文件，将图片打开，如图10.90所示。

PS 2 选择工具箱中的【减淡工具】🔍，如图10.91所示。

图10.90 打开的图片

图10.91 减淡工具

PS 3 在选项栏中，设置【范围】为【中间调】，【曝光度】为6%，单击【点按可打开"画笔预设"选取器】按钮，在【"画笔预设"选取器】中设置笔刷【大小】为65像素的柔边缘，如图10.92所示。

PS 4 使用设置好的【减淡工具】在图像左侧人物眼圈区域涂抹，对人物黑眼圈进行减淡，如图10.93所示。

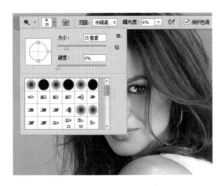

图10.92 设置【减淡工具】

图10.93 减淡图像

PS 5 在选项栏中设置【曝光度】为10%，再次使用【减淡工具】在图像右侧人物眼圈区域涂抹，如图10.94所示。

PS 6 涂抹完成后，可以看到人物的黑眼圈已经被消除，完成本实例的制作，最终效果如图10.95所示。

图10.94 继续减淡

图10.95 最终效果

10.4.2 加深工具

【加深工具】🔍与【减淡工具】🔍在应用效果上正好相反，它可以使图像变暗来加深图像的颜色。对图像的阴影、中间色和高光部分进行变暗处理，多用于对图像中阴影和曝光过度的图像进行加深处理。【加深工具】🔍的选项栏与【减淡工具】🔍选项栏相同，这里不再赘述。

使用【加深工具】🔍在图像中拖动，对图像中的文字进行加深处理的前后效果对比如图10.96所示。

原图

加深阴影

加深中间调

加深高光

图10.96 不同加深效果

视频讲座10-12：使用【加深工具】加深眉毛

案例分类：数码照片修饰技法类
视频位置：配套光盘\movie\视频讲座
10-12：使用【加深工具】加深眉毛.avi

本实例主要讲解使用【加深工具】画出浓黑眉毛效果，具体使用方法如下。

PS 1 执行菜单栏中的【文件】|【打开】命令，将弹出【打开】对话框，选择配套光盘中"调用素材/第10章/笑容女孩.jpg"文件，将图片打开，如图10.97所示。

PS 2 选择工具箱中的【加深工具】，如图10.98所示。

图10.97 打开的图片

图10.98 加深工具

PS 3 在选项栏中设置【范围】为【中间调】，【曝光度】为30%，选中【保护色调】复选框，如图10.99所示。

PS 4 单击选项栏中的【点按可打开"画笔预设"选取器】按钮，在【"画笔预设"选取器】面板中设置笔刷【大小】为20像素的柔边缘，如图10.100所示。

图10.99 设置加深选项

图10.100 设置笔刷

PS 5 使用设置好的【加深工具】在图像中人物左侧眉毛上涂抹，可以看到涂抹后的眉毛变得更浓黑了，如图10.101所示。

PS 6 继续使用【加深工具】在图像中人物右侧眉毛上进行涂抹加深，完成本实例的制作，最终效果如图10.102所示。

图10.101 加深人物眉毛　图10.102 最终效果

10.4.3 海绵工具

【海绵工具】![icon]可以用来增加或减少图像颜色的饱和度。当增加颜色的饱和度时，其灰度就会减少，但对黑白图像处理的效果不明显。当RGB模式的图像显示CMYK超出范围的颜色时，【海绵工具】![icon]的去色选项十分有用。使用【海绵工具】![icon]在这些超出范围的颜色上拖动，可以逐渐减小其浓度，从而使其变为CMYK光谱中可打印的颜色。

选择【海绵工具】![icon]后，其选项栏中的选项如图10.103所示。

图10.103 【海绵工具】选项栏

【海绵工具】选项栏各选项含义说明如下。

- 【画笔】：设置【海绵工具】的笔触，如直径、硬度、笔触形状等，与【画笔工具】的应用相同。

- 【模式】：设置【海绵工具】的应用方式。包括【去色】和【加色】两个选项，选择【加色】选项，可以增加图像的饱和度，有些类似于加深工具，但它只是加深了整个图像的饱和度；选择【去色】选项，可以降低图像颜色的饱和度，将图像的颜色彩色度降低，重复使用可以将彩图处理为黑白图像。

- 【流量】：设置【海绵工具】应用的强度。值越大，海绵工具饱和或降低饱和度的程度就越强。

- 【喷枪】：选中该复选框，可以使【海绵工具】在拖动时模拟传统的喷枪手法，即按住鼠标不动，可以扩展处理区域。

- 【自然饱和度】：选中该复选框，可以最小化修剪以获得完全饱和或不饱和色。

使用【海绵工具】![icon]拖动，如图10.104所示为原图、去色和加色后的不同拖动修改效果对比。

图10.104 不同拖动修改效果

视频讲座10-13：使用【海绵工具】制作局部留色

案例分类：数码照片修饰技法类
视频位置：配套光盘\movie\视频讲座
10-13：使用【海绵工具】制作局部留色.avi

本实例主要讲解使用【海绵工具】制作局部留色特效，具体操作方法如下。

PS 1 执行菜单栏中的【文件】|【打开】命令，将弹出【打开】对话框，选择配套光盘中"调用素材/第10章/苹果女人.jpg"文件，将图片打开，如图10.105所示。

图10.105 打开的图片

PS 2 选择工具箱中的【海绵工具】![icon]，如图10.106所示。

图10.106 海绵工具

PS 3 在选项栏中设置【模式】为【去色】，【流量】为100%，如图10.107所示。

PS 4 单击选项栏中的【点按可打开"画笔预设"选取器】按钮，在【"画笔预设"选取器】面板中设置笔刷【大小】为150像素的硬边缘，如图10.108所示。

图10.107 设置选项

图10.108 设置笔刷

PS 5 使用设置好的【海绵工具】在图像中苹果以外的区域涂抹，可以看到涂抹过的区域颜色转换成了黑白，如图10.109所示。

PS 6 在涂抹过程中，读者可以根据实际情况对笔刷进行适当的调整大小，涂抹完成后，完成本实例的制作，最终效果如图10.110所示。

图10.109 涂抹去色　　　图10.110 最终效果

第 11 章

通道和蒙版应用

〔内容摘要〕

通道和蒙版是Photoshop中的又一重要命令，Photoshop中的每一幅图像都需要通过若干通道来存储图像中的色彩信息。本章首先介绍了通道和蒙版的基本概念；然后讲解面板的使用、蒙版的创建、图层蒙版的操作；最后介绍了通道、选区和蒙版的综合应用，以及如何使用【通道】面板与进行通道运算。通过本章的学习，读者应该能够掌握如何使用通道和蒙版功能来保存和应用选区与保护图像。

〔教学目标〕

- 了解通道和蒙版的基础知识
- 学习【通道】面板的控制
- 学习通道的创建、复制与删除
- 掌握快速蒙版的创建及使用方法
- 掌握通道蒙版的使用
- 掌握图层蒙版操作

11.1 关于通道

通道是存储不同类型信息的灰度图像。每个颜色通道对应图像中的一种颜色。不同的颜色模式图像所显示的通道也不相同。

11.1.1 通道

通道主要分为颜色通道、Alpha通道和专色通道。

- 颜色通道：它是在打开新图像时自动创建的。图像的颜色模式决定了所创建的颜色通道的数目。例如，CMYK图像的每种颜色青色、洋红、黄色和黑色都有一个通道，并且还有一个用于编辑图像的复合CMYK通道。

- Alpha 通道：主要用来存储选区，它将选区存储为灰度图像。可以添加 Alpha 通道来创建和存储蒙版，这些蒙版用于处理或保护图像的某些部分。

- 专色通道：专色通道是一种预先混合的色彩，当需要在部分图像上打印一种或两种颜色时，常常使用专色通道。专色通道常用除CMYK色外的第5色，为徽标或文本添加引人注目的效果。通常，首先从PANTONE或TRUMATCH色样中选择出专色通道，作为一种匹配和预测色彩打印效果的方式。由PANTONE、TRUMATCH和其他公司创建的色彩可以在Photoshop的自定颜色面板中找到。选择Photoshop拾色器中的【颜色库】可访问该面板。

11.1.2 认识【通道】面板

应用通道时，主要通过【通道】面板中的相关命令和按钮来完成。【通道】面板列出图像中的所有通道，对于RGB、CMYK和Lab图像，将最先列出复合通道。通道内容的缩览图显示在通道名称的左侧，在编辑通道时会自动更新缩览图。

执行菜单栏中的【窗口】|【通道】命令，即可打开如图11.1所示的【通道】面板，通过该面板可以完成通道的新建、复制、删除、分离、合并等通道操作。

图11.1 【通道】面板

【通道】面板中各项含义说明如下。

- 通道菜单按钮：单击该按钮，可以打开通道菜单，它几乎包含了所有通道操作的命令。

- 【指示通道可见性】 ：控制显示或隐藏当前通道，只需单击该区域即可，当眼睛图标显示时，表示显示当前通道；当眼睛图标消失时，表示隐藏当前通道。

- 【通道缩览图】：显示当前通道的内容，可以通过缩览图查看每一个通道的内容。并可以选择【通道】面板菜单中的【面板选项】命令，打开【通道面板选项】对话框来修改缩览图的大小。

- 【通道名称】：显示通道的名称。除新建的Alpha通道外，其他的通道是不能重命名的。在新建Alpha通道时，如果不为新通道命名，系统将会自动给它命名为Alpha1、Alpha2……。

- 【将通道作为选区载入】 ：单击该按钮，可以将当前通道作为选区载入。白色为选区部分，黑色为非选区部分，灰色表示部分被选中。该功能与菜单栏中的【选择】|【载入选区】命令功能相同。

- 【将选区存储为通道】 ：单击该按钮，可以将当前图像中的选区以蒙版的形式保存到一个新增的Alpha通道中。

- 【创建新通道】 ：单击该按钮，可以在【通道】面板中创建一个新的Alpha通道；若将【通道】面板中已存在的通道直接拖动到该按钮上并释放鼠标，可以将通道创建一个拷贝。

- 【删除当前通道】 ：单击该按钮，可以删除当前选择的通道；如果拖动选择的通道到该按钮上并释放鼠标，也可以删除选择的通道。

提示

一个图像最多包含56个通道。要想保存通道，需要支持的格式才可以，如psd、PDF、TIFF、Raw或PICT。如果想保存专色通道，则需要使用DCS 2.0 EPS才可以。

11.2 通道的基本操作

要想利用通道完成图像的编辑操作，就需要学习通道的基本操作方法，如新建通道、复制通道、删除通道、分离通道、合并通道等。

在对通道进行操作时，可以对各原色通道进行亮度和对比度的调整，甚至可以单独为某一单色通道添加滤镜效果，这样可以制作出很多特殊的效果。

视频讲座11-1：创建Alpha通道

案例分类：软件功能类
视频位置：配套光盘\movie\视频讲座11-1：创建Alpha通道.avi

在【通道】面板菜单中选择【新建通道】命令，或者直接单击【通道】面板下方的【创建新通道】 按钮，打开【新建通道】对话框，如图11.2所示。

图11.2 【新通道】对话框

- 【名称】：在右侧的文本框中输入通道的名称，如果不输入，Photoshop会自动按顺序命名为Alpha 1，Alpha 2……。
- 【被蒙版区域】：选择该单选按钮，可以使新建的通道中，被蒙版区域显示为黑色，选择区域显示为白色。
- 【所选区域】：使用方法与【被蒙版区域】正好相反。选择该单选按钮，可以使新建的通道中，被蒙版区域显示为白色，选择区域显示为黑色。
- 【颜色】：单击右侧的颜色块，可以打开【选择通道颜色】对话框，可以在该对话框中选择通道显示的颜色，也可以单击右侧的【颜色库】按钮，打开【颜色库】对话框来设置通道显示颜色。
- 【不透明度】：在该文本框输入一个数值，通过它可以设置蒙版颜色的不透明度。

　　创建一个通道后，选择主通道，如RGB通道，显示全部图像内容，而将新建的Alpha通道隐藏，以显示原始图像效果。然后显示Alpha通道，并将颜色设置为红色。将不透明度的值分别设置为20%、60%和100%的不同显示效果如图11.3所示。

原始图像

不透明度为20%

不透明度为60%

不透明度为100%

图11.3 不同不透明度通道显示效果

技巧

在专色通道中，也可以按照编辑Alpha通道的方法对其进行编辑。

11.2.1 复制通道

　　通道不但可以直接创建，还可以进行复制。当保存了一个Alpha通道后，如果想复制这个通道，可以使用拖动复制或菜单法复制的方法来创建拷贝。

① 拖动法复制

在【通道】面板中，单击选择要复制的Alpha通道后，按住鼠标将该通道拖动到面板下方的【创建新通道】□按钮上，然后释放鼠标即可复制一个通道，默认的复制通道的名称为"原通道名称＋拷贝"。拖动法复制通道的操作效果如图11.4所示。

图11.4 拖动法复制通道的操作效果

提示

使用拖动法复制通道，一次可以拖动一个或多个通道进行复制。

② 菜单法复制

菜单法复制通道比拖动法复制通道的操作要复杂一些，不过菜单命令法有更多的选项来控制通道的复制，具体的操作方法如下：

PS 1 在【通道】面板中，单击选择要复制的通道，然后从【通道】面板菜单中选择【复制通道】命令，如图11.5所示。

图11.5 选择【复制通道】命令

PS 2 选择【复制通道】命令后，将打开如图11.6所示的【复制通道】对话框，设置通道的名称，并指定目标文档，单击【确定】按钮，即可完成通道的复制。

图11.6 【复制通道】对话框

【复制通道】对话框中各选项的含义说明如下。

- 【复制】：显示当前选择的通道名称，即要复制的通道名称。
- 【为】：在右侧的文本框中，可以设置复制后的通道名称。
- 【文档】：选择复制后的通道要存放的目标文档。可以选择当前文档或新建。当选择【新建】命令后，可以创建一个新的文档并将复制的通道存放在该文档中，此时将激活其下方的【名称】选项，以设置新文档的名称。
- 【反相】：选中该复选框，可以将复制的通道选区与非选区进行反相显示。

11.2.2 删除通道

通道有时只是辅助图像的设计制作，在最终保存成品设计时，可以将不需要的通道删除。要删除没有用的通道，可以使用拖动法和右键菜单法来删除。

① 拖动法删除

在【通道】面板中选择要删除的通道后，将其拖动到【通道】面板下方的【删除当前通道】🗑按钮上，释放鼠标即可将该通道删除。删除通道的操作效果如图11.7所示。

图11.7 删除通道的操作效果

提示

使用拖动法复制通道，一次可以拖动一个或多个通道进行删除。

② 右键菜单法删除

在【通道】面板中选择一个或多个通道，然后在面板中单击鼠标右键，从弹出的快捷菜单中选择【删除通道】命令，即可将选择的通道删除。使用右键菜单删除通道的操作效果如图11.8所示。

图11.8 右键菜单删除通道的操作效果

11.3 通道蒙版

通道蒙版与创建通道非常相似，通道中可以保留选区信息，以方便选的操作。通过通道蒙版的创建，可以方便通道和选区的自由转换，在图像处理过程中，经常需要将选区保存成Alpha通道，然后再通过载入选区进行调整和编辑等操作。

11.3.1 创建通道蒙版

创建通道蒙版，实际上就是将图像上的现有选区转换为通道，将选区保存起来，以备以后使用。将选区转换为通道后，可以使用各种工具和滤镜对其进行编辑，这样远远比直接编辑选区要方便的多，而且可以创建更加复杂的图像效果。

在图像中选择或创建一个选区，然后执行菜单栏中的【选择】|【存储选区】命令，打开【存储选区】对话框，设置相关的参数后，单击【确定】按钮，即可创建通道蒙版。

也可以在【通道】面板中，单击底部的【将选区存储为通道】◙按钮，将当前图像中的选区转换为一个通道蒙版，操作效果如图11.9所示。

图11.9 创建通道蒙版操作效果

技巧

按住Alt键单击【通道】面板底部的【将选区存储为通道】◙按钮，将弹出【新建通道】对话框，可以对通道的名称、颜色和蒙版区域进行详细的设置。

11.3.2 通道蒙版选区的载入

通道存储选区时，是以256阶灰度级别来存储的，所以在通道中除了黑、白、灰，再没有其他色彩。选区的存储只是为了以后的调用，或是进行选区的修剪操作。

要想载入选区，可以执行菜单栏中的【选择】|【载入选区】命令，打开【载入选区】对话框，并设置相关的参数进行载入。

载入选区还可以在【通道】面板中，选择要载入选区的通道，然后单击【通道】面板底部的【将通道作为选区载入】◙按钮，即可将选区载入。载入选区操作效果如图11.10所示。

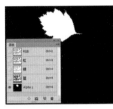

图11.10 载入选区操作效果

视频讲座11-2：存储选区

案例分类：软件功能类
视频位置：配套光盘\movie\视频讲座11-2：存储选区.avi

存储选区其实就是将选区存储起来，以备后面的调用或运算使用，存储的选区将以通道的形式保存的【通道】面板中，可以像使用通道那样来调用选区。保存选区的操作如下：

PS 1 当在图像中建立好一个选区后，执行菜单栏中的【选择】|【存储选区】命令，打开【存储选区】对话框，如图11.11所示。

图11.11 【存储选区】对话框

【存储选区】对话框中各选项的含义说明如下。

- 【文档】：该下拉列表用来指定保存选区范围时的文件位置，默认为当前图像文件，也可以选择【新建】命令创建一个新图像窗口来保存。
- 【通道】：在该下拉列表中可以为当前选区指定一个目标通道。默认情况下，选区会被存储在一个新通道中。如果当前文档中有选区，也可以选择一个原有的通道，以进行操作运算。
- 【名称】：用于设置新通道的名称。
- 【操作】：在该选项区中可以设定保存时的选区和其他原有选区之间的操作关系，选择【新选区】将新载入的选区代替原有选区；选择【添加到选区】将新载入的选区加入到原有选区中；选择【从选区中减去】将新载入选区和原有选区的重合部分从选区中删除；选择【与选区交叉】将新载入选区与原有选区交叉叠加。

知识链接

【操作】与选区的添加、减去用法非常相似，其应用与前面讲解过的选区的操作相同。

PS 2 在存储选区对话框中包含有【目标】和【操作】两个选项。在【目标】项中包含有【文档】、【通道】和【名称】；在【操作】项中可指定【新建通道】、【添加到通道】、【从通道中减去】和【与通道交叉】选项。

PS 3 完成各项设置以后，单击【确定】按钮，即可将选区存储起来。选区存储的前后效果如图11.12所示。

图11.12 选区存储的前后效果

视频讲座11-3：载入选区

案例分类：软件功能类
视频位置：配套光盘\movie\视频讲座
11-3：载入选区.avi

将选区存储以后，如果想重新使用存储后的选区，就需要将选区载入，操作方法如下：

PS 1 执行菜单栏中的【选择】|【载入选区】命令，打开如图11.13所示的【载入选区】对话框。

图11.13 【载入选区】对话框

【载入选区】对话框中各选项的含义说明如下。

- 【文档】：在该下拉列表中指定载入选区范围的文档名称。
- 【通道】：在该下拉列表中指定要载入选区的目标通道。
- 【反相】：选中该复选框，可以将选区反选。
- 【操作】：设置载入选区时的选区操作。下面的选项除【新建选区】外，要想使用其他的命令，需要保证当前文档窗口中含有其他的选区。选择【新建选区】将新载入的选区代替原有选区；选择【添加到选区】将新载入的选区加入到原有选区中；选择【从选区中减去】将新载入选区和原有选区的重合部分从选区中删除；选择【与选区交叉】将新载入选区与原有选区交叉叠加。

PS 2 在【载入选区】对话框中包含有【源】和【操作】两个选项。在【源】项中包含有【文档】、【通道】和【反相】；在【操作】项中可指定【新建选区】、【添加到选区】、【从选区中减去】和【与通道交叉】选项。

PS 3 各选项设定完毕后，单击【确定】按钮即可将选区载入。

11.4 快速蒙版

理解蒙版和通道间关系的最简单方法，就是从Photoshop中的快速蒙版模式开始，该模式可创建一个临时的蒙版和一个临时的Alpha通道。

快速蒙版允许通过半透明的蒙版区域对图像的部分区域保护，没有蒙版的区域则不受保护。在快速蒙版模式中，可以使用黑色或白色绘制以缩小或扩大非保护区。当退出快速蒙版模式时，非保护区域就会转化为选区。

在工具箱底部，单击【以快速蒙版模式编辑】 按钮后，如图11.14所示，该图标将显示为凹陷状态，该图标将变成【以标准模式编辑】 按钮，如图11.15所示。在标准模式下，单击该按钮可以将快速蒙版取消，没有蒙版的区域将会转换为选区。

技巧

使用快速蒙版模式编辑功能，可以很自然地创建具有毛边边缘的图像选区。

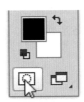

图11.14 以快速蒙版
模式编辑

图11.15 以标准模式编辑

11.4.1 创建快速蒙版

创建快速蒙版的操作方法很简单。具体快速蒙版的创建过程，可以通过下面的步骤进行操作：

PS 1 在当前文档中使用选取工具或套索工具创建一个选区，比如这里使用【魔棒工具】

选择青辣椒，如图11.16所示。此时的【通道】面板只有图像的原始通道。

图11.16 选择青辣椒

PS 2 在工具箱中，单击【以快速蒙版模式编辑】 按钮，如图11.17所示。进入快速蒙版编辑模式，即可创建快速蒙版，此时可以看到红色半透明区域显示在图像中。默认状态下，红色半透明区域代表被保护的区域，为非选区区域；非红色半透明的区域为最初的选区。并在【通道】面板中创建一个新的快速蒙版通道，如图11.18所示。

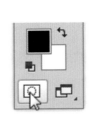

图11.17 启用快速蒙版 图11.18 快速蒙版效果

在【通道】面板中添加了快速蒙版通道后，其左侧的眼睛图标显示出来并选择了当前通道，表示快速蒙版通道处于编辑状态，也就是常说的目标通道，所以文档中会以半透明的红色来显示图像。

11.4.2 编辑快速蒙版

使用快速蒙版的最大优点，就是可以通过绘图工具进行调整，以便在快速蒙版中创建复杂的选区。编辑快速蒙版时，可以使用黑、白或灰色等颜色来编辑蒙版选区效果。一般常用修改蒙版的工具为【画笔工具】和【橡皮擦工具】。下面来讲解使用这些工具的方法。

- 将前景色设置为黑色，使用【画笔工具】在非保护区（即选择区域）上拖动，可以增加更多的保护区，即减少选择区域，如图11.19所示。而此时如果使用的是【橡皮擦工具】，则操作正好相反。

- 将前景色设置为白色，使用【画笔工具】在保护区上拖动，可以减少保护区，即增加选择区域，如图11.20所示。而此时如果使用的是【橡皮擦工具】，则操作正好相反。

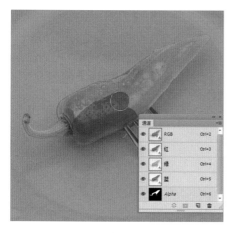

图11.19 减少选区效果

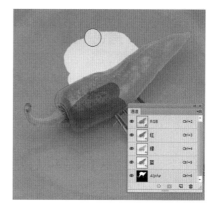

图11.20 增加选区效果

- 如果将前景色设置为介于黑色与白色之间的灰色，使用【画笔工具】在图像中拖动时，Photoshop 将根据灰度级别的不同产生带有柔化效果的选区，如果将这种选区填充，将根据灰度级别出现不同深浅透明效果，如图11.21所示。而此时如果使用的是【橡皮擦工具】，则不管灰度级别，都将增加选择区域。

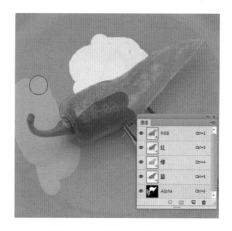

图11.21 使用灰色拖动效果

在工具箱中双击【以快速蒙版模式编辑】 ▣ 按钮，或者在【通道】面板菜单中选择【快速蒙版选项】命令，将打开【快速蒙版选项】对话框，对蒙版的保护区域及颜色进行设置。

视频讲座11-4：利用【快速蒙版】对挎包抠图

案例分类：抠图技法类
视频位置：配套光盘\movie\视频讲座
11-4：利用【快速蒙版】对挎包抠图.avi

下面通过实例来讲解【快速蒙版】的抠图应用。

PS 1 执行菜单栏中的【文件】|【打开】命令，将弹出【打开】对话框，选择配套光盘中"调用素材/第11章/手提包.jpg"文件，将图片打开，如图11.22所示。

PS 2 选择工具箱中的【魔棒工具】 ，如图11.23所示。

图11.22 打开的图片

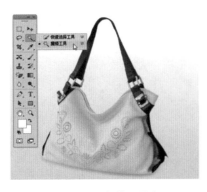

图11.23 魔棒工具

PS 3 在【魔棒工具】的选项栏中单击选中【新选区】按钮，设置【容差】为20，取消选择【连续】复选框，如图11.24所示。

图11.24 设置【魔棒工具】

PS 4 使用设置好的【魔棒工具】在图像中背景区域单击，将与单击点容差相似的背景图像选中，选择后单击鼠标右键，在弹出的快捷菜单中选择【选取相似】命令，对背景进一步选择，如图11.25所示。

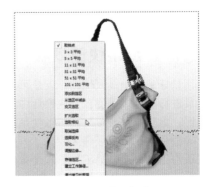

图11.25 选取相似

PS 5 选择完成后，单击工具箱底部的【以快速蒙版模式编辑】按钮，进入快速蒙版模式，如图11.26所示。

PS 6 进入快速蒙版模式后，选区中的图像没有变化，而选区外的图像以红色图像显示，如图11.27所示。

图11.26 创建快速蒙版

图11.27 快速蒙版效果

PS 7 将前景色设置为白色，选择工具箱中的【画笔工具】 ，如图11.28所示。

PS 8 在【画笔工具】的选项栏中单击【点按可以打开"画笔预设"选取器】，在选取器中设置画笔的笔刷【大小】为40像素的硬边缘，如图11.29所示。

图11.28 画笔工具

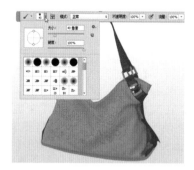

图11.29 设置【画笔工具】

PS 9 使用设置好的【画笔工具】在图像中手提包以外的红色区域进行涂抹，将其擦除，使红色图像刚好只覆盖手提包图像，如图11.30所示。

PS 10 编辑完成后，单击工具箱下方的【以标准模式编辑】按钮，退出快速蒙版模式，如图11.31所示。

图11.30 编辑快速蒙版　图11.31 退出快速蒙版

PS 11 退出快速蒙版模式后，可以看到选区的变化，选择任意选框或套索工具，然后在画布中单击鼠标右键，从弹出的快捷菜单中选择【选择反向】命令，将修改后的选区反选，如图11.32所示。

PS 12 按Ctrl+J组合键，以选区为基础拷贝一个新图层，在【图层】面板中单击【背景】图层前方的眼睛图标，将【背景】图层中的图像隐藏，完成本例抠图，如图11.33所示。

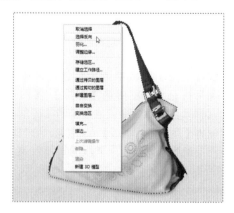

图11.32 使用【选择反向】命令

图11.33 最终抠图效果

11.5 图层蒙版

图层蒙版以一个独立的图层存在，而且可以控制图层或图层组中的不同区域的操作。通过修改蒙版层，可以对图层的不同部分应用各种滤镜效果。

图层蒙版不同于快速蒙版和通道蒙版，图层蒙版是在当前图层上创建的一个蒙版层，该蒙版层与创建蒙版的图层只是链接关系，所以无论如何修改蒙版，都不会对该图层上的原图层造成任何影响。

视频讲座11-5：创建图层蒙版

案例分类：软件功能类
视频位置：配套光盘\movie\视频讲座
11-5：创建图层蒙版.avi

图层蒙版分为两种：图层蒙版和矢量蒙版。图层蒙版是位图图像，是由绘图或选择工具创建的，可以使用画笔或橡皮擦等工具进行修改；矢量蒙版是矢量图形，它是由钢笔工具或形状等工具创建的，不能使用画笔或橡皮擦等位图编辑工具进行修改。

① 创建图层蒙版

在【图层】面板中选择要创建蒙版的图层，然后执行菜单栏中的【图层】|【图层蒙版】|【显示全部】命令，或者单击【图层】面板底部的【添加图层蒙版】 ▣ 按钮，即可创建一个图层蒙版，创建图层蒙版的操作效果如图11.34所示。

知识链接

创建图层蒙版后，可以使用【画笔工具】或【橡皮擦工具】对蒙版进行修改操作，使用不同的颜色会产生不同的效果，其使用方法与通道编辑相同。

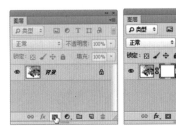

图11.34 创建图层蒙版的操作效果

提示

使用【画笔工具】编辑图层蒙版时，在【画笔工具】选项栏中设置的不透明度，可以决定涂抹处图像被屏蔽的程度。不透明度值越高，图像被屏蔽的程度超高；反之，屏蔽程度越低。

② 创建矢量蒙版

矢量蒙版的创建需要配合相关的路径或形状工具来创建，具体的操作方法如下：

PS 1 在【图层】面板中，选择要创建蒙版的图层。然后在工具箱中选择【钢笔工具】或其他的形状工具，比如这里选择了【自定形状工具】 ✿，如图11.35所示。

PS 2 在选项栏中选择【路径】 路径 ✧ 选项，如图11.36所示。以确定创建路径，并在【形状】右侧的下拉列表中选择【自然】|【花6】形状。

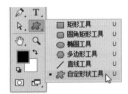 

图11.35 选择【自定形　　图11.36 选择工具模式
　　　　状工具】

PS 3 在文档窗口中，利用【自定形状工具】，拖动绘制一个花形图案，将要显示的部分绘制出来，然后执行菜单栏中的【图层】|【矢量蒙版】|【当前路径】命令，即可创建矢量蒙版效果。绘制花形及创建蒙版效果如图11.37所示。

提示

创建矢量蒙版，也可以先选择一个要创建蒙版的图层，然后执行菜单栏中的【图层】|【矢量蒙版】|【显示全部】命令，创建一个空白的矢量蒙版层，然后使用路径或形状工具绘制，也可以创建矢量蒙版效果。

图11.37 绘制花形及创建蒙版效果

提示

用户还可以使用【钢笔工具】或【自由钢笔工具】绘制各种形状的路径，或者通过将选区转换为路径的方法创建路径，然后执行菜单栏中的【图层】|【矢量蒙版】|【当前路径】命令，为当前选择的图层添加不同形状的矢量蒙版。

完全掌握Photoshop CC超级手册

视频讲座11-6：使用【矢量蒙版】对帽子抠图

案例分类：抠图技法类
视频位置：配套光盘\movie\视频讲座
11-6：使用【矢量蒙版】对帽子抠图.avi

下面通过实例来讲解【矢量蒙版】的抠图应用。

PS 1 执行菜单栏中的【文件】|【打开】命令，将弹出【打开】对话框，选择配套光盘中"调用素材/第11章/帽子.jpg"文件，将图像打开，如图11.38所示。

PS 2 按F7键打开【图层】面板，在【图层】面板中拖动【背景】图层至面板底部的【创建新图层】按钮上，复制一个【背景 拷贝】图层，单击【背景】图层前方的眼睛图标，将【背景】图层中的图像隐藏，如图11.39所示。

图11.38 打开的图像　　图11.39 复制图层

PS 3 选择工具箱中的【自由钢笔工具】，如图11.40所示。

PS 4 在【自由钢笔工具】的选项兰中，设置【选择工具模式】为【路径】，选中【磁性的】复选框，如图11.41所示。

图11.40 自由钢笔工具　图11.41 设置【自由钢笔工具】

PS 5 使用设置好的【自由钢笔工具】沿图像中帽子的边缘单击并拖动绘制封闭选区，在路径自动吸附的过程中可能会出现错误的地方，可以暂时不管，如图11.42所示。

PS 6 确认选中"背景 拷贝"图层，执行菜单栏中的【图层】|【矢量蒙版】|【当前路径】命令，为图像创建矢量蒙版，如图11.43所示。

图11.42 绘制路径

图11.43 【当前路径】命令

PS 7 创建矢量蒙版后可以看到，图像中只显示路径以内的图像，在【图层】面板中的【背景 拷贝】图层上得到了一个图层矢量蒙版缩览图，在【路径】面板中得到一个【背景 拷贝 矢量蒙版】路径，如图11.44所示。

PS 8 选择工具箱中的【直接选择工具】，如图11.45所示。

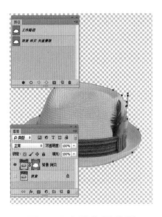

图11.44 查看矢量蒙版

图11.45 直接选择工具

PS 9 在【图层】面板中单击选中【背景 拷贝】图层的蒙版缩览图，使用【直接选择工具】对所绘制的路径进行调整，可以看到图像是根据路径的范围所显示的，如图11.46所示。

PS 10 使用【直接选择工具】并结合【添加锚点工具】与【删除锚点工具】，对路径作仔细的调整，将帽子图像全部显示出来，如图11.47所示。

图11.46 调整路径　　图11.47 调整路径后效果

PS 11 调整完成后，打开【路径】面板，在【路径】面板下方的空白处单击鼠标，将路径

隐藏，完成本例抠图，如图11.48所示。

图11.48 最终抠图效果

视频讲座11-7：管理图层蒙版

案例分类：软件功能类
视频位置：配套光盘\movie\视频讲座
11-7：管理图层蒙版.avi

创建图层蒙版后，无论是图层蒙版还是矢量蒙版，都可以使用相应的工具进行编辑，以制作出更加符合要求的图像效果，而且可以通过修改蒙版层来选择图像的不同区域，避免了对图像的直接操作，这样就不会对图层内容造成影响。要编辑图层蒙版，首先了解图层蒙版的组成，图层添加蒙版后，在【图层】面板中该图层的右侧出现一个蒙版层，并在该层缩览图与蒙版层缩览图中中间出现一个链接标志 **8**，将该层与蒙版层链接起来，如图11.49所示。

图11.49 层蒙版的组成

提示 ❓

图层蒙版与矢量蒙版的很多管理方法非常相似，只是菜单选择时，一个是【图层蒙版】子菜单命令；一个是【矢量蒙版】子菜单命令。这里对于相同的部分，以【图层蒙版】为例进行讲解，读者可以参考该讲解进行矢量蒙版的相同操作。

完全掌握Photoshop CC超级手册

① 编辑图层蒙版

在图层蒙版中,要想修改蒙版效果,首先单击蒙版层缩览图,选择蒙版层,然后才可以进行蒙版的修改,这样不影响图层的内容。如果选中的是图层的缩览图,则编辑的内容为图层中图像内容。将前景色设置为黑色,然后使用【画笔工具】,选择图层缩览图,在文档窗口中拖动鼠标进行涂抹,这里是应用在图层图像上;选择蒙版层缩览图后,在文档窗口中拖动鼠标,将恢复原来的蒙版层区域,将当前层中的图像更多的显示出来。不同修改效果如图11.50所示。

图11.50 分别选择图层缩览图和蒙版层缩览图的不同修改效果

② 取消蒙版链接

创建蒙版后,蒙版层与原图层是链接在一起的,这样在移动图层或蒙版时,两者将同时移动。如果想取消蒙版的链接关系,可执行菜单栏中的【图层】|【图层蒙版】|【取消链接】命令,也可以直接单击链接标志 ,即可取消它们的链接关系,这样就可以单独的移动图层或蒙版层了。取消蒙版链接操作效果如图11.51所示。

图11.51 取消蒙版链接操作效果

技巧

取消蒙版链接后,如果想再次将其链接起来,可以再次单击链接标志位置,或者执行菜单栏中的【图层】|【图层蒙版】|【链接】命令即可。同时,对于矢量蒙版也可以链接或取消链接,方法相同,只是在菜单栏中选择【矢量蒙版】子菜单中的命令。

③ 更改图层蒙版显示

创建图层蒙版的同时,在【通道】面板中将自动创建一个以当前图层为基础的通道,并以"当前图层+蒙版"为通道命名。要显示或隐藏图层蒙版,可以在【通道】面板中单击其左侧的眼睛图标。在【图层】面板中右击该图层蒙版缩览图,在打开的菜单中选择【蒙版选项】命令,将打开【图层蒙版显示选项】对话框,单击颜色块,可以修改蒙版的颜色;通过设置【不透明度】百分比数值,可以设置蒙版的不透明度,如图11.52所示。

图11.52 【图层蒙版显示选项】对话框

④ 停用和启用蒙版

停用蒙版即是将蒙版关闭掉,以查看不添加蒙版时的图像效果,并不是将其删除。执行菜单栏中的【图层】|【图层蒙版】|【停用】命令,即可将蒙版停用。停用后的蒙版缩览层将显示一个红叉效果,而且此时的图像显示不再受蒙版的影响。

如果要启用蒙版,可以再次执行菜单栏中的【图层】|【图层蒙版】|【启用】命令,将停用的蒙版再次启用,蒙版效果将再次影响图像效果。停用和启用蒙版的效果如图11.53所示。

图11.53 停用和启用蒙版的效果

⑤ 删除蒙版

删除蒙版就是将蒙版缩览图删除掉，删除蒙版有时是为了更好地编辑图像，有时则是需要将其删除。选择当前层或单击选择蒙版缩览图，然后执行菜单栏中的【图层】|【图层蒙版】|【删除】命令，即可将蒙版删除。

也可以在【图层】面板中直接拖动蒙版缩览图到面板底部的【删除图层】🗑按钮上，如图11.54所示。然后释放鼠标，将弹出一个如图11.55所示的提示对话框，如果单击【应用】按钮，也可以将蒙版缩览图删除，但蒙版效果将应用在当前图层上，保留应用蒙版的效果；如果单击【删除】按钮，将直接删除蒙版层，而且原图层不会应用蒙版效果；如果单击【取消】按钮，则取消蒙版的删除。

图11.54 拖动删除　　图11.55 提示对话框

⑥ 应用蒙版

为了便于保存和其他操作，当图像添加蒙版并确定效果后，可以将蒙版直接应用在图层上，而不用再使用蒙版层。执行菜单栏中的【图层】|【图层蒙版】|【应用】命令，即可将蒙版永久应用到图层上，应用蒙版前后操作效果如图11.56所示。

图11.56 应用蒙版前后操作效果

提示 ❓

应用蒙版的操作方法与删除蒙版时，在弹出的提示对话框中，单击【应用】按钮的效果相同。

⑦ 栅格化矢量蒙版

前面讲解的【应用】命令，只能对图层蒙版起作用，如果是矢量蒙版，则需要使用【栅格化矢量蒙版】命令，先将其转换为图层蒙版，然后使用【应用】命令将其应用在图层上。

选择当前层，然后执行菜单栏中的【图层】|【栅格化】|【矢量蒙版】命令，或者在矢量蒙版的缩览图上单击鼠标右键，在弹出的快捷菜单中选择【栅格化矢量蒙版】命令，即可将矢量蒙版转换为图层蒙版。栅格化矢量蒙版操作效果如图11.57所示。

图11.57 栅格化矢量蒙版操作效果

视频讲座11-8：利用【图层蒙版】对眼镜抠图及透明处理

 案例分类：抠图技法类
视频位置：配套光盘\movie\视频讲座11-8：利用【图层蒙版】对眼镜抠图及透明处理.avi

下面通过实例来讲解【图层蒙版】的抠图应用。

PS 1 执行菜单栏中的【文件】|【打开】命令，将弹出【打开】对话框，选择配套光盘中"调用素材/第11章/时尚太阳镜.jpg"文件，将图像打开，如图11.58所示。

PS 2 在【图层】面板中，拖动【背景】图层至面板底部的【创建新图层】🔲按钮上，复制一个【背景 拷贝】图层，单击【背景】图层前方的眼睛图标，将【背景】图层中的图像隐藏，如图11.59所示。

图11.58 打开的图像　　　图11.59 复制图层

图11.62 选区反选

PS 3 选择工具箱中的【魔棒工具】，在选项栏中单击选中【新选区】按钮，设置【容差】为10，选中【连续】复选框，如图11.60所示。

PS 4 使用设置好的【魔棒工具】在图像中背景区域单击，将大面积的白色背景选中，如图11.61所示。

图11.63 添加图层蒙版

PS 7 将前景色设置为黑色，选择工具箱中的【画笔工具】，如图11.64所示。

PS 8 在选项栏中单击【点按可以打开"画笔预设"选取器】，在选取器中设置画笔的笔刷【大小】为30像素的硬边缘，如图11.65所示。

图11.60 魔棒工具

图11.61 选择图像

PS 5 执行菜单栏中的【选择】|【反向】命令，将选区反选，将眼镜选中，如图11.62所示。

PS 6 在【图层】面板中，确认选中【背景拷贝】图层，单击面板底部的【添加图层蒙版】按钮，为该图层添加图层蒙版，如图11.63所示。

图11.64 画笔工具

图11.65 设置画笔工具

PS 9 在【图层】面板中单击选中【背景 拷贝】图层的蒙版缩览图，使用设置好的【画笔工具】在图像中太阳镜下方残留的阴影区域涂抹，将其擦除，如图11.66所示。

PS 10 在擦除过程中，如果不小心将太阳镜图像擦除，可以将前景色设置为白色，然后使用【画笔工具】在擦除的位置涂抹将其还原，如图11.67所示。

图11.66 擦除图像

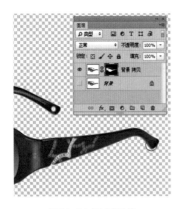

图11.67 还原图像

PS 11 在【画笔工具】的选项栏中，设置画笔的笔刷【大小】为60像素，【硬度】为50%的柔边缘画笔，设置【不透明度】为20%，如图11.68所示。

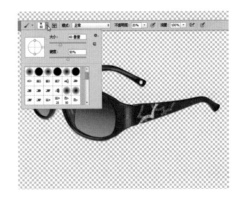

图11.68 设置画笔工具

PS 12 使用设置好的【画笔工具】在图像中太阳镜的镜片上进行涂抹，制作透明效果，完成本例抠图，如图11.69所示。

图11.69 最终抠图效果

完全掌握Photoshop CC超级手册

第12章

色调与色彩校正

〔**内容摘要**〕

本章主要讲解色调与色彩校正。首先讲解颜色的基本概念和原理，色彩模式的使用；然后讲解了颜色模式的转换，直方图分析图像的方法及调整图层的使用技巧；最后讲解图像色调的调整，图像颜色的校正及特殊图像颜色的调色应用，并配合每个调色命令加以专业调色案例讲解，让读者在学习命令的同时学习到真正的调色实战应用技能。通过本章的学习，读者应该能够认识颜色的基本原理，掌握色彩模式的转换及图像色调和颜色的调整方法与技巧。

〔**教学目标**〕

- 了解色彩模式的含义及转换
- 学习校正图像的色调技术
- 掌握图像颜色的调整方法
- 掌握图像特殊颜色的创建技巧
- 掌握调色命令在实战中的应用技巧

12.1 / 转换颜色模式

针对图像不同的制作目的，时常需要在各种颜色模式之间进行转换，在Photoshop中转换颜色模式的操作方法很简单，下面来详细讲解。

12.1.1 色彩模式

在Photoshop中色彩模式用于决定显示和打印图像的颜色模型。Photoshop默认的色彩模式是RGB模式，但用于彩色印刷的图像色彩模式却必须使用CMYK模式。其他色彩模式还包括【位图】、【灰度】、【双色调】、【索引颜色】、【Lab颜色】和【多通道】模式。

图像模式之间可以相互转换，但需要注意的是，如果从色域空间较大的图像模式转换到色域空间较小的图像模式时，常常会有一些颜色丢失。色彩模式命令集中于【图像】|【模式】子菜单中，下面分别介绍各色彩模式的特点。

① 位图模式

位图模式的图像也叫做黑白图像或1位图像，其位深度为1，因为它只使用两种颜色值，即黑色和白色来表现图像的轮廓，黑白之间没有灰度过渡色。使用位图模式的图像仅有两种颜色，因此，此类图像占用的内存空间也较少。

② 灰度模式

灰度模式的图像是由256种颜色组成，因为每个像素可以用8位或16位来表示，因此色调表现得比较丰富。

将彩色图像转换为灰度模式时，所有的颜色信息都将被删除。虽然Photoshop允许将灰度模式的图像再转换为彩色模式，原来已丢失的颜色信息不能再返回。因此，在将彩色图像转换为灰度模式之前，可以利用【存储为】命令保存一个备份图像。

❸ 双色调模式

双色调模式是在灰度图像上添加一种或几种彩色的油墨，以达到有彩色的效果，但比起常规的CMYK4色印刷，其成本大大降低。

❹ RGB模式

RGB模式是Photoshop默认的色彩模式。这种色彩模式由红（R）、绿（G）和蓝（B）3种颜色的不同颜色值组合而成。

RGB色彩模式使用RGB模型为图像中每一个像素的RGB分量分配一个0~255范围内的强度值。例如：纯红色R值为255，G值为0，B值为0；灰色的R、G、B三个值相等（除了0和255）；白色的R、G、B都为255；黑色的R、G、B都为0。RGB图像只使用三种颜色，就可以使它们按照不同的比例混合，在屏幕上重现16777216种颜色，因此RGB色彩模式下的图像非常鲜艳。

在 RGB模式下，每种RGB成分都可使用从0（黑色）到255（白色）的值。例如，亮红色使用 R 值 246、G 值 20 和 B 值 50。当所有三种成分值相等时，产生灰色阴影。当所有成分的值均为255时，结果是纯白色；当该值为0时，结果是纯黑色。

提示 ?

由于RGB色彩模式所能够表现的颜色范围非常宽广，因此，将此色彩模式的图像转换成为其他包含颜色种类较少的色彩模式时，则有可能丢色或偏色。这也就是为什么RGB色彩模式下的图像在转换成为CMYK并印刷出来后颜色会变暗发灰的原因。所以，对要印刷的图像，必须依照色谱准确地设置其颜色。

❺ 索引模式

索引模式与RGB和CMYK模式的图像不同，索引模式依据一张颜色索引表控制图像中的颜色，在此色彩模式下图像的颜色种类最高为256。因此，图像文件小，只有同条件下RGB模式图像的1/3，从而可以大大减少文件所占

的磁盘空间，缩短图像文件在网络上的传输时间，被较多地应用于网络中。

但对于大多数图像而言，使用索引色彩模式保存后可以清楚地看到颜色之间过渡的痕迹，因此在索引模式下的图像常有颜色失真的现象。

可以转换为索引模式的图像模式有RGB色彩模式、灰度模式和双色调模式。选择索引颜色命令后，将打开如图12.1所示的【索引颜色】对话框。

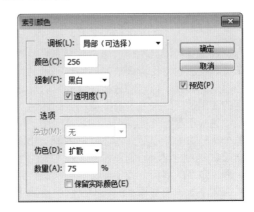

图12.1 【索引颜色】对话框

【索引颜色】对话框中各选项的含义说明如下。

- 【调板】：在其下拉列表框中选择调色板的类型。
- 【颜色】：在其文本框中输入需要的颜色过渡级，最大为256级。
- 【强制】：在其下拉列表框中选择颜色表中必须包含的颜色，默认选择【黑白】选项，也可以根据需要选择其他选项。
- 【透明度】：选中该复选框时，将保留图像透明区域，对于半透明的区域以杂色填充。
- 【杂边】：在其下拉列表框中可以选择杂色。
- 【仿色】：在其下拉列表框中选择仿色的类型，其中包括【扩散】、【图

案】和【杂色】3种类型，也可以选择【无】，不使用仿色。使用仿色的优点在于，可以使用颜色表内部的颜色模拟不在颜色表中的颜色。

- 【数量】：如果选择【扩散】选项，可以在【数量】文本框中设置颜色抖动的强度。数值越大，抖动的颜色越多，但图像文件所占的内存也越大。
- 【保留实际颜色】：选中该复选框，可以防止抖动颜色表中的颜色。

对于任何一个索引模式的图像，执行菜单栏中的【图像】|【模式】|【颜色表】命令，在打开如图12.2所示的【颜色表】对话框中应用系统自带的颜色排列或自定义颜色。在【颜色表】下拉列表中包含有【自定】、【黑体】、【灰度】、【色谱】、【系统（Mac OS）】和【系统（Windows）】6个选项，除【自定】选项外，其他每一个选项都有相应的颜色排列效果。选择【自定】选项，颜色表中显示为当前图像的256种颜色。单击一个色块，在弹出的拾色器中选择另一种颜色，以改变此色块的颜色，在图像中此色块所对应的颜色也将被改变。

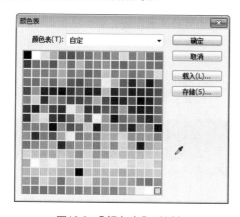

图12.2 【颜色表】对话框

将图像转换为索引模式后，对于被转换前颜色值多于256种的图像，会丢失许多颜色信息。虽然还可以从索引模式转换为RGB、CMYK的模式，但Photoshop无法找回丢失的颜色，所以在转换之前应该备份原始文件。

提示

转换为索引模式后，Photoshop的滤镜及一些命令都不能使用，因此，在转换前必须做好相应的操作。

❻ CMYK模式

CMYK模式是标准的用于工业印刷的色彩模式，即基于油墨的光吸收/反射特性，眼睛看到颜色实际上是物体吸收白光中特定频率的光而反射其余的光的颜色。如果要将RGB等其他色彩模式的图像输出并进行彩色印刷，必须要将其模式转换为CMYK色彩模式。

CMYK色彩模式的图像由4种颜色组成，青（C）、洋红（M）、黄（Y）和黑（K），每一种颜色对应于一个通道及用来生成4色分离的原色。根据这4个通道，输出中心制作出青色、洋红色、黄色和黑色4张胶版。每种CMYK四色油墨可使用从0~100%的值。为最亮颜色指定的印刷色油墨颜色百分比较低，而为较暗颜色指定的百分比较高。例如，亮红色可能包含2%青色、93%洋红、90%黄色和0%黑色。在印刷图像时将每张胶版中的彩色油墨组合起来以产生各种颜色。

❼ Lab色彩模式

Lab色彩模式是Photoshop在不同色彩模式之间转换时使用的内部安全格式。它的色域能包含RGB色彩模式和CMYK色彩模式的色域。因此，要将RGB模式的图像转换成CMYK模式的图像时，Photoshop CC会先将RGB模式转换成Lab模式，然后由Lab模式转换成CMYK模式，只不过这一操作是在内部进行而已。

❽ 多通道模式

在多通道模式中，第个通道都会用256灰度级存放着图像中颜色元素的信息。该模式多用于特定的打印或输出。当将图像转换为多通道模式时，可以使用下列原则：原始图像中的颜色通道在转换后的图像中变为专色通道；通过将CMYK图像转换为多通道模式，可以创建青色、洋红、黄色和黑色专色通道；通过将RGB图像转换为多通道模式，可以创建青色、洋红和黄色专色通道；通过从RGB、CMYK或Lab图像中删除一个通道，可以自动将图像转换为多通道模式；若要输出多通道图像，请以Photoshop DCS 2.0格式存储图像；对有特殊打印要求的图像非常有用。例如，如果图像中只使用了一两种或两三种颜色时，使用多通道颜色模式可以减少印刷成本。

12.1.2 转换另一种颜色模式

在打开或制作图像过程中，可以随时将原来的模式转换为另一种模式。当转换为另一种颜色模式时，将永久更改图像中的颜色值。在转换图像之前，最好执行下列操作：

- 建议尽量在原图像模式下编辑制作，没有特别情况不转换模式。
- 如果需要转换为其他模式，在转换前可以提前保存一个副本文件，以便出现错误时丢失原始文件。
- 在进行模式转换前拼合图层。因为当模式更改时，图层的混合模式也会更改。

要进行图像模式的转换，执行菜单栏中的【图像】|【模式】，然后从子菜单中选取所需的模式。不可用于现用图像的模式在菜单中呈灰色。图像在转换为多通道、位图或索引颜色模式时应进行拼合，因为这些模式不支持图层。

12.1.3 将图像转换为位图模式

如果要将一幅彩色的图像转换为位图模式，应该先执行菜单栏中的【图像】|【模式】|【灰度】命令，然后再执行菜单栏中的【图像】|【模式】|【位图】命令；如果该图像已经是灰度，则可以直接执行菜单栏中的【图像】|【模式】|【位图】命令，在打开如图12.3所示的【位图】对话框中设置转换模式时的分辨率及转换方式。

图12.3 【位图】对话框

【位图】对话框中各选项的含义说明如下。

- 【输入】：在【输入】右侧显示图像原来的分辨率。

- 【输出】：在【输出】文本框中，可以输入转换生成的位图模式的图像分辨率。输入的数值大于原数值，则可以得到一张较大的图像；反之，得到比图像小的图像。

- 【使用】：在【使用】下拉列表框中，可以选择转换为位图模式的方式，每一种方式得到的效果各不相同。【50%阈值】选项最常用，选择此选项后，Photoshop将具有256级灰度值的图像中高于灰度值128的部分转换为白色，将低于灰度值128的部分转换为黑色，此时得到的位图模式的图像轮廓黑白分明；选择【图案仿色】选项转换时，系统通过叠加的几何图形来表示图像轮廓，使图像具有明显的立体感；选择【扩散仿色】选项转换时，根据图像的色值平均分布图像的黑白色；选择【半调网屏】选项转换时，将打开【半调网屏】对话框，其中以半色调的网点产生图像的黑白区域；选择【自定图案】选项，并在下面的【自定图案】下拉列表中选择一种图案，以图案的色值来分配图像的黑白区域并叠加图案的形状。转换为位图模式的图像可以再次转换为灰度，但是图像的轮廓仍然只有黑、白两种色值。原图与5种不同方法转换位图的效果如图12.4所示。

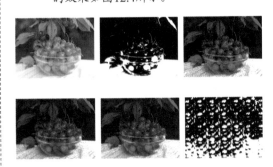

图12.4 原图与5种不同方法转换位图的效果

12.1.4 将图像转换为双色调模式

要得到双色调模式的图像，应该先将其他模式的图像转换为灰度模式，然后执行菜单栏中的【图像】|【模式】|【双色调】命令；如果该图像本身就是灰度模式，则可以直接执行菜单栏中的【图像】|【模式】|【双色调】命令，此时将打开【双色调选项】对话框，如图12.5所示。

图12.5 【双色调选项】对话框

【双色调选项】对话框中各选项的含义说明如下。

● 【类型】：设置色调的类型。从右侧的下拉列表框中，可以选择一种色调的类型，包括【单色调】、【双色调】、【三色调】和【四色调】4种类型。选择【单色调】选项，将只有【油墨1】被激活，此选项生成仅有一种颜色的图像；选择【双色调】选项，则激活【油墨1】和【油墨2】两个选项，此时可以同时设置两种图像色彩，生成双色调图像；选择【三色调】选项，激活3个油墨选项，生成具有3种颜色的图像；选择【四色调】选项，激活4个油墨选项，可以生成具有4种颜色的图像。

● 【双色调曲线】：单击该区域，将打开【双色调曲线】对话框，可以编辑曲线以设置油墨所定义的油墨在图像中的分布。

● 【选择油墨颜色】：单击该色块，将打开【选择油墨颜色】对话框，即拾色器对话框，设置当前油墨的颜色。

彩色图像转换为双色调模式前后效果对比如图12.6所示。

图12.6 双色调模式转换前后效果对比

12.2 直方图和调整面板

【直方图】面板是查看图像色彩的关键，利用该面板可以查看图像的阴影、高光、色彩等信息，在色彩调整中占有相当重要的位置。

12.2.1 关于直方图

直方图用图形表示图像的每个亮度级别的像素数量，显示像素在图像中的分布情况。在直方图的左侧部分显示直方图阴影中的细节区域，在中间部分显示中间调区域，在右侧显示较亮的区域或叫高光区域。

直方图可以帮助确定某个图像的色调范围或图像基本色调类型。如果直方图大部分集中在右边，图像就可能太亮，这常称为高色调图像，即日常所说的曝光过度；如果直方图大部分在左边，图像就可能太暗，这常称为低色调图像即日常所说的曝光不足；平均色调整图像的细节集中在中间是由于填充了太多的中间色调值，因此很可能缺乏鲜明的对比度；色彩平衡的图像在所有区域中都有大量的像素，这常称为正常色调图像。识别色调范围有助于确定相应的色调校正。不同图像的直方图表现效果如图12.7所示。

正常曝光图像　　曝光不足　　曝光过度

图12.7 不同图像的直方图表现效果

12.2.2 【直方图】面板

直方图描绘了图像中灰度色调的份额，并提供了图像色调范围的直方图。执行菜单栏中的【窗口】|【直方图】命令，打开【直方图】面板，默认情况下，【直方图】面板将以【紧凑视图】形式打开，并且没有控件或统计数据，可以通过【直方图】面板菜单来切换视图，如图12.8所示为扩展视图的【直方图】面板效果。

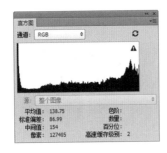

图12.8 扩展视图的【直方图】面板

❶ 更改直方图面板的视图

要想更改【直方图】面板的视图模式，可以从面板菜单中选择一种视图，共包括3种视图模式，3种视图模式显示效果如图12.9所示。

- 【紧凑视图】：显示不带控件或统计数据的直方图，该直方图代表整个图像。
- 【扩展视图】：可显示带有统计数据的直方图。还可以同时显示用于选择由直方图表示的通道的控件、查看【直方图】面板中的选项、刷新直方图以显示未高速缓存的数据及在多图层文档中选择特定图层。
- 【全部通道视图】：除了【扩展视图】所显示的所有选项外，还显示各个通道的单个直方图。需要注意的是单个直方图不包括 Alpha 通道、专色通道或蒙版。

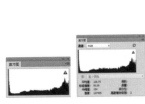 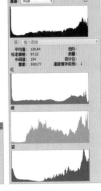

紧凑视图　　扩展视图　　全部通道视图

图12.9 3种视图模式显示效果

❷ 查看直方图中的特定通道

如果在面板菜单中选择【扩展视图】或【全部通道视图】模式，则可以从【直方图】面板的【通道】菜单中指定一个通道。而且当从【扩展视图】或【全部通道视图】切换回【紧凑视图】模式时，Photoshop 会记住通道设置。RGB模式【通道】菜单如图12.10所示。

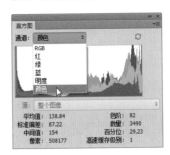

图12.10 RGB模式【通道】菜单

- 选择单个通道可显示通道（包括颜色通道、Alpha 通道和专色通道）的直方图。
- 根据图像的颜色模式，选择R、G、B、或C、M、Y、K，也可以选择复合通道如RGB或CMYK，以查看所有通道的复合直方图。
- 如果图像处于 RGB 或 CMYK 模式，选择【明度】可显示一个直方图，该图表示复合通道的亮度或强度值。
- 如果图像处于 RGB 或 CMYK 模式，选择【颜色】可显示颜色中单个颜色通道的复合直方图。当第一次选择【扩展视图】或【所有通道视图】时，此选项是

RGB 和 CMYK 图像的默认视图。

- 在【全部通道】视图中，如果从【通道】菜单中进行选择，则只会影响面板中最上面的直方图。

③ 用原色显示通道直方图

如果想从【直方图】面板中用原色显示通道，可以进行以下任一种操作：

- 在【全部通道视图】中，从【面板】菜单中选择【用原色显示通道】。
- 在【扩展视图】或【全部通道视图】中，从【通道】菜单中选择某个单独的通道，然后从【面板】菜单中选择【用原色显示通道】。如果切换到【紧凑视图】，通道将继续用原色显示。
- 在【扩展视图】或【全部通道视图】中，从【通道】菜单中选择【颜色】可显示颜色中通道的复合直方图。如果切换到【紧凑视图】，复合直方图将继续用原色显示。用原色显示红通道的前后效果对比如图12.11所示。

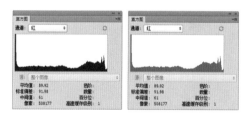

图12.11 用原色显示红通道的前后效果对比

④ 查看直方图统计数据

【直方图】面板显示了图像中与色调范围内所有可能灰度值相关的像素数曲线。水平（X）轴代表0~255的灰度值，垂直（Y）轴代表每一种色调或颜色的像素数。X轴下面的渐变条显示了从黑色到白色的实际灰度色阶。每条垂直线的高亮部分代表了X轴上每一色调所含像素的数目，线越高，图像中该灰度级别的像素越多。

要想查看直方图的统计数据，需要从【直方图】面板菜单中选择【显示统计数据】命令，在【直方图】面板下方将显示统计数据区域。如果想查看数据，可执行以下操作之一：

- 将光标放置在直方图中，可以查看特定像素值的信息。在直方图中移动鼠标

时，光标变成一个十字光标。在直方图上移动十字光标时，直方图色阶、数量、百分位值都会随之改变。

- 在直方图中拖动突出显示该区域，可以查看一定范围内的值信息。

【直方图】面板统计数据显示信息含义说明如下。

- 【平均值】：代表了平均亮度。
- 【标准偏差】：代表图像中亮度值的偏差变化范围。
- 【中间值】：代表图像中的中间亮度值。
- 【像素】：代表整个图像或选区中像素的总数。
- 【色阶】：代表直方图中十字光标所在位置的灰度色阶，最暗的色阶（黑色）是0，最亮的色阶（白色）是255。
- 【数量】：代表直方图中十字光标所在位置处的像素总数。
- 【百分位】：代表十字光标位置在X轴上所占的百分数，从最左侧的 0% 到最右侧的 100%。
- 【高速缓存级别】：代表显示当前图像所用的高速缓存值。当高速缓存级别大于 1 时，会快速显示直方图。如果执行菜单栏中的【编辑】|【首选项】|【性能】命令，打开【首先项】|【性能】对话框，在【高速缓存级别】选项中，可以设置调整缓存的级别。设置的级别越多，则速度越快；选择的调整缓存级别越少，则品质越高。

⑤ 查看分层文档的直方图

直方图不但可以查看单层图像，还可以查看分层图像，并可以查看指定的图层直方图统计数据，具体操作如下：

PS 1 从【直方图】面板菜单中选择【扩展视图】命令。

PS 2 从【源】菜单中指定一个图层或设置。【源】菜单效果如图12.12所示。

提示

【源】菜单对于单层文档是不可用的。

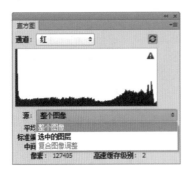

图12.12 【源】菜单

- 【整个图像】：显示包含所有图层的整个图像的直方图。
- 【选中的图层】：显示在【图层】面板中选择的图层的直方图。
- 【复合图像调整】：显示在【图层】面板中选定的调整图层，包括调整图层下面的所有图层的直方图。

12.2.3 预览直方图调整

通过【直方图】面板可以预览任何颜色或色彩校正对直方图所产生的影响。在调整时只需要在使用的对话框中选中【预览】复选框。比如使用【色阶】命令调整图像时，【直方图】面板的显示效果如图12.13所示。

提示 ❓

使用【调整】面板进行色彩校正时，所进行的更改会自动反映在【直方图】面板中。

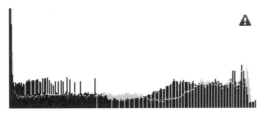

图12.13 调整时直方图变化效果

12.2.4 【调整】面板

【调整】面板主要用于调整颜色和色调，使用【调整】面板中的命令或预设进行的调整会创建非破坏性调整图层，并可以随时修改调整参数，这也是使用调整命令的最大优点。

Photoshop为用户提供了一系列调整预设和调整命令，可用于色阶、曲线、曝光度、色相/饱和度、黑白、通道混合器及可选颜色。单击

某个预设，即可将其应用到图像中。执行菜单栏中的【窗口】|【调整】命令，即可打开【调整】面板，如图12.14所示。

图12.14 【调整】面板

① 使用调整命令或预设

要使用调整或预设命令，方法非常简单，只需要在【调整】面板中单击某个命令图标或预设命令，或者从面板菜单中选择某个命令即可，如选择【色相/饱和度】命令，会弹出【属性】面板。也可以执行菜单栏中的【窗口】|【属性】命令，即可打开【属性】面板，如图12.15所示。

图12.15 【属性】|【色相/饱和度】面板

- 【剪贴蒙版】🔲：为图层建立剪贴蒙版。单击该按钮，图标将变成🔲创建剪贴蒙版。
- 【按此按钮可查看上一状态】👁：单击该按钮，可以查看调整设置的上一次显示效果。如果想长时间查看可按住该按钮。
- 【复位到调整默认值】↻：单击此按钮，可以将调整参数恢复到初始设置。
- 【切换图层可见性】👁：用来控制当前

完全掌握Photoshop CC超级手册

调整图层的显示与隐藏。单击该按钮，图标将变成 👁 状，表示可见当前调整图层；再次单击图标将恢复成 👁 状，表示隐藏当前调整图层。

- 【删除此调整图层】 🗑：单击该按钮，可删除当前调整图层。

② 使用调整面板存储和应用预设

【调整】面板具有一系列用于常规颜色和色调调整的预设。另外，可以存储和应用有关色阶、曲线、曝光度、色相/饱和度、黑白、通道混合器及可选颜色的预设。存储预设命令后，它将被添加到预设命令列表。

- 要将【调整】面板中的调整设置存储为预设命令，选择【调整】面板中的命令图标，打开【属性】面板菜单选择【存储…】命令。

- 要应用【调整】面板中的调整预设命令，选择【调整】面板中的命令图标，打开【属性】面板菜单选择【载入…】命令，然后在打开的存储文件夹中单击选择某个需要的预设命令即可。

12.3 / 调整图像色调

调整色调时，通常必须增加亮度和对比度。有时需要扩大图像的色调范围，即从图像最亮点到最暗点之间的色调范围。

要改变图像中的最暗、最亮以及中间色调区域，可执行菜单栏中的【图像】|【调整】子菜单中的【色阶】、【曲线】或【阴影与高光】命令，具体选择哪一条命令调整图像的这些元素，通常取决于图像本身和使用这些工具的熟练程度。有时可能需要多个命令来完成这些操作。

12.3.1 【自动色调】命令

【自动色调】和【色阶】命令一样，也是对图像中不正常的阴影、中间色调和高光区进行处理，不过【自动色调】命令没有相关的参数调节，该命令自动获取最亮和最暗的像素，并将其改变为白色和黑色，然后按照比例自动分配中间的像素值。当对图像要求不高时，可使用该命令对图像进行色调调整。在默认情况下，【自动色调】会剪切白色和黑色像素的0.5%来忽略一些极端的像素。特别是在处理像素值平均分布的图像需要简单的对比度调节时或图像有总体色偏时，使用【自动色调】命令可以得到较好的效果。

选择要进行【自动色调】处理的图像后，执行菜单栏中的【图像】|【自动色调】命令，即可对图像应用该命令，使用【自动色调】命令改变图像亮度的百分比，是以最近使用【色阶】对话框时的设置为基准的。调整图像自动色调的前后效果对比如图12.16所示。

> **技巧** !
>
> 按Shift + Ctrl + L键可以快速应用【自动色调】命令。

图12.16 调整图像自动色调的前后效果对比

12.3.2 【自动对比度】命令

【自动对比度】主要调节图像像素间的对比程度，它不调整个别颜色通道，只自动调整图像中颜色的整个对比度和混合程度，它将图像中的高光区和阴影区映射为白色和黑色，使高光更加明亮，阴影更加暗淡，以提高整个图像的清晰程度。在默认情况下，【自动对比度】也会剪切白色和黑色像素的0.5%来忽略一些极端的像素。

选择要进行自动对比度调节的图像后，执行菜单栏中的【图像】|【自动对比度】命令，即可对图像应用该命令。图像自动对比度调整前后效果对比如图12.17所示。

> **技巧** !
>
> 按Alt + Shift + Ctrl + L组合键可以快速应用【自动对比度】命令。

图12.17 图像自动对比度调整前后效果对比

12.3.3 【自动颜色】命令

【自动颜色】命令用于调整图像的对比度和色调，它搜索实际图像而不是某一通道的阴影、半色调和高光区。它可以对一部分高光和阴影区域进行亮度的合并，将处在128级亮度的颜色纠正为128级灰色，并可以剪切白色和黑色中的极端像素，所以它在修正时可能会发生偏色现象。

选择要进行【自动颜色】处理的图像，然后执行菜单栏中的【图像】|【自动颜色】命令，即可对图像应用该命令。图像自动颜色前后效果对比如图12.18所示。

技巧

按Shift + Ctrl + B组合键可以快速应用【自动颜色】命令。

图12.18 图像自动颜色前后效果对比

12.3.4 【亮度/对比度】命令

【亮度/对比度】命令主要用于调节图像的亮度和对比度。它对图像中的每个像素都进行相同的调整。与【曲线】和【色阶】命令不同，该命令只能对图像进行整体调整，对单个通道不起作用。

执行菜单栏中的【图像】|【调整】|【亮度/对比度】命令，将打开【亮度/对比度】对话框。在该对话框中，可设置图像的亮度和对比度。应用【亮度/对比度】命令调整图像的前后效果对比如图12.19所示。

图12.19 调整图像的前后效果对比

- 【亮度】：拖动滑块或在右侧的文本框中输入数值，可以调整图像的亮度，取值范围为-100～100。当值为0时，图像亮度不发生变化。当亮度为负值时，图像的亮度下降；反之，当亮度的数值为正值时，图像的亮度增加。

- 【对比度】：拖动滑块或在右侧的文本框中输入数值，可以调整图像的对比度，取值范围为-100～100。当值为0时，图像对比度不发生变化。当对比度为负值时，图像的对比度下降；当对比度的数值为正值时，图像的对比度增加。

视频讲座12-1：利用【亮度/对比度】调整花朵

案例分类：照片调色密技类
视频位置：配套光盘\movie\视频讲座12-1：利用【亮度/对比度】调整花朵.avi

本例讲解如何利用【亮度/对比度】命令调整花朵效果。

`PS 1` 执行菜单栏中的【文件】|【打开】命令，打开【打开】对话框，选择配套光盘中的"调用素材\第12章\花朵.jpg"，如图12.20所示。

`PS 2` 执行菜单栏中的【图像】|【调整】|【亮度/对比度】命令，弹出【亮度/对比度】对话框，如图12.21所示。

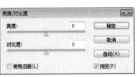

图12.20 打开图像　　图12.21 【亮度/对比度】
　　　　　　　　　　　　　　　对话框

`PS 3` 将【亮度】更改为60，【对比度】更改为40，如图12.22所示。

`PS 4` 最终的图像效果如图12.23所示。

完全掌握Photoshop CC超级手册

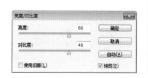

图12.22 更改数值　　　图12.23 最终效果

12.3.5 【色阶】命令

利用【色阶】命令，可以通过拖动滑块来增强或削弱阴影区、中间色调区和高亮度区。在【色阶】对话框中可以输入特定的值，在调整色调时它允许读取信息面板的读数。信息面板根据以前和以后的设置来显示这些读数。

执行菜单栏中的【图像】|【调整】|【色阶】命令，【色阶】对话框就会显示图像或选区的直方图。在直方图的下面，沿着底部的轴向的是【输入色阶】滑块，它允许调整阴影区、中间色调区和高亮度区，增加对比度。右边的白色滑块主要用来调整图像的高亮度值。移动白色滑块时，对话框顶部的【输入色阶】区域右边会显示相应的值0（黑色）~255（白色）。利用【色阶】命令调整图像的前后效果如图12.24所示。

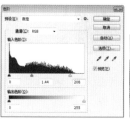

图12.24 利用【色阶】命令调整图像的前后效果

【色阶】对话框中各选项的含义说明如下。

- 【预设】：可以从中选择一些默认的色阶设置效果。
- 【通道】：指定要进行色调调整的通道。默认情况下为该图像的复合通道，也可以从下拉列表中选择一个单一通道，只调整某个通道。在使用【色阶】命令前，按住Shift键在【通道】面板中

选择多个通道，然后执行菜单栏中的【图像】|【调整】|【色阶】命令，可以同时调整【通道】面板中选择的所有通道。

- 【输入色阶】：在【输入色阶】下部有3个按钮并对应3个文本框，分别对应通道的暗调、中间调和高光。拖动左侧的滑块或在左侧的文本框中输入0~253之间的数值，可以控制图像的暗部色调；拖动中间的滑块或在中间的文本框中输入0.10~9.99之间的数值，可以控制图像中间的色调；拖动右侧的滑块或在右侧的文本框中输入2~255之间的数值，可以控制图像亮部色调。缩小输入色阶可以扩大图像的色调范围，提高图像的对比度。
- 【输出色阶】：【输出色阶】滑块可减少图像中的白色或黑色，从而降低对比度。向右移动黑色滑块，可以减少图像中的阴影区，从而加亮图像；向左移动白色滑块，可以减少高亮度区，从而加暗图像。当加亮或加暗图像时，Photoshop就根据新的【输出色阶】值重新映射像素。
- 【自动】：单击该按钮，Photoshop将以默认的自动校正选项对图像进行调整。
- 【吸管】：在【色阶】对话框中有3个吸管，分别为【设置黑场】、【设置灰场】和【设置白场】。选择任何一个吸管，将鼠标光标移到文档窗口中，鼠标光标变成相应的吸管形状，单击即可进行色调调整。用【黑色吸管】在图像中单击，图像中所有像素的亮度值将减去吸管单击处的像素亮度值，从而使图像变暗；【白色吸管】与黑色吸管相反，Photoshop将所有像素的亮度值加上吸管单击处的像素的亮度值，从而提高图像的亮度；【灰色吸管】所单击的像素的亮度值用来调整图像的色调分布。

视频讲座12-2：【色阶】命令的抠图应用

案例分类：抠图技法类
视频位置：配套光盘\movie\视频讲座12-2：【色阶】命令的抠图应用.avi

下面通过实例来讲解【色阶】命令的抠图应用。

PS 1 执行菜单栏中的【文件】|【打开】命令，将弹出【打开】对话框，选择配套光盘中"调用素材/第12章/橙子.jpg"文件，将图像打开，如图12.25所示。

图12.25 打开的图像

PS 2 执行菜单栏中的【窗口】|【通道】命令，打开【通道】面板，在【通道】面板中选择对比较强的"蓝"通道，如图12.26所示。

图12.26 选择通道

PS 3 将"蓝"通道拖动至【通道】面板底部的【创建新通道】按钮上，复制一个"蓝拷贝"通道，如图12.27所示。

图12.27 复制通道

PS 4 执行菜单栏中的【图像】|【调整】|【色阶】命令，打开【色阶】对话框，如图12.28所示。

图12.28 【色阶】命令

PS 5 在【色阶】对话框中，拖动直方图下方的滑块，对该通道中的整体黑白对比进行调整，或者直接输入数值依次为（42，0.77，99），如图12.29所示。

PS 6 单击工具箱下方的【设置前景色】色块，将前景色设置为黑色，选择工具箱中的【画笔工具】，如图12.30所示。

图12.29 调整色阶

图12.30 画笔工具

PS 7 在【画笔工具】的选项栏中单击【点按可以打开"画笔预设"选取器】，在打开的【"画笔预设"拾取器】中设置画笔的笔刷【大小】为100像素的硬边缘，如图12.31所示。

PS 8 将前景色设置为黑色，使用设置好的【画笔工具】在图像中橙子部分残留的灰色图像及白色杂点处涂抹，如图12.32所示。

图12.31 设置画笔笔刷

图12.32 擦除白色

PS 9 再次将【前景色】设置白色，使用【画笔工具】并调整合适的笔刷大小，在图像中灰色与黑色的背景图像上进行涂抹，将背景图像全部转化为白色，如图12.33所示。

PS 10 在【通道】面板中，确认选中【蓝 拷贝】通道，单击面板底部的【将通道作为选区载入】 ⊞ 按钮，将该通道中的白色图像载入选区，如图12.34所示。

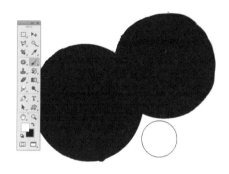

图12.33 擦除背景图像

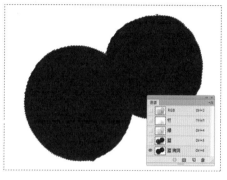

图12.34 载入选区

PS 11 执行菜单栏中的【选择】|【反向】命令，对选区进行反选，如图12.35所示。

PS 12 在【通道】面板中，单击【RGB】通道退出通道模式，此时可以看到选区刚好将橙子图像全部选中，如图12.36所示。

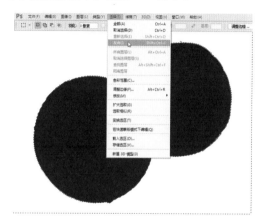

图12.35 选区反向

图12.36 退出通道模式

PS 13 按Ctrl+J组合键，以选区为基础拷贝一个新图层，如图12.37所示。

图12.37 拷贝图像

PS 14 在【图层】面板中，单击【背景】图层前方的眼睛图标，将【背景】图层中的图像隐藏，完成本例抠图，如图12.38所示。

图12.38 最终抠图效果

12.3.6 【曲线】命令

【曲线】命令是使用率非常高的色调控制命令，它的功能和【色阶】相同，只不过它比【色阶】命令有更多的选项设置，用曲线调整明暗度，不但可以调整图像整体的色调，还可以精确地控制多个色调区域的明暗度。执行菜单栏中的【图像】|【调整】|【曲线】命令，可以打开【曲线】对话框。

【曲线】对话框是独一无二的，因为它能根据曲线的色调范围精确地定出图像中的任何区域。当将鼠标光标定位在图像的某部分上并单击鼠标后，曲线上就会出现一个圆，它显示了图像像素标定的位置。调整出现白色圆圈的点，就可编辑与曲线上的点相对应的所有图像区域，如图12.39所示。

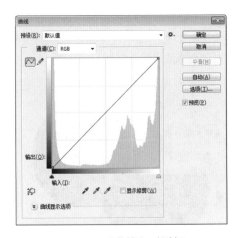

图12.39 【曲线】对话框

技巧 ！

按Ctrl +M组合键可以快速打开【曲线】对话框。

【曲线】对话框中各选项的含义说明如下。

- 【预设】：在右侧的下拉列表中，可以选择一种预设的曲线调整效果。
- 【编辑点以修改曲线】：单击该按钮，激活曲线编辑状态。在编辑区中的曲线上单击可以创建一个点，拖动这个点可以调整图像中该点范围内的亮度值。如果想在图像中确定点，可以在按住Ctrl键的同时，在文档窗口中的图像上单击鼠标，即可在【曲线】对话框中的曲线上，自动创建一个与之对应的编辑点。

技巧 ！

按住Shift键，可以选择多个点；按住Ctrl键或使用鼠标将曲线上的某个点拖到编辑区外，可以删除该点。

- 【通过绘制来修改曲线】：单击该按钮，可以在编辑区中按住鼠标拖动，自由绘制曲线以调整图像。
- 【在图像上单击并拖动可修改曲线】：单击该按钮，可以在图像上的任意位置单击并拖动，自由调整图像的曲线效果。

因为曲线允许改变图像的色调范围，所以，单击并拖动曲线图中对角线的下半部分可以调整高亮区；单击并拖动对角线的上半部分

完全掌握Photoshop CC超级手册

可以调整阴影区；单击并拖动对角线的中间部分可以调整中间色调区。【曲线】命令调整图像的前后效果对比如图12.40所示。

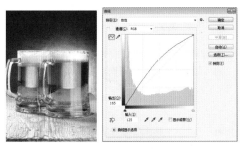

图12.40 【曲线】命令调整图像的前后效果对比

视频讲座12-3：使用【曲线】命令对杯子抠图

案例分类：抠图技法类
视频位置：配套光盘\movie\视频讲座
12-3：使用【曲线】命令对杯子抠图.avi

下面通过实例来讲解【曲线】命令的抠图应用。

PS 1 执行菜单栏中的【文件】|【打开】命令，将弹出【打开】对话框，选择配套光盘中"调用素材/第12章/花纹杯子.jpg"文件，将图像打开，如图12.41所示。

PS 2 执行菜单栏中的【图像】|【调整】|【曲线】命令，打开【曲线】对话框，如图12.42所示。

图12.41 打开的图像

图12.42 【曲线】命令

PS 3 在【曲线】对话框中，调整曲线编辑器中曲线的形状，进一步加强照片的对比度，使物品边缘更加清晰，方便下面对物品进行快速选择，如图12.43所示。

PS 4 选择工具箱中的【快速选择工具】，在选项栏中设单击选中【新选区】按钮，设置笔刷【大小】为30像素，如图12.44所示。

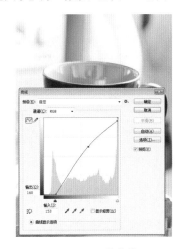

图12.43 调整曲线

图12.44 快速选择工具

PS 5 使用设置好的【快速选择工具】在图像中杯子上涂抹，将其选中，如图12.45所示。

PS 6 在【快速选择工具】的选项栏中单击选中【从选区中减去】 按钮，将杯子手柄位置部分从选区中减去，如图12.46所示。

图12.45 添加选区　　图12.46 从选区中减去

PS 7 按Ctrl+J组合键，以选区为基础拷贝一个新图层，如图12.47所示。

PS 8 在【图层】面板中，单击【背景】图层前方的眼睛图标，将【背景】图层中的图像隐藏，完成本例抠图，如图12.48所示。

图12.47 拷贝图像　　图12.48 最终抠图效果

12.3.7 【曝光度】命令

利用【曝光度】命令，可以将拍摄中产生的曝光过度或曝光不足的图片处理成正常效果。执行菜单栏中的【图像】|【调整】|【曝光度】命令，打开【曝光度】对话框，可以对曝光度进行详细的调整。

应用【曝光度】命令调整图像的前后效果对比如图12.49所示。

图12.49 调整图像的前后效果对比

- 【曝光度】：修改图像的曝光程度。值越大，图像的曝光度也越大。
- 【位移】：指定图像曝光范围。
- 【灰度系数校正】：用来指定图像中的灰度程度，校正灰度系数。

视频讲座12-4：利用【曝光度】命令调整曝光不足照片

 案例分类：照片调色密技类
视频位置：配套光盘\movie\视频讲座
12-4：利用【曝光度】命令调整曝光不足
照片.avi

利用【曝光度】命令，可以将拍摄中产生的曝光过度或曝光不足的图片处理成正常效果。下面来讲解将曝光不足的照片校正的方法。

PS 1 打开配套光盘中"调用素材/第12章/沙滩.jpg"图片，如图12.50所示。

PS 2 执行菜单栏中的【图像】|【调整】|【曝光度】命令，打开【曝光度】对话框，设置【曝光度】为0.48，【灰度系数校正】为0.87，如图12.51所示。

图12.50 打开的图片　　图12.51 【曝光度】对话框

提示 ❓

【曝光度】用来修改图像的曝光程度。值越大，图像的曝光度也越大；【位移】用来指定图像曝光范围；【灰度系数校正】用来指定图像中的灰度程度，校正灰度系数。

PS 3 设置完成后，单击【确定】按钮，完成曝光不足照片的校正，完成的效果如图12.52所示。

图12.52 校正效果

12.3.8 【阴影/高光】命令

【阴影/高光】命令适合纠正严重逆光但具有轮廓的图片，以及纠正因为离相机闪光较近导致有些褪色（苍白）的图片。该命令也应用于使阴影局部发亮，但不能调整图像的高光和黑暗，它仅照亮或变暗图像中黑暗和高光的周围像素（邻近的局部），使用户可以分开来控制阴影和高光。

选择要应用该命令的图像，然后执行菜单栏中的【图像】|【调整】|【阴影/高光】命令，打开【阴影和高光】对话框。应用【阴影/高光】命令调整图像的前后效果对比如图12.53所示。

图12.53 调整图像的前后效果对比

- 【阴影】：用来调整图像中暗调区域。通过修改【数量】、【色调宽度】和【半径】这3个选项的参数，可以将图像暗部区域的明度提高且不会影响图像中高光区域的亮度。
- 【高光】：用来调整图像中高光区域。通过修改【数量】、【色调宽度】和【半径】这3个选项的参数，可以将图像高光区域的明度降低且不会影响图像中暗部区域的明暗度。
- 【调整】：用来设置图像中间色调区域，可以对图像的色彩进行校正，并且可以调整图像中间调的对比度。

视频讲座12-5：利用【阴影/高光】调出图像细节

案例分类：照片调色密技类
视频位置：配套光盘\movie\视频讲座12-5：利用【阴影/高光】调出图像细节.avi

本例讲解的是如何利用阴影与高光命令调出花朵细节效果。

PS 1 执行菜单栏中的【文件】|【打开】命令，打开【打开】对话框，选择配套光盘中的"调用素材\第12章\小镇.jpg"，如图12.54所示。

PS 2 执行菜单中的【图像】|【调整】|【阴影/高光】命令，弹出【阴影/高光】对话框，如图12.55所示。

图12.54 打开图像　　图12.55 【阴影/高光】对话框

PS 3 将【数量】更改为50%，如图12.56所示。

PS 4 这样就完成了效果制作，最终效果如图12.57所示。

图12.56 更改数值　　图12.57 最终效果

12.3.9 【HDR色调】命令

HDR的全称是High Dynamic Range，即高动态范围。动态范围是指信号最高和最低值的相对比值。目前的16位整型格式使用从0（黑）到1（白）的颜色值，但是不允许所谓的"过范围"值，比如说金属表面比白色还要白的高光处的颜色值。

HDR 色调调整主要针对 32 位的 HDR 图像，但是也可以将其应用于 16 位和 8 位图像以创建类似 HDR 的效果。简单来说，HDR效果主要有3个特点：亮的地方可以非常亮；暗的地方可以非常暗；亮暗部的细节非常明显。应用【HDR色调】命令调整图像的前后效果对比如图12.58所示。

图12.58 调整图像的前后效果对比

- 【局部适应】：通过调整图像中的局部亮度区域来调整HDR色调。
- 【边缘光】：【半径】指定局部亮度区域的大小。【强度】指定两个像素的色调值相差多大时，它们属于不同的亮度区域。
- 【色调和细节】：【灰度系数】设置为1.0时动态范围最大；较低的设置会加重中间调，而较高的设置会加重高光和阴影。【曝光度】值反映光圈大小。拖动【细节】滑块可以调整锐化程度，拖动【阴影】和【高光】滑块可以使这些区域变亮或变暗。
- 【颜色】：【自然饱和度】可调整细微颜色强度，同时尽量不剪切高度饱和的颜色。【饱和度】调整从−100（单色）到+100（双饱和度）的所有颜色的强度。
- 色调曲线在直方图上显示一条可调整的曲线，从而显示原始的 32 位 HDR 图像中的明亮值。横轴的红色刻度线以一个EV（约为一级光圈）为增量。
- 【色调均化直方图】：在压缩HDR图像动态范围的同时，尝试保留一部分对比度。无需进一步调整；此方法会自动进行调整。
- 【曝光度和灰度系数】：允许手动调整HDR图像的亮度和对比度。移动【曝光度】滑块可以调整增益，移动【灰度系数】滑块可以调整对比度。
- 【高光压缩压缩】：HDR图像中的高光值，使其位于8位/通道或16位/通道的图像文件的亮度值范围内。无需进一步调整，此方法会自动进行调整。

视频讲座12-6：【HDR色调】打造惊艳风景照

案例分类：照片调色密技类
视频位置：配套光盘\movie\视频讲座12-6：【HDR色调】打造惊艳风景照.avi

　　本例讲解的是如何利用HDR色调打造惊艳风景照效果。

PS 1 选择菜单栏中的【文件】|【打开】命令，打开【打开】对话框，选择配套光盘中的"调用素材\第12章\风景照.jpg"，如图12.59所示。

PS 2 选择菜单栏中的【图像】|【调整】|【HDR色调】命令，弹出【HDR色调】对话框，如图12.60所示。

图12.59 打开图像　　图12.60 【HDR色调】对话框

PS 3 【HDR色调】命令会自动计算图像中的阴影及高光图像像素，并给予相互补偿，此时的图像效果如图12.61所示。

图12.61 图像效果

PS 4 在【HDR色调】对话框中将【边缘光】中的【半径】更改为50像素，【强度】更改为1，如图12.62所示，最终图像效果如图12.63所示。

图12.62 更改边缘光数值　　图12.63 最终图像

完全掌握Photoshop CC超级手册

12.4 校正图像颜色

　　图像颜色的校正主要包括色彩平衡、色相/饱和度、替换颜色、匹配颜色、可选颜色和通道混合器的调整，下面来详细讲解这些命令的使用。

　　颜色校正包括改变图像的色相、饱和度、阴影、中间色调或高亮区，使最终的输出结果尽可能达到最令人满意的效果。颜色校正经常需要补偿颜色品质的损失，颜色校正在确保图像的颜色与原来的颜色相符方面非常重要，并且事实上可能产生一个超过原色的改进颜色。颜色校正和修描还需要一些经过实践练出的艺术技巧。

12.4.1 【自然饱和度】命令

　　【自然饱和度】命令主要用来调整图像的饱和度，以便在颜色接近最大饱和度时最大限度地减少修剪。该调整可以增加与已饱和的颜色相比，并不饱和的颜色的饱和度。【自然饱和度】命令还可防止肤色过度饱和。应用【自然饱和度】命令调整图像饱和度的前后效果对比如图12.64所示。

图12.64 调整图像饱和度的前后效果对比

视频讲座12-7：【自然饱和度】调整桃花图像

案例分类：照片调色密技类
视频位置：配套光盘\movie\视频讲座12-7：【自然饱和度】调整桃花图像.avi

　　本例讲解的是如何利用自然饱和度命令调整桃花图像。

PS 1 执行菜单栏中的【文件】|【打开】命令，打开【打开】对话框，选择配套光盘中的"调用素材\第12章\桃花.jpg"，如图12.65所示。

PS 2 执行菜单栏中的【图像】|【调整】|【自然饱和度】命令，弹出【自然饱和度】对话框，如图12.66所示。

图12.65 打开图像　　图12.66 【自然饱和度】对话框

PS 3 将【自然饱和度】的值更改为83，【饱和度】的值更改为23，如图12.67所示。

PS 4 这样就完成了最终效果，如图12.68所示。

图12.67 调整数值　　图12.68 最终效果

12.4.2 【色相/饱和度】命令

　　【色相/饱和度】命令主要用于改变像素的色相及饱和度，而且它还可以通过给像素指定新的色相和饱和度，从而为灰度图像添加色彩。执行菜单栏中的【图像】|【调整】|【色相/饱和度】命令，打开【色相/饱和度】对话框，可以改变特定颜色的色相、饱和度或亮度值。应用【色相/饱和度】命令调整图像的前后效果对比如图12.69所示。

技巧　　　　！

　　按Ctrl + U组合键可以快速打开【色相/饱和度】对话框。

图12.69 调整图像的前后效果对比

- 【预设】：可以从中选择一些默认的色相/饱和度值设置效果。
- 【编辑】：在【编辑】的下拉列表框中可以选择校正的颜色，可以选择【红色】、【黄色】、【绿色】、【青色】、【蓝色】或【洋红色】。如果要编辑所有的颜色，可选择【编辑】下拉列表框中的【全图】。

- 【色相】：要调整色相，只需拖动【色相】滑块。向右拖动可模拟在颜色轮上顺时针旋转，向左拖动可模拟在颜色轮上逆时针旋转。

- 【饱和度】：要增大饱和度，可向右拖动【饱和度】滑块，而向左拖动会降低饱和度。

- 【明度】：要增加亮度，可向右拖动【明度】滑块；要减小亮度，可向左拖动。

- 【吸管】：只要选择了一种颜色，对话框中的【吸管工具】 ✔ 按钮就会激活。可用【吸管工具】单击屏幕上的区域以设置要校正的特定区域。如果要扩大该区域，可单击【添加到取样】 ✔ 按钮并单击取样；如果要缩小该区域，可单击【从取样中减去】 ✔ 按钮并单击取样。

- 【着色】：选中该复选框，可以为一幅灰色或黑白的图像添加彩色，变成一幅单色图像。也可以将一幅彩色图像，转换为单一色彩的图像。

在【色相/饱和度】对话框中拖动滑块时，应注意到变化的范围受显示在两个颜色条之间灰色调整滑块的限制。允许的变化百分数显示在滑块的上方。调整滑块可控制变化的范围和速度（变化的快慢）。调整滑块的中间（暗区）是受调整影响的颜色范围。左边较亮的区域和较暗部分的右边表示变化的速度。下面是调整滑块的4种方式：

- 要选择图像中需调整的另一种颜色区域，可单击并拖动灰色滑块的中间。
- 要调整颜色校正的范围和速度，可单击白色条并左右拖动。
- 要调整颜色校正的范围，但不调整其速度，可单击并拖动颜色条中较亮的区域。
- 要调整颜色校正的速度，而不调整其范围，可单击并拖动一个白色三角形。

视频讲座12-8：利用【色相/饱和度】更改花朵颜色

案例分类：照片调色密技类
视频位置：配套光盘\movie\视频讲座12-8：利用【色相/饱和度】更改花朵颜色.avi

本例讲解的是如何利用【色相/饱和度】命令更改花朵颜色。

PS 1 选择菜单栏中的【文件】|【打开】命令，打开【打开】对话框，选择配套光盘中的"调用素材\第12章\红花.jpg"，如图12.70所示。

PS 2 在【图层】面板中，单击面板底【创建新的填充或调整图层】按钮 ⬤，在弹出的菜单中选择【色相/饱和度】命令，如图12.71所示。

图12.70 打开图像　　　　图12.71 调整图层

PS 3 在【属性】面板中将【色相】更改为-28，【饱和度】为-13，如图12.72所示。

PS 4 这样可以看到图像中花朵颜色的变化效果，最终效果如图12.73所示。

图12.72 【属性】面板　　　图12.73 最终效果

视频讲座12-9：利用【色相/饱和度】调出复古照片

案例分类：照片调色密技类
视频位置：配套光盘\movie\视频讲座
12-9：利用【色相饱和度】调出复古照片.avi

本例讲解的是如何利用【色相/饱和度】命令调出复古照片。

PS 1 选择菜单栏中的【文件】|【打开】命令，打开【打开】对话框，选择配套光盘中的"调用素材\第12章\街道照片.jpg"，如图12.74所示。

PS 2 在【图层】面板中，单击面板底部的【创建新的填充或调整图层】按钮 ⬤，在弹出的菜单中选择【色相/饱和度】命令，图层如图12.75所示。

图12.74 打开图像　　图12.75 添加调整图层

PS 3 在【属性】面板中选择【预设】为【深褐】，如图12.76所示。

PS 4 这样可以看到图像的变化效果，最终效果如图12.77所示。

图12.76 【属性】面板　　图12.77 最终效果

12.4.3 【色彩平衡】命令

【色彩平衡】命令允许在图像中混合各种颜色，以增加颜色均衡效果。执行菜单栏中的【图像】|【调整】|【色彩平衡】命令，就会打开【色彩平衡】对话框。

如果将滑块向右移动，将为图像添加该滑块对应的颜色。将滑块向左移动，可为图像添加该滑块对应的补色。

单击并拖动滑块，可在每一种RGB颜色范围中移动，也可移动到它的CMYK补色的范围中。RGB值从0~100，CMYK值将以负值从0~-100。应用【色彩平衡】命令调整图像的前后效果对比如图12.78所示。

技巧

按Ctrl + B组合键可以快速打开【色彩平衡】对话框。

图12.78 调整图像的前后效果对比

- 青色—红色：第1个滑杆的范围是从【青色】到【红色】。
- 洋红—绿色：第2个滑杆的范围是从【洋红】到【绿色】。
- 黄色—蓝色：第3个滑杆的范围是从【黄色】到【蓝色】。
- 【保持亮度】：在调整颜色均衡时，可以使【保持亮度】复选框保持为选中状态，以确保亮度值不变。

视频讲座12-10：利用【色彩平衡】打造山谷里的黄昏氛围

案例分类：照片调色密技类
视频位置：配套光盘\movie\视频讲座
12-10：利用【色彩平衡】打造山谷里的黄昏氛围.avi

本例讲解的是如何利用【色彩平衡】命令打造山谷里的黄昏氛围。

PS 1 选择菜单栏中的【文件】|【打开】命令，打开【打开】对话框，选择配套光盘中的"调用素材\第12章\山谷.jpg"，如图12.79所示。

PS 2 在【图层】面板中，单击面板底部的【创建新的填充或调整图层】按钮 ⬤，在弹出的菜单中选择【色彩平衡】命令，图层如图12.80所示。

图12.79 打开图像　　图12.80 添加调整图层

PS 3 选择【色调】为【中间调】，将其数值更改为偏红色63，偏洋红色-41，偏黄色-40，如图12.81所示。这样就完成了最终效果，如图12.82所示。

图12.81 调整数值　　图12.82 最终效果

12.4.4 【通道混合器】命令

使用【通道混合器】命令可以使用当前图像的颜色通道的混合器来修改图像的颜色通道，达到修改图像颜色的目的。

选择要应用该命令的图像，然后执行菜单栏中的【图像】|【调整】|【通道混合器】命令，打开【通道混合器】对话框。应用【通道混合器】命令调整图像的前后效果对比如图12.83所示。

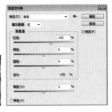

图12.83 调整图像的前后效果对比

- 【预设】：从右侧的下拉列表中，可以选择一个预设的通道混合器颜色调整。
- 【输出通道】：指定要调整的通道。从右侧的下拉列表中，选择一个调整的通道，不同的颜色模式显示的通道效果将不同。

- 【源通道】：通过拖动不同的颜色滑块，可以调整该颜色在图像中的颜色成分。对图像的颜色进行调整。
- 【常数】：拖动滑块或在文本框中输入数值，可以改变当前指定通道的不透明度。当值为负值时，通道的颜色偏向黑色；当值为正值时，通道的颜色偏向白色。
- 【单色】：选中该复选框，可以将彩色图像转换成灰色图像，即图像中只包含灰度值。

视频讲座12-11：利用【通道混合器】打造秋日效果

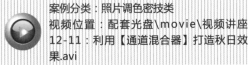

案例分类：照片调色密技类
视频位置：配套光盘\movie\视频讲座12-11：利用【通道混合器】打造秋日效果.avi

本例讲解的是如何利用【通道混合器】打造秋日效果。

PS 1 选择菜单栏中的【文件】|【打开】命令，打开【打开】对话框，选择配套光盘中的"调用素材\第12章\山头.jpg"，如图12.84所示。

图12.84 打开图像

PS 2 在【图层】面板中，单击面板底部的【创建新的填充或调整图层】按钮，在弹出的菜单中选择【通道混合器】命令，再在【属性】面板中选择【输出通道】为【红】，将其数值更改为【红色】200%，如图12.85所示。

PS 3 选择【输出通道】为【绿】，将【蓝色】数值更改为-4%，如图12.86所示。

图12.85 更改【红】

图12.86 更改【蓝】

PS 4 这样就完成了最终效果，如图12.87所示。

图12.87 最终效果

视频讲座12-12：【颜色查找】打造非主流花朵

案例分类：照片调色密技类
视频位置：配套光盘\movie\视频讲座
12-12：【颜色查找】打造非主流花朵.avi

本例讲解的是如何利用【颜色查找】命令打造非主流花朵效果。

PS 1 执行菜单栏中的【文件】|【打开】命令，打开【打开】对话框，选择配套光盘中的"调用素材\第12章\牵牛花.jpg"，如图12.88所示。

PS 2 执行菜单栏中的【图像】|【调整】|【颜色查找】命令，弹出【颜色查找】对话框，如图12.89所示。

图12.88 打开的图像

图12.89 【颜色查找】对话框

PS 3 在【3DLUT文件】的下拉列表中选择【2Strip.look】文件，如图12.90所示。

PS 4 这样就完成了效果制作，最终效果如图12.91所示。

图12.90 选择文件

图12.91 最终效果

12.4.5 【反相】命令

执行菜单栏中的【图像】|【调整】|【反相】命令，可使图像反相，将它变成初始图像的负片：所有的黑色值变为白色值，所有的白色值变为黑色值，所有的颜色都转化成它们的互补色。像素值是在0～255的范围内进行反相。数值为0的像素会变为255，数值为10的像素变为245等。可以反相一个选区或整幅图像；如果没有选择任何区域，就反相整个图像。应用【反相】命令调整图像的前后效果对比如图12.92所示。

技巧

按Ctrl + I组合键可以快速应用【反相】命令。

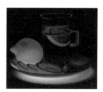

图12.92 调整图像的前后效果对比

视频讲座12-13：利用【反相】制作蓝紫色调

案例分类：照片调色密技类
视频位置：配套光盘\movie\视频讲座
12-13：利用【反相】制作蓝紫色调.avi

本例讲解的是如何利用【反相】命令制作出紫色调的效果。

PS 1 选择菜单栏中的【文件】|【打开】命令，打开【打开】对话框，选择配套光盘中的"调用素材\第12章\小花朵.jpg"，如图12.93所示。

PS 2 在【图层】面板中选中【背景】图层，将其拖动至图层下方的【创建新图层】按钮上，将其复制一个图层拷贝，如图12.94所示。

图12.93 打开图像　　　图12.94 复制图层

图12.99 调整图像的前后效果对比

PS 3 选择【背景 拷贝】图层，如图12.95所示，再选择菜单栏中的【图像】|【调整】|【反相】命令，反相效果如图12.96所示。

图12.95 选中图层　　　图12.96 反相效果

PS 4 选中【背景 拷贝】图层，将其图层混合模式更改为【色相】，【不透明度】更改为90%，如图12.97所示。这样就完成了最终效果的制作，如图12.98所示。

图12.97 更改混合模式　　　图12.98 最终效果

12.4.6 【可选颜色】命令

　　使用可选颜色可以对图像中指定的颜色进行校正，以调整图像中不平衡的颜色，该命令的最大好处是可以单独调整某一种颜色，而不影响其他的颜色。特别适合CMYK色彩模式的图像调整。

　　选择要应用该命令的图像，然后执行菜单栏中的【图像】|【调整】|【可选颜色】命令，打开【可选颜色】对话框。应用【可选颜色】命令调整图像的前后效果对比如图12.99所示。

- 【颜色】：指定要修改的颜色。可以从右侧的下拉列表中指定一种要修改的颜色，并可以拖动下方的颜色滑块，来修改颜色值。

- 【方法】：设置相对还是绝对修改颜色值。选中【相对】单选按钮，表示修改时相对于原来的值进行修改，比如原图像中现有的青色为50%，如果增加了10%，那么实际增加的青是5%，即增加了55%的青；选中【绝对】单选按钮，使用绝对值进行修改，比如原图像中有的青色为50%，如果增加了10%，那么增加后的青色就是60%。

视频讲座12-14：利用【可选颜色】调出浓艳花朵

案例分类：照片调色密技类
视频位置：配套光盘\movie\视频讲座12-14：利用【可选颜色】调出浓艳花朵.avi

　　本例讲解的是如何利用【可选颜色】命令调出浓艳花朵效果。

PS 1 选择菜单栏中的【文件】|【打开】命令，打开【打开】对话框，选择配套光盘中的"调用素材\第12章\荷花.jpg"，如图12.100所示。

PS 2 在【图层】面板中单击面板底部的【创建新的填充或调整图层】按钮 ，在弹的菜单中选择【可选颜色】命令，图层如图12.101所示。

图12.100 打开图像　　　图12.101 添加调整图层

PS 3 选择【颜色】为【红色】，将其数值更改为【青色】-100%，【洋红】100%，如图12.102所示。选择【颜色】为【黄色】，将其数值更改为【洋红】-100%，【黄色】100%，【黑色】100%，如图12.103所示。

图12.102 调整【红色】　　图12.103 调整【黄色】

PS 4 选择【颜色】为【白色】，将其数值更改为【洋红】100%，如图12.104所示。选择【颜色】为【中性色】，将其数值更改为【洋红】-20%，【黄色】11%，【黑色】13%，如图12.105所示。

图12.104 调整【白色】　图12.105 调整【中性色】

PS 5 这样就完成了最终效果，如图12.106所示。

图12.106 最终效果

12.4.7 【变化】命令

【变化】命令提供了一种简单而快捷的方法：利用缩小的图像预览，快速地调整高亮区、中间色调区和阴影区，这是调整图像色调最直观的途径。但是这种方法不能准确地调整图像区域的颜色或灰度值。虽然可单击缩览图使高亮区、中间色调区或阴影区更暗或更亮，但不能指定精确的亮度或暗度值（正如使用【色阶】和【曲线】命令一样）。

选择要进行变化调整的图像后，执行菜单栏中的【图像】|【调整】|【变化】命令，打开【变化】对话框。

应用【变化】命令调整图像的前后效果对比如图12.107所示。

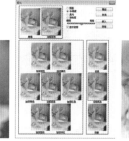

图12.107 【变化】命令调整图像的前后效果对比

> **提示** ❓
>
> 单击缩览图所产生的效果是累积的，（如单击两次【加深青色】缩览图，将应用两次调整）。在每单击一个缩览图时，其他缩览图都会发生变化。

【变化】对话框中各选项的含义说明如下。

- 【阴影】、【中间色调】、【高光】：选择合适的缩览图，调整【高光】、【中间色调】和【暗调】。
- 【饱和度】：选择该单选按钮，此时对话框的中间出现【低饱和度】和【高饱和度】的样本，单击这些缩览图可调整图像的饱和度。
- 【显示剪贴板】：该选项可将灰度图像区域转变为白色颜色图像，如果上调使图像更亮或下调使图像更暗，就会使该区域最终成为纯白或纯黑色（在彩色图像中【显示剪贴板】选项可将图像区域转变为中等颜色）。

- 【精细/粗糙】：【精细/粗糙】滑块允许在单击【高光】、【中间色调】和【暗调】单选按钮时指定亮度的变化程度。将滑块向右拖动，即向【粗糙】方向拖动时，较亮的像素与较暗的像素间的差别变大；将滑块向左拖动，即向【精细】方向移动时，这个差别变小。

- 【原稿】：该缩览图显示调整之前的原始图像。当修改图像后，如果想恢复到原始图像效果，单击该缩览图即可。

- 【较亮】、【当前挑选】、【较暗】：要使图像更亮或更暗，可单击标有【较亮】或【较暗】的缩览图，接着在【当前挑选】的缩览图中就会显示调整的效果。

视频讲座12-15：应用【变化】命令快速为黑白图像着色

案例分类：照片调色密技类
视频位置：配套光盘\movie\视频讲座12-15：应用【变化】命令快速为黑白图像着色.avi

【变化】命令提供了一种简单而快捷的方法：利用缩小的图像预览，快速地调整高亮区、中间色调区和阴影区，这是调整图像色调最直观的途径。但是这种方法不能准确地调整图像区域的颜色或灰度值。虽然可单击缩览图使高亮区、中间色调区或阴影区更暗或更亮，但不能指定精确的亮度或暗度值（正如使用【色阶】和【曲线】命令一样）。

PS 1 打开配套光盘中"调用素材/第12章/森林.jpg"图片，如图12.108所示。

PS 2 执行菜单栏中的【图像】|【调整】|【变化】命令，打开【变化】对话框，单击一次【加深黄色】和【加深红色】，如图12.109所示。

图12.108 打开的图片

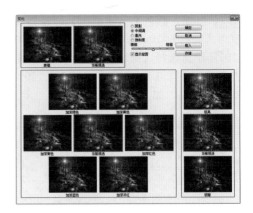

图12.109 【变化】对话框

提示 ?

单击缩览图所产生的效果是累积的，如单击两次【加深青色】缩览图，将应用两次调整。在每单击一个缩览图时，其他缩览图都会发生变化。

PS 3 如果想改变，还可以单击其他的调整，单击【确定】按钮，即可快速为黑白照片着色，如图12.110所示。

图12.110 着色效果

视频讲座12-16：使用【匹配颜色】命令匹配图像

案例分类：照片调色密技类
视频位置：配套光盘\movie\视频讲座12-16：使用【匹配颜色】命令匹配图像.avi

匹配颜色命令可以让多个图像、多个图层，或者多个颜色选区的颜色一致。这在使不同照片外观一致时，以及当一个图像中特殊元素外观必须匹配另一图像元素颜色时非常有用。匹配颜色命令也可以通过改变亮度、颜色范围及消除色偏来调整图像中的颜色。该命令仅工作于RGB模式。

PS 1 使用一个图像的颜色匹配另一图像颜色，需要在Photoshop中打开想匹配颜色的多个图像文件，然后选定目的图像，即被其他图像颜色替换的那个图像。打开配套光盘中"调用素材/第12章/目标图像.jpg和源图像.jpg"图片，如图12.111所示。

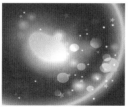

目标图像　　　　　源图像

图12.111 打开的两个图片

PS 2 选定"目标图像"文档窗口，执行菜单栏中的【图像】|【调整】|【匹配颜色】命令，打开【匹配颜色】对话框，在【源】右侧的下拉菜单中选择【源图像.jpg】选项，并设置【明亮度】为150，【颜色强度】为75，【渐隐】为50，如图12.112所示。单击【确定】按钮，完成颜色匹配，最终效果如图12.113所示。

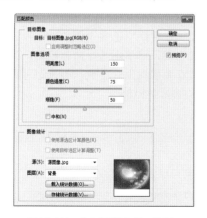

图12.112 【匹配颜色】对话框

图12.113 匹配颜色效果

【匹配颜色】对话框中各选项含义说明如下。

- 【目标】：显示目标图像文档，即要应用【匹配颜色】命令的文档。如果当前文档中带有选区，选中【应用调整时忽略选区】复选框，则匹配颜色将对所有图像应用匹配颜色命令；否则将只对选区内的图像应用匹配颜色。

- 【明亮度】：拖动滑块，可以调整图像的明亮程度。向右拖动图像变亮；向左拖动图像变暗。

- 【颜色强度】：拖动滑块，可以调整图像颜色的强度。向右拖动图像的颜色加强；向左拖动图像的颜色减弱。

- 【渐隐】：如果调整渐隐滑块，则可以控制该效果最终应用到图像的总量。值越大，图像效果应用的量越少。

- 【使用源选区计算颜色】：只有当源文档中带有选区时，此项才可以应用。选中该复选框，将使用源选区中的颜色对目标图像进行颜色匹配。

- 【使用目标选区计算调整】：选中该复选框，将使用目标选区中的颜色对当前文档进行颜色匹配。

- 【源】：在右侧的下拉列表中，选择源图像进行颜色匹配。如果源图像为分层文件，还可以通过【图层】右侧的下拉列表，选择某个层进行颜色匹配。

- 【预览】：显示源图像的缩览图。

提示

如果要匹配同一个图像中不同的两个图层之间的颜色，可在【图层】面板中选择后，打开【匹配颜色】对话框，在【源】下拉列表中选择源图像（此时的源图像与目标图像是同一个图像），在【图层】下拉列表中选择要匹配其颜色的图层，再调整图像选项设置即可。

视频讲座12-17：使用【替换颜色】命令替换花朵颜色

案例分类：照片调色密技类
视频位置：配套光盘\movie\视频讲座12-17：使用【替换颜色】命令替换花朵颜色.avi

【替换颜色】命令可在特定的颜色区域上创建一个蒙版，允许在蒙版中的区域上改变色相、饱和度和亮度，下面以实例的形式来讲解【替换颜色】命令的使用。

PS 1 打开配套光盘中"调用素材/第12章/美丽花朵.jpg"图片。执行菜单栏中的【图像】|【调整】|【替换颜色】命令，打开【替换颜色】对话框，将光标放置在花朵上，单击鼠标进行取样，如图12.114所示。

PS 2 在【替换颜色】对话框中拖动【颜色容差】滑块，可以在蒙版内扩大或缩小颜色范围，设置【颜色容差】的值为118，【色相】的值为61，【饱和度】的值为19，如图12.115所示。

图12.114 颜色取样　　图12.115 参数设置

PS 3 此时，在文档窗口中，可以看到花朵替换颜色的效果，可以看出，有些区域并没有被替换，单击【添加到取样】按钮，在没有替换掉的颜色上单击鼠标，以添加颜色取样，如图12.116所示。

PS 4 同样的方法可以添加其他没有替换的颜色，可以配合【颜色容差】来修改颜色范围，通过【色相】、【饱和度】和【明度】修改替换后的效果，完成颜色的替换，最终效果如图12.117所示。

图12.116 添加到取样　图12.117 最终颜色替换效果

12.5 应用特殊颜色效果

执行菜单栏中的【图像】|【调整】子菜单中的【渐变映射】、【反相】、【色调均化】、【阈值】和【色调分离】命令，可以十分轻松地创建特殊的图像效果。

12.5.1 【黑白】命令

【黑白】命令主要用来处理黑白图像，创建各种风格的黑白效果，这是一个非常特别的命令，比去色处理的黑白照片有更大的灵活性和可编辑性，它可以利用通道颜色对图像进行黑白的调整。还可以通过简单的色调应用，将彩色图像或灰色图像处理成单色图像。

选择要进行黑白处理的图像，然后执行菜单栏中的【图像】|【调整】|【黑白】命令，打开【黑白】对话框，对图像进行设置。

应用【黑白】命令调整图像的前后效果对比如图12.118所示。

图12.118 应用【黑白】命令调整图像前后对比

- 【预设】：可以从右侧的下拉列表中，选择一个预设的处理黑白图像的方式。

- 颜色调整：通过拖动各颜色滑块，可以调整当前颜色在图像中的所占比重。

- 【色调】：选中该复选框，可以将当前图像转换为单一色彩的图像，并可以通过【色相】和【饱和度】参数来修改图像的颜色和饱和程度。

视频讲座12-18：使用【黑白】命令快速将彩色图像变单色

案例分类：照片调色密技类
视频位置：配套光盘\movie\视频讲座12-18：使用【黑白】命令快速将彩色图像变单色.avi

【黑白】滤镜主要用来处理黑白图像，创建各种风格的黑白效果，这是一个非常特别的滤镜工具，比去色处理的黑白照片具有更大的灵活性和可编辑性，它可以利用通道颜色对图像进行黑白图像的调整。还可以通过简单的色调应用，将彩色图像或灰色图像处理成单色图像。

PS 1 打开配套光盘中"调用素材/第12章/露珠.jpg"图片，如图12.119所示。

PS 2 执行菜单栏中的【图像】|【调整】|【黑白】命令，打开【黑白】对话框，选中【色调】复选框，设置【色相】为50，如图12.120所示。

技巧

按Alt + Shift + Ctrl + B组合键可以快速打开【黑白】对话框。

图12.119 打开的图片 图12.120 【黑白】对话框

PS 3 单击【确定】按钮，完成彩色图像变单色图像的处理，处理完成的效果如图12.121所示。

图12.121 完成效果

12.5.2 【照片滤镜】命令

最新的【照片滤镜】命令模拟一个有色滤镜放在相机前面的技术调整色彩平衡，颜色程度透过镜片的光传输。执行菜单栏中的【图像】|【调整】|【照片滤镜】命令，打开【照片滤镜】对话框。

如图12.122所示为给照片使用【冷却滤镜（82）】，【浓度】设置为40%的前后效果对比。

图12.122 图像应用照片滤镜前后效果对比

- 【使用】：指定照片滤镜使用的颜色。可以在【滤镜】下拉列表中选择一种预设颜色。也可以单击【颜色】右侧的颜色块，打开【拾色器】对话框自定义一种颜色来调整图像。

- 【浓度】：设置当前颜色应用到图像的总量。值越大，应用的颜色越浓、越重。

- 【保留明度】：选中该复选框，在应用滤镜时，可以保持图像的亮度。

视频讲座12-19：利用【照片滤镜】打造复古色调

案例分类：照片调色密技类
视频位置：配套光盘\movie\视频讲座12-19：利用【照片滤镜】打造复古色调.avi

本例讲解的是如何利用【照片滤镜】打造复古色调。

PS 1 选择菜单栏中的【文件】|【打开】命令，打开【打开】对话框，选择配套光盘中的"调用素材\第12章\冬日小湖.jpg"，如图12.123所示。

PS 2 在【图层】面板中单击面板底部的【创建新的填充或调整图层】按钮 ⚫，在弹出的菜单中选择【照片滤镜】命令，再在【属性】面板中选择【深黄】，将其【浓度】更改为78%，单击【确定】按钮，如图12.124所示。

图12.123 打开的图像　图12.124 【属性】面板

PS 3 选择【照片滤镜1】调整图层，将其【不透明度】更改为89%，这样就完成了最终效果，如图12.125所示。

图12.125 最终效果

12.5.3 【色调分离】命令

使用【色调分离】命令可以减少彩色或灰阶图像中色调等级的数目。颜色数在【色调分离】对话框中设置，另外还取决于某一色调等级中的像素数。例如，如果把彩色图像的色调等级制定为6级，Photoshop CC就可以在图像中找出6个最通用的颜色，并将其他颜色强制与这6种颜色匹配。执行菜单栏中的【图像】|【调整】|【色调分离】命令，打开【色调分离】对话框。在【色阶】选项的文本框中可以输入2～255之间的数值。此数越小，图像中生成的等级就越少。

技巧

在【色调分离】对话框中，可以使用上下方向键来快速试用不同的色调等级数值。

应用【色调分离】命令调整图像的前后效果对比如图12.126所示。

图12.126 调整图像的前后效果对比

视频讲座12-20：利用【色调分离】制作绘画效果

案例分类：照片调色密技类
视频位置：配套光盘\movie\视频讲座12-20：利用【色调分离】制作绘画效果.avi

本例讲解的是【色调分离】命令制作秋日绘画效果。

PS 1 执行菜单栏中的【文件】|【打开】命令，打开【打开】对话框，选择配套光盘中的"调用素材\第12章\坝上草原.jpg"，如图12.127所示。

PS 2 执行菜单栏中的【图像】|【调整】|【色调分离】命令，弹出【色调分离】对话框，如图12.128所示。

图12.127 打开的图像　图12.128 【色调分离】对话框

PS 3 将【色阶】值更改为3，如图12.129所示。

PS 4 这样就完成了效果制作，最终效果如图12.130所示。

图12.129 更改数值　图12.130 最终效果

12.5.4 【阈值】命令

【阈值】命令可以将彩色或灰度图像转变为高对比度的黑白图像。执行菜单栏中的【图像】|【调整】|【阈值】命令后，打开【阈值】

对话框，该对话框允许设定【阈值色阶】的值，即黑白像素之间的分界线。所有比【阈值色阶】值亮或和它同样亮的像素都变为白色；而所有比【阈值色阶】值暗的像素都变为黑色。也可以直接拖动直方图下方的滑块来修改【阈值色阶】。

应用【阈值】命令调整图像的前后效果对比如图12.131所示。

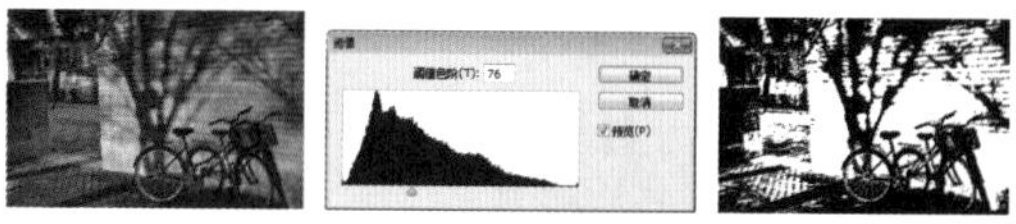

图12.131 调整图像的前后效果对比

在【阈值】对话框中可以看到1个直方图，用图解方式表示当前图像或选区中像素的亮度值。直方图中绘制了图像中每种色调等级的像素数目。较暗的值绘制在直方图中的左边，而较亮的值绘制在右边。

视频讲座12-21：利用【阈值】制作报纸插图效果

案例分类：照片调色密技类
视频位置：配套光盘\movie\视频讲座12-21：利用【阈值】制作报纸插图效果.avi

本例讲解的是如何利用【阈值】命令制作报纸插图效果。

PS 1 执行菜单栏中的【文件】|【打开】命令，打开【打开】对话框，选择配套光盘中的"调用素材\第12章\热带树.jpg"，如图12.132所示。

PS 2 执行菜单栏中的【图像】|【调整】|【阈值】命令，弹出【阈值】对话框，如图12.133所示。

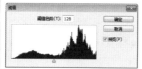

图12.132 打开的图像　图12.133 【阈值】对话框

PS 3 设置【阈值色阶】为160，如图12.134所示。

PS 4 这样就完成了效果制作，最终效果如图12.135所示。

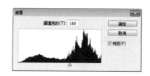

图12.134 设置【阈值】　图12.135 最终效果

12.5.5 【渐变映射】命令

渐变映射可以应用渐变重新调整图像，应用原始图像的灰度图像细节，加入所选渐变的颜色。

选择要进行渐变映射的图像后，执行菜单栏中的【图像】|【调整】|【渐变映射】命令，即可打开【渐变映射】对话框，对渐变映射进行详细的设置。

应用【渐变映射】命令调整图像的前后效果对比如图12.136所示。

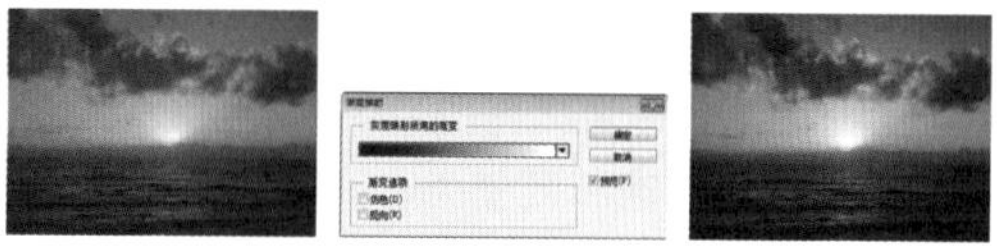

图12.136 调整图像的前后效果对比

- 【渐变映射所用的渐变】：通过单击下方的渐变条，打开【渐变编辑器】对话框，编辑需要的渐变。
- 【仿色】：选中该复选框，可以使渐变过渡更加均匀柔和。
- 【反向】：选中该复选框，可以将编辑的渐变前后颜色反转。比如编辑的渐变为黑到白渐变，选中该复选框后将变成白到黑渐变。

视频讲座12-22：利用【渐变映射】快速为黑白图像着色

案例分类：照片调色密技类
视频位置：配套光盘\movie\视频讲座12-22：利用【渐变映射】快速为黑白图像着色.avi

PS 1 打开配套光盘中"调用素材/第12章/小鸟.jpg"图片，如图12.137所示。

PS 2 执行菜单栏中的【图像】|【调整】|【渐变映射】命令，即可打开【渐变映射】对话框，选择"紫、橙渐变"，如图12.138所示。

图12.137 打开的图片　图12.138 【渐变映射】对话框

 PS 3　单击【确定】按钮，即可为图片着色，着色效果如图12.139所示。

图12.139 着色效果

12.5.6　【去色】命令

【去色】命令可以将图像中的彩色去除，将图像所有的颜色饱和度变为0，将彩色图片转换为灰色图像。它与【灰度】模式是不同的，【灰度】模式是模式的转换，在【灰度】模式下再没有彩色显现，去色只是将当前图像中的彩色去除，并不影响图像的模式，而且在当前文档中还可以利用其他工具绘制出彩色效果。

技巧

按Shift+Ctrl+U组合键可以快速应用【去色】命令。

应用【去色】命令调整图像的前后效果对比如图12.140所示。

图12.140 调整图像的前后效果对比

视频讲座12-23：利用【去色】命令制作淡雅照片

案例分类：照片调色密技类
视频位置：配套光盘\movie\视频讲座12-23：利用【去色】命令制作淡雅照片.avi

本例讲解的是如何利用【去色】命令制作淡雅照片效果。

PS 1　执行菜单栏中的【文件】|【打开】命令，打开【打开】对话框，选择配套光盘中的"调用素材\第12章\小草花朵.jpg"，如图12.141所示。

PS 2　选中【背景】图层，按Ctrl+J复制一个新图层，如图12.142所示。

图12.141 打开的图像　　图12.142 复制图层

PS 3　执行菜单栏中的【图像】|【调整】|【去色】命令，这时图像效果如图12.143所示。

PS 4　选中【图层1】图层，将其图层混合模式更改为【变暗】，如图12.144所示。

图12.143 去色效果　图12.144 更改混合模式

PS 5　这样就完成了效果制作，最终效果如图12.145所示。

图12.145 最终效果

视频讲座12-24：利用【色调均化】打造亮丽风景图像

案例分类：照片调色密技类
视频位置：配套光盘\movie\视频讲座12-24：利用【色调均化】打造亮丽风景图像.avi

本例讲解的是如何利用【色调均化】命令打造亮丽风景图像效果。

完全掌握Photoshop CC超级手册

PS 1 执行菜单栏中的【文件】|【打开】命令，打开【打开】对话框，选择配套光盘中的"调用素材\第12章\壮美风景.jpg"，如图12.146所示。

PS 2 执行菜单栏中的【图像】|【调整】|【色调均化】命令，这样就完成了效果制作，最终效果如图12.147所示。

图12.146 打开图像　　　　图12.147 最终效果

第13章 神奇的滤镜特效

〔内容摘要〕

滤镜是Photoshop CC非常强大的工具，它能够在强化图像效果的同时遮盖图像的缺陷，并对图像效果进行优化处理，制作出炫丽的艺术作品。在Photoshop CC软件中根据不同的艺术效果，共有100多种滤镜命令，另外还提供了特殊滤镜和一个作品保护滤镜组。本章首先讲解了滤镜的应用技巧及注意事项，并讲解了滤镜库的使用方法，然后讲解特殊滤镜的使用，风格化、画笔描边、模糊、扭曲、锐化、视频、素描、纹理、像素化、渲染、艺术效果、杂色、其他和Digimarc（作品保护）滤镜组的使用，对滤镜组中的每个滤镜进行了详细的介绍，并结合不同的滤镜以案例的形式讲解了该滤镜在实战中的应用技巧。通过本章的学习，读者应该能够掌握如何使用滤镜来为图像添加特殊效果，这样才能真正掌握滤镜的使用，创作出令人称赞的作品。

〔教学目标〕

- 了解滤镜的应用技巧及注意事项
- 掌握滤镜库的使用
- 掌握特殊滤镜的使用
- 掌握各种滤镜命令的使用

13.1 滤镜的整体把握

滤镜是Photoshop CC中最强大的功能，但在使用上也需要有整体的把握能力，需要注意滤镜的使用规则及注意事项。

13.1.1 滤镜的使用规则

Photoshop CC为用户提供了上百种滤镜，都放置在【滤镜】菜单中，而且各有不同的作用。在使用滤镜时，注意以下几个技巧。

① 使用滤镜

要使用滤镜，首先在文档窗口中指定要应用滤镜的文档或图像区域，然后执行【滤镜】菜单中的相关滤镜命令，打开当前滤镜对话框，对该滤镜进行参数的调整，然后确认即可应用滤镜。

② **重复滤镜**

当执行完一个滤镜操作后，在【滤镜】菜单的第一行将出现刚才使用的滤镜名称，选择该命令，或按Ctrl + F组合键，可以以相同的参数再次应用该滤镜。如果按Alt + Ctrl + F组合键，则会重新打开上一次执行的滤镜对话框。

③ **复位滤镜**

在滤镜对话框中，经过修改后，如果想复位当前滤镜到打开时的设置，可以按住Alt键，此时该对话框中的【取消】按钮将变成【复位】按钮，单击该按钮可以将滤镜参数恢复到打开该对话框时的状态。

④ **滤镜效果预览**

在所有打开的【滤镜】命令对话框中，都有相同的预览设置。比如执行菜单栏中的【滤镜】|【风格化】|【扩散】命令，打开【扩散】对话框，如图13.1所示。

图13.1 【扩散】对话框

- 【预览窗口】：在该窗口中，可以看到图像应用滤镜后的效果，以便及时的调整滤镜参数，达到满意效果。当图像的显示大于预览窗口时，在预览窗口中拖动鼠标，可以移动图像的预览位置，以查看不同图像位置的效果。
- 【缩小】 ：单击该按钮，可以缩小预览窗口中的图像显示区域。
- 【放大】 ：单击该按钮，可以放大预览窗口中的图像显示区域。
- 【缩放比例】：显示当前图像的缩放比例值。当单击【缩小】或【放大】按钮时，该值将随着变化。

- 【预览】：选中该复选框，可以在当前图像文档中查看滤镜的应用效果，如果取消该对话框，则只能在对话框中的预览窗口中查看滤镜效果，当前图像文档中没有任何变化。

13.1.2 滤镜应用注意事项

- 如果当前图像中有选区，则滤镜只对选区内的图像作用；如果没有选区，滤镜将作用在整个图像上。如果想使滤镜与原图像更好地结合，可以将选区设置一定的羽化效果后再应用滤镜效果。
- 如果当前的选择为某一层、某一单一的色彩的通道或Alpha通道，滤镜只对当前的图层或通道起作用。
- 有些滤镜的使用会很费内存，特别是应用在高分辨率的图像。这时可以先对单个通道或部分图像使用滤镜，将参数设置记录下来，然后再对图像使用该滤镜，避免重复无用的操作。
- 位图是由像素点构成的，滤镜的处理也是以像素为单位，所以滤镜的应用效果和图像的分辨率有直接的关系，不同分辨率的图像应用相同的滤镜和参数设置，产生的效果可能会不相同。
- 在位图、索引颜色和16位或32位的色彩模式下不能使用滤镜。另外，不同的颜色模式下也会有不同的滤镜可用，有些模式下的部分滤镜是不能使用的。
- 使用【历史记录】面板配合【历史记录画笔工具】可以对图像的局部应用滤镜效果。
- 在使用相关的滤镜对话框时，如果不想应用该滤镜效果，可以按Esc键关闭当前对话框。
- 如果已经应用了滤镜，可以按Ctrl + Z组合键撤销当前的滤镜操作。
- 一个图像可以应用多个滤镜，但应用滤镜的顺序不同，产生的效果也会不同。

13.1.3 普通滤镜与智能滤镜

在Photoshop中，普通滤镜是通过修改像素来生成效果的，如果保存图像并关闭，就无法将图像恢复为原始状态了，如图13.2所示。

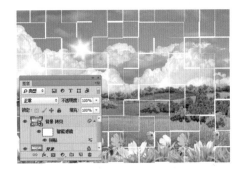

滤镜效果隐藏，如将它删除，图像恢复原始效果，如图13.3所示。

图13.2 普通滤镜

智能滤镜是一种非破坏性的滤镜，其滤镜效果应用于智能对象上，不会修改图像的原始数据。单击智能滤镜前面的眼睛图标，可将

图13.3 智能滤镜

13.2 特殊滤镜的使用

Photoshop CC的特殊滤镜较以前的版本有较大改变，去除了图案生成器和抽出功能，保留了液化和消失点滤镜，同时又添加了镜头校正功能，下面来讲解这些特殊滤镜的使用。

13.2.1 使用滤镜库

【滤镜库】是一个集中了大部分滤镜效果的集合库，它将滤镜作为一个整体放置在该库中，利用【滤镜库】可以对图像进行滤镜操作。这样很好地避免了多次单击滤镜菜单，选择不同滤镜的繁杂操作。执行菜单栏中的【滤镜】|【滤镜库】命令，即可打开如图13.4所示的【滤镜库】对话框。

图13.4 【滤镜库】对话框

❶ 预览区

在【滤镜库】对话框的左侧，是图像的预览区，如图13.5所示。通过该区域可以完成图像的预览效果。

图13.5 预览区

- 【图像预览】：显示当前图像的效果。
- 【放大】：单击该按钮，可以放大图像预览效果。
- 【缩小】：单击该按钮，可以缩小图像预览效果。
- 【缩放比例】：单击该区域，可以打开缩放菜单，选择预设的缩放比例。如果选择【实际像素】，则显示图像的实际大小；选择【符合视图大小】则会根据当前对话框的大小缩放图像；选择【按屏幕大小缩放】则会满屏幕显示对话框，并缩放图像到合适的尺寸。

② **滤镜和参数区**

在【滤镜库】的中间显示了6个滤镜组，如图13.6所示。单击滤镜组名称，可以展开或折叠当前的滤镜组。展开滤镜组后，单击某个滤镜命令，即可将该命令应用到当前的图像中，并且在对话框的右侧显示当前选择滤镜的参数选项，还可以从右侧的下拉列表框中选择各种滤镜命令。

在【滤镜库】右下角显示了当前应用在图像上的所有滤镜列表。单击【新建效果图层】按钮，可以创建一个新的滤镜效果，以便增加更多的滤镜。如果不创建新的滤镜效果，每次单击滤镜命令，会将刚才的滤镜替换掉，而不会增加新的滤镜命令。选择一个滤镜，然后单击【删除效果图层】按钮，可以将选择的滤镜删除掉。

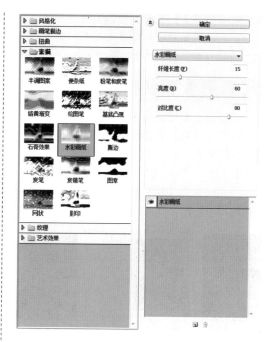

图13.6 滤镜和参数区

13.2.2 自适应广角

【自适应广角】可轻松拉直全景图像或使用鱼眼或广角镜头拍摄的照片中的弯曲对象。运用个别镜头的物理特性自动校正弯曲。【自适应广角】也是Photoshop CC加入的新功能。

执行菜单栏中的【滤镜】|【自适应广角】命令，打开【自适应广角】对话框。在预览操作图中绘制出一条操作线，通过拖动圆形或方形的白色控制点可进行广角调整。

原图与使用【自适应广角】命令后的对比效果如图13.7所示。

图13.7 原图与使用【自适应广角】命令后的对比效果

- 【校正】：单击 ▼ 在下拉菜单中选择投影模型。
- 【缩放】：缩放指定图像的比例。
- 【焦距】：指定焦距。
- 【裁剪因子】：指定裁剪因子。

- 【细节】：鼠标放置预览操作区时，按照指针的移动在细节显示区可查看图像操作细节。

13.2.3 镜头校正

该滤镜主要用来修复常见的镜头瑕疵，如桶形或枕形失真、晕影和色差等拍摄出现的问题。执行菜单栏中的【滤镜】|【扭曲】|【镜头校正】命令，打开【镜头校正】对话框。

原图与使用【镜头校正】命令后的对比效果如图13.8所示。

图13.8 原图与使用【镜头校正】后的对比效果

- 【设置】：从右侧的下拉菜单中，可以选取一个预设的设置选项。选择【镜头默认值】选项，可以以默认的相机、镜头、焦距和光圈组合进行设置。选择【上一校正】选项，可以使用上一次镜头校正时使用的相关设置。
- 【移去扭曲】：用来校正镜头枕形和桶形失真效果。向左拖动滑块，可以校正枕形失真；向右拖动滑块，可以校正桶形失真。另外，通过【边缘】选项，可以处理因失真生成的空白图像边缘。
- 【色差】：校正因失真产生的色边。【修复红/青边】选项，可以调整红色或青色的边缘，利用补色原理修复红边或青边效果。同样【修复蓝/黄边】选项，可以调整蓝色或红色边缘。
- 【晕影】：用来校正由于镜头缺陷或镜头遮光产生的较亮或较暗的边缘效果。【数量】选项用来调整图像边缘变亮或变暗的程度；【中点】选项用来设置【数量】滑块受影响的区域范围，值越小，受到的影响就越大。
- 【垂直透视】：用来校正相机由于向上或向下倾斜而导致的图像透视变形效果，可以使图像中的垂直线平行。

- 【水平透视】：用来校正相机由于向左或向右倾斜而导致的图像透视变形效果，可以使图像中的水平线平行。
- 【角度】：通过拖动转盘或输入数值以校正倾斜的图像效果。也可以使用【拉直工具】进行校正。
- 【比例】：向前或向后调整图像的比例，主要移去由于枕形失真、透视或旋转图像而产生的图像空白区域，不过图像的尺寸不会发生改变。放大比例将导致多余的图像被裁剪掉，并使差值增大到原始像素尺寸。

13.2.4 液化

使用【液化】滤镜的相关工具在图像上拖动或单击，可以扭曲图像进行变形处理。可以将图像看作一个液态的对象，对其进行推拉、旋转、收缩、膨胀等各种变形操作。执行菜单栏中的【滤镜】|【液化】命令，即可打开如图13.9所示的【液化】对话框。在对话框的左侧是滤镜的工具栏，显示【液化】滤镜的工具；中间位置为图像预览操作区，在此对图像进行液化操作并显示最终效果；右侧为相关的选项设置区。

图13.9 【液化】对话框

技巧

将鼠标指针移至预览区域中，按住空格键，可以使用抓手工具移动视图。

❶ 液化工具的使用

在【液化】对话框的左侧，系统为用户提供了12个工具，如图13.10所示。各个工具有不同的变形效果，利用这些工具可以制作出神奇有趣的变形效果。下面来讲解这些工具的使用方法及技巧。

图13.10 工具栏

- 【向前变形工具】🐾：使用该工具在图像中拖动，可以将图像向前或向后进行推拉变形。如图13.11所示为原图与变形后的图像效果。在部分水果上向外拖动鼠标，将水果变大。

使用【向前变形工具】拖动变形时，如果一次拖动不能达到满意的效果，可以多次单击或拖动来修改，以达到目的。

图13.11 变换图像前后对比效果

- 【重建工具】🖌️：使用该工具在变形图像上拖动，可以将鼠标经过处的图像恢复为使用变形工具变形前的状态。
- 【平滑工具】🖌️使用该工具可以将部分褶皱的图像变平滑。
- 【顺时针旋转扭曲工具】🌀：使用该工具在图像上按住鼠标不动或拖动鼠标，可以将图像进行顺时针变形；如果在按住鼠标不动或拖动鼠标变形时，按住Alt键，则可以将图像进行逆时针变形。原图与使用【顺时针旋转扭曲工具】变形效果如图13.12所示。

图13.12 顺时针旋转扭曲工具变形效果

- 【褶皱工具】🔅：使用该工具在图像上按住鼠标不动或拖动鼠标，可以使图像产生收缩效果。它与【膨胀工具】变形效果正好相反。
- 【膨胀工具】🔷：使用该工具在图像上按住鼠标不动或拖动鼠标，可以使图像产生膨胀效果。它与【褶皱工具】变形效果正好相反。

原图和分别使用【褶皱工具】和【膨胀工具】对小狗狗眼睛按住鼠标不动图像收缩和膨胀的效果，如图13.13所示。

图13.13 原图、收缩和膨胀效果

- 【左推工具】❖：主要用来移动图像像素的位置。使用该工具在图像上向上拖动，可以将图像向左推动变形；如果向下拖动，则可以将图像向右推动变形；如果按住Alt键推动，将发生相反的效果。原图与向左推动图像效果如图13.14所示。

图13.14 原图与向左推动图像效果

- 【冻结蒙版工具】🖌️：使用该工具在图像上单击或拖动，将出现红色的冻结选区，该选区将被冻结，冻结的部分将不再受编辑的影响。

- 【解冻蒙版工具】：该工具用来将冻结的区域擦除，以解除图像区域的冻结。原图、冻结效果与擦除冻结效果如图13.15所示。

图13.15 原图、冻结与解冻效果

- 【抓手工具】：当放大到一定程度后，预览操作区中将不能完全显示图像时，利用该工具可以移动图像的预览位置。
- 【缩放工具】：在图像中单击或拖动，可以放大预览操作区中的图像。如果按住Alt键单击，可以缩小预览操作区中的图像。

② 预览操作区

预览操作区除了具了预览功能，还是进行图像液化的主要操作区，使用【液化】工具栏中的工具在操作区中的图像上编辑，即可对图像进行变形操作。

③ 选项设置区

在【液化】对话框的右侧是选项设置区，主要用来设置液化的参数，并分为4个小参数区：工具选项、重建选项、蒙版选项和视图选项。下面来分别讲解这4个小参数区中选项的应用。

工具选项区如图13.16所示，选项参数说明如下。

图13.16 工具选项

- 【画笔大小】：设置变形工具的笔触大小。可以直接在列表框中输入数值，也可以在打开的滑杆中拖动滑块来修改。
- 【画笔密度】：设置变形工具笔触的

作用范围，有些类似于【画笔工具】选项中的硬度。值越大，作用的范围就越大。

- 【画笔压力】：设置变形工具对图像变形的程度。画笔的压力值越大，图像的变形越明显。
- 【画笔速率】：设置变形工具对图像变形的速度。值越大，图像变形就越快。
- 【光笔压力】：如果安装数字绘图板，选中该复选框，可以起到光笔压力效果。

重建选项区如图13.17所示，选项参数说明如下。

图13.17 重建选项

- 【模式】：该项与工具选项区中的【重建模式】用法相同。详情可参考【重建模式】的内容。
- 【重建】：单击该按钮，可以重建所有未冻结图像区域，单击一次重建一部分。
- 【恢复全部】：单击该按钮，可以将整个图像不管是否冻结都将恢复到变形前的效果。类似于按Alt键的同时单击【复位】按钮。

技巧 !

要想将图像的变形效果全部还原，直接单击【恢复全部】按钮，图像便立刻恢复到原来的状态。

蒙版选项区如图13.18所示，选项参数说明如下。

图13.18 蒙版选项

- 选区和蒙版操作：该区域可以对图像预存的Alpha通道和图像选区及透明度进行运算，以制作冻结区域。用法与选区的操作相似。
- 【无】：单击该按钮，可以将蒙版去除，解冻所有冻结区域。

- 【全部蒙住】：单击该按钮，可以将图像所有区域创建蒙版冻结。
- 【全部反相】：单击该按钮，可以将当前冻结区变成未冻结区，而原来的未冻结区变成冻结区，以反转当前图像中的冻结与未冻结区。

视图选项区如图13.19所示，选项参数说明如下。

图13.19 视图选项

- 【显示图像】：选中该复选框，在预览操作区中显示图像。
- 【显示网格】：选中该复选框，将在预览操作区中显示辅助网格。可以在【网格大小】右侧的下拉列表中选择网格的大小；在【网格颜色】右侧的下拉列表中选择网格的颜色。
- 【显示蒙版】：选中该复选框，在预览操作区中将显示冻结区域，并可以在【蒙版颜色】右侧的下拉列表中指定冻结区域的显示颜色。
- 【显示背景】：默认情况下，不管图像有多少层，【液化】滤镜只对当前层起作用。如果想变形其他层，可以在【使用】右侧的下拉列表中指定分层图像的其他层。并可以为该层通过【模式】下拉列表来指定图层的模式，还可以通过【不透明度】来指定图像的不透明程度。

提示 ❓

载入和存储网格按钮，可以将当前图像的扭曲变形网格保存起来，应用到其他图像中去。设置好网格的扭曲变形后，单击【存储网格】按钮，打开【另存为】对话框，以*.msh格式的形式将其保存起来，如果后面的图像要引用该网格，可以单击【载入网格】命令，将其载入使用。

13.2.5 油画

使用【油画】滤镜可将图像转换为油画效果。执行菜单栏中的【滤镜】|【油画】命令，打开【油画】对话框。

原图与使用【油画】命令后的对比效果如图13.20所示。

图13.20 原图与使用【油画】命令后的对比效果

- 【样式化】：设置画笔描边的样式化。
- 【清洁度】：设置画笔描边的清洁度。
- 【缩放】：设置画笔描边的比例。
- 【硬毛刷细节】：设置画笔硬毛刷细节的丰富程度，该值越高，毛刷纹理越清晰。
- 【角方向】：设置光源的方向。
- 【闪亮】：设置反射的闪亮，可以提高纹理的清晰度，产生锐化效果。

13.2.6 消失点

【消失点】滤镜对带有规律性透视效果的图像，可以极大地加速和方便克隆复制操作。它还填补了修复工具不能修改透视图像的空白，可以轻松将透视图像修复。例如，建筑的加高、广场地砖的修复等。

选择要应用消失点的图像，执行菜单栏中的【滤镜】|【消失点】命令，打开如图13.21所示的【消失点】对话框。在对话框的左侧是消失点工具栏，显示了消失点操作的相关工具；对话框的顶部为工具参数栏，显示了当前工具的相关参数；工具参数栏的下方是工具提示栏，显示当前工具的相关使用提示；在工具提示下方显示的是预览操作区，在此可以使用相关的工具对图像进行消失点的操作，并可以预览到操作的效果。

图13.21 【消失点】对话框

视频讲座13-1：利用【消失点】处理透视图像

案例分类：软件功能类
视频位置：配套光盘\movie\视频讲座
13-1：利用【消失点】处理透视图像.avi

下面以一个实例来讲解【消失点】滤镜的使用方法和技巧。

PS 1 执行菜单栏中的【文件】|【打开】命令，或者按Ctrl＋O组合键，将弹出【打开】对话框，选择配套光盘中"调用素材/第13章/消失点.jpg"文件，将图像打开，如图13.22所示。从图中可以看到，在图片中有几只茶杯，而地板从纹理来看带有一定的透视性，如果使用前面讲过的修复或修补工具，是不能修复带有透视性的图像的，这里使用【消失点】滤镜来完成。

图13.22 打开的图像

PS 2 执行菜单栏中的【滤镜】|【消失点】命令，打开【消失点】对话框，在工具栏中确认选择【创建平面工具】 ，在合适的位置，单击鼠标确定平面的第1个点，然后沿地板纹理的走向单击确定平面的第2个点，如图13.23所示。

图13.23 绘制第1点和第2点

PS 3 使用【创建平面工具】继续创建其他两个点，注意创建点时的透视平面，创建第3点和第4点后，完成平面的创建，完成的效果如图13.24所示。

图13.24 创建平面

PS 4 创建平面网格后，可以使用工具栏中的【编辑平面工具】 ，对平面网格进行修改，可以拖动平面网格的4个角点来修改网格的透视效果，也可以拖动中间的4个控制点来缩放平面网格的大小。通过工具参数栏中的【网格大小】选项，可以修改网格的格子大小，值越大，格子也越大；通过【角度】选项，可以修改网格的角度。如图13.25所示为修改后的网格大小。

完全掌握Photoshop CC超级手册

图13.25 修改平面网格大小

PS 5 首先来看一下使用【选框工具】□修改图像的方法。在【消失点】对话框的工具栏中选择【选框工具】□，在图像的合适位置按住鼠标拖动绘制一个选区，可以看到绘制出的选区会根据当前平面产生透视效果。在工具参数栏中设置【羽化】的值为3，【不透明度】的值为100，【修复】设置为【开】，【移动模式】设置为目标，如图13.26所示。

图13.26 绘制矩形选区

提示   ?

在工具参数栏中，显示了该工具的相关参数，【羽化】选项可以设置图像边缘的柔和效果；【不透明度】选项可以设置图像的不透明程度，值越大越不透明；【修复】选项可以设置图像修复效果，选择【关】选项将不使用任何效果，选择【明亮度】选项将为图像增加亮度，选择【开】选项将使用修复效果；【移动模式】选项设置拖动选区时的修复模式，选择【目标】选项将使用选区中的图像复制到新位置，不过在使用时要辅助Alt键；选择【源】选项将使用源图像填充选区。

PS 6 这里要将选区中的图像覆盖茶杯，所以按住Alt键的同时拖动选区到茶碗位置，注意地板纹理的对齐，达到满意的效果后，释放鼠标即可，修复效果如图13.27所示。

图13.27 修复效果

PS 7 下面来讲解使用【图章工具】🔖修复图像的方法。连续按Ctrl + Z组合键，恢复刚才的选区修改前的效果，直到选区消失，效果如图13.28所示。

技巧   !

在【消失点】对话框中，按Ctrl + Z组合键，可以撤销当前的操作；按Ctrl + Shift + Z组合键，可以还原当前撤销的操作。

图13.28 撤销后的效果

PS 8 在工具栏中选择【图章工具】🔖，然后按住Alt键，在图像的合适位置单击，以提取取样图像，如图13.29所示。

图13.29 单击鼠标取样

PS 9 取样后释放辅助键移动鼠标,可以看到根据直径大小显示的取样图像,并且移动光标时,可以看到图像根据当前平面的透视产生不同的变形效果。这里注意地板纹理的对齐,然后按住鼠标拖动,即可将图像修复,修复完成后,单击【确定】按钮,即可完成对图像的修改。修复完成的效果如图13.30所示。

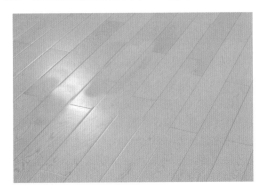

图13.30 修复后的效果

提示 ?

选择【图章工具】后,可以在工具参数栏中设置相关的参数选项。【直径】控制图章的大小,也可以直接按键盘中的"["和"]"键来放大或缩小图章。【硬度】用来设置图章的柔化程度;【不透明度】设置图章仿制图像的不透明程度;如果选中【对齐】复选框,可以以对齐的方式仿制图像。

13.3 风格化滤镜组

风格化滤镜组通过转换像素或查找并增加图像的对比度,创建生成绘画或印象派的效果。风格化滤镜组中包含查找边缘、等高线、风、浮雕效果、扩散、拼贴、曝光过度、凸出和照亮边缘9种滤镜效果,下面来分别进行详细讲解。

13.3.1 查找边缘

【查找边缘】滤镜主要用来搜索颜色像素对比度变化强烈的边界,将高反差区变亮,低反差区变暗,其他区域则介于这两者之间。强化边缘的过渡像素,产生类似彩笔勾画轮廓的素描图像效果。原图与使用【查找边缘】命令后的对比效果如图13.31所示。

 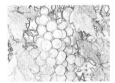

图13.31 原图与【查找边缘】对比效果

视频讲座13-2:利用【查找边缘】制作润滑背景

 案例分类:纹理与特效表现类
视频位置:配套光盘\movie\视频讲座
13-2:利用【查找边缘】制作润滑背景.avi

本例主要讲解利用【查找边缘】滤镜制作润滑背景效果。

PS 1 新建一个840×680像素,【分辨率】为300像素,【颜色模式】为RGB颜色,【背景内容】设置为白色的画布,如图13.32所示。

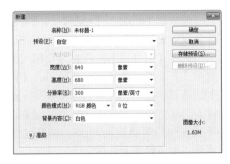

图13.32 新建文件

完全掌握Photoshop CC超级手册

272

PS 2 执行菜单栏中的【滤镜】|【杂色】|【添加杂色】命令，打开【添加杂色】对话框，设置【数量】的值为400%，选中【高斯分布】单选按钮。单击【确定】按钮确认，如图13.33所示。

图13.33 添加杂色

PS 3 执行菜单栏中的【滤镜】|【像素化】|【点状化】命令，打开【点状化】对话框，设置【单元格大小】的值为28。单击【确定】按钮确认，如图13.34所示。

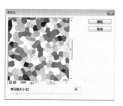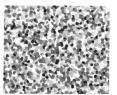

图13.34 【点状化】滤镜与效果

PS 4 执行菜单栏中的【滤镜】|【杂色】|【中间值】命令，打开【中间值】对话框，设置【半径】的值为17。单击【确定】按钮确认，如图13.35所示。

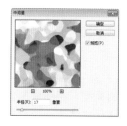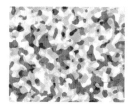

图13.35 【中间值】滤镜与效果

PS 5 执行菜单栏中的【滤镜】|【风格化】|【查找边缘】命令，为图像应用【查找边缘】滤镜以找出图像的边缘，如图13.36所示。

PS 6 执行菜单栏中的【图像】|【调整】|【色相/饱和度】命令，打开【色相/饱和度】对话框，选中【着色】复选框，设置【色相】的值为331，【饱和度】的值为64，【明度】的值为5。单击【确定】按钮确认，如图13.37所示。

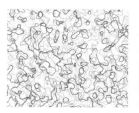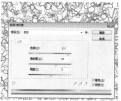

图13.36 查找边缘　图13.37 调整【色相/饱和度】

PS 7 最后再配上相关的装饰，完成本例的制作，完成效果如图13.38所示。

图13.38 完成效果

13.3.2 等高线

【等高线】滤镜可以查找主要亮度区域的轮廓，将其边缘位置勾画出轮廓线，以此产生等高线效果。执行菜单栏中的【滤镜】|【风格化】|【等高线】命令，可以打开【等高线】对话框。使用【等高线】命令后的对比效果如图13.39所示。

图13.39 【等高线】及效果

13.3.3 风

【风】滤镜通过在图像中添加一些小的方向线制作成起风的效果。执行菜单栏中的【滤镜】|【风格化】|【风】命令，打开【风】对话框。原图与使用【风】命令后的对比效果如图13.40所示。

图13.40 【风】及效果

13.3.4 浮雕效果

该滤镜主要用来制作图像的浮雕效果,它将整个图像转换成灰色图像,并通过勾画图像的轮廓,从而使图像产生凸起或凹陷以制作出浮雕效果。执行菜单栏中的【滤镜】|【风格化】|【浮雕效果】命令,打开【浮雕效果】对话框。原图与使用【浮雕效果】命令后的对比效果如图13.41所示。

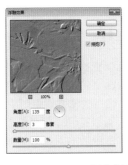

图13.41 【浮雕效果】及效果

13.3.5 扩散

该滤镜可以根据设置的选项移动像素的位置,使图像看起来像聚焦不足,产生油画或毛玻璃的分离模糊效果。执行菜单栏中的【滤镜】|【风格化】|【扩散】命令,打开【扩散】对话框。原图与使用【扩散】命令后的对比效果如图13.42所示。

图13.42 【扩散】及效果

13.3.6 拼贴

该滤镜可以根据设置的拼贴数,将图像分割成许多的小方块,通过最大位移的设置,让每个小方块之间产生一定的位移。执行菜单栏中的【滤镜】|【风格化】|【拼贴】命令,将打开【拼贴】对话框,这里将背景色设置为白色。原图与使用【拼贴】命令后的对比效果如图13.43所示。

图13.43 【拼贴】及效果

13.3.7 曝光过度

该滤镜将图像的正片和负片进行混合,将图像进行曝光处理,产生过度曝光的效果。执行菜单栏中的【滤镜】|【风格化】|【曝光过度】命令,即可对图像应用曝光过度滤镜。原图与使用【曝光过度】命令后的对比效果如图13.44所示。

图13.44 原图与【曝光过度】后的对比效果

13.3.8 凸出

该滤镜可以根据设置的类型,将图像制作成三维块状立体图或金字塔状立体图。执行菜单栏中的【滤镜】|【风格化】|【凸出】命令,打开【凸出】对话框。原图与使用【凸出】命令后的对比效果如图13.45所示。

图13.45 【凸出】及效果

视频讲座13-3：通过【凸出】表现三维特效

案例分类：纹理与特效表现类
视频位置：配套光盘\movie\视频讲座
13-3：通过【凸出】表现三维特效.avi

本例主要讲解通过【凸出】滤镜表现三维特效背景，制作出个性视觉效果。

PS 1 新建一个680×480像素，【分辨率】为150像素，【颜色模式】为RGB颜色，【背景内容】设置为白色的画布，如图13.46所示。

图13.46 新建文件

PS 2 选择工具箱中的【渐变工具】，设置颜色为从白色到灰色（C：53；M：44；Y：42；K：0）的径向渐变。从画布的中心向外拖动鼠标填充渐变，如图13.47所示。

图13.47 径向渐变

PS 3 单击【图层】面板下方的【创建新图层】按钮新建图层，如图13.48所示。选择工具箱中的【椭圆选框工具】，在画布中绘制一个正圆选区，如图13.49所示。

图13.48 新建图层 图13.49 绘制选区

PS 4 选择工具箱中的【渐变工具】，设置颜色为从白色到橘黄色（C：3；M：32；

Y：90；K：0）的径向渐变，从画布的中心向外拖动鼠标并填充渐变，如图13.50所示。

图13.50 添加渐变

PS 5 单击【图层】面板下方的【添加图层样式】fx按钮，在弹出的菜单中选择【内阴影】命令，打开【图层样式】|【内阴影】对话框。单击【确定】按钮确认，如图13.51所示。

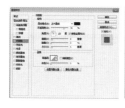

图13.51 内阴影参数设置与效果

PS 6 选中【斜面和浮雕】复选框，设置【样式】为外斜面，【方法】为雕刻清晰，【深度】为100%，【方向】为下，【大小】为25像素。单击【确定】按钮确认，如图13.52所示。

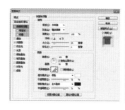

图13.52 斜面和浮雕参数设置与效果

PS 7 单击【图层】面板下方的【创建新图层】按钮新建图层，如图13.53所示。选择工具箱中的【矩形选框工具】，在画布中绘制一个矩形选区，如图13.54所示。

图13.53 新建图层 图13.54 绘制选区

PS 8 使用Shift + F6组合键打开【羽化】对话框，设置【羽化半径】为5像素。单击【确定】

按钮确认，如图13.55所示。按Shift＋Ctrl＋I组合键反选，并将其填充为黑色，如图13.56所示。

图13.55 设置参数　　图13.56 填充黑色

PS 9 按Shift＋Ctrl＋Alt＋E组合键盖印可见图层，如图13.57所示。执行菜单栏中的【滤镜】|【风格化】|【凸出】命令，打开【凸出】对话框，设置【类型】为块，【大小】为25像素，【深度】为30。单击【确定】按钮确认，如图13.58所示。

图13.57 盖印图层　图13.58 设置【凸出】参数

PS 10 最后再配上相关的装饰，完成本例的制作，完成效果如图13.59所示。

图13.59 完成效果

13.3.9 照亮边缘

该滤镜有些类似于【查找边缘】滤镜，只不过它在查找边缘的同时，将边缘照亮，制作出类似霓虹灯管的效果。执行菜单栏中的【滤镜】|【滤镜库】|【风格化】|【照亮边缘】命令，打开【照亮边缘】对话框。原图与使用【照亮边缘】命令后的对比效果如图13.60所示。

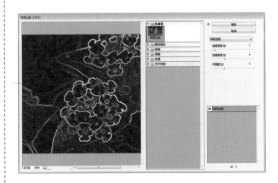

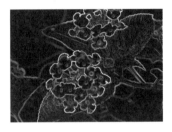

图13.60 【照亮边缘】及效果

- 【边缘宽度】：设置发光轮廓线的宽度。值越大，发光的边缘宽度就越大。取值范围为1~14。
- 【边缘亮度】：设置发光轮廓线的发光强度。值越大，发光边缘的亮度越大。取值范围为0~20。
- 【平滑度】：设置发光轮廓线的柔和程度。值越大，边缘越柔和。

13.4 画笔描边滤镜组

【画笔描边】滤镜组下的命令可以创造不同画笔绘画的效果。共包括8种滤镜：成角的线条、墨水轮廓、喷溅、喷色描边、强化的边缘、深色线条、烟灰墨和阴影线。

13.4.1 成角的线条

该滤镜以对角线方向的线条描绘图像，可以模拟在画布上用油画颜料画出的交叉斜线纹理效果。执行菜单栏中的【滤镜】|【滤镜库】|【画笔描边】|【成角的线条】命令，打开【成角的线条】对话框。原图与使用【成角的线条】命令后的对比效果如图13.61所示。

图13.61 原图与使用【成角的线条】后的对比效果

- 【方向平衡】：设置生成线条的倾斜角度。取值范围为0~100。当值为0时，线条从左上方向右下方倾斜；当值为100时，线条方向相反，从右上方向左下方倾斜；当值为50时，两个方向的线条数量相等。
- 【线条长度】：设置生成线条的长度。值越大，线条的长度越长，取值范围为3~50。
- 【锐化程度】：设置生成线条的清晰程度。值越大，笔画越明显，取值范围为0~10。

13.4.2 墨水轮廓

该滤镜根据图像的颜色边界，描绘其黑色轮廓，以画笔画的风格，用精细的细线在原来细节上重绘图像，并强调图像的轮廓。执行菜单栏中的【滤镜】|【滤镜库】|【画笔描边】|【墨水轮廓】命令，打开【墨水轮廓】对话框。原图与使用【墨水轮廓】命令后的对比效果如图13.62所示。

图13.62 【墨水轮廓】及效果

- 【描边长度】：设置图像中边缘斜线的长度。取值范围为1~50。
- 【深色强度】：设置图像中暗区部分的强度。数值越小斜线越明显，数值越大，绘制的斜线颜色越黑。取值范围为0~50。
- 【光照强度】：设置图像中明亮部分的强度，数值越小斜线越不明显，数值越大浅色区域亮度越高。取值范围为0~50。

13.4.3 喷溅

该滤镜可以模拟使用喷枪喷射，在图像上产生飞溅的喷溅效果。执行菜单栏中的【滤镜】|【滤镜库】|【画笔描边】|【喷溅】命令，打开【喷溅】对话框。原图与使用【喷溅】命令后的对比效果如图13.63所示。

图13.63 【喷溅】及效果

- 【喷色半径】：设置喷溅的尺寸范围。当该参数值比较大时，图像将产生碎化严重的效果。取值范围为0~25。
- 【平滑度】：设置喷溅的平滑程度。设置较小的值，将产生许多小彩点的效果。较高的数值，适合制作图像水中倒影效果。取值范围为1~15。

13.4.4 喷色描边

该滤镜可以模拟用某个方向的笔触或喷溅的颜色进行绘图的效果。执行菜单栏中的【滤镜】|【滤镜库】|【画笔描边】|【喷色描边】命令，打开【喷色描边】对话框。原图与使用【喷色描边】命令后的对比效果如图13.64所示。

图13.64 【喷色描边】及效果

- 【描边长度】：设置图像中描边笔划的长度。取值范围为0~20。

- 【喷色半径】：决定图像颜色溅开的程度。设置图像颜色喷溅的程度。取值范围为0~25。
- 【描边方向】：设置描边的方向。包括右对角线、水平、左对角线和垂直4个选项。

13.4.5 强化的边缘

该滤镜可以对图像中不同颜色之间的边缘进行强化处理，并给图像赋以材质。执行菜单栏中的【滤镜】|【滤镜库】|【画笔描边】|【强化的边缘】命令，打开【强化的边缘】对话框。原图与使用【强化的边缘】命令后的对比效果如图13.65所示。

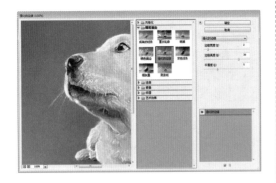

图13.65 【强化的边缘】及效果

- 【边缘宽度】：设置强化边缘的宽度大小。值越大，边缘的宽度就越大。取值范围为1~14。
- 【边缘亮度】：设置强化边缘的亮度。值越大，边缘的亮度也就越大。取值范围为0~50。
- 【平滑度】：设置强化边缘的平滑程度。值越大，边缘的数量就越少，边缘就越平滑。取值范围为1~15。

13.4.6 深色线条

该滤镜可以用短而黑的线条绘制图像中接近黑色的深色区域，用长而白的线条绘制图像

中浅色区域，以产生强烈的对比效果。执行菜单栏中的【滤镜】|【滤镜库】|【画笔描边】|【深色线条】命令，打开【深色线条】对话框。原图与使用【深色线条】命令后的对比效果如图13.66所示。

图13.66 【深色线条】及效果

- 【平衡】：设置线条的方向。当值为0时，线条从左上方向右下方倾斜绘制；当值为10时，线条方向相反，从右上方向左下方倾斜绘制；当值为5时，两个方向的线条数量相等。取值范围为0~10。
- 【黑色强度】：设置图像中黑色线条的颜色深度。值越大，绘制暗区时的线条颜色越黑。取值范围为0~10。
- 【白色强度】：设置图像中白色线条的颜色显示强度。值越大，浅色区变的越亮。取值范围为0~10。

13.4.7 烟灰墨

该滤镜可以在图像上产生一种类似蘸满黑色油墨的湿画笔在宣纸上绘画，产生柔和的模糊边缘的效果。执行菜单栏中的【滤镜】|【滤镜库】|【画笔描边】|【烟灰墨】命令，打开【烟灰墨】对话框。原图与使用【烟灰墨】命令后的对比效果如图13.67所示。

完全掌握Photoshop CC超级手册

图13.67 【烟灰墨】及效果

- 【描边宽度】：设置笔画的宽度。值越小，线条越细，图像越清晰。取值范围为3~15。
- 【描边压力】：设置画笔在绘画时的压力。压力越大，图像中产生的黑色就越多。取值范围为0~15。
- 【对比度】：设置图像中亮区与暗区之间的对比度。值越大，图像中的浅色区域越多。取值范围为0~40。

13.4.8 阴影线

该滤镜可以使图像产生用交叉网格线描绘或雕刻的网状阴影效果，使图像中彩色区域的边缘变粗糙，并保留原图像的细节和特征。执行菜单栏中的【滤镜】|【滤镜库】|【画笔描边】|【阴影线】命令，打开【阴影线】对话框。原图与使用【阴影线】命令后的对比效果如图13.68所示。

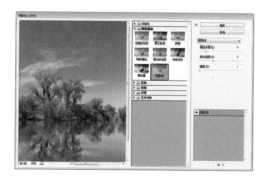

图13.68 【阴影线】及效果

- 【描边长度】：设置图像中描边线条的长度。值越大，描边线条就越长。取值范围为3~50。
- 【锐化程度】：设置描边线条的清晰程度。值越大，描边线条越清晰。取值范围为0~20。
- 【强度】：设置生成阴影线的数量。值越大，阴影线的数量也越多。取值范围为1~3。

13.5 模糊滤镜组

【模糊】滤镜组中的命令主要对图像进行模糊处理，用于平滑边缘过于清晰和对比度过于强烈的区域，通过削弱相邻像素之间的对比度，达到柔化图像的效果。【模糊】滤镜组也是设计中最常用的滤镜组之一，通常用于模糊图像背景，突出前景对象，或者创建柔和的阴影效果。它包括14种模糊滤镜：场景模糊、光圈模糊、倾斜偏移、表面模糊、动感模糊、方框模糊、高斯模糊、进一步模糊、径向模糊、镜头模糊、模糊、平均、特殊模糊和形状模糊。

13.5.1 场景模糊

该滤镜可以通过设置图钉的方式，产生渐变模糊效果。执行菜单栏中的【滤镜】|【模糊】|【场景模糊】命令，打开【场景模糊】对话框。

原图与使用【场景模糊】命令后的对比效果如图13.69所示。

图13.69 原图与使用【场景模糊】后的对比效果

- 【光源散景】：控制模糊中的高光量。
- 【散景颜色】：控制散景的色彩。数值越高，散景颜色的饱和度越高。
- 【光照范围】：控制散景出现处的光照范围。

13.5.2 光圈模糊

使用【光圈模糊】可将一个或多个焦点添加到您的照片中。然后移动图像控件，以改变焦点的大小与形状、图像其余部分的模糊数量及清晰区域与模糊区域之间的过渡效果。执行菜单栏中的【滤镜】|【模糊】|【光圈模糊】命令，单击拖拽图像上的控制点可调整【光圈模糊】参数。

【光圈模糊】设置及效果如图13.70所示。

图13.70 【光圈模糊】及效果

13.5.3 倾斜偏移

该滤镜使模糊程度与一个或多个平面一致。执行菜单栏中的【滤镜】|【模糊】|【倾斜偏移】命令，调整图像中的控制点设置【倾斜偏移】参数。

【倾斜偏移】设置及效果如图13.71所示。

图13.71 【倾斜偏移】及效果

13.5.4 表面模糊

该滤镜可以在保留边缘的同时对图像进行模糊处理。执行菜单栏中的【滤镜】|【模糊】|【表面模糊】命令，打开【表面模糊】对话框。原图与使用【表面模糊】命令后的对比效果如图13.72所示。

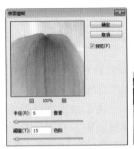

图13.72 【表面模糊】及效果

- 【半径】：设置模糊取样的范围大小。取值范围为1~100。
- 【阈值】：设置相邻像素色调值与中心像素色调值相差多大时才能成为模糊的

一部分。色调值差小于阈值的像素不进行模糊处理。取值范围为2~255。

13.5.5 动感模糊

该滤镜可以对图像像素进行线性位移操作，从而产生沿某一方向运动的模糊效果。就像拍摄处于运动状态的物体照片一样，使静态图像产生动态效果。执行菜单栏中的【滤镜】|【模糊】|【动感模糊】命令，打开【动感模糊】对话框。原图与使用【动感模糊】命令后的对比效果如图13.73所示。

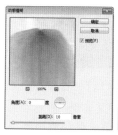

图13.73 【动感模糊】及效果

- 【角度】：设置动感模糊的方向。可以直接在文本框中输入角度值，也可以拖动右侧的指针来调整角度值。取值范围为-360~360。
- 【距离】：设置像素移动的距离。这里的移动并非为简单的位移，而是在【距离】限制范围内，按照某种方式复制并叠加像素，再经过对透明度的处理才得到的，取值越大，模糊效果也就越强。取值范围为1~999。

13.5.6 方框模糊

该滤镜可以基于相邻像素的平均颜色值来模糊图像。执行菜单栏中的【滤镜】|【模糊】|【方框模糊】命令，打开【方框模糊】对话框。原图与使用【方框模糊】命令后的对比效果如图13.74所示。

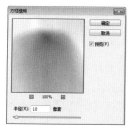

图13.74 【方框模糊】及效果

- 【半径】：设置方框模糊的区域大小。值越大，产生的模糊效果范围越大。取值范围为1~999。

13.5.7 高斯模糊

该滤镜可以利用高斯曲线的分布模式，有选择地模糊图像。利用【半径】的大小来设置图像的模糊程度。执行菜单栏中的【滤镜】|【模糊】|【高斯模糊】命令，打开【高斯模糊】对话框。原图与使用【高斯模糊】命令后的对比效果如图13.75所示。

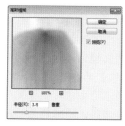

图13.75 【高斯模糊】及效果

- 【半径】：设置图像的模糊程度。值越大，模糊越强烈。取值范围为0.1~250。

13.5.8 模糊和进一步模糊

这两个滤镜都是对图像进行模糊处理。【模糊】利用相邻像素的平均值来代替相似的图像区域，从而达到柔化图像边缘的效果；【进一步模糊】比【模糊】效果更加明显，大概为【模糊】滤镜的3~4倍。这两个滤镜都没有对话框，如果想加深图像的模糊效果，可以多次使用某个滤镜。原图与多次使用【进一步模糊】命令后的对比效果如图13.76所示。

图13.76 多次使用【进一步模糊】及效果

13.5.9 径向模糊

该滤镜不但可以制作出旋转动态的模糊效果，还可以制作出从图像中心向四周辐射的模糊效果。执行菜单栏中的【滤镜】|【模糊】|【径向模糊】命令，打开如图13.77所示的【径

向模糊】对话框。

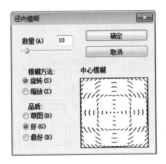

图13.77 【径向模糊】对话框

- 【数量】：设置径向模糊的强度。值越大，图像越模糊。其取值范围为1~100。
- 【模糊方法】：设置模糊的方式。包括【旋转】和【缩放】两种方式。选择【旋转】选项，图像产生旋转的模糊效果；选择【缩放】选项，图像产生放射状模糊的效果。
- 【品质】：设置处理图像的质量。由差到好的效果顺序为【草图】、【好】和【最好】，品质越好，则处理的速度就越慢。
- 【中心模糊】：设置径向模糊开始的位置，即模糊区域的中心位置。在下方的预览框中单击或拖动鼠标，即可修改径向模糊中心位置。

原图与使用【径向模糊】命令后的对比效果如图13.78所示。

图13.78 原图与【径向模糊】后的对比效果

13.5.10 镜头模糊

该滤镜可以模拟亮光在照相机镜头所产生的折射效果，制作镜头景深模糊效果。执行菜单栏中的【滤镜】|【模糊】|【镜头模糊】命令，打开【镜头模糊】对话框。原图与使用【镜头模糊】命令后的对比效果如图13.79所示。

图13.79 【镜头模糊】及效果

- 【预览】：选中该复选框，可以在左侧的预览窗口中显示图像模糊的最终效果。选择【更快】选项，可以加快显示图像的模糊；选择【更加准确】选项，可以更加精确地显示图像的模糊，但会更费时。
- 【深度映射】：设置模糊的深度映射效果。在【源】右侧的下拉列表中，可以选择【无】、【透明度】和【图层蒙版】3个选项，以设置镜头模糊产生的形式。通过【模糊焦距】选项，可以设置模糊焦距范围大小。如果选中【反相】复选框，则焦距越小，模糊效果越明显。
- 【光圈】：设置镜头的光圈。在【形状】右侧的下拉列表中，可以选择光圈的形状，包括【三角形】、【方形】、【五边形】、【六边形】、【七边形】和【八边形】6个选项。通过【半径】可以控制镜头模糊程度的大小，值越大，模糊效果越明显；【叶片弯度】控制相机叶片的弯曲程度，值越大，模糊效果越明显；【旋转】控制模糊产生的旋转程度。
- 【镜面高光】：设置镜面的高光效果。通过【亮度】可以控制模糊后图像的亮度，值越大，图像越亮；【阈值】控制图像模糊后的效果层次，值越大，图像的层次越丰富。

- 【数量】：设置图像中产生的杂色数量。值越大，产生的杂色就越多。
- 【分布】：设置图像产生杂色的分布情况。选择【平均】选项，将平均分布这些杂色；选择【高斯分布】选项，将高斯分布这些杂色。
- 【单色】：选中该复选框，将以单色形式在图像中产生杂色。

13.5.11 平均

该滤镜可以将图层或选区中的颜色平均分布产生一种新颜色，然后用该颜色填充图像或选区以创建平滑外观。执行菜单栏中的【滤镜】|【模糊】|【平均】命令，即可对图像应用【平均】滤镜。

原图与使用【平均】命令后的对比效果如图13.80所示。

图13.80 原图与使用【平均】后的对比效果

13.5.12 特殊模糊

该滤镜对图像进行精细的模糊处理，它只对有微弱颜色变化的区域进行模糊，能够产生一种清晰边缘的模糊效果。它可以将图像中的褶皱模糊掉，或者将重叠的边缘模糊掉。利用不同的选项，还可以将彩色图像变成边界为白色的黑白图像。执行菜单栏中的【滤镜】|【模糊】|【特殊模糊】命令，打开【特殊模糊】对话框。原图与使用【特殊模糊】命令后的对比效果如图13.81所示。

图13.81 【特殊模糊】及效果

- 【半径】：设置滤镜搜索不同像素的范围。取值越大，模糊效果就越明显。取值范围为0.1~100。
- 【阈值】：设置像素被擦除前与周围像素的差别，设定一个数值，只有当相邻像素间的亮度之差超过这个值的限制时，才能对其进行模糊处理。取值范围为0.1~100。
- 【品质】：设置图像模糊效果的质量。包括【低】、【中】和【高】3个选项。
- 【模式】：设置模糊图像的模式。可以选择【正常】、【仅限边缘】和【叠加边缘】3模式。选择【正常】模式，模糊后的图像效果与其他模糊滤镜基本相同；选择【仅限边缘】模式，Photoshop会以黑色显示作为图像背景，以白色勾画出图像边缘像素亮度变化强烈的区域。选择【叠加边缘】模式，则相当于【正常】和【仅限于边缘】模式叠加作用的结果。

13.5.13 形状模糊

该滤镜可以根据预置形状或自定义的形状对图像进行模糊处理。执行菜单栏中的【滤镜】|【模糊】|【形状模糊】命令，打开【形状模糊】对话框。原图与使用【形状模糊】命令后的对比效果如图13.82所示。

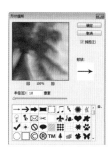

图13.82 【形状模糊】及效果

- 【半径】：设置模糊的程度。值越大，模糊的效果越明显。取值范围为5~1000之间的整数。
- 【形状】：选择一种模糊的参考形状。

【扭曲】滤镜组可以将图像进行几何扭曲，以创建波浪、波纹、挤压、切变等各种图像的变形效果。其中既有平面的扭曲效果，也有三维的扭曲效果。它共包括13种扭曲滤镜：【波浪】、【波纹】、【极坐标】、【挤压】、【切变】、【球面化】、【水波】、【旋转扭曲】、【置换】、【玻璃】、【海洋波纹】和【扩散亮光】。

13.6.1 波浪

该滤镜可以根据用户设置的不同波长和波幅产生波纹效果。执行菜单栏中的【滤镜】|【扭曲】|【波浪】命令，打开【波浪】对话框。原图与使用【波浪】命令后的对比效果如图13.83所示。

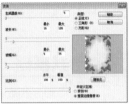

图13.83 原图与使用【波浪】后的对比效果

- 【生成器数】：设置波纹生成的数量。可以直接输入数值或拖动滑块来修改参数。值越大，波纹产生的波动就越大。取值范围为1~999。
- 【波长】：设置相邻两个波峰之间的距离。可以分别设置最小波长和最大波长，而且最小波长不可以超过最大波长。
- 【波幅】：设置波浪的高度。可以分别设置最大波幅和最小波幅，同样最小的波幅不能超过最大的波幅。
- 【比例】：设置水平和垂直方向波浪波动幅度的缩放比例。
- 【类型】：设置生成波纹的类型。包括【正弦】、【三角形】和【方形】3个选项。
- 【随机化】：单击此按钮，可以在不改变参数的情况下，改变波浪的效果，多次单击可以生成更多的波浪效果。

- 【未定义区域】：设置像素波动后边缘空缺的处理方法。选择【折回】选项，表示将超出边缘位置的图像在另一侧折回；选择【重复边缘像素】选项，表示将超出边缘位置的图像重复边缘的像素。

13.6.2 波纹

该滤镜可以在图像上创建像风吹水面产生起伏的波纹效果。执行菜单栏中的【滤镜】|【扭曲】|【波纹】命令，打开【波纹】对话框。原图与使用【波纹】命令后的对比效果如图13.84所示。

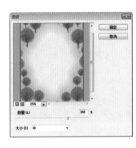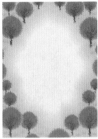

图13.84 【波纹】及效果

- 【数量】：设置生成水纹的数量。可以直接输入数值，也可以拖动滑块来修改参数。取值范围为-999~999。
- 【大小】：设置生成波纹的大小。包括【大】、【中】和【小】3个选项，选择不同的选项将生成不同大小的波纹效果。

视频讲座13-4：利用【波纹】制作拍立得艺术风格相框

案例分类：纹理与特效表现类
视频位置：配套光盘\movie\视频讲座13-4：利用【波纹】制作拍立得艺术风格相框.avi

本例主要讲解利用【波纹】滤镜制作拍立得艺术风格相框。

PS 1 新建一个640×480像素，【分辨率】为300像素，【颜色模式】为RGB颜色，【背景内容】设置为白色的画布，如图13.85所示。

PS 2 执行菜单栏中的【文件】|【打开】命令，打开【打开】对话框，选择配套光盘中的"调用素材/第13章/山坡.jpg"。使用【移动工具】 ►+，将其移动到新建画布中，然后缩小到合适的大小，如图13.86所示。

图13.85 新建文件　　　　图13.86 拖入素材

PS 3 在【图层】面板中单击【创建新图层】 按钮，新建图层——图层2，如图13.87所示。选择工具箱中的【矩形选框工具】 ，在画布中绘制一个矩形选区，如图13.88所示。

图13.87 新建图层　　　　图13.88 绘制选区

PS 4 将前景色设置为黑色，然后按Alt + Delete组合键填充选区。按Ctrl键的同时在【图层1】图层缩览图位置单击载入选区，确认选择【图层2】，如图13.89所示。按Delete键将选区中的黑色删除，如图13.90所示。

图13.89 建立选区　　　　图13.90 删除图像

PS 5 在【图层】面板中选择【图层2】。执行菜单栏中的【滤镜】|【扭曲】|【波纹】命令，打开【波纹】对话框，将【数量】更改为100%。单击【确定】按钮确认，如图13.91所示。最后添加装饰完成效果，如图13.92所示。

图13.91 【扭曲】滤镜　　图13.92 完成效果

13.6.3 极坐标

该滤镜可以将图像从平面坐标转换到极坐标，或者将图像从极坐标转换为平面坐标以生成扭曲图像的效果。执行菜单栏中的【滤镜】|【扭曲】|【极坐标】命令，打开【极坐标】对话框。原图与使用【极坐标】命令后的对比效果如图13.93所示。

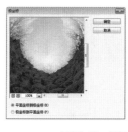 

图13.93 【极坐标】及效果

- 【平面坐标到极坐标】：选择该单选按钮，可以将平面直角坐标转换为极坐标，以此来扭曲图像。
- 【极坐标到平面坐标】：选择该单选按钮，可以将极坐标转换为平面直角坐标，以此来扭曲图像。

13.6.4 挤压

该滤镜可以将整个图像向内或向外进行挤压变形。执行菜单栏中的【滤镜】|【扭曲】|【挤压】命令，打开【挤压】对话框。原图与使用【挤压】命令后的对比效果如图13.94所示。

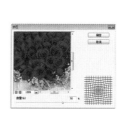 

图13.94 【挤压】及效果

- 【数量】：设置图像受挤压的程度。取值范围是-100%～+100%。当值为负值时，图像向外挤压变形，且数值越小，挤压程度越大；当值为正值时，图像向内挤压变形，且数值越大，挤压程度越大。

13.6.5 切变

该滤镜允许用户按自己设置的曲线来扭曲图像。执行菜单栏中的【滤镜】|【扭曲】|【切变】命令，打开【切变】对话框。原图与使用【切变】命令后的对比效果如图13.95所示。

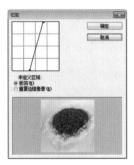

图13.95 【切变】及效果

技巧

在【切变】对话框中的曲线控制框中，单击鼠标可以添加节点，拖动节点可以调整线条的形状。将节点拖动到曲线控制框外，则删除该节点。单击【默认】按钮，将曲线恢复为直线。

- 【切换控制区】：主要用来控制图像的扭曲变形。在控制区中的直线上或其他方格位置单击，可以为直线添加控制点，拖动控制点即可设置直线变形，同时图像也同步变形。多次单击可以添加更多的控制点，如果想删除控制点，直接将控制点拖动到对话框以外释放鼠标即可。
- 【未定义区域】：设置像素波动后边缘空缺的处理方法。选择【折回】选项，表示将超出边缘位置的图像在另一侧折回；选择【重复边缘像素】选项，表示将超出边缘位置的图像重复边缘的像素。
- 【图像预览】：显示图像的扭曲变形预览。

- 【默认】：单击该按钮，可以将调整后的曲线恢复为直线效果。

13.6.6 球面化

该滤镜可以使图像产生凹陷或凸出的球面或柱面效果，就像图像被包裹在球面上或柱面上一样，产生立体效果。执行菜单栏中的【滤镜】|【扭曲】|【球面化】命令，打开【球面化】对话框。原图与使用【球面化】命令后的对比效果如图13.96所示。

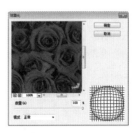

图13.96 【球面化】及效果

- 【数量】：设置产生球面化或柱面化的变形程度。取值范围为-100%~100%。当值为正时，图像向外凸出，且值越大凸出的程度越大；当值为负时，图像向内凹陷，且值越小凹陷的程度越大。
- 【模式】：设置图像变形的模式。包括【正常】、【水平优先】和【垂直优先】3个选项。当选择【正常】时，图像将产生球面化效果；当选择【水平优先】时，图像将产生竖直的柱面效果；当选择【垂直优先】时，图像将产生水平的柱面效果。

13.6.7 水波

该滤镜可以制作出类似涟漪的图像变形效果，多用来制作水的波纹。执行菜单栏中的【滤镜】|【扭曲】|【水波】命令，打开【水波】对话框。原图与使用【水波】命令后的对比效果如图13.97所示。

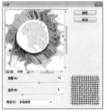

图13.97 原图与使用【水波】后的对比效果

完全掌握Photoshop CC超级手册

- 【数量】：设置生成波纹的强度。取值范围为-100~100。当值为负时，图像中心是波峰；当值为正时，图像中心是波谷。
- 【起伏】：设置生成水波纹的数量。值越大，波纹数量越多，波纹越碎。
- 【样式】：设置置换像素的方式。包括【围绕中心】、【从中心向外】和【水池波纹】3个选项。【围绕中心】表示沿中心旋转变形；【从中心向外】表示从中心向外置换变形；【水池波纹】表示向左上或右下置换变形图像。

13.6.8 旋转扭曲

该滤镜以图像中心为旋转中心，对图像进行旋转扭曲。执行菜单栏中的【滤镜】|【扭曲】|【旋转扭曲】命令，打开【旋转扭曲】对话框。原图与使用【旋转扭曲】命令后的对比效果如图13.98所示。

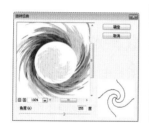

图13.98 【旋转扭曲】及效果

- 【角度】：设置旋转的强度。取值范围为-999－＋999。当值为正时，图像按顺时针旋转；当值为负时，图像按逆时针旋转。当数值达到最小值或最大值时，旋转扭曲的强度最大。

13.6.9 置换

该滤镜可以指定一个图像，并使用该图像的颜色、形状、纹理等来确定当前图像中的扭曲方式，最终使两幅图像交错组合在一起，产生位移扭曲效果。这里的另一幅图像被称为置换图，而且置换图的格式必须是psd格式。执行菜单栏中的【滤镜】|【扭曲】|【置换】命令，将打开如图13.99所示的【置换】对话框。

图13.99 【置换】对话框

- 【水平比例】：设置图像在水平方向上的变形比例。
- 【垂直比例】：设置图像在垂直方向上的变形比例。
- 【置换图】：当置换图与当前图像区域的大小不同时，设置图像的匹配方式。包括【伸展以适合】和【拼贴】两个选项。选择【伸展以适合】选项，将对置换图进行缩放以适应图像大小；选择【拼贴】选项，置换图将不改变大小，而是通过重复拼贴的方式来适应图像大小。
- 【未定义区域】：设置像素波动后边缘空缺的处理方法。选择【折回】选项，表示将超出边缘位置的图像在另一侧折回；选择【重复边缘像素】选项，表示将超出边缘位置的图像重复边缘的像素。

提示 ❓

在使用【转换】滤镜前，需要事先准备好一张用于置换的PSD格式的图像。

原图、置换图和使用【置换】命令后的对比效果如图13.100所示。

图13.100 置换前后效果对比

13.6.10 玻璃

该滤镜可以制作出一系列纹理，模拟透过玻璃观看图像的效果。执行菜单栏中的【滤镜】|【滤镜库】|【扭曲】|【玻璃】命令，打开如图13.101所示的【玻璃】对话框。

图13.101 【玻璃】对话框

- 【扭曲度】：设置图像的扭曲程度。值越大，图像的扭曲越明显。取值范围为0~20。
- 【平滑度】：设置图像的平滑程度。值越大，图像越平滑。取值范围为1~15。
- 【纹理】：设置图像的扭曲纹理。包括【块状】、【画布】、【磨砂】和【小镜头】4个选项。另外，还可以单击右侧的三角箭头 ，载入.psd格式的图片作为纹理。设置纹理后，可以通过【缩放】参数来修改纹理的大小。如果选中【反相】复选框，可以将纹理的凹、凸面进行反转。

原图与使用【玻璃】命令后的对比效果如图13.102所示。

图13.102 原图与使用【玻璃】后的对比效果

13.6.11 海洋波纹

该滤镜可以模拟海洋表面的波纹效果，它与【波纹】有些相似，但产生的波纹更加细小、杂乱，而且边缘有很多的抖动效果。执行菜单栏中的【滤镜】|【滤镜库】|【扭曲】|【海洋波纹】命令，打开【海洋波纹】对话框。原图与使用【海洋波纹】命令后的对比效果如图13.103所示。

图13.103 【海洋波纹】及效果

- 【波纹大小】：设置生成波纹的大小。值越大，生成的波纹就越大。
- 【波纹幅度】：设置生成波纹的幅度大小。值越大，波纹的幅度就越大。取值范围为0~20。

13.6.12 扩散亮光

该滤镜可以利用工具栏中背景色的颜色将图像中较亮的区域进行扩散，制作出一种柔和的扩散效果。执行菜单栏中的【滤镜】|【滤镜库】|【扭曲】|【扩散亮光】命令，打开【扩散亮光】对话框。原图与使用【扩散亮光】命令后的对比效果如图13.104所示。

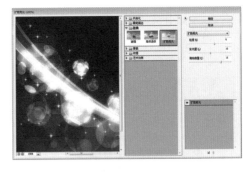

图13.104 【扩散亮光】及效果

- 【粒度】：设置光亮中的颗粒密度。值越大，颗粒效果越明显。取值范围为0~10。
- 【发光量】：设置光亮的强度。值越大，光芒越强烈。取值范围为0~20。
- 【清除数量】：设置图像中受亮光影响的范围。值越大，受影响的范围越小，图像越清晰。取值范围为0~20。

13.7 锐化滤镜组

【锐化】滤镜组可以加强图像的对比度，使图像变得更加清晰。共包括5种锐化命令：USM 锐化、进一步锐化、锐化、锐化边缘和智能锐化。

13.7.1 USM锐化

该滤镜可以在图像边缘的每侧生成一条亮线和一条暗线，以此来产生轮廓的锐化效果。多用于校正摄影、扫描、重新取样或打印过程中产生的模糊效果。执行菜单栏中的【滤镜】|【锐化】|【USM锐化】命令，打开【USM锐化】对话框。原图与使用【USM锐化】命令后的对比效果如图13.105所示。

图13.105 原图与使用【USM锐化】后的对比

- 【数量】：设置图像对比强度。数值越大，图像的锐化效果越明显。取值范围为1~500%。
- 【半径】：设置边缘两侧像素影响锐化的像素数目。值越大，锐化的范围就越大。取值范围为0.1~250.0。
- 【阈值】：设置锐化像素与周围区域亮度的差值。值越大，锐化的像素越少。取值范围为0~255。

13.7.2 进一步锐化和锐化

【锐化】滤镜可以对图像进行锐化处理，但锐化的效果并不是很大；而【进一步锐化】却比【锐化】效果更加强烈，一般是锐化的3~4倍。如图13.106所示为原图、5次锐化和4次进一步锐化效果。

图13.106 原图、5次锐化和4次进一步锐化效果

13.7.3 锐化边缘

该滤镜仅锐化图像的边缘轮廓，使不同颜色的分界更为明显，从而得到较清晰的图像效果，而且不会影响到图像的细节部分。如图13.107所示为原图和使用8次【锐化边缘】命令后的图像对比效果。

图13.107 原图和8次【锐化边缘】图像效果

13.7.4 智能锐化

该滤镜具有【USM 锐化】滤镜所没有的锐化控制功能。可以设置锐化算法或控制在阴影和高光区域中进行的锐化量。执行菜单栏中的【滤镜】|【锐化】|【智能锐化】命令，打开如图13.108所示的【智能锐化】对话框。

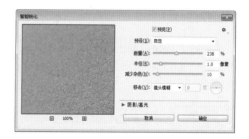

图13.108 【智能锐化】对话框

在【智能锐化】对话框中，如果选择【高级】单选按钮，将显示高级参数设置，共包括3个选项卡，下面来分别介绍。

① 【锐化】选项卡

在默认状态下，【智能锐化】对话框参数显示的就是【锐化】选项卡。下面来介绍该选项卡中参数的应用。

- 【数量】：设置锐化的程度。值越大，图像的简化效果越明显。
- 【半径】：设置边缘周围像素的锐化影响范围。值越大，受影响的边缘就越宽，锐化的效果就越明显。
- 【移去】：设置图像锐化的锐化算法。【高斯模糊】是【USM 锐化】滤镜使用的方法；【镜头模糊】将更精细地锐化图像中的边缘和细节，并减少了锐化光晕；【动感模糊】可以减少由于相机或主体移动而导致的模糊效果。当选择【动感模糊】选项后，可以通过【角度】值或拖动指针来设置动感模糊的角度。
- 【更加准确】：选中该复选框，将更加精确地移去模糊。当然处理的速度会变慢。

② 【阴影】选项卡

单击【阴影】选项卡，进行【阴影】参数设置区，如图13.109所示，该区域主要用来设置图像中较暗和较亮区域的锐化设置。

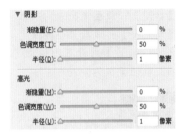

图13.109 【阴影】选项卡

- 【渐隐量】：调整图像中高光和阴影区域的锐化程度。取值范围为0~100。
- 【色调宽度】：控制阴影或高光中色调的修改范围。向左移动滑块会减小【色调宽度】值，向右移动滑块会增加该值。较小的值会限制只对较暗区域调整，并只对较亮区域高光调整。取值范围为0~100。
- 【半径】：设置每个像素周围的区域大小，它决定像素在阴影还是在高光中。值越小，作用的区域范围也越小；值越大，作用的区域范围也就越大。取值范围为1~100。

提示 ❓

【高光】选项卡中的参数与【阴影】选项卡中的相同，这里不再赘述。

原图与使用【智能锐化】命令后的对比效果如图13.110所示。

图13.110 原图与使用【智能锐化】后的对比

13.8 视频滤镜组

【视频】滤镜组属于Photoshop的外部接口程序，用来从摄像机输入图像或将图像输出到录像带上。包括【NTSC颜色】和【逐行】两个滤镜。它可以将普通图像转换为视频图像，或是将视频图像转换为普通图像。

13.8.1 NTSC颜色

【NTSC颜色】滤镜可以解决当使用NTSC方式向电视机输出图像时，色域变窄的问题，可将色域限制为电视可接收的颜色，将某些饱和度过高的颜色转化成近似的颜色，降低饱和度，以匹

完全掌握Photoshop CC超级手册

配NTSC视频标准色域。

13.8.2 逐行

　　该滤镜可以消除视频图像中的奇数或偶数交错行，使在视频上捕捉的运动图像变得平滑、清晰。此滤镜用于在视频输入图像时，消除混杂信号的干扰。执行菜单栏中的【滤镜】|【视频】|【逐行】命令，打开如图13.111所示的【逐行】对话框。

图13.111 【逐行】对话框

● 【消除】：该项包括【奇数场】和【偶数场】两个选项。用来消除视频图像中的奇数行或是偶数行。
● 【创建新场方式】：该项包括【复制】和【插值】两个选项，设置在创建新场时是使用复制还是插值。

13.9 素描滤镜组

　　【素描】滤镜组主要用于给图像增加纹理，模拟素材、速写等艺术效果，制作出各种素描绘制图像效果。该滤镜组中的命令基本上都与前景色和背景色的颜色设置有关，可以利用前景色或背景色来参与绘图，制作出精美的艺术图像。共包括14种滤镜：半调图案、便条纸、粉笔和炭笔、铬黄、绘图笔、基底凸现、水彩画纸、撕边、石膏效果、炭笔、炭精笔、图章、网状和影印。

13.9.1 半调图案

　　该滤镜使用前景色和背景色将图像处理为带有圆形、网点或直线形状的半调图案效果。执行菜单栏中的【滤镜】|【滤镜库】|【素描】|【半调图案】命令，打开如图13.112所示的【半调图案】对话框。

图13.112 【半调图案】对话框

● 【大小】：设置半调图案的密度。值越大，图案密度越小，半调图案的网纹就越大。取值范围为1~12。

● 【对比度】：设置添加到图像中的前景色与背景色的对比度。值越大，层次感越强，对比越明显。
● 【图案类型】：设置生成半调图案的类型。包括【圆形】、【网点】和【直线】3个选项。

　　原图与使用【半调图案】命令后的对比效果如图13.113所示。

图13.113 原图与使用【半调图案】后的对比效果

13.9.2 便条纸

　　该滤镜可以使图像产生类似浮雕的凹陷压印效果。执行菜单栏中的【滤镜】|【滤镜库】|【素描】|【便条纸】命令，打开【便条纸】对话框。原图与使用【便条纸】命令后的对比效果如图13.114所示。

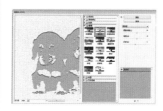

图13.114 【便条纸】及效果

- 【图像平衡】：设置图像中前景色和背景色的比例。值越大，前景色所占的比例就越大。取值范围为1~50。
- 【粒度】：设置图像中颗粒的明显程度。值越大，图像中的颗粒点就越突出。取值范围为1~20。
- 【凸现】：设置图像的凹凸程度。值越大，凹凸越明显。取值范围为1~25。

13.9.3 粉笔和炭笔

该滤镜可以制作出粉笔和炭笔绘制图像的效果。使用前景色在图像上绘制出粗糙的高亮区域，使用背景色在图像上绘制出中间色调，而且粉笔使用背景色绘制，炭笔使用前景色绘制。执行菜单栏中的【滤镜】|【滤镜库】|【素描】|【粉笔和炭笔】命令，打开【粉笔和炭笔】对话框。原图与使用【粉笔和炭笔】命令后的对比效果如图13.115所示。

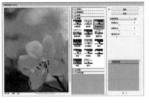

图13.115 【粉笔和炭笔】及效果

- 【炭笔区】：设置炭笔绘制的区域范围。值越大，炭笔画特征越明显，前景色就越多。取值范围为0~20。
- 【粉笔区】：设置粉笔绘制的区域范围。值越大，粉笔画特征越明显，背景色就越多。取值范围为0~20。
- 【描边压力】：设置粉笔和炭笔边界的明显程度。值越大，边界越明显。取值范围为0~5。

13.9.4 铬黄渐变

该滤镜可以模拟发光的液体金属，就像是擦亮的铬黄表面效果。执行菜单栏中的【滤镜】|【滤镜库】|【素描】|【铬黄渐变】命令，打开【铬黄渐变】对话框。原图与使用【铬黄渐变】命令后的对比效果如图13.116所示。

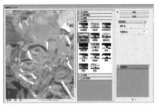

图13.116 【铬黄渐变】及效果

- 【细节】：设置图像细节保留程度。值越大，图像细节越清晰。取值范围为0~10。
- 【平滑度】：设置图像的光滑程度。值越大，图像的过渡越光滑。取值范围为0~10。

视频讲座13-5：以【铬黄渐变】表现液态金属质感

 案例分类：纹理与特效表现类
视频位置：配套光盘\movie\视频讲座13-5：以【铬黄渐变】表现液态金属质感.avi

本例主要讲解以【铬黄渐变】滤镜表现液态金属质感效果。

PS 1 新建画布【宽度】为900像素，【高度】为709像素，分辨率为300像素/英寸，如图13.117所示。设置前景色为黑色，背景色为白色。

PS 2 执行菜单栏中的【滤镜】|【渲染】|【云彩】命令，应用云彩效果，如图13.118所示。

图13.117 新建文件　　图13.118 云彩效果

PS 3 执行菜单栏中的【滤镜】|【模糊】|【径向模糊】命令，打开【径向模糊】对话框，设置【数量】为59，单击【确定】按钮确认，如图13.119所示。

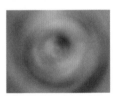

图13.119 【径向模糊】设置与效果

PS 4 执行菜单栏中的【滤镜】|【滤镜库】|【素描】|【基底凸现】命令，打开【基底凸现】对话框并设置参数，单击【确定】按钮确认，如图13.120所示。

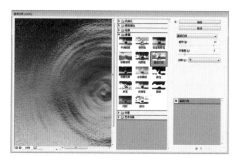

图13.120 【基底凸现】对话框

PS 5 执行菜单栏中的【滤镜】|【滤镜库】|【素描】|【铬黄渐变】命令，打开【铬黄渐变】对话框并设置参数，如图13.121所示。

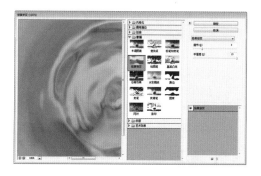

图13.121 【铬黄渐变】对话框

PS 6 执行菜单栏中的【图像】|【调整】|【色相/饱和度】命令，打开【色相/饱和度】对话框，选中【着色】复选框，设置【色相】为216，【饱和度】为29，单击【确定】按钮确认，如图13.122所示。

 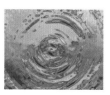

图13.122 【色相/饱和度】及效果

PS 7 执行菜单栏中的【图像】|【调整】|【色阶】命令，打开【色阶】对话框并设置参数，单击【确定】按钮确认，如图13.123所示。最后添加装饰物，完成效果如图13.124所示。

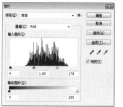 

图13.123 【色阶】对话框　图13.124 完成效果

13.9.5 绘图笔

该滤镜可以模拟铅笔素描效果，使用细线状的油墨对图像进行细节描绘。它使用前景色作为油墨，背景色作为纸张。执行菜单栏中的【滤镜】|【滤镜库】|【素描】|【绘图笔】命令，打开【绘图笔】对话框。原图与使用【绘图笔】命令后的对比效果如图13.125所示。

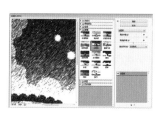 

图13.125 【绘图笔】及效果

- 【线条长度】：设置图像中笔画的线条长度。当取值为1时，笔画由线条变为点。其取值范围为1~15
- 【明/暗平衡】：设置前景色和背景色的平衡程度。值越大，图像中的前景色就越多。取值范围为1~100。
- 【描边方向】：设置笔画的描绘方向。包括【右对角线】、【水平】、【左对角线】和【垂直】4个选项。

13.9.6 基底凸现

该滤镜可以根据图像的轮廓，使图像产生凹凸起伏的浮雕效果。执行菜单栏中的【滤镜】|【滤镜库】|【素描】|【基底凸现】命令，打开【基底凸现】对话框。原图与使用【基底凸现】命令后的对比效果如图13.126所示。

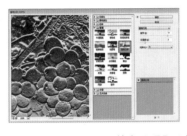

图13.126 【基底凸现】及效果

- 【细节】：设置图像细节的保留程度。值越大，图像的细节表现就越多。取值范围为1~15。
- 【平滑度】：设置图像的光滑程度。值越大，图像越光滑。取值范围为1~15。
- 【光照】：设置光源的照射方向。包括【下】、【左下】、【左】、【左上】、【上】、【右上】、【右】和【右下】8个选项。

13.9.7 石膏效果

该滤镜使用前景色和背景色为结果图像着色，让亮区凹陷，让暗区凸出，形成三维石膏效果。执行菜单栏中的【滤镜】|【滤镜库】|【素描】|【石膏效果】命令，打开【石膏效果】对话框。原图与使用【石膏效果】命令后的对比效果如图13.127所示。

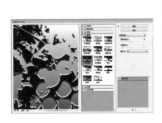

图13.127 【石膏效果】及效果

- 【图像平衡】：设置前景色和背景色之间的平衡程度。值越大，图像越凸出。取值范围为1~50。
- 【平滑度】：设置图像凸出与平面部分的光滑程度。值越大，越光滑。取值范围为1~15。
- 【光照方向】：设置光照的方向。包括【下】、【左下】、【左】、【左上】、【上】、【右上】、【右】和【右下】8个方向。

13.9.8 水彩画纸

该滤镜可以产生一种在潮湿纸张上作画，在颜色的边缘出现浸润的混合效果。执行菜单栏中的【滤镜】|【滤镜库】|【素描】|【水彩画纸】命令，打开【水彩画纸】对话框。原图与使用【水彩画纸】命令后的对比效果如图13.128所示。

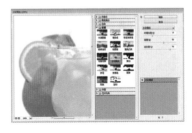

图13.128 【水彩画纸】及效果

- 【纤维长度】：设置图像颜色的扩散程度。值越大，扩散程度就越大。取值范围为3~50。
- 【亮度】：设置图像的亮度。值越大，图像越亮。取值范围为0~100。
- 【对比度】：设置图像暗区和亮区的对比程度。值越大，图像的对比度就越大，图像越清晰。取值范围为0~100。

13.9.9 撕边

该滤镜可以用前景色和背景色重绘图像，并用粗糙的颜色边缘模拟碎纸片的毛边效果。执行菜单栏中的【滤镜】|【滤镜库】|【素描】|【撕边】命令，打开【撕边】对话框。原图与使用【撕边】命令后的对比效果如图13.129所示。

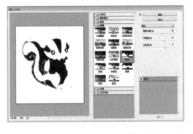

图13.129 【撕边】及效果

- 【图像平衡】：设置前景色和背景色之间的平衡。值越大，前景色部分就越多。取值范围为1~40。
- 【平滑度】：设置前景色和背景色之间的平滑过渡程度。值越大，过渡效果越

完全掌握Photoshop CC超级手册

平滑。取值范围为1~15。

- 【对比度】：设置前景色与背景色之间的对比程度。值越大，图像越亮。取值范围为1~20。

13.9.10 炭笔

该滤镜可以使用前景色作为炭笔，背景色作为纸张，将图像重新绘制出来，边缘用粗线绘制，中间调用对角线条绘制，产生色调分离的炭笔画效果。执行菜单栏中的【滤镜】|【滤镜库】|【素描】|【炭笔】命令，打开【炭笔】对话框。原图与使用【炭笔】命令后的对比效果如图13.130所示。

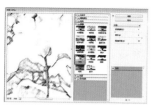

图13.130 【炭笔】及效果

- 【炭笔粗细】：设置炭笔线条的粗细。值越大，笔触的宽度就越大。取值范围为1~7。
- 【细节】：设置图像的细节清晰程度。值越大，图像的细节表现越清晰。取值范围为0~5
- 【明/暗平衡】：设置前景色与背景色的明暗对比程度。值越大，对比程度越明显。取值范围为0~100。

13.9.11 炭精笔

该滤镜使用前景色绘制图像中较暗的部分，用背景色绘制图像中较亮的部分，可以模拟使用浓黑和纯白的炭精笔纹理。执行菜单栏中的【滤镜】|【滤镜库】|【素描】|【炭精笔】命令，打开【炭精笔】对话框。原图与使用【炭精笔】命令后的对比效果如图13.131所示。

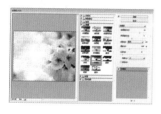

图13.131 【炭精笔】及效果

- 【前景色阶】：设置前景色使用的数量。值越大，数量越多。取值范围为1~15。
- 【背景色阶】：设置背景色使用的数量。取值较低时，图像中出现大片的前景色及灰色与材质纹理的混合色；取值较高时，若前景色阶高，则图像中出现的纹理多，若前景色阶低，则图像中出现的纹理少。取值范围为1~15。
- 【纹理】：设置图像的纹理。包括【砖形】、【粗麻布】、【画布】和【砂岩】4种纹理。
- 【缩放】：设置纹理的大小缩放。取值范围为50%~200%。
- 【凸现】：设置纹理的凹凸程度。值越大，图像的凹凸感越强。取值范围为0~50。
- 【光照】：设置光线照射的方向。包括【下】、【左下】、【左】、【左上】、【上】、【右上】、【右】和【右下】8个方向。
- 【反相】：选中该复选框，可以反转图像的凹凸区域。

13.9.12 图章

该滤镜可以将图像简化，使用图像的轮廓制作成图章印戳效果，并使用前景色作为图章部分，其他的部分为背景色。执行菜单栏中的【滤镜】|【滤镜库】|【素描】|【图章】命令，打开【图章】对话框。原图与使用【图章】命令后的对比效果如图13.132所示。

图13.132 【图章】及效果

- 【明/暗平衡】：设置前景色和背景色的比例平衡程度。取值范围为1~50。
- 【平滑度】：设置前景色和背景色之间的边界平滑程度。值越大，越平滑。取值范围为1~50。

13.9.13 网状

该滤镜可以模拟胶片乳胶的可控收缩和扭曲来创建图像，并使用前景色替代暗区部分，背景色替代亮区部分。在暗区呈结块状，在亮区呈轻微颗粒化。执行菜单栏中的【滤镜】|【滤镜库】|【素描】|【网状】命令，打开【网状】对话框。原图与使用【网状】命令后的对比效果如图13.133所示。

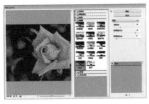

图13.133 【网状】及效果

- 【浓度】：设置网格中网眼的密度。值越大，网眼的密度就越大。取值范围为0~50。
- 【前景色阶】：设置前景色所占的比重。值越大，前景色所占的比重就越大。取值范围为0~50。
- 【背景色阶】：设置背景色所占的比重。值越大，背景色所占的比重就越大。取值范围为0~50。。

视频讲座13-6：利用【网状】制作花岗岩纹理

 案例分类：纹理与特效表现类
视频位置：配套光盘\movie\视频讲座
13-6：利用【网状】制作花岗岩纹理.avi

本例主要讲解利用【网状】制作花岗岩纹理效果。

PS 1 新建一个640×480像素，【分辨率】为150像素，【颜色模式】为RGB颜色，【背景内容】设置为白色的画布，如图13.134所示。

PS 2 将前景色和背景色设置为默认的黑色和白色，执行菜单栏中的【滤镜】|【渲染】|【云彩】命令，添加云彩效果。如图13.135所示。

图13.134 新建文件　图13.135 云彩效果

PS 3 执行菜单栏中的【滤镜】|【风格化】|【查找边缘】命令，添加查找边缘滤镜，如图13.136所示。

PS 4 执行菜单栏中的【图像】|【调整】|【色阶】命令，打开【色阶】对话框，设置【输入色阶】的值分别为（229，1，255），单击【确定】按钮确认，如图13.137所示。

图13.136 查找边缘　图13.137 调整【色阶】

PS 5 执行菜单栏中的【滤镜】|【滤镜库】|【素描】|【网状】命令，打开【网状】对话框，设置【浓度】值为16，【前景色阶】的值为18，【背景色阶】的值为8，单击【确定】按钮确认，如图13.138所示。

PS 6 执行菜单栏中的【图像】|【调整】|【反相】命令，或者按Ctrl＋I组合键将图像反相，如图13.139所示。

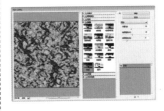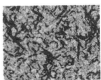

图13.138 设置【网状】　　图13.139 反相

PS 7 单击【图层】面板下方的【创建新图层】按钮，创建一个新的图层，如图13.140所示。

PS 8 设置前景色为深蓝色（C：81，M：71，Y：32，K：68），背景色为深褐色（C：58，M：56，Y：51，K：87）。执行菜单栏中的【滤镜】|【渲染】|【云彩】命令，应用云彩滤镜，如图13.141所示。

图13.140 新建图层　　图13.141 【云彩】滤镜

PS 9 在【图层】面板中，将【图层 1】的混合模式设置为【叠加】，【不透明度】设置为70%，如图13.142所示。最后再配上相关的装饰，完成本例的制作，效果如图13.143所示。

 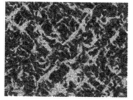

图13.142 设置混合模式　　图13.143 完成效果

13.9.14 影印

该滤镜可以模拟影印图像效果，使用前景色勾画主要轮廓，其余部分使用背景色。执行菜单栏中的【滤镜】|【滤镜库】|【素描】|【影印】命令，打开【影印】对话框。原图与使用【影印】命令后的对比效果如图13.144所示。

图13.144 【影印】及效果

- 【细节】：设置图像中细节的保留程度。值越大，图像细节保留就越多。取值范围为1~24。
- 【暗度】：设置图像的暗部颜色深度。值越大，暗区的颜色越深。取值范围为1~50。

13.10 纹理滤镜组

【纹理】滤镜组主要为图像加入各种纹理效果，赋予图像一种深度或物质的外观。包括6种滤镜：龟裂缝、颗粒、马赛克拼贴、拼缀图、染色玻璃和纹理化。

13.10.1 龟裂缝

该滤镜可以将图像制作出类似乌龟壳裂纹的效果。执行菜单栏中的【滤镜】|【滤镜库】|【纹理】|【龟裂缝】命令，打开【龟裂缝】对话框。原图与使用【龟裂缝】命令后的对比效果如图13.145所示。

图13.145 原图与使用【龟裂缝】后的对比

- 【裂缝间距】：设置生成裂缝之间的间距。值越大，裂缝的间距就越大。取值范围为2~100。

- 【裂缝深度】：设置生成裂缝的深度。值越大，裂缝的深度就越深。取值范围为0~10。
- 【裂缝亮度】：设置裂缝间的亮度。值越大，裂缝间的亮度就越大。取值范围为0~10。

13.10.2 颗粒

可以用不同状态的颗粒改变图像的表面纹理，使图像产生颗粒般的效果。执行菜单栏中的【滤镜】|【滤镜库】|【纹理】|【颗粒】命令，打开【颗粒】对话框。原图与使用【颗粒】命令后的对比效果如图13.146所示。

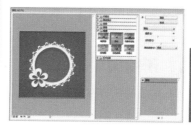

图13.146 【颗粒】及效果

- 【强度】：设置图像中产生颗粒的数量。值越大，颗粒的密度就越大。取值范围为0~100。
- 【对比度】：设置图像中生成颗粒的对比度。值越大，颗粒的效果越明显。取值范围为0~100。
- 【颗粒类型】：设置生成颗粒的类型。包括【常规】、【柔和】、【喷洒】、【结块】、【强反差】、【扩大】、【点刻】、【水平】、【垂直】和【斑点】10种类型。

13.10.3 马赛克拼贴

该滤镜可以使图像分割成若干不规则的小块组成马赛克拼贴效果。该滤镜与【龟裂缝】滤镜有些相似，但产生的效果比【龟裂缝】滤镜更加的规则。执行菜单栏中的【滤镜】|【滤镜库】|【纹理】|【马赛克拼贴】命令，打开【马赛克拼贴】对话框。原图与使用【马赛克拼贴】命令后的对比效果如图13.147所示。

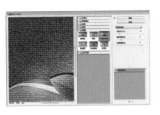

图13.147 【马赛克拼贴】及效果

- 【拼贴大小】：设置图像中生成马赛克小块的大小。值越大，块状马赛克就越大。取值范围为2~100。
- 【缝隙宽度】：设置图像中马赛克之间裂缝的宽度。值越大，裂缝就越宽。取值范围为1~15。
- 【加亮缝隙】：设置马赛克之间裂缝的亮度。值越大，裂缝就越亮。取值范围为0~10。

13.10.4 拼缀图

该滤镜可以将图像分解为许多的正方形，并使用该区域的主色填充，同时随机增大或减小拼贴的深度。执行菜单栏中的【滤镜】|【滤镜库】|【纹理】|【拼缀图】命令，打开【拼缀图】对话框。原图与使用【拼缀图】命令后的对比效果如图13.148所示。

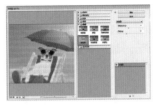

图13.148 原图与使用【拼缀图】后的对比效果

- 【平方大小】：设置图像中生成拼缀图块的大小。值越大，拼缀图块就越大。取值范围为0~10。
- 【凸现】：设置拼缀图块的凸现程度。值越大，拼缀图块凸现越明显。取值范围为0~25。

13.10.5 染色玻璃

该滤镜可以将图像分成不规则的彩色玻璃格子效果，产生彩色玻璃效果，而且染色玻璃中的边框颜色是由前景色决定的。执行菜单栏中的【滤镜】|【滤镜库】|【纹理】|【染色玻璃】命令，打开【染色玻璃】对话框。原图与使用【染色玻璃】命令后的对比效果如图13.149所示。

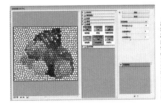

图13.149 【染色玻璃】及效果

- 【单元格大小】：设置生成彩色玻璃格子的大小。值越大，生成的格子就越大。取值范围为2~50。
- 【边框粗细】：设置玻璃格子之间的边框宽度。值越大，边框的宽度就越大，边框就越粗。取值范围为1~20。
- 【光照强度】：设置生成彩色玻璃的亮度。值越大，图像越亮。取值范围为0~10。

视频讲座13-7：利用【染色玻璃】制作彩色方格背景

 案例分类：纹理与特效表现类
视频位置：配套光盘\movie\视频讲座13-7：利用【染色玻璃】制作彩色方格背景.avi

本例主要讲解利用【染色玻璃】滤镜制作具有彩色方格背景效果。

PS 1 新建一个840×640像素，【分辨率】为300像素，【颜色模式】为RGB颜色，【背景内容】设置为白色的画布，如图13.150所示。

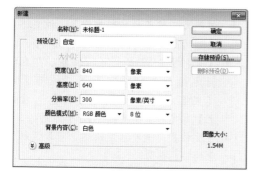

图13.150 新建文件

PS 2 执行菜单栏中的【滤镜】|【杂色】|【添加杂色】命令，打开【添加杂色】对话框并设置参数，单击【确定】按钮确认，如图13.151所示。

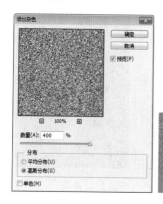

图13.151 【添加杂色】参数与效果

PS 3 执行菜单栏中的【滤镜】|【像素化】|【晶格化】命令，打开【晶格化】对话框，设置【单元格大小】为80，单击【确定】按钮确认，如图13.152所示。

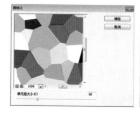
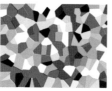

图13.152 【晶格化】设置与效果

PS 4 执行菜单栏中的【滤镜】|【杂色】|【添加杂色】命令，打开【添加杂色】对话框并设置参数，单击【确定】按钮确认，如图13.153所示。

图13.153 【添加杂色】设置与效果

PS 5 执行菜单栏中的【滤镜】|【杂色】|【中间值】命令，打开【中间值】对话框，设置【半径】为70像素，单击【确定】按钮确认，如图13.154所示。

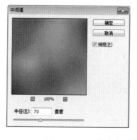

图13.154 【中间值】设置与效果

PS 6 将前景色设置为白色，执行菜单栏中的【滤镜】|【滤镜库】|【纹理】|【染色玻璃】命令，打开【染色玻璃】对话框并设置参数，单击【确定】按钮确认，如图13.155所示。最后再配上相关的装饰，完成本例的制作，效果如图13.156所示。

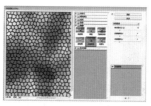

图13.155 染色玻璃　　图13.156 完成效果

13.10.6 纹理化

该滤镜可以使用预设的纹理或自定义载入的纹理样式，从而在图像中生成指定的纹理效果。执行菜单栏中的【滤镜】|【滤镜库】|【纹理】|【纹理化】命令，打开【纹理化】对话框。原图与使用【纹理化】命令后的对比效果如图13.157所示。

图13.157 【纹理化】及效果

- 【纹理】：指定图像生成的纹理。包括【砖形】、【粗麻布】、【画布】和【砂岩】4个选项。还可以单击右侧的纹理菜单，载入一个psd格式的图片作为纹理。

- 【缩放】：设置生成纹理的大小。值越大，生成的纹理就越大。取值范围为50%~200%。

- 【凸现】：设置生成纹理的凹凸程度。值越大，纹理的凸现越明显。设置添加纹理的凸现程度。取值范围为0~50。

- 【光照】：设置光源的位置，即光照的方向。包括【下】、【左下】、【左】、【左上】、【上】、【右上】、【右】和【右下】8个方向。

- 【反相】：选中该复选框，可以反转纹理的凹凸部分。

13.11 / 像素化滤镜组

该滤镜组主要通过单元格中颜色值相近的像素结成许多小块，并将这些小块重新组合或有机地分布，形成像素组合效果。共包括7种滤镜：彩块化、彩色半调、点状化、晶格化、马赛克、碎片和铜版雕刻。

13.11.1 彩块化

该滤镜可以将图像中的纯色或颜色相近的像素集结起来形成彩色色块，从而生成彩块化效果。该滤镜没有任何参数设置，如果效果不明显，可以重复多次操作。

原图与多次使用【彩块化】命令后的对比效果如图13.158所示。

图13.158 原图与多次使用【彩块化】效果

13.11.2 彩色半调

该滤镜可以模拟对图像的每个通道使用放大的半调网屏的效果。半调网屏由网点组成，网点控制印刷时特定位置的油墨量。执行菜单栏中的【滤镜】|【像素化】|【彩色半调】命令，打开

【彩色半调】对话框。原图与使用【彩色半调】命令后的对比效果如图13.159所示。

图13.159 【彩色半调】及效果

- 【最大半径】：指定半调网点的最大半径值。值越大，半调网点就越大。取值范围是4~127像素。

- 【网角】：设置每个通道的网点与实际水平线的夹角。不同色彩模式使用的通道数不同。对于灰度模式的图像，只能使用通道1；对于RGB图像，使用通道1为红色通道、2为绿色通道、3为蓝色通道；对于CMYK图像，使用通道1为青色、2为洋红、3为黄色、4为黑色。

13.11.3 点状化

该滤镜可以将图像中的颜色分解为随机分布的网点，并使用背景色作为网点之间的画布颜色，形成类似点状化绘图的效果。执行菜单栏中的【滤镜】|【像素化】|【点状化】命令，

打开【点状化】对话框。原图与使用【点状化】命令后的对比效果如图13.160所示。

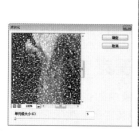

图13.160 【点状化】及效果

- 【单元格大小】：设置点状化的大小。值越大，点块就越大。取值范围为3~300像素。

13.11.4 晶格化

该滤镜可以使图像产生结晶般的块状效果。执行菜单栏中的【滤镜】|【像素化】|【晶格化】命令，打开【晶格化】对话框。原图与使用【晶格化】命令后的对比效果如图13.161所示。

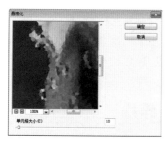

图13.161 【晶格化】及效果

- 【单元格大小】：设置结晶体的大小。值越大，结晶体就越大。取值范围为3~300像素。

视频讲座13-8：利用【晶格化】打造时尚个性溶岩插画

 案例分类：纹理与特效表现类
视频位置：配套光盘\movie\视频讲座13-8：利用【晶格化】打造时尚个性溶岩插画.avi

本例主要讲解利用【晶格化】滤镜打造时尚个性溶岩插画效果。

PS 1 新建一个620×266像素，【分辨率】为300像素，【颜色模式】为RGB颜色，【背景内容】设置为白色的画布，如图13.162所示。

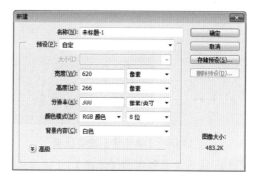

图13.162 新建文件

PS 2 在工具箱中设置前景色为黑色，背景色为白色。执行菜单栏中的【滤镜】|【渲染】|【云彩】命令，添加云彩效果，如图13.163所示。

图13.163 【云彩】滤镜效果

PS 3 将【背景】层拖动到【图层】面板下方的【创建新图层】按钮上，将【背景】图层复制一份，如图13.164所示。

图13.164 复制图层

PS 4 执行菜单栏中的【滤镜】|【像素化】|【晶格化】命令，打开【晶格化】对话框，将【单元格大小】设置为50。单击【确定】按钮确认，如图13.165所示。

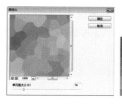

图13.165 【晶格化】滤镜及效果

PS 5 执行菜单栏中的【滤镜】|【杂色】|【中间值】命令，打开【中间值】对话框，将

【半径】设置为55像素。单击【确定】按钮确认，如图13.166所示。

图13.166 【中间值】滤镜效果

PS 6 执行菜单栏中的【滤镜】|【滤镜库】|【艺术效果】|【调色刀】命令，将【描边大小】设置为25，【描边细节】设置为3。单击【确定】按钮确认，如图13.167所示。

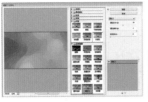

图13.167 【调色刀】滤镜效果

PS 7 执行菜单栏中的【滤镜】|【锐化】|【USM锐化】命令，打开【USM锐化】对话框，将【数量】设置为500%，【半径】设置为20像素。设置完成后单击【确定】按钮，如图13.168所示。

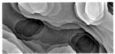

图13.168 【USM锐化】滤镜效果

PS 8 执行菜单栏中的【图像】|【调整】|【色相/饱和度】命令，打开【色相/饱和度】对话框，选中【着色】复选框，将【色相】设置为207，【饱和度】设置为49，【明度】设置为7。单击【确定】按钮确认，如图13.169所示。

PS 9 最后再配上相关的装饰，完成本例的制作。完成效果如图13.170所示。

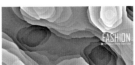

图13.169 调整参数　图13.170 完成效果

13.11.5 马赛克

该滤镜可以让图像中的像素集结成块状效果。平时看电视或电影中的人物面部多应用该滤镜效果，人们常说的给人物面部打个马赛克，说的就是这个滤镜效果。执行菜单栏中的【滤镜】|【像素化】|【马赛克】命令，打开【马赛克】对话框。原图与使用【马赛克】命令后的对比效果如图13.171所示。

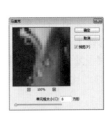

图13.171 【马赛克】及效果

● 【单元格大小】：设置马赛克的大小。值越大，马赛克就越大。取值范围2~200像素。

13.11.6 碎片

该滤镜可以使图像产生重叠位移的模糊效果。该滤镜没有任何参数设置，如果想将其模糊效果更加明显，可以多次执行该滤镜。原图与使用【碎片】命令后的对比效果如图13.172所示。

图13.172 原图与使用【碎片】后的对比效果

13.11.7 铜版雕刻

该滤镜使用点状、短线、长线、长边等多种类型，将图像制作出像在铜版上雕刻的效果。执行菜单栏中的【滤镜】|【像素化】|【铜版雕刻】命令，打开【铜版雕刻】对话框。原图与使用【铜版雕刻】命令后的对比效果如图13.173所示。

- 【类型】：设置铜版雕刻的类型。包括【精细点】、【中等点】、【粒状点】、【粗网点】、【短线】、【中长】

直线】、【长线】、【短描边】、【中长描边】和【长边】10种类型，选择不同的类型将有不同的效果。

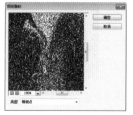

图13.173 【铜版雕刻】及效果

13.12 渲染滤镜组

【渲染】滤镜组能够在图像中模拟光线照明、云雾状及各种表面材质的效果。共包括5种滤镜：分层云彩、光照效果、镜头光晕、纤维和云彩。

13.12.1 分层云彩

该滤镜可以根据前景色和背景色的混合生成云彩图像，并将生成的云彩与原图像运用差值模式进行混合。该滤镜没有任何的参数设置。可以通过多次执行该滤镜来创建不同的分层云彩效果。

原图与使用【分层云彩】命令后的对比效果如图13.174所示。

图13.174 原图与使用【分层云彩】后的对比

13.12.2 光照效果

该滤镜可以模拟不同的灯光，使图像产生立体效果。包含有17种光照样式、3种光照类型和4套光照属性，还可以使用灰度文件的纹理（称为凹凸图）产生类似 3D 的效果。执行菜单栏中的【滤镜】|【渲染】|【光照效果】命令，打开如图13.175所示的【光照效果】界面，光照的调整也非常简单，只要将光标放在

对应的位置，会有文字显示。

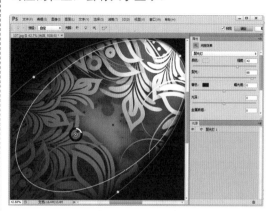

图13.175 【光照效果】对话框

① 预设

从右侧的下拉列表中，可以选择一种预置的光照样式，Photoshop预置了17种光照样式。单击【存储】按钮，可以将当前光照设置保存成新的样式，单击【删除】按钮，可以将当前选择的光照样式删除。

② 光照

要为图像添加多个光源，可以在选项栏中选择 图标中需要添加的光源类型，单击鼠标即可添加一个光源，多次单击，可以添加更多的光源。如果要删除光源，可以选择该光源，在【光源】面板中单击删除 按钮即可将其删除。

原图与使用【光照效果】命令后的对比效

果如图13.176所示。

图13.176 原图与使用【光照效果】后的对比

③ 光照属性

在【属性】面板中，不但可以设置光照的类型，还可以设置光照的强度、聚光、光泽、环境、曝光度等。

- 【光照类型】：从右侧的下拉列表中，可以选择一种光照的类型，包括【点光】、【聚光灯】和【无限光】3种类型。【点光】的照射可以使光在图像的正上方向各个方向照射；【聚光灯】的照射可以投射一束椭圆形的光柱；【无限光】的照射是从远处照射的光，光照角度不会发生变化，如太阳光。3种光照类型的照射效果如图13.177所示。

点光　　　聚光源　　　无限光

图13.177 不同光照效果

- 【强度】：设置光照的亮度大小。值越大，亮度就越高。
- 【颜色】：单击右侧的色块，可以打开【拾色器（光照颜色）】对话框，设置光照的颜色。
- 【聚光】：设置点光源的光照范围。值越大，光照的范围就越大。只有选择【聚光灯】选项时，该项才可以使用。
- 【着色】：设置光照的环境光颜色，单击右侧的色块，可以打开【拾色器（环境光）】对话框，指定环境光的颜色。
- 【曝光度】：设置图像的曝光程度。值越大，图像的曝光度就越大。
- 【光泽】：设置图像表面的反射光的

多少，从【杂边】到【发光】反光程度逐渐增强。通过它可以调整图像的平衡程度。

- 【金属质感】：反射自身的颜色，有金属质感。
- 【环境】：设置图像的环境光的应用程度。取值范围为－100～＋100。
- 【纹理】：在【纹理】右侧的下拉菜单中可以选择作用通道，生成一种浮雕效果。
- 【高度】：设置图像中凸出部分的高光，值越大，凸出越明显。

13.12.3 镜头光晕

该滤镜可以模拟照相机镜头由于亮光所产生的镜头光斑效果。执行菜单栏中的【滤镜】|【渲染】|【镜头光晕】命令，打开【镜头光晕】对话框。原图与使用【镜头光晕】命令后的对比效果如图13.178所示。

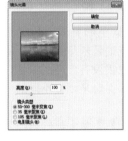

图13.178 【镜头光晕】及效果

- 【亮度】：设置光晕的亮度。值越大，光晕的亮度也越大。取值范围为10％～300％。
- 【镜头类型】：设置镜头的类型。包括【50-300毫米变焦】、【35毫米聚焦】、【105毫米聚焦】和【电影镜头】4个选项，不同的镜头将产生不同的光晕效果。

视频讲座13-9：利用【镜头光晕】制作游戏光线背景

案例分类：纹理与特效表现类
视频位置：配套光盘\movie\视频讲座
13-9：利用【镜头光晕】制作游戏光线背景.avi

本例主要讲解利用【镜头光晕】滤镜制作游戏光线背景效果。

PS 1 新建画布640×480像素，【分辨率】为150像素/英寸，【颜色模式】为RGB，并将背景色填充为黑色，如图13.179所示。

图13.179 新建文件

PS 2 多次执行菜单栏中的【滤镜】|【渲染】|【镜头光晕】命令，打开【镜头光晕】对话框，添加镜头光晕，如图13.180所示。

图13.180 添加镜头光晕

PS 3 执行菜单栏中的【图像】|【调整】|【去色】命令，将其颜色去掉，如图13.181所示。

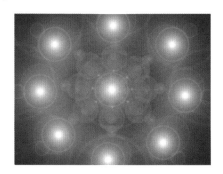

图13.181 去色

PS 4 执行菜单栏中的【滤镜】|【像素化】|【铜版雕刻】命令，打开【铜版雕刻】对话框，设置【铜版雕刻】参数，如图13.182所示。

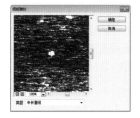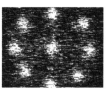

图13.182 【铜版雕刻】设置与效果

PS 5 执行菜单栏中的【滤镜】|【模糊】|【径向模糊】命令，打开【径向模糊】对话框，设置【径向模糊】参数，如图13.183所示。

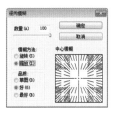

图13.183 【径向模糊】设置与效果

PS 6 执行菜单栏中的【图像】|【调整】|【色相/饱和度】命令，打开【色相/饱和度】对话框并设置参数，选中【着色】复选框。设置完成后单击【确定】按钮确认，如图13.184所示。

图13.184 【色相/饱和度】设置与效果

PS 7 执行菜单栏中的【滤镜】|【扭曲】|【旋转扭曲】命令，打开【旋转扭曲】对话框并设置参数。单击【确定】按钮确认，如图13.185所示。

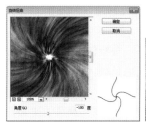

图13.185 【旋转扭曲】设置与效果

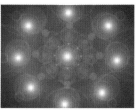

305

PS 8 执行菜单栏中的【滤镜】|【扭曲】|【波浪】命令，打开【波浪】对话框并设置参数。单击【确定】按钮确认，最后添加装饰物完成了一个不同风格的效果，如图13.186所示。

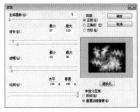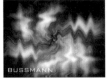

图13.186 【波浪】设置与效果

13.12.4 纤维

该滤镜可以将前景色和背景色进行混合处理，生成具有纤维效果的图像。执行菜单栏中的【滤镜】|【渲染】|【纤维】命令，打开【纤维】对话框。原图与使用【纤维】命令后的对比效果如图13.187所示。

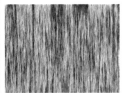

图13.187 【纤维】及效果

- 【差异】：设置纤维细节变化的差异程度。值越大，纤维的差异性就越大，图像越粗糙。
- 【强度】：设置纤维的对比度。值越大，生成的纤维对比度越大，纤维纹理越清晰。
- 【随机化】：单击该按钮，可以在相同参数的设置下，随机产生不同的纤维效果。

13.12.5 云彩

该滤镜可以根据前景色和背景色的混合，制作出类似云彩的效果。它与当前图像的颜色没有任何的关系。要制作云彩，只需设置好前景色和背景色即可。将前景色设置为蓝色，背景色设置为白色，执行菜单栏中的【滤镜】|【渲染】|【云彩】命令，即可创建云彩效果。原图与使用【云彩】命令后的对比效果如图13.188所示。

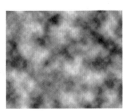

图13.188 原图与使用【云彩】后的对比

13.13 艺术效果滤镜组

该滤镜主要将摄影图像变成传统介质上的绘画效果，利用这些命令可以使图像产生不同风格的艺术效果。共包括15种滤镜：壁画、彩色铅笔、粗糙蜡笔、底纹效果、调色刀、干画笔、海报边缘、海绵、绘画涂抹、胶片颗粒、木刻、霓虹灯光、水彩、塑料包装和涂抹棒。

13.13.1 壁画

该滤镜可以用短的、圆的和潦草的斑点绘制风格粗犷的图像，使图像产生一种壁画的效果。执行菜单栏中的【滤镜】|【滤镜库】|【艺术效果】|【壁画】命令，打开【壁画】对话框。原图与使用【壁画】命令后的对比效果如图13.189所示。

图13.189 原图与使用【壁画】后的对比

- 【画笔大小】：设置画笔笔触的大小。值越大，图像就越清晰。取值范围为0~10。
- 【画笔细节】：设置图像的细节保留程度。值越大，细节中保留就越多。取值范围为0~10。

- 【纹理】：设置图像中过渡区域所产生的纹理清晰度。值越大，纹理越清晰。取值范围为1~3。

13.13.2 彩色铅笔

该滤镜可以模拟各种颜色的铅笔在纯色背景上绘制图像的效果，绘制的图像中保留重要的边缘，外观呈粗糙阴影线效果，纯色的背景色透过比较平滑的区域显示出来。执行菜单栏中的【滤镜】|【滤镜库】|【艺术效果】|【彩色铅笔】命令，打开【彩色铅笔】对话框。原图与使用【彩色铅笔】命令后的对比效果如图13.190所示。

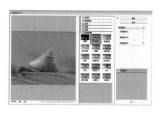

图13.190 【彩色铅笔】及效果

- 【铅笔宽度】：设置铅笔笔触的宽度。值越大，铅笔绘制的线条越粗。取值范围为1~24。
- 【描边压力】：设置铅笔绘图时的压力大小。值越大，绘制出的颜色越明显。取值范围为0~15。
- 【纸张亮度】：设置纯色背景的亮度。值越大，纸张的亮度就越大。取值范围为0~50。

13.13.3 粗糙蜡笔

该滤镜可使图像产生类似彩色蜡笔在带纹理的背景上描边的效果，使图像表面产生一种不平整的浮雕纹理。执行菜单栏中的【滤镜】|【滤镜库】|【艺术效果】|【粗糙蜡笔】命令，打开【粗糙蜡笔】对话框。原图与使用【粗糙蜡笔】命令后的对比效果如图13.191所示。

图13.191 【粗糙蜡笔】及效果

- 【描边长度】：设置画笔绘制线条的长度。值越大，线条越条。取值范围为0~40。
- 【描边细节】：设置粗糙蜡笔的细腻程度。值越大，细节描绘越明显。取值范围为1~20。
- 【纹理】：设置生成纹理的类型。在右侧的下拉列表可包括【砖形】、【粗麻布】、【画布】和【砂岩】4种纹理类型。单击右侧的三角形 ▾ 按钮，可以载入一个psd格式的图片作为纹理。
- 【缩放】：设置纹理的缩放大小。值越大，纹理就越大。取值范围为50%~200%。
- 【凸现】：设置纹理凹凸程度。值越大，图像的凸现感越强。取值范围为0~50。
- 【光照】：设置光源的照射方向。包括【下】、【左下】、【左】、【左上】、【上】、【右上】、【右】和【右下】8个选项。
- 【反相】：选中该复选框，可以反转纹理的凹凸区域。

13.13.4 底纹效果

该滤镜可以根据设置纹理的类型和颜色，在图像中产生一种纹理描绘的艺术效果。执行菜单栏中的【滤镜】|【滤镜库】|【艺术效果】|【底纹效果】命令，打开【底纹效果】对话框。原图与使用【底纹效果】命令后的对比效果如图13.192所示。

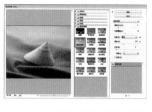

图13.192 【底纹效果】及效果

- 【画笔大小】：设置画笔笔触的大小。取值范围为0~40。
- 【纹理覆盖】：设置图像使用纹理的范围。值越大，使用的范围越广。取值范围为0~25。
- 【纹理】：设置生成纹理的类型。在右侧的下拉列表中包括【砖形】、【粗麻布】、【画布】和【砂岩】4种纹理类型。单击右侧的三角形 按钮，可以载入一个psd格式的图片作为纹理。

- 【缩放】：设置纹理的缩放大小。值越大，纹理就越大。取值范围为50%~200%。
- 【凸现】：设置纹理凹凸程度。值越大，图像的凸现感越强。取值范围为0~50。
- 【光照】：设置光源的照射方向。包括【下】、【左下】、【左】、【左上】、【上】、【右上】、【右】和【右下】8个选项。
- 【反相】：选中该复选框，可以反转纹理的凹凸区域。

13.13.5　干画笔

该滤镜可以模拟干笔刷技术，通过减少图像的颜色来简化图像的细节，使图像产生一种不饱和、不湿润的油画效果。执行菜单栏中的【滤镜】|【滤镜库】|【艺术效果】|【干画笔】命令，打开【干画笔】对话框。原图与使用【干画笔】命令后的对比效果如图13.193所示。

图13.193　【干画笔】及效果

- 【画笔大小】：设置画笔笔触的大小。值越大，画笔笔触也越大。取值范围为0~10。
- 【画笔细节】：设置画笔的细节表现程度。值越大，细节表现越明显。取值范围为0~10。
- 【纹理】：设置图像纹理的清晰程度。值越大，纹理越清晰。取值范围为1~3。

13.13.6　海报边缘

该滤镜可以勾画出图像的边缘，并减少图像中的颜色数量，添加黑色阴影，使图像产生一种

海报的边缘效果。执行菜单栏中的【滤镜】|【滤镜库】|【艺术效果】|【海报边缘】命令，打开【海报边缘】对话框。原图与使用【海报边缘】命令后的对比效果如图13.194所示。

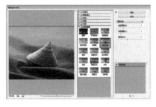

图13.194　【海报边缘】及效果

- 【边缘厚度】：设置描绘图像边缘的宽度。值越大，描绘的边缘越宽。取值范围为0~10。
- 【边缘强度】：设置图像边缘的清晰程度。值越大，边缘越明显。取值范围为0~10。
- 【海报化】：设置图像的海报化程度。值越大，图像最终显示的颜色量就越多。取值范围为0~6。

13.13.7　海绵

该滤镜可以创建对比颜色较强的纹理图像，使图像看上去好像用海绵绘制的艺术效果。执行菜单栏中的【滤镜】|【滤镜库】|【艺术效果】|【海绵】命令，打开【海绵】对话框。原图与使用【海绵】命令后的对比效果如图13.195所示。

图13.195　原图与使用【海绵】命令后的效果

- 【画笔大小】：设置海绵笔触的粗细。值越大，笔触就越大。取值范围为0~10。
- 【清晰度】：设置海绵绘制颜色的清晰程度。值越大，绘制的颜色越清晰。取值范围为0~25。
- 【平滑度】：设置绘制颜色间的光滑程度。值越大，越光滑。取值范围为1~15。

13.13.8 绘画涂抹

该滤镜可以模拟画笔在图像上随意涂抹，使图像产生模糊的艺术效果。执行菜单栏中的【滤镜】|【滤镜库】|【艺术效果】|【绘画涂抹】命令，打开【绘画涂抹】对话框。原图与使用【绘画涂抹】命令后的对比效果如图13.196所示。

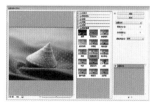

图13.196 【绘画涂抹】及效果

- 【画笔大小】：设置涂抹工具的笔触大小。值越大，涂抹的范围越大。取值范围为1~50。
- 【锐化程度】：设置涂抹笔触的清晰程度。值越大，锐化程度越大，图像越清晰。取值范围为0~40。
- 【画笔类型】：指定涂抹的画笔类型。在此选项右侧的下拉菜单中包括【简单】、【未处理光照】、【未处理深色】、【宽锐】化、【宽模糊】和【火花】6种类型，选择不同的选项，将产生不的同涂抹效果。

13.13.9 胶片颗粒

该滤镜可以为图像添加颗粒效果，制作类似胶片放映时产生的颗粒图像效果。执行菜单栏中的【滤镜】|【滤镜库】|【滤镜库】|【艺术效果】|【胶片颗粒】命令，打开【胶片颗粒】对话框。原图与使用【胶片颗粒】命令后的对比效果如图13.197所示。

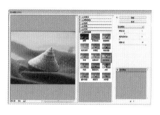

图13.197 【胶片颗粒】及效果

- 【颗粒】：设置添加颗粒的清晰程度。值越大，颗粒越明显。取值范围为0~20。
- 【高光区域】：设置高光区域的范围。值越大，高光区域就越大。取值范围为0~20。
- 【强度】：设置图像的明暗程度。值越大，图像越亮，颗粒效果越不明显。

13.13.10 木刻

该滤镜可以利用版画和雕刻原理，将图像处理成由粗糙剪切彩纸组成的高对比度图像，产生剪纸、木刻的艺术效果。执行菜单栏中的【滤镜】|【滤镜库】|【艺术效果】|【木刻】命令，打开【木刻】对话框。原图与使用【木刻】命令后的对比效果如图13.198所示。

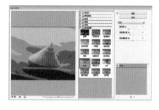

图13.198 原图与使用【木刻】命令后的对比效果

- 【色阶数】：设置图像的色彩层次。值越大，图像的颜色各类显示就越多。取值范围为2~8。
- 【边缘简化度】：设置产生木刻图像的边缘简化程度。值越大，边缘越简化。取值范围为0~10。
- 【边缘逼真度】：设置产生木刻边缘的逼真程度。值越大，生成的图像与原图像越相似。取值范围为1~3。

13.13.11 霓虹灯光

该滤镜可以根据前景色、背景色和指定的发光颜色，使图像产生霓虹灯般发光效果，并可以调整霓虹灯光的大小、亮度和发光的颜色。执行菜单栏中的【滤镜】|【滤镜库】|【艺术效果】|【霓虹灯光】命令，打开【霓虹灯光】对话框。原图与使用【霓虹灯光】命令后的对比效果如图13.199所示。

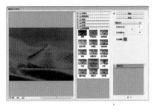

图13.199 【霓虹灯光】及效果

- 【发光大小】：设置霓虹灯的照射范围。值越大，照射的范围越广。取值范围为-24~24。正值时为外发光；负值时为内发光。
- 【发光亮度】：设置霓虹灯的亮度大小。值越大，亮度越大。取值范围为0~50。
- 【发光颜色】：单击右侧的色块，将打开【拾色器】对话框，可以选择一种发光的颜色。

13.13.12 水彩

该滤镜可以将图像的细节进行简化处理，使图像产生一种水彩画的艺术效果。执行菜单栏中的【滤镜】|【滤镜库】|【艺术效果】|【水彩】命令，打开【水彩】对话框。原图与使用【水彩】命令后的对比效果如图13.200所示。

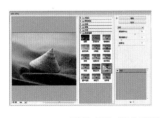

图13.200 【水彩】及效果

- 【画笔细节】：设置画笔图画的细腻程度。值越大，图像细节表现就越多。取值范围为1~14。
- 【阴影强度】：设置图像中暗区的深度。值越大，暗区就越暗。取值范围为0~10。
- 【纹理】：设置颜色交界处的纹理强度。值越大，纹理越明显。取值范围为1~3。

13.13.13 塑料包装

该滤镜可以为图像表面增加一层强光效果，使图像产生质感很强的塑料包装的艺术效

果。执行菜单栏中的【滤镜】|【滤镜库】|【艺术效果】|【塑料包装】命令，打开【塑料包装】对话框。原图与使用【塑料包装】命令后的对比效果如图13.201所示。

图13.201 【塑料包装】及效果

- 【高光强度】：设置图像中高光区域的亮度。值越大，高光区域的亮度就越大。取值范围为0~20。
- 【细节】：设置图像中高光区域的复杂程度。值越大，高光区域就越多。取值范围为1~15。
- 【平滑度】：设置图像中塑料包装的光滑程度。值越大，越光滑。取值范围为1~15。

13.13.14 调色刀

该滤镜可以减少图像中的细节，从而形成描绘得很淡的图像效果，类似用油画刮刀作画的风格。执行菜单栏中的【滤镜】|【滤镜库】|【艺术效果】|【调色刀】命令，打开【调色刀】对话框。原图与使用【调色刀】命令后的对比效果如图13.202所示。

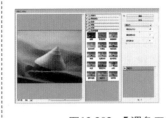

图13.202 【调色刀】及效果

- 【描边大小】：设置绘图笔触的粗细。值越大，描绘的笔触越粗。取值范围为1~50。
- 【描边细节】：设置图像的细腻程度。值越大，颜色相近的范围越大，颜色的混合程度就越明显，图像的细节显示越多。取值范围为1~3。
- 【软化度】：设置图像边界的柔和程度。值越大，边界越柔和。取值范围为0~10。

13.13.15 涂抹棒

该滤镜可以使图像产生一种涂抹、晕开的效果。它使用较短的对角线来涂抹图像的较暗区域，较亮的区域变得更明亮并丢失细节。执行菜单栏中的【滤镜】|【滤镜库】|【艺术效果】|【涂抹棒】命令，打开【涂抹棒】对话框。原图与使用【涂抹棒】命令后的对比效果如图13.203所示。

- 【描边长度】：设置涂抹线条的长度。值越大，线条越长。取值范围为0~10。
- 【高光区域】：设置图像中高光区域的范围。值越大，高光区域就越大。取值范围为0~20。
- 【强度】：设置涂抹的强度。值越大，图像的反差就越明显。取值范围为0~10。

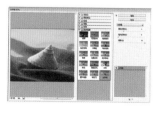

图13.203 【涂抹棒】及效果

13.14 杂色滤镜组

【杂色】滤镜组主要是为图像增加或删除随机分布色隐晦的像素，在图像中添加或减少杂色，以增加图像的纹理或减少图像的杂色效果。共包括5种滤镜：减少杂色、蒙尘与划痕、去斑、添加杂色和中间值。

13.14.1 减少杂色

该滤镜可以通过对整个图像或各个通道的设置减少图像中的杂色效果。除了使用【基本】设置外，还可以使用【高级】设置，对图像中的单个通道进行杂色处理，以减少不需要的杂色。如果杂色在一个或两个颜色通道中较明显，可选择【高级】设置，然后从【通道】下拉列表中选取颜色通道。修改【强度】和【保留细节】选项来减少该通道中的杂色。执行菜单栏中的【滤镜】|【杂色】|【减少杂色】命令，打开【减少杂色】对话框。原图与多次使用【减少杂色】命令后的对比效果如图13.204所示。

- 【强度】：设置减少杂色的强度。值越大，去除杂色的能力就越大。
- 【保留细节】：设置保留边缘和图像细节。值越大，图像细节保留越多，但杂色的去除能力越小。
- 【减少杂色】：去除随机的颜色像素。值越大，减少的颜色杂色越多。
- 【锐化细节】：对图像的细节进行锐化。值越大，细节锐化越明显，但杂色也越明显。
- 【移去 JPEG 不自然感】：选中该复选框，将去除由于使用低 JPEG 品质设置存储图像而导致的斑驳的图像伪像和光晕。

13.14.2 蒙尘与划痕

该滤镜可以去除像素邻近区差别较大的像素，以减少杂色，修复图像的细小缺陷。执行菜单栏中的【滤镜】|【杂色】|【蒙尘与划痕】命令，打开【蒙尘与划痕】对话框。原图与使用【蒙尘与划痕】命令后的对比效果如图13.205所示。

图13.204 原图与使用【减少杂色】后的对比

图13.205 【蒙尘与划痕】及对比效果

- 【半径】：设置去除缺陷的搜索范围。值越大，图像越模糊。取值范围为1～100。
- 【阈值】：设置被去掉的像素与其他像素的差别程度，值越大，去除杂点的能力越弱。取值范围为0～128。

13.14.3 去斑

该滤镜用于探测图像中有明显颜色改变的区域，并模糊除边缘区域以外的所有部分。此模糊效果可在去掉杂色的同时保留细节。该滤镜没有对话框，可以多次执行【去斑】命令来加深去斑效果。原图与多次使用【去斑】命令后的对比效果如图13.206所示。

图13.206 原图与使用【去斑】后的对比

13.14.4 添加杂色

该滤镜可以在图像上随机添加一些杂点，产生杂色的图像效果。执行菜单栏中的【滤镜】|【杂色】|【添加杂色】命令，打开【添加杂色】对话框。原图与使用【添加杂色】命令后的对比效果如图13.207所示。

图13.207 【添加杂色】及效果

- 【数量】：设置图像中生成杂色的数量。值越大，生成的杂色数量就越多。
- 【分布】：设置杂色分布的方式。包括【平均分布】和【高斯分布】两种分布方式。
- 【单色】：选中该复选框，将产生单色的杂色效果。

13.14.5 中间值

该滤镜可以在邻近的相互中搜索，去除与邻近像素相差过大的像素，用得到的像素中间亮度来替换中心像素的亮度值，使图像变得模糊。执行菜单栏中的【滤镜】|【杂色】|【中间值】命令，打开【中间值】对话框。原图与使用【中间值】命令后的对比效果如图13.208所示。

图13.208 【中间值】及效果

- 【半径】：设置邻近像素亮度的分析范围。值越大，图像越模糊。取值范围为1~100像素。

13.15 其他滤镜组

【其他】滤镜组可以创建自己的具有独特效果的滤镜、使用滤镜修改蒙版、在图像中使选区发生位移和快速调整颜色。共包括5种滤镜：高反差保留、位移、自定、最大值和最小值。

13.15.1 高反差保留

该滤镜可以在明显的颜色过渡处，删除图像中亮度逐渐变化的低频率细节，保留边缘细节，并且不显示图像的其余部分。执行菜单栏中的【滤镜】|【其他】|【高反差保留】命令，打开【高反差保留】对话框。原图与使用【高反差保留】命令后的对比效果如图13.209所示。

图13.209 原图与使用【高反差保留】后的效果

- 【半径】：设置画面中的高反差保留大小。取值范围为0.1~250。

13.15.2 位移

该滤镜可以将图像进行水平或垂直移动，并可以指定移动后原位置的图像效果。执行菜单栏中的【滤镜】|【其他】|【位移】命令，打开【位移】对话框。原图与使用【位移】命令后的对比效果如图13.210所示。

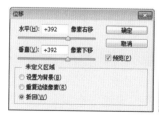

图13.210 【位移】及效果

- 【水平】：设置图像在水平方向上的位移大小。当值为正值时，图像向右偏移；当值为负值时，图像向左偏移。
- 【垂直】：设置图像在垂直方向上的位移大小，当值为正值时，图像向上偏移；当值为负值时，图像向下偏移。
- 【未定义区域】：设置图像偏移后空白区域。选择【设置为背景】选项，偏移的空白区域将用背景色填充；选择【重复边缘像素】选项，偏移的空白区域将用重复边缘像素填充。选择【折回】选项，偏移的空白区域将用图像的折回部分填充。

13.15.3 自定

该滤镜可以让您根据自己的需要，设计自己的滤镜，可以根据周围的像素值为每个像素重新指定一个值，产生锐化、模糊、浮雕等效果。执行菜单栏中的【滤镜】|【其他】|【自定】命令，打开【自定】对话框。原图与使用【自定】命令后的对比效果如图13.211所示。

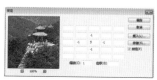

图13.211 【自定】及效果

- 【数学运算器】：在对话框中5×5的文本框阵列中输入数值，可以控制所选像素的亮度值。在阵列的中心为当前被计算的像素，相邻的文本框表示相邻的像素。文本框中输入的数值表示像素亮度的倍数，其取值范围为-999~999。
- 【缩放】：设置亮度缩小的倍数，其取值范围是1~9999。
- 【位移】：设置用于补偿的偏移量，其取值范围是-9999~9999。

13.15.4 最大值

该滤镜具有阻塞的效果，可以扩展白色区域并收缩黑色区域。通过设置查找像素周围最大亮度值的【半径】，在此范围内的像素的亮度值被设置为最大亮度。执行菜单栏中的【滤镜】|【其他】|【最大值】命令，打开【最大值】对话框。原图与使用【最大值】命令后的对比效果如图13.212所示。

图13.212 【最大值】及效果

- 【半径】：设置周围像素的取样距离。值越大，取样的范围就越大。取值范围为1~100。

13.15.5 最小值

该滤镜具有伸展的效果，可以收缩白色区域并扩展黑色区域。通过设置查找像素周围最小亮度值的【半径】，在此范围内的像素的亮度值被设置为最小亮度。执行菜单栏中的【滤镜】|【其他】|【最小值】命令，打开【最小值】对话框。原图与使用【最小值】命令后的对比效果如图13.213所示。

图13.213 【最小值】及效果

- 【半径】：设置周围像素的取样距离。值越大，取样的范围就越大。取值范围为1~100。

13.16 Digimarc（作品保护）滤镜组

诸如Photoshop CC这类图像编辑软件的流行及扫描仪、数码相机等数字化设备的使用，对于版权保护提出了新的问题。艺术家对一些人未经允许就使用他们的图像感到担忧。许多设计者关心他们可能在未经许可的情况下偶然使用了别人的图像。

Digimarc（作品保护）滤镜可以为用户的Photoshop文件添加水印。水印的内容是向用户提醒创作者的版权标志，即此图像是限制使用还是免费的。数字水印在正常的编辑下不会被抹去。Digimarc（作品保护）滤镜组共包括两个滤镜：嵌入水印和读取水印。

> **提示**
>
> 如果想为索引模式图像添加水印，首先应将其转换为RGB颜色模式，嵌入水印后，再重新将其转换为索引模式即可。图像尺寸至少要保持256×256像素才能显示水印。

13.16.1 嵌入水印

该滤镜可以为图像嵌入水印。执行菜单栏中的【滤镜】|Digimarc（作品保护）|【嵌入水印】命令，打开如图13.214所示的【嵌入水印】对话框。

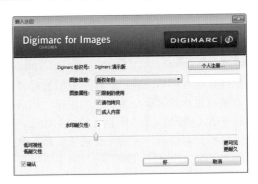

图13.214 【嵌入水印】对话框

> **提示**
>
> 如果是第一次使用该滤镜，首先要获得一个ID号才可以使用，在【嵌入水印】对话框中单击【个人注册】按钮，打开【个人注册Digimarc 标识号】对话框，单击【信息】按钮，启动 Web 浏览器并访问http://www.digimarc.com/register网页，根据相关提示，获得Digimarc 标示号，然后输入Digimarc 标示号及个人身份号码，单击【好】按钮，即可完成注册。

- 【图像信息】：设置图像信息。可以从右侧的下拉列表中选择一个图像信息。包括【版权年份】、【图像标识号】和【事务处理标识号】3个选项。
- 【图像属性】：设置图像的属性。包括【限制的使用】、【请勿拷贝】和【成人内容】3个选项。选中需要的选项即可。

- 【水印耐久性】：在右侧的文本框中输入一个值或拖动滑块的位置，指定水印的耐久性。值越大，水印越耐久。

技巧 !

每个图像只可嵌入一个数字水印，该滤镜不会对之前已嵌入水印的图像起作用。如果要处理分层图像，应在向其嵌入水印之前拼合图像；否则，水印将只影响当前图层。

13.16.2 读取水印

执行菜单栏中的【滤镜】| Digimarc（作品保护）|【读取水印】命令，可以检查图像中是否有水印。如果有水印存在，将打开【水印信息】对话框，显示出创建者的信息。如果图像中没有水印存在，将弹出一个【找不到水印】的提示框，提示该图像不存在水印。

第14章 商务网页设计

〔内容摘要〕

随着互联网的普及与发展，网站已逐渐成为企业形象宣传、产品展示推广、信息沟通的最方便快捷的互动平台。根据网站的不同用途，可将网站划分个人网站、较完善企业网站、中型专业网站、交互型电子商务网站。一个好的网站，不仅能够给人良好的视觉享受，更是一种理念、信息和功能的传达。互联网提供了天下大同的机会，同时也让这个虚拟世界充斥着数不清的商业站点、垃圾站点，大多数站点缺乏灵魂、主旨，东一榔头西一棒子，松散、混乱，原因就在于缺乏策划设计。通过本章的学习，掌握几种常见网站主页的制作方法和技巧。

〔教学目标〕

- 了解网页设计的作用
- 掌握视频网页的设计方法
- 掌握门户网页的设计方法
- 掌握手机网页的设计技巧

14.1 / 视频网页设计

设计构思

- 利用【渐变工具】为画布制作灰白渐变背景；
- 利用【钢笔工具】绘制出不规则的图形，制作出网页信息具有立体感的背景效果；
- 使用形状工具绘制出网页的信息和视频栏目并在上方添加文字；
- 利用图层蒙版配合【渐变工具】为所添加的部分文字制作出平滑的不透明效果；
- 利用绘制栏目立体背景效果的方法在画布底部继续绘制单色相同立体感图像效果以增加网页整体的科技时尚感。

本例主要讲解的是视频网页的制作方法，此网页简洁大方，富有时尚科技感。设计过程中，在视频栏目位置采用了多个不规则图形所组成的立体背景以突出视频网页的特性，信息简洁明了，资讯触手可及，在网页的底部以同样的方法绘制了单色富有立体感的图形效果，与网页上方的多彩立体图形遥相呼应。精致、简洁、科技、时尚是此网页的特点。

案例分类：商务网页设计类
难易程度：★★☆☆☆
调用素材：配套光盘\附增及素材\调用素材\第14章\视频网页
最终文件：配套光盘\附增及素材\源文件\第14章\视频网页设计.psd
视频位置：配套光盘\movie\14.1 视频网页设计.avi

视频网页设计最终效果如图14.1所示。

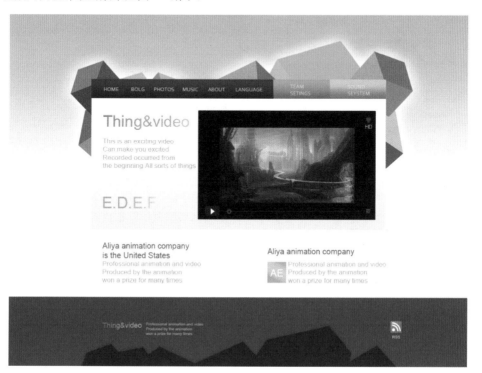

图14.1 视频网页最终效果

操作步骤

14.1.1 绘制多边形组合

PS 1 执行菜单栏中的【文件】|【新建】命令，在弹出的对话框中设置【宽度】为1200像素，
【高度】为900像素，【分辨率】为72像素/英寸，【颜色模式】为RGB颜色，新建一个空白画布，
如图14.2所示。

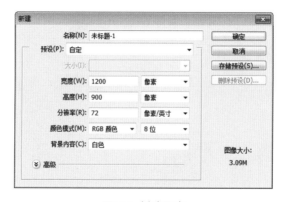

图14.2 新建画布

PS 2 选择工具箱中的【渐变工具】 ，在选项栏中单击【点按可编辑渐变】按钮，在弹出的对话框中将渐变颜色更改为浅蓝色（R：187，G：200，B：208）到白色，设置完成之后单击【确定】按钮，如图14.3所示。再单击选项栏中的【线性渐变】 按钮。

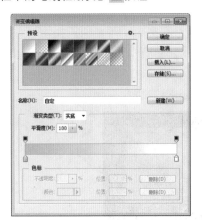

图14.3 设置渐变

PS 3 在画布中从上至下拖动，为画布填充渐变，如图14.4所示。

图14.4 填充渐变

PS 4 选择工具箱中的【钢笔工具】 ，在选项栏中单击【选择工具模式】，在弹出的3个选项中选择【形状】，将【填充】更改为浅红色（R：240，G：124，B：101），【描边】为无，在画布右上角位置绘制一个不规则图形，如图14.5所示。

图14.5 绘制图形

PS 5 选择【钢笔工具】 ，在选项栏中将【填充】更改为浅红色（R：232，G：33，B：51），【描边】为无，在画布中再次绘制图形，如图14.6所示。

PS 6 以同样的方法在选项栏中将【填充】更改为深红色（R：180，G：48，B：54），在刚才所绘制的图形位置再次绘制图形并与之前所绘制的图形对齐，如图14.7所示。

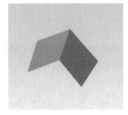

图14.6 绘制图形　　图14.7 绘制其他图形

PS 7 以刚才同样的方法绘制一些不规则图形并将其【填充】更改为不同颜色，如黄绿色（R：201，G：217，B：61）、蓝色（R：2，G：166，B：230）、橙色（R：255，G：183，B：19）并放在不同位置，如图14.8所示。

图14.8 绘制图形

PS 8 同时选中除【背景】图层之外的所有图层，执行菜单栏中的【图层】|【新建】|【从图层建立组】，在弹出的对话框中直接单击【确定】按钮，此时将生成一个【组1】，将其重命名为【不规则图形】，如图14.9所示。

图14.9 从图层新建组

技巧

在选择除【背景】图层之外所有图层的时候，可以执行菜单栏中的【选择】|【所有图层】命令，将除【背景】图层之外的所有图层选中，按Ctrl+Alt+A组合键可快速执行此命令。

PS 9 选中【不规则图形】组，执行菜单栏中的【图层】|【合并组】命令，将当前组中所有图层合并，此时将生成一个【不规则图形】图层，如图14.10所示。

PS 10 选中【不规则图形】图层，将其拖至面板底部的【创建新图层】按钮上，复制一个【不规则图形 拷贝】图层，如图14.11所示。

图14.10 合并组　　　图14.11 复制图层

提示

对多个不同颜色的形状图层进行合并的时候，必须先将其编组后再合并，假如直接合并则会统一成一个颜色。

PS 11 在【图层】面板中选中【不规则图形】图层，单击面板上方的【锁定透明像素】按钮，将当前图层中的透明像素锁定，在画布中将其图层填充为白色，填充完成之后再次单击此按钮解除锁定，如图14.12所示。

图14.12 锁定透明像素填充颜色

PS 12 选中【不规则图形】图层，执行菜单栏中的【滤镜】|【模糊】|【高斯模糊】命令，在弹出的对话框中将【半径】更改为20像素，设置完成之后单击【确定】按钮，如图14.13所示。

图14.13 设置【高斯模糊】

PS 13 在【图层】面板中选中【不规则图形】图层，将其拖至面板底部的【创建新图层】按钮上，复制一个【不规则图形 拷贝2】图层，如图14.14所示。

图14.14 复制图层

14.1.2 添加文字并制作视频窗口

PS 1 选择工具箱中的【矩形工具】，在选项栏中将【填充】更改为白色，【描边】更改为无，在画布中绘制一个矩形，此时将生成一个【矩形1】图层，如图14.15所示。

图14.15 绘制图形

PS 2 在【图层】面板中选中【矩形1】图层，单击面板底部的【添加图层样式】*fx* 按钮，在菜单中选择【渐变叠加】命令，在弹出的对话框中将渐变颜色更改为灰色（R：240，G：240，B：240）到白色，【缩放】更改为80%，设置完成之后单击【确定】按钮，如图14.16所示。

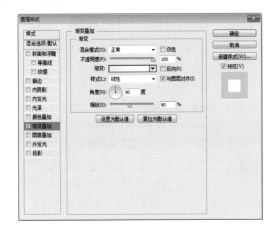

图14.16 设置【渐变叠加】

PS 3 选择工具箱中的【横排文字工具】 **T**，在刚才所绘制的矩形右侧位置添加文字，如图14.17所示。

图14.17 添加文字

PS 4 在【图层】面板中选中【Thing…】文字图层，单击面板底部的【添加图层样式】*fx* 按钮，在菜单中选择【渐变叠加】命令，在弹出的对话框中将渐变颜色更改为红色（R：240，G：124，B：101）到橙色（R：255，G：183，B：19）到蓝色（R：97，G：206，B：244），设置完成之后单击【确定】按钮，如图14.18所示。

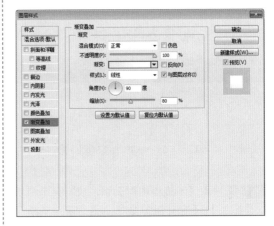

图14.18 设置【渐变叠加】

PS 5 选中【E.D…】文字图层，执行菜单栏中的【图层】|【栅格化】|【文字】命令，将当前文字删格化，如图14.19所示。

图14.19 栅格化图层

PS 6 在【图层】面板中选中【E.D…】文字图层，单击面板底部的【添加图层蒙版】 ▣ 按钮，为其图层添加图层蒙版，如图14.20所示。

PS 7 选择工具箱中的【渐变工具】 ▮，在选项栏中单击【点按可编辑渐变】按钮，在弹出的对话框中选择【黑白渐变】，设置完成之后单击【确定】按钮，再单击【线性渐变】 ▮ 按钮，如图14.21所示。

完全掌握Photoshop CC超级手册

图14.20 添加图层蒙版　图14.21 设置渐变

PS 8 单击【E.D…】文字图层蒙版缩览图，在画布中按住Shift键从左向右拖动，将多余的文字部分隐藏，如图14.22所示。

图14.22 隐藏部分文字

PS 9 选择工具箱中的【矩形工具】■，在选项栏中将【填充】更改为黑色，【描边】为无，在画布中绘制一个矩形，此时将生成一个【矩形2】图层，如图14.23所示。

图14.23 绘制图形

PS 10 选择工具箱中的【圆角矩形工具】▢，在选项栏中将【填充】更改为深蓝色（R：0，G：35，B：48），【描边】为无，【半径】为4像素，在刚才所绘制的黑色矩形左下角位置绘制一个稍小的圆角矩形，此时将生成一个【圆角矩形1】图层，如图14.24所示。

图14.24 绘制图形

PS 11 选择工具箱中的【矩形工具】■，在刚才所绘制的圆角矩形图形附近按住Shift键绘制一个矩形，如图14.25所示。此时将生成一个【矩形3】图层。

PS 12 选中【矩形3】图层，在画布中按Ctrl+T组合键对其执行【自由变换】命令，当出现变换框以后在选项栏中的【旋转】文本框中输入45°，之后按住Alt键将其上下稍微等比缩短，完成之后按Enter键确认，如图14.26所示。

图14.25 绘制图形　　图14.26 变换图形

PS 13 选择工具箱中的【删除锚点工具】✎，在画布中的【矩形3】图层左侧角的位置单击，将其锚点删除，再将其移至圆角矩形上，如图14.27所示。

图14.27 删除锚点及移动图形

PS 14 选择工具箱中的【直线工具】／，在选项栏中将【填充】更改为深蓝色（R：0，G：35，B：48），【描边】为无，【粗细】为2像素，在画布中按住Shift键绘制一条水平线段，此时将生成一个【形状1】图层，如图14.28所示。

图14.28 绘制图形

PS 15 选择工具箱中的【椭圆工具】，在选项栏中将【填充】更改为深蓝色（R：0，G：35，B：48），【描边】为无，在刚才所绘制的直线右侧位置按住Shift键绘制一个正圆图形，此时将生成一个【椭圆1】图层，如图14.29所示。

图14.29 绘制图形

PS 16 在【图层】面板中选中【椭圆1】图层，单击面板底部的【添加图层样式】 fx 按钮，在菜单中选择【外发光】命令，在弹出的对话框中将【颜色】更改为蓝色（R：108，G：239，B：255），【大小】为6像素，设置完成之后单击【确定】按钮，如图14.30所示。

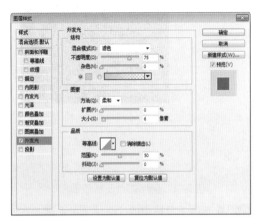

图14.30 设置【外发光】

PS 17 选择工具箱中的【直线工具】，在选项栏中将【填充】更改为蓝色（R：97，G：206，B：244），【描边】为无，【粗细】为1像素，在刚才所绘制的深蓝色线段左侧，按住Shift键绘制一条稍短的水平线段，此时将生成一个【形状2】图层，如图14.31所示。

图14.31 绘制图形

PS 18 选中【形状2】图层，在画布中按住Alt+Shift组合键向下拖动，将其垂直复制3份，如图14.32所示。

图14.32 复制图形

PS 19 选择工具箱中的【自定形状工具】，在画布中单击鼠标右键，从弹出的面板中选择【形状1】【红心】，在选项栏中将【填充】更改为红色（R：207，G：14，B：23），在黑色矩形左上角位置按住Shift键绘制一个心形，如图14.33所示。

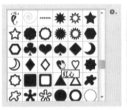

图14.33 绘制图形

PS 20 选择工具箱中的【横排文字工具】**T**，在刚才所绘制的心形图形下方位置添加文字，如图14.34所示。

图14.34 添加文字

PS 21 执行菜单栏中的【文件】|【打开】命令，在弹出的对话框中选择配套光盘中的"调用素材\第14章\视频网页\电影.jpg"文件，将打开的素材拖入画布中黑色矩形上并适当缩小，如图14.35所示。此时其图层名称将自动更改为【图层1】。

图14.35 添加素材

PS 22 同时选中【图层1】和【矩形2】图层，分别单击选项栏中的【垂直居中对齐】**┅**按钮和【水平居中对齐】**吕**按钮，将图像与图形对齐，如图14.36所示。

图14.36 对齐图形

PS 23 选中【矩形1】图层，将其拖至面板底部的【创建新图层】**┓**按钮上，复制一个【矩形1 拷贝】图层，如图14.37所示。

图14.37 复制图形

PS 24 选中【矩形1 拷贝】图层，在画布中按Ctrl+T组合键对其执行【自由变换】命令，将光标移至出现的变形框底部控制点向上拖动，将其高度缩小，完成之后按Enter键确认，如图14.38所示。

图14.38 变换图形

PS 25 在【图层】面板中双击【矩形1 拷贝】图层样式名称，在打开的对话框中将渐变颜色更改为深蓝色（R：23，G：28，B：32）到蓝色（R：47，G：69，B：87），【缩放】更改为100%，设置完成之后单击【确定】按钮，如图14.39所示。

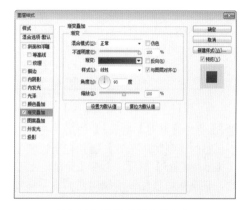

图14.39 设置【渐变叠加】

PS 26 选中【矩形1 拷贝】图层，将其拖至面板底部的【创建新图层】□按钮上，复制一个【矩形1 拷贝2】图层，如图14.40所示。

PS 27 选中【矩形1 拷贝2】图层，在画布中按Ctrl+T组合键对其执行【自由变换】命令，将光标移至出现的变换框左侧控制点向右拖动，将其宽度缩小，完成之后按Enter键确认，如图14.41所示。

 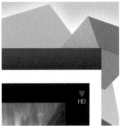

图14.40 复制图形　　图14.41 变换图形

提示

由于经过变换的图形与下方的图形宽度相同，且有相同的渐变叠加效果，所以经过变换后的图形仍然重叠且暂时不可见。

PS 28 在【图层】面板中双击【矩形1 拷贝2】图层样式名称，在打开的对话框中将渐变颜色更改为蓝色（R：15，G：120，B：168）到浅蓝色（R：128，G：223，B：251），设置完成之后单击【确定】按钮，如图14.42所示。

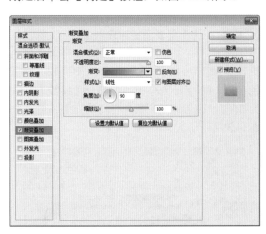

图14.42 设置【渐变叠加】

PS 29 选中【矩形1 拷贝2】图层，将其拖至面板底部的【创建新图层】□按钮上，复制一个【矩形1 拷贝3】图层，选中【矩形1 拷贝3】图层，在画布中按住Shift键向左侧水平移动并

与原图形对齐，如图14.43所示。

 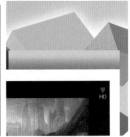

图14.43 复制及移动图形

PS 30 在【图层】面板中双击【矩形1 拷贝3】图层样式名称，在打开的对话框中将渐变颜色更改为灰蓝色（R：88，G：107，B：121）到浅灰蓝色（R：176，G：191，B：194），设置完成之后单击【确定】按钮，如图14.44所示。

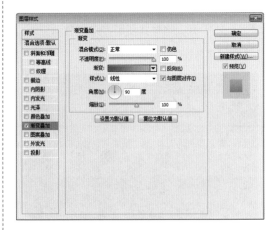

图14.44 设置【渐变叠加】

PS 31 选择工具箱中的【横排文字工具】T，在刚才复制所生成的图形位置以及画布靠下方位置添加文字，如图14.45所示。

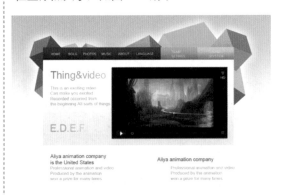

图14.45 添加文字

PS 32 选择工具箱中的【矩形工具】■，在选项栏中将【填充】更改为蓝色（R：52，G：187，B：234），【描边】为无，在画布中绘制一个矩形，此时将生成一个【矩形4】图层，如图14.46所示。

图14.46 绘制图形

PS 33 在【矩形1】图层上单击鼠标右键，从弹出的快捷菜单中选择【拷贝图层样式】命令，在【矩形4】图层上单击鼠标右键，从弹出的快捷菜单中选择【粘贴图层样式】命令，如图14.47所示。

图14.47 拷贝并粘贴图层样式

PS 34 在【图层】面板中，双击【矩形4】图层样式名称，在打开的对话框中将渐变颜色更改为蓝色（R：52，G：187，B：234）到浅蓝色（R：107，G：217，B：255）再到蓝色（R：52，G：187，B：234），设置完成之后单击【确定】按钮，如图14.48所示。

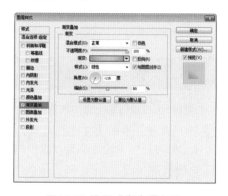

图14.48 设置【渐变叠加】

PS 35 选择工具箱中的【横排文字工具】**T**，在刚才所绘制的矩形上添加文字，如图14.49所示。

图14.49 添加文字

14.1.3 绘制底部不规则图形

PS 1 选择工具箱中的【钢笔工具】，在选项栏中单击【选择工具模式】按钮，在弹出的3个选项中选择【形状】，将【填充】更改为深蓝色（R：32，G：45，B：54），【描边】为无，在画布右上角位置绘制一个不规则图形.完成之后以同样的方法再将【填充】更改为深蓝色（R：0，G：35，B：48），继续在不规则图形附近位置绘制不规则图形，如图14.50所示。

图14.50 绘制图形

PS 2 选中刚才绘制不规则图形所生成的相关图层，执行菜单栏中的【图层】|【新建】|【从图层建立组】，在弹出的对话框中将【名称】更改为【底部不规则图形】，完成之后单击【确定】按钮，此时将生成一个【底部不规则图形】组，如图14.51所示。

图14.51 从图层新建组

PS 3 选中【底部不规则图形】组，执行菜单栏中的【图层】|【合并组】命令，将当前组合并，此时将生成一个【底部不规则图形】图层，如图14.52所示。

PS 4 选中【底部不规则图形】图层，拖至面板底部的【创建新图层】 按钮上将其复制，此时将生成一个【底部不规则图形 拷贝】图层，如图14.53所示。

图14.52 合并组　　图14.53 复制图层

PS 5 在【图层】面板中选中【底部不规则图形】图层，单击面板上方的【锁定透明像素】 按钮，将当前图层中的透明像素锁定，在画布中将其图形填充为深蓝色（R：0，G：35，B：48），填充完成之后再次单击此按钮解除锁定，如图14.54所示。

图14.54 锁定透明像素填充颜色

PS 6 选中【底部不规则图形】图层，执行菜单栏中的【滤镜】|【模糊】|【高斯模糊】命令，在弹出的对话框中将【半径】更改为5像素，设置完成之后单击【确定】按钮，如图14.55所示。

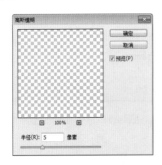

图14.55 设置【高斯模糊】

PS 7 选中【底部不规则图形】图层，将其图层【不透明度】更改为50%，如图14.56所示。

图14.56 更改图层不透明度

PS 8 选择工具箱中的【矩形工具】 ，在选项栏中将【填充】更改为深蓝色（R：0，G：35，B：48），【描边】为无，在画布靠底部位置绘制一个矩形，如图14.57所示。此时将生成一个【矩形5】图层。

图14.57 绘制图形

PS 9 选中【矩形5】图层，将其图层【不透明度】更改为80%，效果如图14.58所示。

图14.58 更改图层不透明度效果

PS 10 执行菜单栏中的【文件】|【打开】命令，在弹出的对话框中选择配套光盘中的"调用素材\第14章\视频网页\RSS.jpg"文件，将打开的素材拖入画布左下角位置并适当缩小，如图14.59所示。

PS 11 选择工具箱中的【横排文字工具】 **T** ，在刚才所添加的素材图像下方添加文字，如图14.60所示。

图14.61 复制文字

PS 13 选择工具箱中的【横排文字工具】 **T** ，在刚才复制生成的文字左侧位置再次添加文字，如图14.62所示。

图14.59 添加素材　　图14.60 添加文字

PS 12 选中【Thing…】文字图层，在画布中按住Alt键向下拖动至靠近面板底部位置，如图14.61所示。

图14.62 添加文字及最终效果

14.2 门户网页设计

📖 设计构思

- 新建画布后利用【渐变工具】制作一个渐变背景；
- 使用图形工具绘制出网页上方链接区域并添加相关文字；
- 在画布中继续绘制图形并在图形上添加相关文字及调用素材；
- 在所绘制的矩形底部位置利用绘制图形添加【高斯模糊】效果为其添加立体效果；
- 在所绘制的图形上添加相对称的两张稍大的主题图像并且使图像相对呼应；
- 最后在网页的左侧位置绘制不同的图形并添加相关文字等信息完成最终效果制作。

本例主要讲解的是门户网页效果制作，网页的主色调采用绿色体现了地方田园、自然的特色，通过添加的调用素材图像能在短时间内吸引浏览者的眼球，让用户第一时间感受到地域特色及主题信息。本网页的最大特点是自然的主色调体现了地方门户网页的自然特点，再配以调用素材图像让网页的主要信息更加鲜明。

案例分类：商务网页设计类
难易程度：★★★☆☆
调用素材：配套光盘\附增及素材\调用素材\第14章\门户网页
最终文件：配套光盘\附增及素材\源文件\第14章\门户网页设计.psd
视频位置：配套光盘\movie\14.2 门户网页设计.avi

门户网页设计最终效果如图14.63所示。

图14.63 门户网页最终效果

✏️ 操作步骤

14.2.1 绘制导航栏

PS 1 执行菜单栏中的【文件】|【新建】命令，在弹出的对话框中设置【宽度】为900像素，【高度】为1200像素，【分辨率】为72像素/英寸，【颜色模式】为RGB颜色，新建一个空白画布，如图14.64所示。

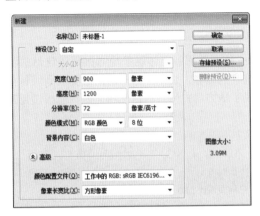

图14.64 新建画布

PS 2 选择工具箱中的【渐变工具】 ，在选项栏中单击【点按可编辑渐变】按钮，在弹出的对话框中将渐变颜色更改为黄绿色（R：111，G：137，B：6）到深黄绿色（R：58，G：68，B：16），设置完成之后单击【确定】按钮。再单击选项栏中的【径向渐变】按钮，如图14.65所示。在画布中从中间向边缘拖动，为画布填充渐变，如图14.66所示。

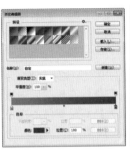 

图14.65 设置渐变　　　　图14.66 填充渐变

PS 3 选择工具箱中的【矩形工具】 ，在选项栏中将【填充】更改为黄绿色（R：111，G：137，B：6），【描边】为无，在画布顶部位置绘制一个矩形，此时将生成一个【矩形1】

图层，如图14.67所示。

图14.67 绘制图形

图14.69 复制图层　　图14.70 变换图形

PS 4 在【图层】面板中选中【矩形1】图层，单击面板底部的【添加图层样式】 _fx_ 按钮，在菜单中选择【渐变叠加】命令，在弹出的对话框中将渐变颜色更改为黄绿色（R：111，G：137，B：6）到深黄绿色（R：58，G：68，B：16），【样式】为【径向】，【角度】更改为0°，【缩放】为150%，设置完成之后单击【确定】按钮，如图14.68所示。

PS 7 选中【矩形1 拷贝】图层，选择工具箱中的【矩形工具】 ▢ ，在选项栏中将【描边】颜色更改为黄绿色（R：80，G：96，B：10）【大小】更改为1点，效果如图14.71所示。

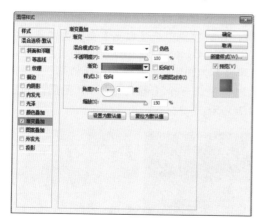

图14.68 设置【渐变叠加】

图14.71 描边效果

PS 5 选中【矩形1】图层，将其拖至面板底部的【创建新图层】 ▢ 按钮上，复制一个【矩形1 拷贝】图层，如图14.69所示。

PS 6 选中【矩形1 拷贝】图层，在画布中按Ctrl+T组合键对其执行【自由变换】命令，将光标移至出现的变形框上方控制点向下拖动，将其高度缩小，完成之后按Enter键确认，再按住Shift键向下拖动，并与矩形1图形对齐，如图14.70所示。

PS 8 选中【投影】复选框，将【不透明度】更改为20%，【角度】更改为90°，【距离】更改为6像素，【大小】更改为10像素，设置完成之后单击【确定】按钮，如图14.72所示。

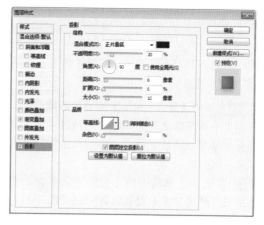

图14.72 设置【投影】

PS 9 在【图层】面板中选中【矩形1 拷贝】图层，单击面板底部的【添加图层蒙版】▢ 按钮，为其添加图层蒙版，如图14.73所示。

图14.73 添加图层蒙版

PS 10 在【图层】面板中，按住Ctrl键单击【矩形1 拷贝】图层缩览图，将其图形载入选区，如图14.74所示。

PS 11 选择【矩形选框工具】▢，在画布中将选区向下移动以选中图形的下方描边，如图14.75所示。

图14.74 载入选区　　　　图14.75 移动选区

提示 ❓

由于移动选区的目的只是将图形的下方描边选中，所以在移动选区的时候可以按向下方向键多次轻微移动以选中描边。

PS 12 单击【矩形1 拷贝】图层蒙版缩览图，在画布中为选区填充为黑色，将选区中图形底部描边隐藏，完成之后按Ctrl+D组合键将选区取消，如图14.76所示。

PS 13 选择工具箱中的【直线工具】╱，在选项栏中将【填充】更改为黄绿色（R：111，G：137，B：6），【描边】为无，【粗细】为2像素，在画布中【矩形1 拷贝】图形上方按住Shift键绘制一个水平线段，并将线段与【矩形1 拷贝】图形上方的描边对齐，如图14.77所示。

图14.76 隐藏描边

图14.77 绘制图形

PS 14 选择工具箱中的【圆角矩形工具】▢，在选项栏中将【填充】更改为深黄绿色（R：58，G：68，B：16），【描边】为无，【半径】为20像素，在画布中绘制一个矩形，此时将生成一个【圆角矩形1】图层，如图14.78所示。

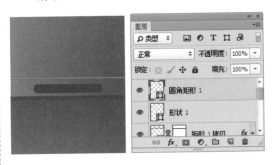

图14.78 绘制图形

PS 15 在【图层】面板中，选中【圆角矩形1】图层，单击面板底部的【添加图层样式】ƒx 按钮，在菜单中选择【内阴影】命令，在弹出的对话框中将【不透明度】更改为20%，【角度】更改为90°，取消【使用全局光】复选框，【距离】更改为2像素，【大小】更改为2像素，设置完成之后单击【确定】按钮，如图14.79所示。

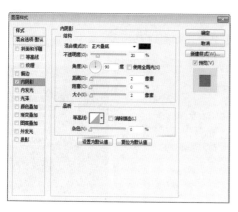

图14.79 设置【内阴影】

PS 16 选择工具箱中的【矩形工具】▢，在选项栏中将【填充】更改为深黄绿色（R：58，G：68，B：16），【描边】为无，在刚才所绘制的圆角矩形左侧位置按住Shift键绘制一个矩形，如图14.80所示。此时将生成一个【矩形2】图层。

PS 17 选中【矩形2】图层，在画布中按Ctrl+T组合键对其执行【自由变换】命令，当出现变形框以后在选项栏中的【旋转】文本框中输入45°，之后按住Alt键将其上下稍微等比缩短，完成之后按Enter键确认，如图14.81所示。

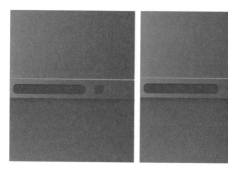

图14.80 绘制图形　　　图14.81 变换图形

PS 18 选择工具箱中的【删除锚点工具】✍，在画布中的【矩形】图层左侧角的位置单击将其锚点删除，如图14.82所示。

PS 19 同时选中【圆角矩形1】、【矩形1 拷贝】及【矩形2】图层，单击选项栏中的【垂直居中对齐】◧ 按钮，将图形对齐，如图14.83所示。

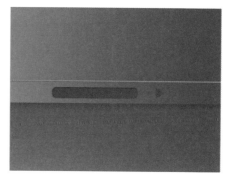

图14.82 删除锚点

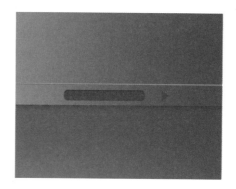

图14.83 对齐图形

PS 20 在【圆角矩形1】图层上单击鼠标右键，从弹出的快捷菜单中选择【拷贝图层样式】命令，在【矩形2】图层上单击鼠标右键，从弹出的快捷菜单中选择【粘贴图层样式】命令，如图14.84所示。

图14.84 拷贝并粘贴图层样式

PS 21 选中【矩形2】图层，将其拖至面板底部的【创建新图层】 🖼 按钮上，复制一个【矩形2 拷贝】图层，如图14.85所示。

PS 22 选中【矩形2 拷贝】图层，选择工具箱中的【矩形工具】▢，在选项栏中将【填充】更改为深黄绿色（R：93，G：114，B：9），如图14.86所示。

图14.85 复制图形　图14.86 更改图层颜色

PS 23 选中【矩形2 拷贝】图层，在画布中按Ctrl+T组合键对其执行【自由变换】命令，将光标移至出现的变形框中单击鼠标右键，从弹出的快捷菜单中选择【旋转90°（顺时针）】命令，将图形扭曲变形，再按住Alt+Shift组合键将其等比缩小，完成之后按Enter键确认，再将其移至圆角矩形中，删除其样式效果，如图14.87所示。

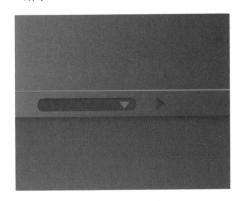

图14.87 变换及移动图形

PS 24 选择工具箱中的【横排文字工具】T，在刚才所绘制的图形适当位置添加文字，如图14.88所示。

图14.88 添加文字

PS 25 在【圆角矩形1】图层上单击鼠标右键，从弹出的快捷菜单中选择【拷贝图层样式】命令，在【Ckivv…】文字图层上单击鼠标

右键，从弹出的快捷菜单中选择【粘贴图层样式】命令，如图14.89所示。

图14.89 拷贝并粘贴图层样式

PS 26 选择工具箱中的【直线工具】/，在选项栏中将【填充】更改为黄绿色（R：121，G：151，B：0），【描边】为无，【粗细】为2像素，在画布中部分文字左右位置按住Shift键绘制一条垂直线段，此时将生成一个【形状2】图层，如图14.90所示。

图14.90 绘制图形

PS 27 选中【形状2】图层，在画布中按住Alt+Shift组合键向左侧水平拖动至文字中间位置，如图14.91所示。

图14.91 复制图形

PS 28 选择工具箱中的【椭圆选框工具】○，在【Ckivv…】文字位置绘制一个椭圆选区，单击面板底部的【创建新图层】□按钮，新建一个【图层1】图层，如图14.92所示。

完全掌握Photoshop CC超级手册

图14.92 绘制选区并新建图层

PS 29 选中【图层1】图层，在画布中将选区填充为白色，填充完成之后按Ctrl+D组合键将选区取消，如图14.93所示。

PS 30 选中【图层1】图层，执行菜单栏中的【滤镜】|【模糊】|【高斯模糊】命令，在弹出的对话框中将【半径】更改为60像素，设置完成之后单击【确定】按钮，如图14.94所示。

图14.93 填充颜色　　图14.94 设置【高斯模糊】

PS 31 选中【图层1】图层，将其图层【不透明度】更改为60%，如图14.95所示。

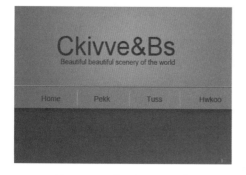

图14.95 更改图层不透明度

14.2.2 绘制图片导航区

PS 1 选择工具箱中的【矩形工具】，在选项栏中将【填充】更改为黄绿色（R：111，G：137，B：6），【描边】为无，在刚才所添加的文字下方绘制一个矩形，此时将生成一个【矩形3】图层，如图14.96所示。

图14.96 绘制图形

PS 2 选中【矩形3】图层，在画布中按住Alt+Shift组合键向左侧拖动2次，复制两个新的图形，此时将生成【矩形3 拷贝】和【矩形3 拷贝2】图层，如图14.97所示。

图14.97 绘制图形

PS 3 同时选中【矩形3】、【矩形3 拷贝】和【矩形3 拷贝2】图层，单击选项栏中的【水平居中分布】按钮，将图形水平对齐。执行菜单栏中的【图层】|【新建】|【从图层建立组】，在弹出的对话框中将【名称】更改为【三个矩形】，完成之后单击【确定】按钮，此时将生成一个【三个矩形】组，如图14.98所示。

图14.98 从图层新建组

PS 4 选中【三个矩形】组，执行菜单栏中的【图层】|【合并组】命令，将当前组中所有图层合并，此时将生成一个【三个矩形】图层，如图14.99所示。

图14.99 合并组

PS 5 选择工具箱中的【减淡工具】🔍，在画布中单击鼠标右键，在弹出的面板中选择一种圆角笔触，将【大小】更改为140像素，【硬度】更改为0%，如图14.100所示。

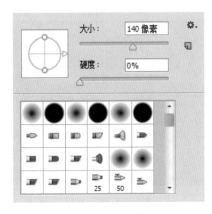

图14.100 设置笔触

PS 6 选中【三个矩形】图层，在画布中其三个图形上靠左侧位置分别单击，将部分区域颜色减淡，如图14.101所示。

图14.101 减淡图形

PS 7 执行菜单栏中的【文件】|【打开】命令，在弹出的对话框中选择配套光盘中的"调用素材\第14章\门户网页\图标1.png、图标2.png、图标3.png"文件，将打开的素材分别拖入画布中三个矩形中经过减淡的图形区域上并适当缩小，如图14.102所示。

图14.102 添加素材

PS 8 选择工具箱中的【横排文字工具】T，在刚才所添加的素材图像附近位置添加文字，如图14.103所示。

图14.103 添加文字

PS 9 选择工具箱中的【圆角矩形工具】▢，在选项栏中将【填充】更改为白色，【描边】为无，【半径】为10像素，在画布中绘制一个矩形，此时将生成一个【圆角矩形2】图层，如图14.104所示。

图14.104 绘制图形

PS 10 在【图层】面板中选中【圆角矩形2】图层，单击面板底部的【添加图层样式】𝑓𝑥按钮，在菜单中选择【渐变叠加】命令，在弹出的对话框中将渐变颜色更改为灰色（R：240，G：240，B：240）到白色再到灰色（R：240，G：240，B：240），设置完成之后单击【确定】按钮，如图14.105所示。

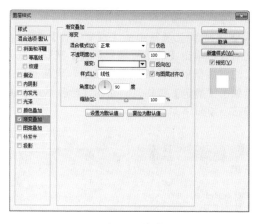

图14.105 设置【渐变叠加】

PS 11 选择工具箱中的【钢笔工具】 ，在刚才所绘制的圆角矩形底部位置绘制一个稍扁的封闭路径，如图14.106所示。

图14.106 绘制路径

PS 12 在画布中按Ctrl+Enter组合键将刚才所绘制的封闭路径转换成选区，然后在【图层】面板中单击面板底部的【创建新图层】 按钮，新建一个【图层2】图层，如图14.107所示。

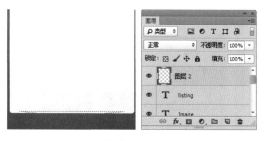

图14.107 转换选区并新建图层

PS 13 选中【图层2】，在画布中将选区填充为黑色，填充完成之后按Ctrl+D组合键将选区取消，再将【图层2】移至【圆角矩形2】图层下方，如图14.108所示。

图14.108 填充颜色并更改图层顺序

PS 14 选中【图层2】图层，执行菜单栏中的【滤镜】|【模糊】|【高斯模糊】命令，在弹出的对话框中将【半径】更改为3像素，设置完成之后单击【确定】按钮，如图14.109所示。

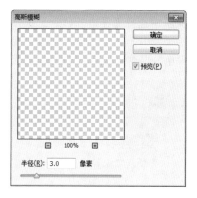

图14.109 设置【高斯模糊】

PS 15 选中【图层2】图层，将其图层【不透明度】更改为80%，效果如图14.110所示。

图14.110 更改图层不透明度效果

PS 16 执行菜单栏中的【文件】|【打开】命令，在弹出的对话框中选择配套光盘中的"调用素材\第14章\门户网页\风景1.jpg"文件，将打开的素材拖入画布中刚才所绘制的圆角矩形上方位置并适当缩小，此时其图层名称将自动更改为【图层3】，如图14.111所示。

图14.111 添加素材

PS 17 在【图层】面板中选中【图层3】图层，单击面板底部的【添加图层样式】 *fx* 按钮，在菜单中选择【描边】命令，在弹出的对话框中将【大小】更改为3像素，【位置】为内部，【颜色】更改为白色，如图14.112所示。

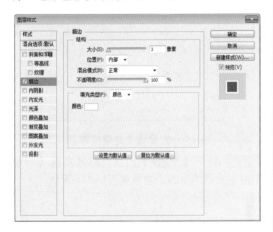

图14.112 设置【描边】

PS 18 选择工具箱中的【矩形工具】，在选项栏中将【填充】更改为黄绿色（R：86，G：105，B：0），【描边】为无，在刚才所添加的素材图像中绘制一个矩形，此时将生成一个【矩形3】图层，如图14.113所示。

图14.113 绘制图形

PS 19 在【图层】面板中选中【矩形3】图层，单击面板底部的【添加图层蒙版】 按

钮，为其添加图层蒙版，如图14.114所示。

PS 20 选择工具箱中的【渐变工具】，在选项栏中单击【点按可编辑渐变】按钮，在弹出的对话框中选择【黑白渐变】，设置完成之后单击【确定】按钮，再单击【线性渐变】按钮，如图14.115所示。

图14.114 添加图层蒙版　　图14.115 设置渐变

PS 21 单击【矩形3】图层蒙版缩览图，在画布中按住Shift键从右向左拖动，将多余的图形部分隐藏，如图14.116所示。

图14.116 隐藏图形

PS 22 选择工具箱中的【横排文字工具】 T，在画布中适当位置添加文字，如图14.117所示。

图14.117 添加文字

PS 23 选择工具箱中的【矩形工具】，在选项栏中将【填充】更改为灰色（R：240，G：240，B：240），【描边】为无，在刚才所

添加的素材图像左下角位置按住Shift键绘制一个矩形，此时将生成一个【矩形4】图层，如图14.118所示。

图14.118 绘制图形

PS 24 选中【矩形4】图层，在画布中按住Alt+Shift组合键向右侧拖动，复制一个图形，此时将生成一个【矩形4 拷贝】图层，如图14.119所示。

PS 25 选中【矩形4 拷贝】图层，选择工具箱中的【矩形工具】，在选项栏中将【填充】更改为白色，如图14.120所示。

图14.119 复制图形　　图14.120 更改图形颜色

PS 26 选中【矩形4 拷贝】图层，在画布中按住Alt+Shift组合键向左侧拖动，复制3个图形，同时选中包括复制在内的这5个图形所在的图层，单击选项栏中的【水平居中分布】按钮，图形分布效果如图14.121所示。

图14.121 对齐及移动图形

PS 27 选择工具箱中的【横排文字工具】，在画布中适当位置添加文字，如图14.122所示。

图14.122 添加文字

PS 28 选择工具箱中的【圆角矩形工具】，在选项栏中将【填充】更改为灰色（R：240，G：240，B：240），【描边】为无，【半径】为10像素，在画布中绘制一个矩形，此时将生成一个【圆角矩形3】图层，如图14.123所示。

图14.123 绘制图形

PS 29 在【图层】面板中选中【圆角矩形3】图层，单击面板底部的【添加图层样式】按钮，在菜单中选择【斜面和浮雕】命令，在弹出的对话框中将【大小】更改为13像素，【高光模式】中的不透明度更改为18%，【阴影模糊】中的不透明度更改为5%，设置完成之后单击【确定】按钮，如图14.124所示。

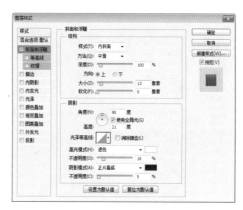

图14.124 设置【斜面和浮雕】

PS 30 选中【圆角矩形3】图层，将其图层【不透明度】更改为50%，【填充】更改为50%，如图14.125所示。

图14.125 更改不透明度

PS 31 选择工具箱中的【矩形工具】█，在选项栏中将【填充】更改为灰色（R：240，G：240，B：240），【描边】为无，在刚才所添加的文字下方绘制一个矩形，此时将生成一个【矩形5】图层，如图14.126所示。

图14.126 绘制图形

PS 32 在【图层】面板中选中【矩形5】图层，单击面板底部的【添加图层样式】*fx* 按钮，在菜单中选择【描边】命令，在弹出的对话框中将【大小】更改为2像素，描边【颜色】为白色，如图14.127所示。

图14.127 设置【描边】

PS 33 选中【投影】复选框，将【不透明度】更改为10%，【距离】更改为2像素，【大小】更改为1像素，设置完成之后单击【确定】按钮，如图14.128所示。

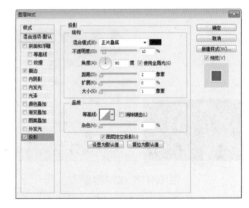

图14.128 设置【投影】

PS 34 选中【矩形5】图层，在画布中按住Alt+Shift组合键向右侧拖动将其复制，如图14.129所示。

图14.129 复制图形

PS 35 执行菜单栏中的【文件】|【打开】命令，在弹出的对话框中选择配套光盘中的"调用素材\第14章\门户网页\图标4.png、图标5.png文件，将打开的素材拖入画布中矩形5及矩形5拷贝图形上并适当缩小，此时其图层名称将自动更改为【图层4】和【图层5】，如图14.130所示。

图14.130 添加素材

完全掌握Photoshop CC超级手册

PS 36 选择工具箱中的【横排文字工具】T，在刚才所添加的素材周围添加文字，如图14.131所示。

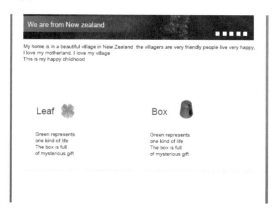

图14.131 添加文字

PS 37 执行菜单栏中的【文件】|【打开】命令，在弹出的对话框中选择配套光盘中的"调用素材\第14章\门户网页\猕猴桃.jpg、热气球.jpg"文件，将打开的素材拖入画布中矩形5及矩形5拷贝图形上并适当缩小，此时其图层名称将自动更改为【图层6】和【图层7】，如图14.132所示。

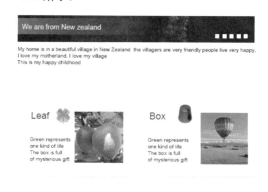

图14.132 添加素材

PS 38 执行菜单栏中的【文件】|【打开】命令，在弹出的对话框中选择配套光盘中的"调用素材\第14章\门户网页\风景2.jpg"文件，将打开的素材拖入画布中靠下位置并适当缩小，此时其图层名称将自动更名为【图层8】，如图14.133所示。

图14.133 添加素材

PS 39 在【图层3】图层上单击鼠标右键，从弹出的快捷菜单中选择【拷贝图层样式】命令，在【图层8】图层上单击鼠标右键，从弹出的快捷菜单中选择【粘贴图层样式】命令，如图14.134所示。

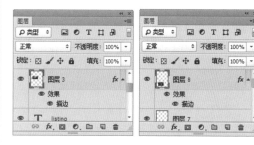

图14.134 拷贝并粘贴图层样式

PS 40 选择工具箱中的【椭圆工具】○，在选项栏中将【填充】更改为黄绿色（R：86，G：101，B：0），【描边】为无，在刚才所添加的素材图像左侧边缘位置按住Shift键绘制一个正圆，此时将生成一个【椭圆1】图层，如图14.135所示。

图14.135 绘制图形

PS 41 在【椭圆1】图层上单击鼠标右键，从弹出的快捷菜单中选择【粘贴图层样式】命令，如图14.136所示。

图14.136 粘贴图层样式

PS 42 双击【椭圆1】图层样式名称，在弹出的对话框中将【大小】更改为2像素，完成之后单击【确定】按钮，如图14.137所示。

图14.137 设置【描边】

PS 43 选择工具箱中的【钢笔工具】，在选项栏中单击【选择工具模式】，从弹出的3个选项中选择【形状】，将【填充】更改为无，【描边】为浅绿色（R：192，G：240，B：0），【宽度】更改为1点，在刚才所绘制的椭圆内部位置绘制一个简单的箭头形状，此时将生成一个【形状3】图层，如图14.138所示。

图14.138 绘制图形

PS 44 同时选中【形状3】和【椭圆1】图层，在画布中按住Alt+Shift组合键拖动至图像左侧边缘位置，按Ctrl+T组合键对其执行【自由变换】命令，在出现的变形框中单击鼠标右键，从弹出的快捷菜单中选择【水平翻转】命令，完成之后按Enter键确认，如图14.139所示。

图14.139 复制及变换图形

PS 45 选择工具箱中的【矩形工具】，在选项栏中将【填充】更改为黄绿色（R：111，G：137，B：6），【描边】为无，在画布右侧位置绘制一个矩形，此时将生成一个【矩形6】图层，如图14.140所示。

图14.140 绘制图形

PS 46 选中【矩形6】图层，执行菜单栏中的【图层】|【栅格化】|【图形】命令，将当前图形删格化，如图14.141所示。

图14.141 栅格化图层

PS 47 选择工具箱中的【减淡工具】，选中【矩形6】图层，在画布中其图形上单击，将部分区域减淡，如图14.142所示。

图14.142 减淡图形

提示 ?

在使用【减淡工具】对图形进行减淡操作时，由于在当前文档中之前已经设置过相关参数，所以无需再设置。如果有需要可更改其笔触大小即可。

PS 48 选中【圆角矩形1】图层，在画布中按住Alt键拖至刚才所绘制的矩形上，此时将生成一个【圆角矩形1 拷贝】图层，选中【圆角矩形1 拷贝】图层将其移至所有图层最上方，如图14.143所示。

图14.143 复制图形及更改图层顺序

PS 49 选中【圆角矩形1 拷贝】图层，在画布中按住Alt+Shift组合键向下拖动，将其复制，选择工具箱中的【横排文字工具】 T ，在刚才矩形位置添加文字，如图14.144所示。

图14.144 复制图形及添加文字

PS 50 选择工具箱中的【矩形工具】 ，在选项栏中将【填充】更改为黄绿色（R：111，G：137，B：6），【描边】为无，在矩形6下方位置绘制一个矩形，此时将生成一个【矩形7】图层，如图14.145所示。

图14.145 绘制图形

PS 51 选中【矩形7】图层，执行菜单栏中的【图层】|【栅格化】|【图形】命令，将当前图形删格化，如图14.146所示。

图14.146 栅格化图层

PS 52 选择工具箱中的【减淡工具】 ，选中【矩形7】图层，在画布中其图形上单击，将部分区域减淡，在减淡过程中更改不同大小的笔触，如图14.147所示。

图14.147 减淡图形

PS 53 选择工具箱中的【钢笔工具】 ，在选项栏中单击【选择工具模式】，从弹出的3个选项中选择【形状】，将【填充】更改为灰色（R：245，G：245，B：245），【描边】为无，在刚才所绘制的矩形位置绘制一个箭头形状，此时将生成一个【形状4】图层，如图14.148所示。

图14.148 绘制图形

PS 54 选中【图形4】图层，在画布中按住Alt+Shift组合键向下拖动，将其复制数个，如图14.149所示。

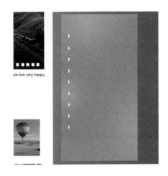

图14.149 复制图形

PS 55 先将【图形4】中的图形向上移动一定距离，再同时选中包括【图形4】在内的复制所生成的图层，单击选项栏中的【垂直居中分布】按钮将图形居中分布，完成之后将其向下稍微移动，如图14.150所示。

图14.150 复制图形

技巧

在需要复制较多数量的图形时，当复制完一个拷贝图层之后可同时选中原图形及其拷贝图层再次复制，以此类推，这样可以提高复制效率。

PS 56 输入相关的文字，选择工具箱中的【直线工具】，在选项栏中将【填充】更改为浅绿色（R：139，G：171，B：6），【描边】为无，【粗细】为2像素，在所添加的文字下方按住Shift键绘制一条水平线段，此时将生成一个【形状5】图层，如图14.151所示。

图14.151 绘制图形

PS 57 选中【形状5】图层，在画布中按住Alt键分别拖至文字下方将图形复制，此时将生成一个【形状5 拷贝】图层，如图14.152所示。

图14.152 复制图形

PS 58 选中【形状5 拷贝】图层，在画布中按住Alt+Shift组合键垂直向下复制数份，如图14.153所示。

图14.153 复制图形

完全掌握Photoshop CC超级手册

14.2.3 绘制日历区域

PS 1 选择工具箱中的【矩形工具】▣，在选项栏中将【填充】更改为灰色（R：240，G：240，B：240），【描边】为无，在刚才所绘制的矩形下方位置绘制一个矩形，此时将生成一个【矩形8】图层，如图14.154所示。

图14.154 绘制图形

PS 2 选中【矩形8】图层，执行菜单栏中的【图层】|【栅格化】|【图形】命令，将当前图形删格化，如图14.155所示。

图14.155 栅格化图层

PS 3 选择工具箱中的【减淡工具】🔍，选中【矩形8】图层，在画布中其图形上涂抹，将部分区域减淡，在减淡过程中更改不同大小的笔触，如图14.156所示。

PS 4 选择工具箱中的【横排文字工具】T，在刚才所绘制的矩形上添加文字，如图14.157所示。

图14.156 减淡图形　　　图14.157 添加文字

PS 5 选中【形状5】图层，在画布中按住Alt键拖至刚才所添加的文字下方位置，如图14.158所示。

PS 6 执行菜单栏中的【文件】|【打开】命令，在弹出的对话框中选择配套光盘中的"调用素材\第14章\门户网页\日历.jpg"文件，将打开的素材拖入画布中矩形8图形上并适当缩小，此时其图层名称将自动更改为【图层9】，如图14.159所示。

图14.158 复制图形　　　图14.159 添加日历

PS 7 在【图层】面板中选中【图层9】图层，将其图层混合模式设置为【正片叠底】，如图14.160所示。

图14.160 设置图层混合模式

PS 8 选择工具箱中的【矩形工具】▣，在选项栏中将【填充】更改为深绿色（R：52，G：61，B：14），【描边】为无，在画布底部位置绘制一个矩形，如图14.161所示。

图14.161 绘制图形

PS 9 选择工具箱中的【横排文字工具】T，在画布中底部位置添加文字，如图14.162所示。

图14.162 添加文字

PS 10 选择工具箱中的【直线工具】，在选项栏中将【填充】更改为黄绿色（R：108，G：133，B：0），【描边】为无，【粗细】为1像素，在刚才所添加的文字附近位置按住Shift键绘制一条垂直线段，选中所绘制的图形按住Alt+Shift组合键向左水平拖动，将其复制，如图14.163所示。

图14.163 绘制及复制图形

PS 11 执行菜单栏中的【文件】|【打开】命令，在弹出的对话框中选择配套光盘中的"调用素材\第14章\门户网页\花朵.jpg"文件，将打开的素材拖入画布底部位置并适当缩小，此时其图层名称将自动更改为【图层10】，如图14.164所示。

图14.164 添加素材

PS 12 在【图层】面板中选中【图层10】图层，将其图层混合模式设置为【正片叠底】，【不透明度】更改为90%，这样就完成了效果制作，最终效果如图14.165所示。

图14.165 设置图层混合模式及最终效果

14.3 / 手机网页设计

设计构思

- 新建画布后为其填充一个纯黑色背景;
- 使用图形工具及复制图形的方法绘制网页中动感的图形效果;
- 在画布中添加调用素材图像,利用复制并添加模糊效果为其添加阴影效果使网页的主视觉图像效果更加具有灵动感;
- 在网页靠底部位置添加相关调用素材及文字,进一步完美网页的产品信息;
- 再利用图层蒙版为所添加的素材图像添加倒影效果,进一步增加真实的立体效果;
- 最后为网页添加相关文字信息完成整个效果制作。

本例主要讲解的是手机产品网页效果制作,背景采用了富有神秘、科技、力量的纯黑色,主视觉广告语同样使用简单文字及单一色彩使整个网页风格大方、简洁且富有科技感。

案例分类:商务网页设计类
难易程度:★★★☆☆
调用素材:配套光盘\附增及素材\调用素材\第14章\手机网页
最终文件:配套光盘\附增及素材\源文件\第14章\手机网页设计.psd
视频位置:配套光盘\movie\14.3 手机网页设计.avi

手机网页设计最终效果如图14.166所示。

图14.166 手机网页最终效果

14.3.1 绘制音波背景

PS 1 执行菜单栏中的【文件】|【新建】命令，在弹出的对话框中设置【宽度】为1024像素，【高度】为768像素，【分辨率】为72像素/英寸，【颜色模式】为RGB颜色，新建一个空白画布，如图14.167所示。

图14.167 新建画布

PS 2 将画布填充为深灰色（R：24，G：24，B：24），如图14.168所示。

图14.168 填充颜色

PS 3 选择工具箱中的【直线工具】 ✏️，在选项栏中将【填充】更改为蓝色（R：0，G：160，B：233），【描边】为无，【粗细】为2像素，在画布中靠顶部位置按住Shift键绘制一个水平线段，如图14.169所示。

图14.169 绘制图形

PS 4 同时选中【形状1】和【背景】图层，单击选项栏中的【水平居中对齐】 🔛 按钮，将图像与图形对齐，如图14.170所示。

图14.170 对齐图形

PS 5 在【图层】面板中选中【形状1】图层，单击面板底部的【添加图层蒙版】 ▢ 按钮，为其图层添加图层蒙版，如图14.171所示。

PS 6 选择工具箱中的【渐变工具】 ▣，在选项栏中单击【点按可编辑渐变】按钮，在弹出的对话框中将渐变颜色更改为黑色至白色再到黑色，单击渐变白色色标，分别将左右两侧的中点位置更改为20%和80%，设置完成之后单击【确定】按钮，再单击【线性渐变】 ▣ 按钮，如图14.172所示。

图14.171 添加图层蒙版　　图14.172 设置渐变

PS 7 单击【形状1】图层蒙版缩览图，在画布中按住Shift键在其图形上水平拖动，将部分图形隐藏，制作动感光线效果，如图14.173所示。

图14.173 隐藏图形

PS 8 选择工具箱中的【矩形工具】■，在选项栏中将【填充】更改为蓝色（R：0，G：160，B：233），【描边】为无，在画布中间位置绘制一个矩形，此时将生成一个【矩形1】图层，同时选中【矩形1】和【背景】图层，单击选项栏中的【垂直居中对齐】■按钮，将图形与背景对齐，如图14.174所示。

图14.177 隐藏图形

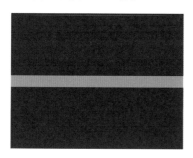

图14.174 绘制并对齐图形

PS 9 在【图层】面板中，选中【矩形1】图层，单击面板底部的【添加图层蒙版】■按钮，为其图层添加图层蒙版，如图14.175所示。

PS 10 选择工具箱中的【渐变工具】■，在选项栏中单击【点按可编辑渐变】按钮，在弹出的对话框中将渐变颜色更改为黑色至白色再到黑色，单击渐变白色色标，分别将左右两侧的中点位置更改为40%和60%，设置完成之后单击【确定】按钮，再单击【线性渐变】■按钮，如图14.176所示。

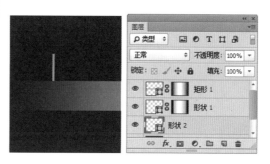

图14.178 绘制图形

PS 13 在【图层】面板中选中【形状2】图层，将其拖至面板底部的【创建新图层】■按钮上，复制一个【形状2 拷贝】图层，如图14.179所示。

PS 14 选中【形状2 拷贝】图层，在画布中按Ctrl+T组合键对其执行【自由变换】命令，将光标移至变换形框底部位置控制点向上拖动，将其缩小，完成之后按Enter键确认并向上移动使其与原图形间隔一定距离，选择工具箱中的【直线工具】/，在选项栏中将【填充】更改为白色，如图14.180所示。

图14.175 添加图层蒙版　图14.176 编辑渐变

PS 11 单击【矩形1】图层蒙版缩览图，在画布中以之前同样的方法按住Shift键在其图形上水平拖动，将部分图形隐藏，如图14.177所示。

PS 12 选择工具箱中的【直线工具】/，在选项栏中将【填充】更改为蓝色（R：0，G：160，B：233），【描边】为无，【粗细】为3像素，在画布靠右侧适当位置按住Shift键绘制一个垂直线段，如图14.178所示。

图14.179 复制图形　图14.180 变换图形

PS 15 在【图层】面板中，同时选中【形状2】及【形状2 拷贝】图层，按住Alt+Shift组合键向左侧移动将其复制，此时将生成两个【形状2 拷贝2】图层，如图14.181所示。

PS 16 选中上方的【形状2 拷贝2】图层，在画布中将其向上移动一定距离，再选中另外一个【形状2 拷贝2】图层，按Ctrl+T组合键对其执行【自由变换】命令，将光标移至变形框上方位置控制点向上拖动，增加其高度，完成之后按Enter键确认，如图14.182所示。

图14.181 复制组

图14.182 变换图形

PS 17 以刚才同样的方法将图形复制数份并适当更改不同高度，如图14.183所示。

PS 18 同时选中图层中和【形状2】所有相关的图层，执行菜单栏中的【图层】|【新建】|【从图层建立组】，在弹出的对话框中将【名称】更改为【频谱】，完成之后单击【确定】按钮，此时将生成一个【频谱】组，如图14.184所示。

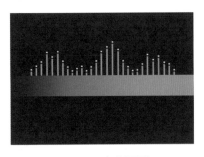

图14.183 复制图形

图14.184 从图层新建组

PS 19 选中【频谱】组，将其移至画布左侧靠近边缘位置，如图14.185所示。

图14.185 移动图形

14.3.2 添加手机及特效

PS 1 执行菜单栏中的【文件】|【打开】命令，在弹出的对话框中选择配套光盘中的"调用素材\第14章\手机网页\手机1.psd"文件，将打开的素材拖入画布中适当位置，如图14.186所示。

图14.186 添加素材

PS 2 在【图层】面板中选中【手机1】图层，将其拖至面板底部的【创建新图层】按钮上，复制一个【手机1 拷贝】图层，如图14.187所示。

图14.187 复制图层

PS 3 在【图层】面板中选中【手机1】图层，单击面板上方的【锁定透明像素】按钮，将当前图层中的透明像素锁定，在画布中将其图形填充为黑色，填充完成之后再次单击此按钮解除锁定，如图14.188所示。

图14.188 锁定透明像素并填充颜色

PS 4 选中【手机1】图层，在画布中按Ctrl+T组合键对其执行【自由变换】命令，将其变形完成之后按Enter键确认，如图14.189所示。

PS 5 选中【手机1】图层，执行菜单栏中的【滤镜】|【模糊】|【高斯模糊】命令，在弹出的对话框中将【半径】更改为20像素，设置完成之后单击【确定】按钮，如图14.190所示。

图14.189 变换图形 图14.190 设置【高斯模糊】

PS 6 选中【手机1】图层，将其图层【不透明度】更改为70%，如图14.191所示。

图14.191 更改图层不透明度

PS 7 选择工具箱中的【减淡工具】，在画布中单击鼠标右键，在弹出的面板中选择一种圆角笔触，将【大小】更改为100像素，【硬度】更改为0%，如图14.192所示。

PS 8 选中【手机1 拷贝】图层，在画布中其图形边缘上涂抹，增加其质感，如图14.193所示。

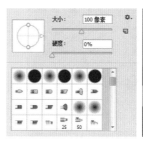

图14.192 设置笔触 图14.193 减淡图像

PS 9 在画布中单击鼠标右键，在弹出的面板中选择一种圆角笔触，将【大小】更改为200像素，【硬度】更改为0%，如图14.194所示。

PS 10 选中【背景】图层，在手机后面的背景上单击，将部分图形减淡，如图14.195所示。

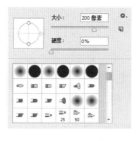

图14.194 设置笔触 图14.195 减淡背景

PS 11 执行菜单栏中的【文件】|【打开】命令，在弹出的对话框中选择配套光盘中的"调用素材\第14章\门户网页\手机logo.psd"文件，将打开的素材拖入画布中右上角并适当缩小，如图14.196所示。

PS 12 选择工具箱中的【横排文字工具】T，在刚才所添加的素材下方位置添加文字并在文字之间留出一定空隙，如图14.197所示。

图14.196 添加素材 图14.197 添加文字

PS 13 选择工具箱中的【椭圆工具】，在选项栏中将【填充】更改为深蓝色（R：0，G：160，B：233），【描边】为无，在刚才所添加的文字空隙位置按住Shift键绘制一个正圆图形，如图14.198所示。

图14.198 绘制图形

PS 14 选择工具箱中的【直线工具】 ，在选项栏中将【填充】更改为灰色（R：45，G：45，B：45），【描边】为无，【粗细】为2像素，在画布中靠下方位置按住Shift键绘制一条垂直线段，此时将生成一个【形状3】图层，如图14.199所示。

图14.199 绘制图形

PS 15 在【图层】面板中，选中【形状3】图层，单击面板底部的【添加图层蒙版】 按钮，为其图层添加图层蒙版，如图14.200所示。

PS 16 单击【形状3】图层蒙版缩览图，选择【渐变工具】，保持前面设置的黑、白、黑渐变，在画布中按住Shift键从上向下拖动，将多余的线条部分隐藏，如图14.201所示。

图14.200 添加图层蒙版　图14.201 隐藏部分图形

提示

由于在当前文档中之前已经设置过渐变工具的数值，所以在隐藏图形时无需再设置。

PS 17 执行菜单栏中的【文件】|【打开】命令，在弹出的对话框中选择配套光盘中的"调用素材\第14章\手机网页\windows phone.psd"文件，将打开的素材拖入画布左下角位置并适当缩小，如图14.202所示。

图14.202 添加素材

PS 18 选择工具箱中的【横排文字工具】 ，在画布左下方附近位置添加文字，如图14.203所示。

图14.203 添加文字

PS 19 执行菜单栏中的【文件】|【打开】命令，在弹出的对话框中选择配套光盘中的"调用素材\第14章\手机网页\ui.psd和手机2.psd"文件，将打开的素材拖入画布中靠底部位置并适当缩小，如图14.204所示。

图14.204 添加素材

PS 20 在【图层】面板中选中【手机2】图层，将其拖至面板底部的【创建新图层】按钮上，复制一个【手机2 拷贝】图层，如图14.205所示。

PS 21 在【图层】面板中选中【手机2 拷贝】图层，单击面板底部的【添加图层蒙版】按钮，为其图层添加图层蒙版，如图14.206所示。

图14.205 复制图层　图14.206 添加图层蒙版

PS 22 选择工具箱中的【渐变工具】，在选项栏中单击【点按可编辑渐变】按钮，在弹出的对话框中选择【黑白渐变】，设置完成之后单击【确定】按钮，再单击【线性渐变】按钮，如图14.207所示。

PS 23 选中【手机2 拷贝】图层，在画布中按Ctrl+T组合键对其执行【自由变换】命令，将光标移至出现的变形框上右击，从弹出的快捷菜单中选择【垂直翻转】命令，完成之后按Enter键确认，再按住Shift键向下移动一定距离，如图14.208所示。

图14.207 设置渐变　　图14.208 变换图形

PS 24 单击【手机2 拷贝】文字图层蒙版缩览图，在画布中按住Shift键从下至上拖动，将多余的图像部分隐藏制作倒影，如图14.209所示。

图14.209 隐藏部分图形制作倒影

PS 25 选中【形状1】图层，在画布中按住Alt+Shift组合键向下拖动至画布底部位置，将其垂直复制，选择工具箱中的【直线工具】，在选项栏中将【填充】更改为深灰色（R：65，G：65，B：65），如图14.210所示。

图14.210 复制图形

PS 26 选择工具箱中的【横排文字工具】，在画布靠上方位置添加文字，这样就完成了效果制作，最终效果如图14.211所示。

图14.211 添加文字及最终效果

第15章 杂志封面装帧设计

〔内容摘要〕

杂志封面设计通过艺术形象设计的形式来反映产品的内容，通常是指对护封、封面、封底和书脊的设计。在琳琅满目的市场中，产品的装帧起到了一个无声的推销员作用，它的好坏在一定程度上将会直接影响人们的购买欲。图形、色彩和文字是封面设计的三要素，设计者根据书的不同性质、用途和读者对象，把这三者有机地结合起来，从而表现出产品的丰富内涵，并以传递信息为目的，以美感的形式呈现给读者。本章重点讲解杂志封面展开面与立体效果的制作。

〔教学目标〕

- 了解杂志封面装帧设计的作用
- 学习杂志封面装帧设计的设计要素
- 掌握杂志封面装帧设计展开面制作
- 掌握杂志封面装帧设计立体效果表现

15.1 旅行家杂志封面

设计构思

- 打开调用素材将其裁切后利用相关的调色工具调整图像整体色调；
- 在图像中添加不同的文字及图形完成杂志封面的正面效果制作；
- 再次打开调用素材将其裁切至合适大小，以同样的方法调整图像整体色调作为杂志背面图案；
- 绘制图形并利用图层蒙版隐藏部分图形，之后在图形上添加相关文字及调用素材完成效果制作。

本例讲解旅行家杂志封面效果设计，封面和封底采用了美丽风景图像，并通过相应的调色之后在上面添加相关文字及图形强调了旅行家杂志特色。

案例分类：杂志封面装帧设计类
难易程度：★★★☆☆
调用素材：配套光盘\附增及素材\调用素材\第15章\旅行家杂志封面
最终文件：配套光盘\附增及素材\源文件\第1章5\旅行家杂志封面正面.psd、旅行家杂志封面背面.psd、旅行家杂志立体展示.psd
视频位置：配套光盘\movie\15.1 旅行家杂志封面.avi

旅行家杂志封面正面、背面和立体展示效果如图15.1所示。

图15.1　旅行家杂志封面正面、背面和立体展示效果

✏️ **操作步骤**

15.1.1　杂志封面正面效果

PS 1　执行菜单栏中的【文件】|【打开】命令，在弹出的对话框中选择配套光盘中的"调用素材\第15章\旅行家杂志封面\湖泊夜景.jpg"文件，打开调用素材，如图15.2所示。

图15.2 打开调用素材

PS 2 选择工具箱中的【裁剪工具】**✄**，在选项栏中单击 比例 **⊕** 按钮，在弹出的下拉列表中选择【宽x高x分辨率】，在后面的文本框中输入15厘米和20厘米，设置完成之后按Enter键确认，如图15.3所示。

图15.3 设置裁切框

PS 3 在画布中的裁切框中按住Shift键左右稍微移动，更改裁切框位置，如图15.4所示。

PS 4 当移动裁切框并确认位置完成之后按Enter键确认裁切，如图15.5所示。

图15.4 移动裁切框　　　图15.5 裁切图像

提示 **❓**

在移动裁切框的时候，可以按住Shift键以45°为基准移动裁切框，在操作之前必须按下鼠标左键才可以按住Shift键进行裁切框的移动操作。

在确认裁切框位置之后除了按Enter键确认裁切之外，还可以在裁切框内双击鼠标确认裁切。

PS 5 单击【图层】面板底部的【创建新的填充或调整图层】 **◑** 按钮，从弹出的菜单中选择【可选颜色】命令，在弹出的【属性】面板中选择【颜色】为【黄色】，将【黄色】更改为60%，【黑色】更改为30%，如图15.6所示。

PS 6 选择【颜色】为【青色】，将其数值更改为【青色】20%，如图15.7所示。

图15.6 设置黄色　　　图15.7 设置青色

PS 7 选择【颜色】为【蓝色】，将【青色】更改为-30%，【黑色】更改为28%，如图15.8所示。

PS 8 选择【颜色】为【白色】，将其数值更改为【青色】-40%，【洋红】-37%，【黑色】-28%，如图15.9所示。

图15.8 设置蓝色　　　图15.9 设置白色

完全掌握Photoshop CC超级手册

PS 9 单击【图层】面板底部的【创建新的填充或调整图层】⊘按钮，从弹出的菜单中选择【色阶】命令，在弹出的【属性】面板中将其数值更改为（14，1.09，239），此时的图像效果如图15.10所示。

图15.10 设置色阶及图像效果

PS 10 在【图层】面板中，选中【色阶】调整图层，按Ctrl+Alt+Shift+E组合键执行盖印可见图层命令，此时将生成一个【图层1】图层，如图15.11所示。

图15.11 盖印可见图层

PS 11 单击【图层】面板底部的【创建新的填充或调整图层】⊘按钮，从弹出的菜单中选择【曲线】命令，在弹出的【属性】面板中，在曲线预览区域中向上拖动曲线调整图像整体亮度，此时的图像效果如图15.12所示。

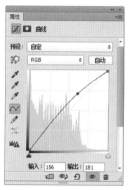

图15.12 调整曲线及图像效果

按Ctrl+Alt+Shift+E组合键可以执行【盖印可见图层】命令，盖印图层命令的定义是指将所有经过调整及添加的各种图层进行一个'概括'的总结，执行完此命令之后可以得到一个最终效果的图层，此命令仅适用于可见图层对隐藏的图层不起作用。

PS 12 选择工具箱中的【横排文字工具】**T**，在画布中适当位置添加文字，如图15.13所示。

图15.13 添加文字

PS 13 在【图层】面板中选中【旅行家】文字图层，单击面板底部的【添加图层样式】*fx*按钮，在菜单中选择【投影】命令，在弹出的对话框中将【角度】更改为90，取消【使用全局光】复选框，将【距离】更改为3像素，【大小】更改为3像素，设置完成之后单击【确定】按钮，如图15.14所示。

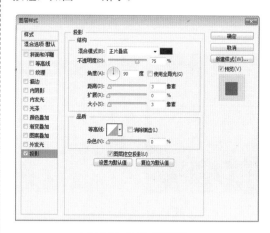

图15.14 设置【投影】

PS 14 选择工具箱中的【横排文字工具】**T**，在刚才所添加的文字下方再次添加文字，如图15.15所示。

图15.15 添加文字

PS 15 在【旅行家】图层上单击鼠标右键，从弹出的快捷菜单中选择【拷贝图层样式】命令，在【Tourist】图层上单击鼠标右键，从弹出的快捷菜单中选择【粘贴图层样式】命令，如图15.16所示。

图15.16 拷贝并粘贴图层样式

PS 16 选择工具箱中的【矩形工具】▭，在选项栏中将【填充】更改为橙色（R：255，G：180，B：0），【描边】为无，在画布中绘制一个矩形，此时将生成一个【矩形1】图层，如图15.17所示。

图15.17 绘制图形

PS 17 选择工具箱中的【横排文字工具】T，在刚才所绘制的矩形上添加文字，如图15.18所示。

图15.18 添加文字

PS 18 同时选中【矩形1】及【E-250N】文字图层，分别单击选项栏中的【水平居中对齐】按钮及【垂直居中对齐】按钮，如图15.19所示。

图15.19 将文字与图形对齐

PS 19 同时选中【矩形1】及图层，在画布中按Ctrl+T组合键对其执行【自由变换】命令，当出现变形框以后将其旋转一定角度并放在右上角位置，完成之后按Enter键确认，如图15.20所示。

图15.20 变换图形

PS 20 在【图层】面板中，选中【矩形1】图层，在其图层缩览图上单击鼠标右键，在弹出的快捷菜单中选择【粘贴图层样式】命令，如图15.21所示。

图15.21 粘贴图层样式

PS 21 选中【矩形1】图层，双击其图层样式名称，在弹出的对话框中将【角度】更改为55°，设置完成之后单击【确定】按钮，如图15.22所示。

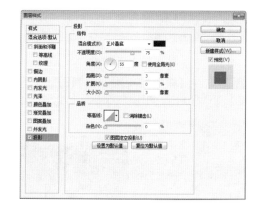

图15.22 设置图层样式

PS 22 选择工具箱中的【横排文字工具】 **T**，在画布中添加文字，如图15.23所示。

图15.23 添加文字

PS 23 选择工具箱中的【矩形工具】 ■，在选项栏中将【填充】更改为橙色（R：255，G：180，B：0），【描边】为无，在画布中部分文字下方绘制一个矩形，此时将生成一个【矩形2】图层，如图15.24所示。

图15.24 绘制图形

PS 24 选中【矩形2】图层，在画布中按住Alt键拖动，将其复制至其他文字的下方，此时将生成一个【矩形2 拷贝】图层，如图15.25所示。

PS 25 选中【矩形2 拷贝】图层，按Ctrl+T组合键其执行【自由变换】命令，将其适当放大或缩小，完成之后按Enter键确认，如图15.26所示。

图15.25 复制图形　　图15.26 变换图形

PS 26 以刚才同样的方法选中【矩形2 拷贝】图层，在画布中按住Alt键拖动，将其复制至其他文字的下方，此时将生成一个【矩形2 拷贝2】图层，如图15.27所示。

PS 27 选中【矩形2 拷贝2】图层，在画布中按Ctrl+T组合键其执行【自由变换】命令，将其适当放大或缩小，完成之后按Enter键确认，如图15.28所示。

图15.27 复制图形　　图15.28 变换图形

PS 28 在【图层】面板中，选中【矩形2 拷贝】图层，选择工具箱中的【添加锚点工具】 ，在画布中的【矩形2 拷贝2】图形右侧单击为其添加锚点，如图15.29所示。

图15.29 添加锚点

PS 29 选择工具箱中的【转换点工具】 ，单击刚才所添加的锚点，将其转换成角点，如图15.30所示。

PS 30 选择工具箱中的【直接选择工具】 ，选中刚才的节点按住Shift键向左侧拖动一定距离变形图形，如图15.31所示。

图15.30 转换锚点　图15.31 变换图形

PS 31 选择工具箱中的【横排文字工具】 ，在画布中调整已添加的文字大小及色彩，如图15.32所示。

PS 32 执行菜单栏中的【视图】|【标尺】命令，将光标移至右侧出现的标尺上按住鼠标左键向左侧拖动，再分别选中文字及图形以参考线为基准点将其对齐，如图15.33所示。

图15.32 调整文字　图15.33 对齐文字及图形

技巧 ！

按Ctrl+R组合键可快速调出或隐藏标尺，按Ctrl+;组合键可清除参考线。

PS 33 选择工具箱中的【矩形工具】 ，在选项栏中将【填充】更改为黑色，【描边】为无，在画布中绘制一个矩形，此时将生成一个【矩形3】图层，如图15.34所示。

图15.34 绘制矩形

PS 34 选中【矩形3】图层，将其图层【不透明度】更改为8%，如图15.35所示。

图15.35 更改图层不透明度

PS 35 选择工具箱中的【横排文字工具】 ，在画布底部位置添加文字，这样就完成了杂志封面正面效果制作，最终效果如图15.36所示。

图15.36 最终效果

完全掌握Photoshop CC超级手册

15.1.2 杂志封面背面效果

PS 1 执行菜单栏中的【文件】|【打开】命令，在弹出的对话框中选择配套光盘中的"调用素材\第15章\旅行家杂志封面\草原美景.jpg"文件，打开调用素材，如图15.37所示。

图15.37 打开调用素材

PS 2 选择工具箱中的【裁剪工具】 🔲 ，在选项栏中单击 比例 按钮，在弹出的下拉列表中选择【宽x高x分辩率】，在后面的文本框中输入15厘米和20厘米，设置完成之后按Enter键确认，如图15.38所示。

图15.38 设置裁切框

PS 3 在画布中的裁切框中按住Shift键左右稍微移动，更改裁切框位置，如图15.39所示。

PS 4 当移动裁切框并确认位置完成之后按Enter键确认裁切，如图15.40所示。

图15.39 移动裁切框　　图15.40 裁切图像

PS 5 单击【图层】面板底部的【创建新的填充或调整图层】 按钮，从弹出的菜单中选择【可选颜色】命令，在弹出的【属性】面板中选择【颜色】为【青色】，将【青色】更改为25%，【黑色】更改为40%，如图15.41所示。

PS 6 选择【颜色】为【蓝色】，将其数值更改为【青色】21%，【黄色】-22%，【黑色】35%，如图15.42所示。

图15.41 调整青色　　图15.42 调整蓝色

PS 7 选择【颜色】为【白色】，将【黑色】更改为-17%，如图15.43所示。

PS 8 选择【颜色】为【中性色】，将其数值更改为【黑色】14%，如图15.44所示。

图15.43 调整白色　　图15.44 调整中性色

PS 9 单击【图层】面板底部的【创建新的填充或调整图层】 按钮，从弹出的菜单中选择【色相/饱和度】命令，在弹出的【属性】面板中选择【绿色】将其【饱和度】更改为20，如图15.45所示。

PS 10 选择【蓝色】，将其【饱和度】更改为10，如图15.46所示。

图15.45 设置绿色　　图15.46 设置蓝色

PS 11 单击【图层】面板底部的【创建新的填充或调整图层】按钮，从弹出的菜单中选择【自然饱和度】命令，在弹出的【属性】面板中将【自然饱和度】更改为31，【饱和度】更改为6，此时的图像效果如图15.47所示。

图15.47 调整自然饱和度及图像效果

PS 12 在【图层】面板中，选中【自然饱和度】调整图层，按Ctrl+Alt+Shift+E组合键执行【盖印可见图层】命令，此时将生成一个【图层1】图层，如图15.48所示。

图15.48 盖印可见图层

PS 13 单击【图层】面板底部的【创建新的填充或调整图层】按钮，从弹出的菜单中选择【曲线】命令，在弹出的【属性】面板中曲线预览区域中向上拖动曲线调整图像整体亮度，如图15.49所示。

PS 14 单击 RGB 按钮，在弹出的下拉列表中选择【蓝】通道，在曲线预览区域中向下拖动曲线调整图像中蓝色通道的亮度，如图15.50所示。

图15.49 调整RGB通道　　图15.50 调整蓝通道

PS 15 选择工具箱中的【横排文字工具】T，在画布中适当位置添加文字，如图15.51所示。

图15.51 添加文字

PS 16 在【图层】面板中选中【旅行家】文字图层，单击面板底部的【添加图层样式】fx按钮，在菜单中选择【投影】命令，在弹出的对话框中将【角度】更改为90°，取消【使用全局光】复选框，将【距离】更改为3像素，【大小】更改为3像素，设置完成之后单击【确定】按钮，如图15.52所示。

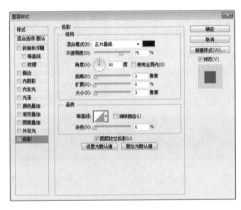

图15.52 设置【投影】

PS 17 在【旅行家】图层上单击鼠标右键，从弹出的快捷菜单中选择【拷贝图层样式】命令，在【Tourist on road】图层上单击鼠标右键，从弹出的快捷菜单中选择【粘贴图层样式】命令，此时的图像效果如图15.53所示。

图15.53 拷贝并粘贴图层样式

PS 18 选择工具箱中的【矩形工具】，在选项栏中将【填充】更改为深蓝色（R：60，G：80，B：123），【描边】为无，在画布中刚才所添加的文字上方绘制一个矩形，此时将生成一个【矩形1】图层，如图15.54所示。

图15.54 绘制图形

PS 19 在【图层】面板中选中【矩形1】图层，将其图层【不透明度】更改为20%，如图15.55所示。

图15.55 更改图层不透明度

PS 20 在【图层】面板中选中【矩形1】图层，单击面板底部的【添加图层蒙版】按钮，为其图层添加图层蒙版，如图15.56所示。

图15.56 添加图层蒙版

PS 21 选择工具箱中的【渐变工具】，在选项栏中单击【点按可编辑渐变】按钮，在弹出的对话框中选择【黑白渐变】，设置完成之后单击【确定】按钮，再单击【线性渐变】按钮，如图15.57所示。

图15.57 设置渐变

PS 22 单击【矩形1】图层蒙版缩览图，在画布中按住Shift键从左向右拖动将多余的图形部分隐藏，如图15.58所示。

图15.58 隐藏多余图形

PS 23 选择工具箱中的【横排文字工具】T，在画布中适当位置添加文字，如图15.59所示。

图15.59 添加文字

PS 24 同时选中【一个…】文字图层及【矩形1】图层，单击选项栏中的【垂直居中对齐】按钮，将文字与图形对齐，如图15.60所示。

图15.60 将图形与文字对齐

PS 25 执行菜单栏中的【文件】|【打开】命令，在弹出的对话框中选择配套光盘中的"调用素材\第15章\旅行家杂志封面\条形码.psd"文件，将打开的素材拖入画布中左下角位置并适当缩小，如图15.61所示。

图15.61 添加素材

PS 26 执行菜单栏中的【视图】|【标尺】命令，将光标移至右侧出现的标尺上按住鼠标左键向左侧拖动，再分别选中文字及条形码以参考线为基准点将其对齐，如图15.62所示。

PS 27 选择工具箱中的【横排文字工具】T，在画布中适当位置添加文字，这样就完成了杂志背面效果制作，最终效果如图15.63所示。

图15.62 对齐图形　　图15.63 添加文字及最终效果

15.1.3 旅行家杂志立体展示

PS 1 执行菜单栏中的【文件】|【新建】命令，在弹出的对话框中设置【宽度】为20厘米，【高度】为15厘米，【分辨率】为150像素/英寸，【颜色模式】为RGB颜色，新建一个空白画布，如图15.64所示。

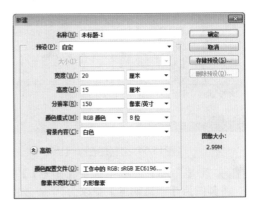

图15.64 新建画布

PS 2 选择工具箱中的【渐变工具】，在选项栏中单击【点按可编辑渐变】按钮，在弹出的对话框中将渐变颜色更改为白色到灰色（R：189，G：189，B：189），设置完成之后单击【确定】按钮，再单击选项栏中的【径向渐变】按钮，如图15.65所示。

完全掌握Photoshop CC超级手册

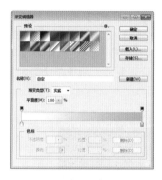

图15.65 编辑渐变

PS 3 在【图层】面板中，创建一个新的图层——图层1，选中【图层1】图层，如图15.66所示。在画布中从靠近左上角的位置向边缘拖动，为画布填充渐变效果，如图15.67所示。

图15.66 新建图层　　图15.67 填充渐变

PS 4 在'杂志封面正面效果'文档的【图层】面板中，选中最上方的一个图层，按Ctrl+Alt+Shift+E组合键盖印可见图层，此时将生成一个【图层3】图层，如图15.68所示。

PS 5 将【图层3】中的图像拖至当前画布中，此时其图层名称将自动更改为【图层2】，将图像等比缩小，如图15.69所示。

图15.68 盖印图层　　图15.69 添加图像

PS 6 选中【图层2】图层，在画布中按Ctrl+T组合键对其执行【自由变换】命令，将光标移至出现的变形框中单击鼠标右键，从弹出的快捷菜单中选择【扭曲】命令，将图形扭曲变形，完成之后按Enter键确认，如图15.70所示。

PS 7 在【图层】面板中，选中【图层2】图层，将其拖至面板底部的【创建新图层】按钮上，复制一个【图层2 拷贝】图层，如图15.71所示。

图15.70 变换图形　　图15.71 复制图层

PS 8 在【图层】面板中，选中【图层2】图层，单击面板上方的【锁定透明像素】按钮，将当前图层中的透明像素锁定，在画布中将图层填充为黑色，填充完成之后再次单击此按钮将解除锁定，在画布中将其向下稍微移动，如图15.72所示。

图15.72 锁定透明像素并填充颜色

PS 9 在【图层】面板中选中【图层2】图层，单击面板底部的【添加图层样式】**fx**按钮，在菜单中选择【描边】命令，在弹出的对话框中将【大小】更改为1像素，【位置】为内部，将【颜色】更改为灰色（R：179，G：179，B：179），设置完成之后单击【确定】按钮，如图15.73所示。

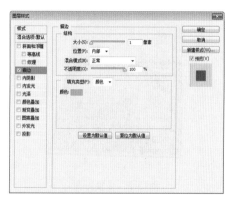

图15.73 设置【描边】

PS 10 在【图层】面板中选中【图层2】图层，将其拖至面板底部的【创建新图层】 按钮上，复制一个【图层2 拷贝2】图层，如图15.74所示。

图15.74 复制图层

PS 11 在【图层】面板中，选中【图层2】图层，单击面板上方的【锁定透明像素】 按钮，将当前图层中的透明像素锁定，在画布中将图层填充为白色，填充完成之后再次单击此按钮将解除锁定，如图15.75所示。

PS 12 选中【图层2 拷贝2】图层，在画布中按Ctrl+T组合键对其执行【自由变换】命令，当出现变形框以后将其放大，完成之后按Enter键确认，如图15.76所示。

图15.75 锁定透明像素并填充颜色

图15.76 变换图形

PS 13 选中【图层2】图层，将其适当放大，执行菜单栏中的【滤镜】|【模糊】|【高斯模糊】命令，在弹出的对话框中将【半径】更改为5像素，设置完成之后单击【确定】按钮，如图15.77所示。

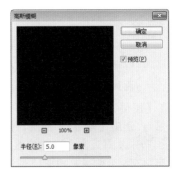

图15.77 设置【高斯模糊】

PS 14 选中【图层2】图层，将其图层【不透明度】更改为60%，如图15.78所示。

图15.78 更改图层不透明度

PS 15 在"杂志封面背面效果"文档的【图层】面板中，选中最上方的一个图层，按Ctrl+Alt+Shift+E组合键盖印可见图层，此时将生成一个【图层2】图层，如图15.79所示。

PS 16 将【图层2】中的图像拖至当前画布中，此时其图层名称将自动更改为【图层4】，如图15.80所示。

图15.79 盖印图层　　图15.80 添加图像

完全掌握Photoshop CC超级手册

PS 17 选中【图层4】图层，在画布中按Ctrl+T组合键对其执行【自由变换】命令，将光标移至出现的变形框中单击鼠标右键，从弹出的快捷菜单中选择【扭曲】命令，将图形扭曲变形，完成之后按Enter键确认，如图15.81所示。

PS 18 在【图层】面板中，选中【图层4】图层，将其拖至面板底部的【创建新图层】🔲按钮上，复制一个【图层4 拷贝】图层，并将其填充为黑色，如图15.82所示。

图15.81 变换图形　　　图15.82 复制图层

PS 19 选中【图层4 拷贝】图层，在画布中按Ctrl+T组合键对其执行【自由变换】命令，将光标移至出现的变形框中单击鼠标右键，从弹出的快捷菜单中选择【扭曲】命令，将图形扭曲变形并与杂志背边缘对齐使阴影效果自然，完成之后按Enter键确认，最后将其适当模糊并粘贴图层2的描边样式，如图15.83所示。

图15.83 变换图形

PS 20 选择工具箱中的【多边形套索工具】
🔺，在画布中两本杂志交叉的地方绘制一个不规则选区，如图15.84所示。

PS 21 单击面板底部的【创建新图层】🔲按钮，新建一个【图层5】图层，如图15.85所示。

图15.84 绘制选区　　　图15.85 新建图层

PS 22 选中【图层5】图层，在画布中将选区填充为黑色，填充完成之后按Ctrl+D组合键将选区取消，如图15.86所示。

PS 23 在【图层】面板中，选中【图层5】图层，将其移至【图层2 拷贝】图层下方，如图15.87所示。

图15.86 填充颜色　　　图15.87 更改图层顺序

PS 24 选中【图层5】图层，执行菜单栏中的【滤镜】|【模糊】|【高斯模糊】命令，在弹出的对话框中将【半径】更改为5像素，设置完成之后单击【确定】按钮，如图15.88所示。

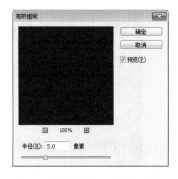

图15.88 设置【高斯模糊】

PS 25 选中【图层5】图层，将其图层【不透明度】更改为50%，如图15.89所示。

图15.89 更改图层不透明度

PS 26 将部分文字复制一份放在画布的左上角，这样就完成了展示效果制作，最终效果如图15.90所示。

图15.90 添加文字及最终效果

15.2 科技时尚杂志封面

📖 设计构思

- 打开调用素材裁切至合适大小，再利用相关的调色工具调整图像整体色调；
- 在图像中添加相应文字及绘制图形完成杂志封面效果制作；
- 新建画布添加文字及调用素材完成杂志封底效果制作。

本例主要讲解的是科技时尚杂志封面效果制作，采用了时尚感十足的背景图像并调整其色调，添加鲜明对比的文字图像科技感十足，在制作封底的时候加入了一个小广告也体现了科技类杂志的主题特征。

> 案例分类：杂志封面装帧设计类
> 难易程度：★★★☆☆
> 调用素材：配套光盘\附增及素材\调用素材\第15章\科技时尚杂志封面
> 最终文件：配套光盘\附增及素材\源文件\第15章\科技时代封面正面.psd、科技时代封面背面.psd、科技时代封面立体展示.psd
> 视频位置：配套光盘\movie\15.2 科技时尚杂志封面.avi

科技时尚杂志封面正面、背面和立体展示效果如图15.91所示。

图15.91 科技时尚杂志封面正面、背面和立体展示效果

✏️ **操作步骤**

15.2.1 杂志封面正面效果

PS 1 执行菜单栏中的【文件】|【打开】命令，在弹出的对话框中选择配套光盘中的"调用素材\第15章\科技时尚杂志封面\科技时代.jpg"文件，打开调用素材，如图15.92所示。

图15.92 打开调用素材

PS 2 选择工具箱中的【裁剪工具】 ⊄ ，在选项栏中单击 比例 ⇕ 按钮，在弹出的下拉列表中选择【宽x高x分辨率】，在后面的文本框中输入15厘米和20厘米，设置完成之后按Enter键确认，如图15.93所示。

图15.93 设置裁切框

PS 3 在画布中按住Shift键向右稍微移动，更改裁切框位置，如图15.94所示。

PS 4 当移动裁切框并确认位置完成之后按Enter键确认裁切，如图15.95所示。

图15.94 移动裁切框　　图15.95 裁切图像

PS 5 单击【图层】面板底部的【创建新的填充或调整图层】 ⊘ 按钮，从弹出的菜单中选择【渐变映射】命令，在弹出的【属性】面板中单击【点按可编辑渐变】，如图15.96所示。

PS 6 在弹出的【渐变编辑器】对话框中选择【紫、橙渐变】，如图15.97所示。设置完成之后单击【确定】按钮，此时【图层】面板中将生成一个【渐变映射1】调整图层。

图15.96 渐变映射【属性】面板　图15.97 设置渐变

PS 7 在【图层】面板中，选中【渐变映射1】调整图层，将其图层混合模式设置为【柔光】，【不透明度】更改为90%，如图15.98所示。

图15.98 设置图层混合模式

PS 8 单击【图层】面板底部的【创建新的填充或调整图层】 ⊘ 按钮，从弹出的菜单中选择【照片滤镜】命令，在弹出的【属性】面板中将【滤镜】设置为【冷却滤镜（82）】，此时的图像效果如图15.99所示。

图15.99 添加调整图层及图像效果

PS 9 单击【图层】面板底部的【创建新的填充或调整图层】 ⊘ 按钮，从弹出的菜单中选择【纯色】命令，在弹出的对话框中将颜色更改为橙色（R：255，G：108，B：0），设置完成之后单击【确定】按钮，此时将生成一个【颜色填充1】调整图层，如图15.100所示。

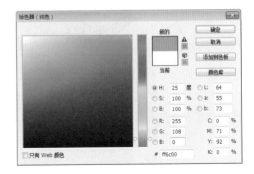

图15.100 更改颜色

PS 10 选中【颜色填充1】调整图层，将其图层混合模式更改为【柔光】，【不透明度】更改为20%，如图15.101所示。

图15.101 更改图层混合模式

PS 11 选中【颜色填充1】调整图层，在其图层名称上单击鼠标右键，在弹出的快捷菜单中选择【转换为智能对象】命令，将当前调整图层转换为智能对象，如图15.102所示。

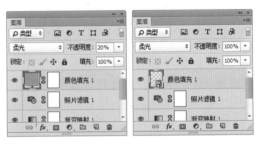

图15.102 将图层转换为智能对象

PS 12 选中【颜色填充1】调整图层，执行菜单栏中的【滤镜】|【杂色】|【添加杂色】命

令，在弹出的对话框中将【数量】更改为5%，选中【高斯分布】单选按钮及【单色】复选框，设置完成之后单击【确定】按钮，此时的图像效果如图15.103所示。

图15.103 添加滤镜效果及图像效果

PS 13 在【图层】面板中，选中【颜色填充1】调整图层，按Ctrl+Alt+Shift+E组合键执行【盖印可见图层】命令，此时将生成一个【图层1】图层，如图15.104所示。

图15.104 盖印可见图层

PS 14 选中【图层1】图层，单击【图层】面板底部的【创建新的填充或调整图层】按钮，从弹出的菜单中选择【色阶】命令，在弹出的【属性】面板中，将其数值更改为（15，1.24，221），设置完成之后关闭当前【属性】面板，此时的图像效果如图15.105所示。

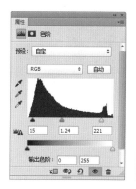

图15.105 调整图像色阶

PS 15 选择工具箱中的【矩形工具】，在选项栏中将【填充】更改为黑色，【描边】为无，在画布中靠上方位置绘制一个矩形，此时将生成一个【矩形1】图层，如图15.106所示。

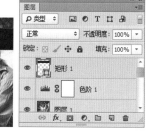

图15.106 绘制图形

PS 16 选中【矩形1】图层，将其图层【不透明度】更改为30%，如图15.107所示。

图15.107 更改图层【不透明度】

PS 17 在【图层】面板中，选中【矩形1】图层，单击面板底部的【添加图层蒙版】按钮，为其图层添加图层蒙版，如图15.108所示。

PS 18 选择工具箱中的【钢笔工具】，在画布中沿模特头部帽子边缘绘制一个封闭路径，如图15.109所示。

图15.108 添加图层蒙版　　图15.109 绘制路径

PS 19 在画布中按Ctrl+Enter组合键将刚才所绘制的路径转换为选区，如图15.110所示。

图15.110 转换选区

PS 20 单击【矩形1】图层蒙版缩览图，在画布中将选区填充为黑色，将多余图像隐藏，填充完成之后按Ctrl+D组合键将选区取消，如图15.111所示。

图15.111 隐藏部分图形

PS 21 选择工具箱中的【矩形工具】，在选项栏中将【填充】更改为蓝色（R：12，G：204，B：204），【描边】为无，在画布中靠右上角位置绘制一个细长矩形，此时将生成一个【矩形2】图层，如图15.112所示。

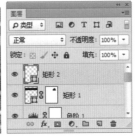

图15.112 绘制图形

PS 22 选择工具箱中的【横排文字工具】T，在画布中矩形2图形左侧位置添加文字，如图15.113所示。

图15.113 添加文字

PS 23 在【图层】面板中，选中【科技时尚】文字图层，单击面板底部的【添加图层样式】fx 按钮，在菜单中选择【投影】命令，在弹出的对话框中将【角度】更改为90°，取消【使用全局光】复选框，将【距离】更改为3像素，【大小】更改为3像素，设置完成之后单击【确定】按钮，如图15.114所示。

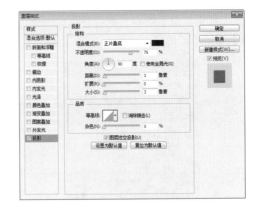

图15.114 设置【投影】

PS 24 选择工具箱中的【横排文字工具】T，在科技时尚文字下方再次添加文字，如图15.115所示。

图15.115 添加文字

完全掌握Photoshop CC超级手册

PS 25 在【科技时尚】图层上单击鼠标右键，从弹出的快捷菜单中选择【拷贝图层样式】命令，如图15.116所示。

PS 26 在【Science …】图层上单击鼠标右键，从弹出的快捷菜单中选择【粘贴图层样式】命令，如图15.117所示。

图15.116 拷贝图层样式　　图15.117 粘贴图层样式

PS 27 选择工具箱中的【横排文字工具】T，在画布中适当位置添加文字，如图15.118所示。

PS 28 选择工具箱中的【移动工具】，在画布中按住Ctrl键拖动以选中部分文字，单击选项栏中的【左对齐】按钮，将文字对齐，如图15.119所示。

图15.118 添加文字　　图15.119 对齐文字

PS 29 在画布中选中部分文字，更改其字体及颜色，如图15.120所示。

PS 30 选择工具箱中的【矩形工具】，在选项栏中将【填充】更改为蓝色（R：12，G：204，B：204），【描边】为无，在部分文字所在的位置绘制一个矩形，此时将生成一个【矩形3】图层，在【图层】面板中，选中此图层并移至对应的文字下方，如图15.121所示。

图15.120 更改字体　　图15.121 绘制矩形

PS 31 选中【矩形3】图层，在画布中按住Alt键拖动至其他文字所在的位置，将其复制，如图15.122所示。此时将生成一个【矩形3 拷贝】图层。

图15.122 复制图形

PS 32 选中【矩形3 拷贝】图层，在画布中按Ctrl+T组合键对其执行【自由变换】命令，当出现变形框以后将其拉伸，完成之后按Enter键确认，如图15.123所示。

图15.123 变换图形

PS 33 选中【矩形3 拷贝】图层，在画布中按住Alt键向下拖动，将其复制，此时将生成一个【矩形3 拷贝2】图层，如图15.124所示。

图15.124 复制图形

PS 34 选择工具箱中的【横排文字工具】**T**，在矩形3拷贝图形上添加文字，如图15.125所示。

PS 35 同时选中刚才所添加的文字图层及【矩形3 拷贝2】图层，在画布中按Ctrl+T组合键对其执行【自由变换】命令，当出现变形框以后将其旋转一定角度并放在画布的右下角位置，按Enter键确认，如图15.126所示。

图15.125 添加文字　图15.126 变换图形及文字

PS 36 在【图层】面板中选中【矩形3 拷贝2】图层，在其图层缩览图上单击鼠标右键，在弹出的快捷菜单中选择【粘贴图层样式】命令，如图15.127所示。

图15.127 粘贴图层样式

PS 37 选中【矩形1】图层，双击其图层样式名称，在弹出的对话框中将【角度】更改为-60°，设置完成之后单击【确定】按钮，如图15.128所示。

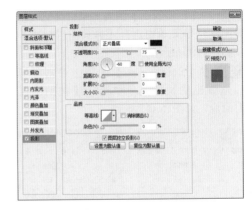

图15.128 设置图层样式

PS 38 选择工具箱中的【圆角矩形工具】，在选项栏中将【填充】更改为青色（R：12，G：204，B：204），【描边】为无，【半径】为10像素，在画布中左下角位置绘制一个圆角矩形，此时将生成一个【圆角矩形1】图层，如图15.129所示。

图15.129 绘制图形

PS 39 选中【圆角矩形1】图层，将其图层【不透明度】更改为20%，此时图形效果如图15.130所示。

图15.130 更改图形不透明度及图形效果

PS 40 选择工具箱中的【横排文字工具】**T**，在圆角矩形图形上添加文字，如图15.131所示。

PS 41 同时选中【下期预告】和【无电池…】图层，单击选项栏中的【垂直居中对齐】按钮，将文字对齐，如图15.132所示。

图15.131 添加文字

图15.132 对齐文字

PS 42 选择工具箱中的【横排文字工具】**T**，在圆角矩形图形上添加文字，这样就完成了杂志封面效果制作，最终效果如图15.133所示。

图15.133 添加文字及最终效果

15.2.2 杂志封面背面效果

PS 1 执行菜单栏中的【文件】|【新建】命令，在弹出的对话框中设置【宽度】为15厘米米，【高度】为20厘米，【分辨率】为150像素/英寸，【颜色模式】为RGB颜色，新建一个空白画布，如图15.134所示。

新建

名称(N):	未标题-1		确定
预设(P):	自定	▼	取消
大小(I):		▼	存储预设(S)...
宽度(W):	15	厘米 ▼	删除预设(D)...
高度(H):	20	厘米 ▼	
分辨率(R):	150	像素/英寸 ▼	
颜色模式(M):	RGB 颜色 ▼	8 位 ▼	
背景内容(C):	白色	▼	图像大小:
			2.99M
☆ 高级			

图15.134 新建画布

PS 2 选择工具箱中的【矩形工具】，在选项栏中将【填充】更改为蓝色（R：12，G：204，B：204），【描边】为无，在画布左上角位置绘制一个细长矩形，如图15.135所示。此时将生成一个【矩形1】图层，如图15.136所示。

图15.135 绘制图形　　　图15.136 图层效果

PS 3 选择工具箱中的【横排文字工具】**T**，在刚才所绘制的矩形右侧位置添加文字，如图15.137所示。

图15.137 添加文字

PS 4 同时选中两个文字图层，执行菜单栏中的【图层】|【新建】|【从图层建立组】，在弹出的对话框中直接单击【确定】按钮，此时将生成一个【组1】图层，如图15.138所示。

从图层新建组

名称(N):	组 1		确定
颜色(C):	× 无 ▼		取消
模式(M):	穿透 ▼	不透明度(O): 100 ▼ %	

图15.138 从图层新建组

PS 5 同时选中【组1】和【矩形1】图层，单击选项栏中的【垂直居中对齐】，将文字与图形对齐，如图15.139所示。

图15.139 将图形与文字对齐

PS 6 选择工具箱中的【横排文字工具】**T**，在画布中右侧位置再次添加文字，如图15.140所示。

PS 7 同时选中所添加的文字及【组1】，单击选项栏中的【垂直居中对齐】▪◆ 按钮，将文字与文字对齐，如图15.141所示。

图15.140 添加文字　　　图15.141 对齐文字

PS 8 执行菜单栏中的【文件】|【打开】命令，在弹出的对话框中选择配套光盘中的"调用素材\第15章\科技时尚杂志封面\一体机.psd"文件，将打开的素材拖入画布中靠左下位置并适当缩小，如图15.142所示。

PS 9 选择工具箱中的【横排文字工具】**T**，在刚才所添加的素材左侧位置添加文字，如图15.143所示。

图15.142 添加素材　　　图15.143 添加文字

PS 10 选择工具箱中的【椭圆工具】⬭，在选项栏中将【填充】更改为无，【描边】为青色（R：12，G：204，B：204），【大小】为0.3点，刚才所添加的文字右上角位置按住Shift键绘制一个正圆环，此时将生成一个【椭圆1】图层，如图15.144所示。

PS 11 选中【椭圆1】图层，在画布中按住Alt键向右上角位置稍微拖动，将其复制，如图15.145所示。

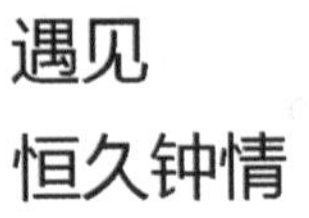

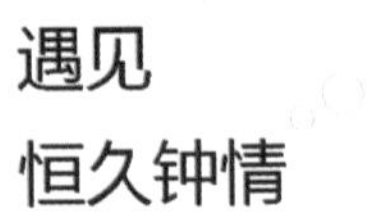

图15.144 绘制图形　　　图15.145 复制图形

PS 12 执行菜单栏中的【文件】|【打开】命令，在弹出的对话框中选择配套光盘中的"调用素材\第15章\科技时尚杂志封面\条形码.psd"文件，将打开的素材拖入画布右下角位置并适当缩小，如图15.146所示

图15.146 添加素材

PS 13 选择工具箱中的【横排文字工具】**T**，在画布左下角位置添加文字，如图15.147所示。

PS 14 同时选中刚才所添加的文字图层及【条形码】图层，单击选项栏中的【底对齐】▪▫ 按钮，将文字与图形对齐，这样就完成了杂志背面效果制作，最终效果如图15.148所示。

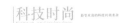

图15.147 添加文字　　　图15.148 对齐文字及最终效果

完全掌握Photoshop CC超级手册

15.2.3 旅行家杂志立体展示

PS 1 执行菜单栏中的【文件】|【新建】命令，在弹出的对话框中设置【宽度】为20厘米，【高度】为15厘米，【分辨率】为150像素/英寸，【颜色模式】为RGB颜色，新建一个空白画布，如图15.149所示。

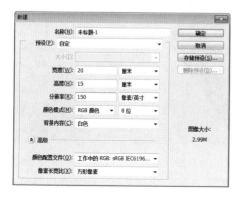

图15.149 新建画布

PS 2 选择工具箱中的【渐变工具】，在选项栏中单击【点按可编辑渐变】按钮，在弹出的对话框中将渐变颜色更改为浅灰色（R：245，G：245，B：245）到灰色（R：189，G：189，B：189），设置完成之后单击【确定】按钮，再单击选项栏中的【径向渐变】按钮，如图15.150所示。

PS 3 在画布中从靠近左侧的位置向边缘拖动，为画布填充渐变效果，如图15.151所示。

图15.150 设置渐变　　图15.151 填充渐变

PS 4 在"科技时代封面正面"文档的【图层】面板中选中最上方的一个图层，按Ctrl+Alt+Shift+E组合键盖印可见图层，此时将生成一个【图层2】图层，如图15.152所示。

PS 5 将【图层2】中的图像拖至当前画布中，此时其图层名称将自动更改为【图层1】，将图像等比缩小，如图15.153所示。

图15.152 盖印图层　　图15.153 添加图像

PS 6 选中【图层1】图层，在画布中按Ctrl+T组合键对其执行【自由变换】命令，将光标移至出现的变形框中单击鼠标右键，从弹出的快捷菜单中选择【扭曲】命令，将图形扭曲变形，完成之后按Enter键确认，如图15.154所示。

PS 7 在【图层】面板中，选中【图层1】图层，将其拖至面板底部的【创建新图层】按钮上，复制一个【图层1 拷贝】图层，如图15.155所示。

图15.154 变换图形　　图15.155 复制图层

PS 8 在【图层】面板中，选中【图层1】图层，单击面板上方的【锁定透明像素】按钮，将当前图层中的透明像素锁定，在画布中将图层填充为黑色，填充完成之后再次单击此按钮将解除锁定，在画布中将其向下稍微移动，如图15.156所示。

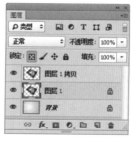 

图15.156 锁定透明像素并填充颜色

PS 9 选中【图层1】图层，执行菜单栏中的【滤镜】|【模糊】|【高斯模糊】命令，在弹出的对话框中将【半径】更改为3像素，设置完成之后单击【确定】按钮，如图15.157所示。

图15.157 设置【高斯模糊】及移动图形

PS 10 选择工具箱中的【钢笔工具】，在画布中沿着刚才所绘制的矩形上半部分附近位置绘制一个封闭路径，如图15.158所示。

PS 11 单击面板底部的【创建新图层】按钮，新建一个【图层2】图层，如图15.159所示。

图15.158 绘制路径　　图15.159 新建图层

PS 12 在画布中按Ctrl+Enter组合键将刚才所绘制的封闭路径转换成选区，然后在【图层】面板中选中【图层2】图层，在画布中将选区填充为灰色（R：234，G：234，B：234），填充完成之后按Ctrl+D组合键将选区取消，如图15.160所示。

图15.160 填充颜色

PS 13 选择工具箱中的【钢笔工具】，在画布中沿着刚才所绘制的矩形上半部分附近位置绘制一个封闭路径，如图15.161所示。

PS 14 单击面板底部的【创建新图层】按钮，新建一个【图层3】图层，如图15.162所示。

图15.161 绘制路径　　图15.162 新建图层

PS 15 在画布中按Ctrl+Enter组合键将刚才所绘制的封闭路径转换为选区，然后在【图层】面板中选中【图层3】图层，在画布中将选区填充为灰色（R：207，G：207，B：207），填充完成之后按Ctrl+D组合键将选区取消，如图15.163所示。

图15.163 填充颜色

PS 16 选择工具箱中的【钢笔工具】，沿着图层2中的图形绘制一个封闭路径，绘制完成之后按Ctrl+Enter组合键将刚才所绘制的封闭路径转换成选区，如图15.164所示。

图15.164 绘制路径并转换选区

PS 17 选中【图层2】图层，在画布中将选区填充为灰色（R：172，G：172，B：172），填充完成之后按Ctrl+D组合键将选区取消，如图15.165所示。

图15.165 填充颜色

PS 18 选择工具箱中的【多边形套索工具】，在画布中适当位置绘制一个不规则选区，选中【图层2】图层，在画布中将选区填充为灰色（R：234，G：234，B：234），填充完成之后按Ctrl+D组合键将选区取消，如图15.166所示。

图15.166 绘制选区并填充颜色

PS 19 同时选中除【背景】图层之外的所有图层，执行菜单栏中的【图层】|【新建】|【从图层建立组】，在弹出的对话框中将【名称】更改为【杂志封面】，完成之后单击【确定】按钮，此时将生成一个【杂志封面】组，如图15.167所示。

图15.167 从图层新建组

PS 20 在【图层】面板中，选中【杂志封面】组，将其拖至面板底部的【创建新图层】按钮上，复制一个【杂志封面 拷贝】组，如图15.168所示。

PS 21 选中【杂志封面】组，在画布中按Ctrl+T组合键对其执行【自由变换】命令，当出现变形框以后将其适当旋转，完成之后按Enter键确认，如图15.169所示。

图15.168 复制组　　　图15.169 变换组

PS 22 在【图层】面板中选中【杂志封面 拷贝】组，将其拖至面板底部的【创建新图层】按钮上，复制一个【杂志封面 拷贝2】组，选中【杂志封面 拷贝2】组将其移至【杂志封面】组下方，如图15.170所示。

图15.170 复制及更改组顺序

PS 23 选中【杂志封面 拷贝2】组，在画布中按Ctrl+T组合键对其执行【自由变换】命令，当出现变形框以后将其适当旋转，完成之后按Enter键确认，如图15.171所示。

图15.171 变换组

PS 24 在【图层】面板中选中【杂志封面 拷贝】组中的【图层1】图层，单击面板底部的【添加图层蒙版】■按钮，为其图层添加图层蒙版，如图15.172所示。

PS 25 选择工具箱中的【多边形套索工具】⊻，在画布中【杂志封面 拷贝】组中的图层1上的部分图形位置绘制一个不规则选区以选中多余的图形，如图15.173所示。

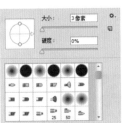 

图15.175 设置笔触　　图15.176 新建图层

PS 29 在刚才所隐藏的图形一端书籍的角单击，再与下方的书籍相交叉的地方再次单击，为书籍添加厚度效果，如图15.177所示。

图15.172 添加图层蒙版　　图15.173 绘制选区

PS 26 单击【图层1】图层蒙版缩览图，在画布中将选区填充为黑色将部分图形隐藏，填充完成之后按Ctrl+D组合键将选区取消，如图15.174所示。

图15.177 添加效果

PS 30 选择工具箱中的【多边形套索工具】⊻，在画布中书籍右上角位置绘制一个不规则选区，如图15.178所示。

PS 31 单击面板底部的【创建新图层】□按钮，新建一个【图层5】图层，如图15.179所示。

图15.174 隐藏图形

PS 27 选择工具箱中的【画笔工具】🖌，在画布中单击鼠标右键，在弹出的面板中选择一种圆角笔触，将【大小】更改为3像素，【硬度】更改为0%，在选项栏中将【不透明度】更改为50%，如图15.175所示。

PS 28 单击面板底部的【创建新图层】□按钮，新建一个【图层4】图层，如图15.176所示。

图15.178 绘制选区　　图15.179 新建图层

PS 32 选中【图层5】图层，在画布中将选区填充为黑色，填充完成之后按Ctrl+D组合键将选区取消，如图15.180所示。

PS 33 在【图层】面板中选中【图层5】图层，将其下向移至【背景】图层上方，如图15.181所示。

完全掌握Photoshop CC超级手册

图15.180 填充颜色　图15.181 更改图层顺序

图15.184 绘制选区　　　图15.185 新建图层

PS 34 选中【图层5】图层，执行菜单栏中的【滤镜】|【模糊】|【高斯模糊】命令，在弹出的对话框中将【半径】更改为5像素，设置完成之后单击【确定】按钮，如图15.182所示。

PS 35 选中【图层5】图层，将其图层【不透明度】更改为40%，如图15.183所示。

PS 38 选中【图层6】图层，执行菜单栏中的【滤镜】|【模糊】|【高斯模糊】命令，在弹出的对话框中将【半径】更改为5像素，设置完成之后单击【确定】按钮，如图15.186所示。

PS 39 选中【图层6】图层，将其图层【不透明度】更改为40%，如图15.187所示。

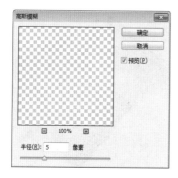

图15.182 设置【高斯模糊】

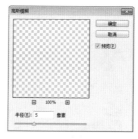

图15.186 设置【高斯模　图15.187 更改图层不
　　　　糊】　　　　　　　透明度

PS 40 选择工具箱中的【矩形工具】，在选项栏中将【填充】更改为深蓝色（R：3，G：40，B：41），【描边】为无，在画布左上角位置绘制一个矩形，此时将生成一个【矩形1】图层，如图15.188所示。

PS 41 在【图层】面板中选中【矩形1】图层，单击面板底部的【添加图层蒙版】按钮，为其图层添加图层蒙版，如图15.189所示。

图15.183 更改图层不透明度

PS 36 选择工具箱中的【多边形套索工具】，在画布中书籍底部位置绘制一个不规则选区，如图15.184所示。

PS 37 单击面板底部的【创建新图层】按钮，新建一个【图层6】图层并填充黑色，如图15.185所示。

图15.188 绘制图形　　图15.189 添加图层蒙版

PS 42 选择工具箱中的【渐变工具】，在选项栏中单击【点按可编辑渐变】按钮，在弹出的对话框中选择【黑白渐变】，设置完成之后单击【确定】按钮，再单击选项栏中的【线性渐变】按钮，如图15.190所示。

图15.190 设置渐变

单击【图层1 拷贝】图层蒙版缩览图，在画布中其图形上从左至右拖动，将多余图形隐藏，如图15.191所示。

图15.191 隐藏图形

选中【矩形1】图层，将其图层【不透明度】更改为40%，如图15.192所示。

图15.192 更改图层不透明度

选择工具箱中的【横排文字工具】，在刚才所添加的矩形上添加文字，这样就完成了效果制作，最终效果如图15.193所示。

图15.193 添加文字及最终效果

第16章 商业包装设计表现

〔内容摘要〕

本章主要详解商业包装设计实例制作。所谓包装，从字面上可以理解为包裹、包扎、装饰、装潢之意，为了保证商品的原有状态和质量在运输、流动、交易、贮存及使用时不受到损害和影响，而对商品所采取的一系列技术措施。包装设计是依附于包装立体上的平面设计，是包装外表上的视觉形象表现，由文字、摄影、插图、图案等要素构成。一个成功的包装设计应能够准确反映商品的属性和档次，并且构思新颖，具有较强的视觉冲击力。通过本章的学习，读者可掌握各式包装设计的技巧，也能够掌握如何使用Photoshop制作出新颖的包装。

〔教学目标〕

- 学习瓶式包装设计的方法
- 学习袋式包装的设计方法
- 掌握盒式包装的设计方法
- 掌握杯子包装的设计技巧

16.1 瓶式包装——橙汁包装设计

设计构思

- 新建画布后利用图形工具绘制出橙汁包装平面效果；
- 在瓶贴上添加调用素材图像及文字完成平面的瓶贴制作；
- 利用钢笔工具绘制橙汁瓶效果并为其添加阴影和高光以增强立体感。

本例主要讲解的是橙汁包装的制作方法，整体包装强调简约配以高清橙子图片突出新鲜美味为本，通过立体橙汁瓶的绘制进一步增强包装的立体感。

案例分类：商业包装设计表现类
难易程度：★★★★☆
调用素材：配套光盘\附增及素材\调用素材\第16章\橙汁包装
最终文件：配套光盘\附增及素材\源文件\第16章\橙汁包装设计.psd
视频位置：配套光盘\movie\16.1 瓶式包装——橙汁包装设计.avi

橙汁包装展开面及立体表现效果如图16.1所示。

图16.1 橙汁包装展开面及立体表现效果

✒ **操作步骤**

16.1.1 制作瓶贴效果

PS 1 执行菜单栏中的【文件】|【新建】命令，在弹出的对话框中设置【宽度】为10厘米，【高度】为7厘米，【分辨率】为300像素/英寸，【颜色模式】为RGB颜色，新建一个空白画布，如图16.2所示。

图16.2 新建画布

PS 2 选择工具箱中的【矩形工具】，在选项栏中将【填充】更改为浅绿色（R：233，G：233，B：223），【描边】为无，在画布中绘制一个矩形，此时将生成一个【矩形1】图层，如图16.3所示。

图16.3 绘制图形

PS 3 执行菜单栏中的【文件】|【打开】命令，在弹出的对话框中选择配套光盘中的"调用素材\第16章\橙汁包装\橙子.psd、logo.psd"文件，将打开的素材分别拖入画布中适当位置并适当缩小，如图16.4所示。

图16.4 添加素材

PS 4 选择工具箱中的【椭圆选框工具】⭕，在画布中橙子底部位置绘制一个稍扁椭圆图形，如图16.5所示。

图16.5 绘制选区

PS 5 单击面板底部的【创建新图层】⬜ 按钮，新建一个【图层1】图层，在画布中将选区填充为黑色，填充完成之后按Ctrl+D组合键将选区取消，如图16.6所示。

图16.6 新建图层并填充颜色

PS 6 选中【图层1】图层，执行菜单栏中的【滤镜】|【模糊】|【高斯模糊】命令，在弹出的对话框中将【半径】更改为2像素，设置完成之后单击【确定】按钮，如图16.7所示。

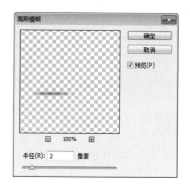

图16.7 设置【高斯模糊】

PS 7 在【图层】面板中选中【图层1】图层，将其【不透明度】更改为50%，再向下移至【橙子】图层下方，如图16.8所示。

图16.8 更改图层不透明度及顺序

PS 8 选中【图层1】图层，在画布中按住Alt+Shift组合键向左侧拖动至另一个橙子的底部位置，如图16.9所示。

PS 9 选择工具箱中的【横排文字工具】T，分别在刚才所添加的logo图像右侧及底部位置添加文字，如图16.10所示。

图16.9 复制图形　　图16.10 添加文字

PS 10 同时选中【背景】图层之外的所有图层，执行菜单栏中的【图层】|【新建】|【从图层建立组】命令，在弹出的对话框中将【名称】更改为【瓶贴】，完成之后单击【确定】按钮，此时将生成一个【瓶贴】图层，如图16.11所示。

图16.11 从图层新建组

16.1.2 绘制瓶子

PS 1 选择工具箱中的【钢笔工具】 ✐，在画布中空白位置绘制一个半个瓶状样式的封闭路径，如图16.12所示。

图16.12 绘制路径

PS 2 在画布中按Ctrl+Enter组合键将刚才所绘制的封闭路径转换成选区，然后在【图层】面板中，单击面板底部的【创建新图层】 ❑ 按钮，新建一个【图层2】图层，如图16.13所示。

图16.13 转换选区并新建图层

PS 3 选中【图层2】图层，在画布中将选区填充为橙色（R：235，G：135，B：28），填充完成之后按Ctrl+D组合键将选区取消，如图16.14所示，将【图层2】复制一份。

图16.14 填充颜色

PS 4 选中【图层2 拷贝】图层，在画布中按Ctrl+T组合键对其执行【自由变换】命令，将光标移至出现的变形框上右击，从弹出的快捷菜单中选择【水平翻转】命令，完成之后按Enter键确认，再按住Shift键向左侧平移并与原来的半边图形对齐，将边缘图形重叠使其形成一个瓶身形状，如图16.15所示。

图16.15 复制及变换图形

PS 5 同时选中【图层2】和【图层2 拷贝】图层，执行菜单栏中的【图层】|【合并图层】命令，此时将生成一个单独的图层，双击此图层名称，将其更改为【瓶身】，如图16.16所示。

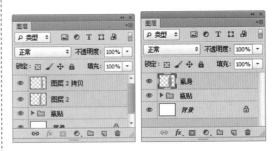

图16.16 合并及更改图层名称

PS 6 选择工具箱中的【钢笔工具】 ✐，在画布中沿着瓶身上方位置绘制一个封闭路径，如图16.17所示。

完全掌握Photoshop CC超级手册

图16.17 绘制路径

PS 7 在画布中按Ctrl+Enter组合键将所绘制的路径转换为选区，如图16.18所示。

图16.18 转换选区

PS 8 在画布中执行菜单栏中的【选择】|【修改】|【羽化】命令，在弹出的对话框中将【羽化半径】更改为1像素，设置完成之后单击【确定】按钮，如图16.19所示。

图16.19 设置羽化

PS 9 在【图层】面板中选中【瓶身】图层，单击面板上方的【锁定透明像素】按钮，将当前图层中的透明像素锁定，在画布中将选区填充为灰色（R：242，G：241，B：237），填充完成之后按Ctrl+D组合键将选区取消，再单击【锁定透明像素】按钮取消锁定，如图16.20所示。

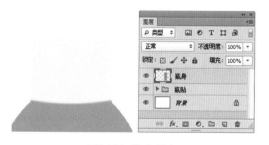

图16.20 填充颜色

PS 10 选择工具箱中的【圆角矩形工具】，在选项栏中将【填充】更改为灰色（R：242，G：241，B：237），【描边】为无，【半径】为15像素，在画布中绘制一个矩形，此时将生成一个【圆角矩形1】图层，如图16.21所示。

图16.21 绘制图形

PS 11 选择工具箱中的【钢笔工具】，在画布中沿着瓶口下方位置绘制一个封闭路径，如图16.22所示。

图16.22 绘制路径

PS 12 单击面板底部的【创建新图层】按钮，新建一个【图层2】图层，在画布中将选区填充为灰色（R：242，G：241，B：237），填充完成后按Ctrl+D组合键将选区取消，如图16.23所示。

图16.23 新建图层并填充颜色

PS 13 选择工具箱中的【钢笔工具】，在画布中沿着瓶身右侧边缘位置绘制一个封闭路径，以便后面制作出瓶体的不规则形状，如图16.24所示。

图16.24 绘制路径

PS 14 在画布中将所绘制的路径转换为选区，选中【瓶身】图层，在画布中将其部分图形删除，如图16.25所示。

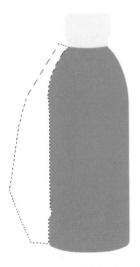

图16.25 删除部分图形

PS 15 选择工具箱中的【矩形选框工具】，在画布选区中单击鼠标右键，在弹出的快捷菜单中选择【变换选区】命令，之后再次单击鼠标右键，在弹出的快捷菜单中选择【水平翻转】命令，将选区变换，再按住Shift键向左侧拖动以选中瓶身左侧边缘部分区域，完成之后按Enter键确认，再选中【瓶身】图层，在画布中将其部分图形删除，完成之后按Ctrl+D组合键将选区取消，如图16.26所示。

图16.26 删除部分图形

16.1.3 制作立体效果

PS 1 在【图层】面板中，选中【瓶贴】组，将其拖至面板底部的【创建新图层】按钮上，复制一个【瓶贴 拷贝】组，选中【瓶贴 拷贝】图层，执行菜单栏中的【图层】|【合并图层】命令，将当前组中的图层合并，此时将生成一个【瓶贴 拷贝】图层，如图16.27所示。

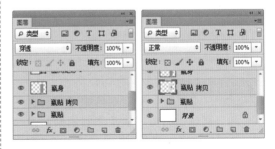

图16.27 复制及合并组

PS 2 选中【瓶贴 拷贝】图层，在画布中将其移至瓶身图形上方并等比缩小，如图16.28所示。

PS 3 在【图层】面板中，按住Ctrl键单击【瓶身】图层，将其载入选区，在画布中执行菜单栏中的【图层】|【反向】命令，将当前选区反向，选中【瓶贴】图层，将图层中多余图形删除，完成之后按Ctrl+D组合键将选区取消，如图16.29所示。

图16.28 变换图形　　图16.29 删除多余图形

PS 4 选择工具箱中的【钢笔工具】 ，在画布中瓶身底部位置绘制一个封闭的弧形路径，如图16.30所示。

图16.30 绘制路径

PS 5 在画布中按Ctrl+Enter组合键将所绘制的路径转换为选区，选中【瓶贴】图层，在画布中将选区中的图形删除，完成之后按Ctrl+D组合键将选区取消，如图16.31所示。

图16.31 删除图形

PS 6 在【图层】面板中，选中【瓶贴 拷贝】图层，将其拖至面板底部的【创建新图层】 按钮上，复制一个【瓶贴 拷贝2】图层，双击【瓶贴 拷贝2】图层名称，更改为高光和阴影，如图16.32所示。

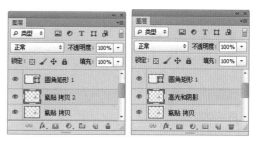

图16.32 复制图层并更改图层名称

PS 7 在【图层】面板中，选中【瓶贴 拷贝2】图层，单击面板上方的【锁定透明像素】 按钮，将当前图层中的透明像素锁定，完成之后将其填充为白色，填充完成之后再次单击【锁定透明像素】 按钮，如图16.33所示。

图16.33 填充颜色

PS 8 在【图层】面板中，选中【高光和阴影】图层，单击面板底部的【添加图层蒙版】 按钮，为其图层添加图层蒙版，如图16.34所示。

图16.34 添加图层蒙版

PS 9 选择工具箱中的【渐变工具】 ，在选项栏中单击【点按可编辑渐变】按钮，在弹出的对话框中选择【黑白渐变】，设置完成之后单击【确定】按钮，再单击【线性渐变】 按钮，如图16.35所示。

PS 10 单击【高光和阴影】图层蒙版缩览图，在画布中按住Shift键从右向左拖动，将部分图形擦除，如图16.36所示。

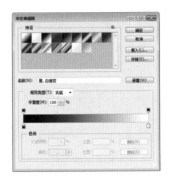

图16.35 设置渐变　　图16.36 擦除部分图形

PS 11 在【图层】面板中，选中【高光和阴影】图层，将其图层【不透明度】更改为50%，如图16.37所示。

图16.37 更改图层不透明度

PS 12 选择工具箱中的【加深工具】 ，在画布中单击鼠标右键，在弹出的面板中选择一种柔角笔触，将【大小】更改为40像素，【硬度】更改为0%，如图16.38所示。

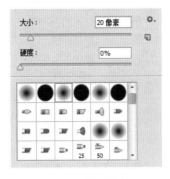

图16.38 设置笔触

PS 13 选中【瓶身】图层，在画布中其图形上涂抹，将部分颜色加深，如图16.39所示。

图16.39 加深图形

PS 14 选择工具箱中的【钢笔工具】 ，在画布中在瓶身顶部瓶盖位置绘制一个封闭路径，如图16.40所示。

图16.40 绘制路径

PS 15 在画布中按Ctrl+Enter组合键将刚才所绘制的封闭路径转换成选区，然后在【图层】面板中，单击面板底部的【创建新图层】 按钮，新建一个【图层3】图层，如图16.41所示。

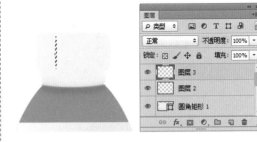

图16.41 新建图层

PS 16 选中【图层3】图层，在画布中将选区填充为白色，填充完成之后按Ctrl+D组合键将选区取消，如图16.42所示。

完全掌握Photoshop CC超级手册

图16.42 填充颜色

PS 17 选中【图层3】图层，执行菜单栏中的【滤镜】|【模糊】|【高斯模糊】命令，在弹出的对话框中将【半径】更改为2像素，设置完成之后单击【确定】按钮，如图16.43所示。

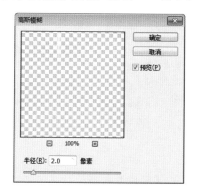

图16.43 设置【高斯模糊】

PS 18 选择工具箱中的【钢笔工具】，在瓶身与瓶贴上方边缘位置绘制一个封闭路径，如图16.44所示。

图16.44 绘制路径

PS 19 在画布中按Ctrl+Enter组合键将刚才所绘制的封闭路径转换成选区，然后在【图层】面板中单击面板底部的【创建新图层】按钮，新建一个【图层4】图层，如图16.45所示

图16.45 新建图层

PS 20 选中【图层4】图层，在画布中将选区填充为灰色（R：244，G：244，B：239），填充完成之后按Ctrl+D组合键将选区取消，如图16.46所示。

图16.46 填充灰色

PS 21 在【图层】面板中选中【图层4】，将其【不透明度】更改为50%，图层及图像效果如图16.47所示。

图16.47 更改图层不透明度

PS 22 选择工具箱中的【钢笔工具】，在瓶身logo下方位置绘制一个封闭路径，如图16.48所示。

图16.48 绘制路径

PS 23 在画布中按Ctrl+Enter组合键将刚才所绘制的封闭路径转换成选区，然后在【图层】面板中，单击面板底部的【创建新图层】 ▢ 按钮，新建一个【图层5】图层，如图16.49所示

图16.49 新建图层

PS 24 选中【图层5】图层，在画布中将选区填充为白色，填充完成之后按Ctrl+D组合键将选区取消，如图16.50所示。

图16.50 填充颜色

PS 25 选中【图层5】图层，执行菜单栏中的【滤镜】|【模糊】|【高斯模糊】命令，在弹出的对话框中将【半径】更改为3像素，设置完成之后单击【确定】按钮，如图16.51所示。

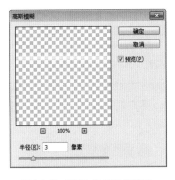

图16.51 设置【高斯模糊】

PS 26 在【图层】面板中，选中【图层5】图层，将其图层【不透明度】更改为50%，如图16.52所示。

图16.52 更改图层不透明度

PS 27 在【图层】面板中选中【图层5】图层，将其拖至面板底部的【创建新图层】 ▢ 按钮上，复制一个【图层5 副本】图层，选中此图层，在画布中将其向上移动一定距离，如图16.53所示。

图16.53 复制图层

PS 28 在【图层】面板中，选中【图层5 副本】图层，单击上方的【锁定透明像素】 ▨ 按钮，在画布中将其填充为黑色，填充完成之后再次单击【锁定透明像素】 ▨ 按钮将其解锁，如图16.54所示。

图16.54 填充颜色

PS 29 在【图层】面板中选中【图层5 副本】图层，将其图层【不透明度】更改为5%，如图16.55所示。

完全掌握Photoshop CC超级手册

图16.55 更改图层不透明度

PS 30 选择工具箱中的【钢笔工具】 ✐，在瓶身靠下方位置绘制一个封闭路径，如图16.56所示。

图16.56 绘制路径

PS 31 在画布中按Ctrl+Enter组合键将刚才所绘制的封闭路径转换成选区，然后在【图层】面板中，单击面板底部的【创建新图层】 □ 按钮，新建一个【图层6】图层，如图16.57所示

图16.57 新建图层

PS 32 选中【图层6】图层，在画布中将选区填充为白色，填充完成之后按Ctrl+D组合键将选区取消，如图16.58所示。

图16.58 填充颜色

PS 33 选中【图层6】图层，执行菜单栏中的【滤镜】|【模糊】|【高斯模糊】命令，在弹出的对话框中将【半径】更改为3像素，设置完成之后单击【确定】按钮，如图16.59所示。

图16.59 设置【高斯模糊】

PS 34 在【图层】面板中选中【图层6】图层，将其拖至面板底部的【创建新图层】 □ 按钮上，复制一个【图层6 拷贝】图层，选中此图层，在画布中将其向上移动一定距离，如图16.60所示。

图16.60 复制图层

PS 35 在【图层】面板中，选中【图层6 拷贝】图层，单击上方的【锁定透明像素】 ▨ 按钮，在画布中将其填充为黑色，填充完成之后再次单击【锁定透明像素】 ▨ 按钮将其解锁，如图16.61所示。

图16.61 填充颜色

PS 36 在【图层】面板中选中【图层6 拷贝】图层，将其图层【不透明度】更改为10%，如图16.62所示。

图16.62 更改图层不透明度

PS 37 选择工具箱中的【钢笔工具】 ✎，在瓶身位置绘制一个封闭路径，如图16.63所示。

图16.63 绘制路径

PS 38 在画布中按Ctrl+Enter组合键将刚才所绘制的封闭路径转换成选区，然后在【图层】面板中单击面板底部的【创建新图层】 🔲 按钮，新建一个【图层7】图层，如图16.64所示

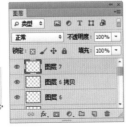

图16.64 新建图层

PS 39 选中【图层7】图层，在画布中将选区填充为黑色，填充完成之后按Ctrl+D组合键将选区取消，如图16.65所示。

图16.65 填充颜色并更改图层顺序

PS 40 选中【图层7】图层，执行菜单栏中的【滤镜】|【模糊】|【高斯模糊】命令，在弹出的对话框中将【半径】更改为5像素，设置完成之后单击【确定】按钮，如图16.66所示。

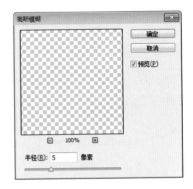

图16.66 设置【高斯模糊】

PS 41 执行菜单栏中的【文件】|【打开】命令，在弹出的对话框中选择配套光盘中的"调用素材\第16章\橙汁包装\logo.psd"文件，将打开的素材拖入画布中右上角位置并适当缩小，这样就完成了效果制作，最终效果如图16.67所示。

图16.67 添加素材及最终效果

16.2 袋式包装——红豆包装设计

设计构思

- 新建画布并填充渐变，为包装的绘制制作背景；
- 利用图形工具绘制出包装所需的面，再利用【钢笔工具】将多余图形部分删除制作出大致包装正面效果；
- 在包装的面上添加调用素材图像及文字，再利用【钢笔工具】配合滤镜命令为真空包装的不同区域添加高光和阴影效果；

本例主要讲解的是红豆包装设计的制作方法，包装材质用到了常见的锡纸真空包装，在绘制的过程中利用强大的【钢笔工具】为包装制作细致富有真实感的真空包装。

案例分类：商业包装设计表现类
难易程度：★★★☆☆
调用素材：配套光盘\附增及素材\调用素材\第16章\红豆包装
最终文件：配套光盘\附增及素材\源文件\第16章\红豆包装设计.psd
视频位置：配套光盘\movie\16.2 袋式包装——红豆包装设计.avi

红豆包装设计效果展示如图16.68所示。

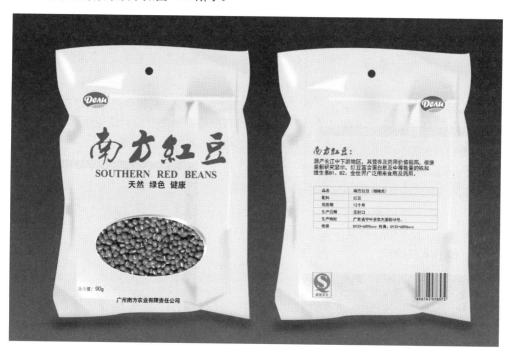

图16.68 红豆包装效果展示

操作步骤

16.2.1 制作包装袋正面

PS 1 执行菜单栏中的【文件】|【新建】命令，在弹出的对话框中设置【宽度】为10厘米，【高度】为6.5厘米，【分辨率】为300像素/英寸，【颜色模式】为RGB颜色，新建一个空白画布，如图16.69所示。

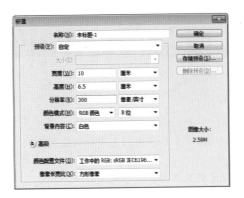

图16.69 新建画布

PS 2 选择工具箱中的【渐变工具】▮，在选项栏中单击【点按可编辑渐变】按钮，在弹出的对话框中设置渐变颜色从深绿色（R：30，G：47，B：34）到浅绿色（R：71，G：98，B：77），设置完成之后单击【确定】按钮，再单击【线性渐变】▮按钮，如图16.70所示。

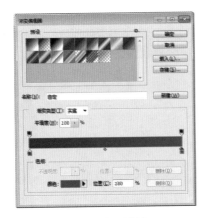

图16.70 设置渐变

PS 3 在画布中按住Shift键从上至下为画布填充渐变，如图16.71所示。

图16.71 设置渐变

PS 4 选择工具箱中的【矩形工具】▮，在选项栏中将【填充】更改为灰色（R：228，G：228，B：228），【描边】为无，在画布中绘制一个矩形，此时将生成一个【矩形1】图层，如图16.72所示。

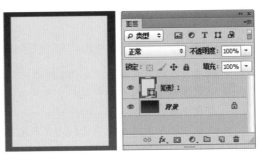

图16.72 绘制图形

PS 5 选中【矩形1】图层，执行菜单栏中的【图层】|【栅格化】|【形状】命令，将当前图形删格化，如图16.73所示。

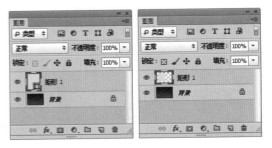

图16.73 栅格化图形

PS 6 选择工具箱中的【钢笔工具】✐，在画布中沿着刚才所绘制的矩形周围绘制一个封闭路径，如图16.74所示。

图16.74 绘制路径

PS 7 在画布中按Ctrl+Enter组合键将刚才所绘制的路径转换为选区，执行菜单栏中的【选择】|【反向】命令，将所绘制的选区反向，选中【矩形1】图层，在画布中将多余的图形删除，完成之后按Ctrl+D组合键将选区取消，如图16.75所示。

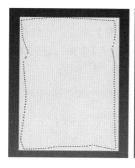
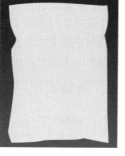

图16.75 转换选区并删除部分图形

PS 8 执行菜单栏中的【文件】|【打开】命令，在弹出的对话框中选择配套光盘中的"调用素材\第16章\红豆包装\logo.psd"文件，将打开的素材拖入画布中并适当缩小，如图16.76所示。

图16.76 添加素材

PS 9 选择工具箱中的【横排文字工具】T，在画布中适当位置添加文字，如图16.77所示。

图16.77 添加文字

PS 10 选择工具箱中的【椭圆工具】，在选项栏中将【填充】更改为白色，【描边】为无，在包装底部位置绘制一个椭圆图形，如图16.78所示。

图16.78 绘制图形

PS 11 在【图层】面板中，选中【椭圆】图层，将其拖至面板底部的【创建新图层】按钮上，复制一个【椭圆拷贝】图层，如图16.79所示。

PS 12 执行菜单栏中的【窗口】|【路径】命令，在弹出的面板中单击【椭圆1拷贝形状路径】，选择工具箱中的【直接选择工具】，在画布中选中椭圆右上角的两个路径，分别按键盘上的向下和向左方向键将其变形，如图16.80所示。

图16.79 复制图层

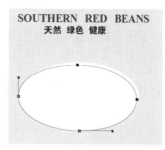

图16.80 变换图形

PS 13 在【图层】面板中，选中【椭圆1】图层，单击面板底部的【添加图层样式】fx按钮，在菜单中选择【渐变叠加】命令，在弹出的对话框中将渐变颜色更改为灰色（R：156，G：156，B：156）到白色到灰色（R：156，G：156，B：156）到白色再到灰色（R：156，G：156，B：156），【样式】为线性，【角度】为100°，【缩放】为100%，设置完成之后单击【确定】按钮，如图16.81所示。

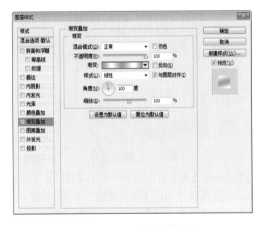

图16.81 设置【渐变叠加】

PS 14 执行菜单栏中的【文件】|【打开】命令，在弹出的对话框中选择配套光盘中的"调用素材\第16章\红豆包装\红豆.jpg"文件，将打开的素材拖入画布中椭圆位置并适当缩小，此时其图层名称将自动更名为【图层1】，如图16.82所示。

图16.82 添加图像

PS 15 在【图层】面板中，按住Ctrl键单击【椭圆1 拷贝】图层缩览图，将其载入选区，执行菜单栏中的【选择】|【反向】命令，将选区反选，按Delete键将多余图像删除，如图16.83所示。

图16.83 将图像载入选区

PS 16 先反选选区，在画布中执行菜单栏中的【选择】|【修改】|【收缩】命令，在弹出的对话框中将【收缩量】更改为1像素，设置完成之后单击【确定】按钮，如图16.84所示。

图16.84 【收缩选区】对话框

PS 17 在画布中执行菜单栏中的【选择】|【反向】命令，将选区反选，按Delete键将选区中的图像删除，完成之后按Ctrl+D组合键将选区取消，如图16.85所示。

图16.85 删除多余图像

PS 18 在【图层】面板中选中【图层1】图层，单击面板底部的【添加图层样式】 *fx* 按钮，在菜单中选择【描边】命令，在弹出的对话框中将【大小】更改为1像素，【颜色】更改为白色，设置完成之后单击【确定】按钮，如图16.86所示。

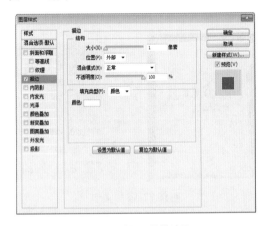

图16.86 设置【描边】

PS 19 选择工具箱中的【横排文字工具】 **T**，在画布中适当位置添加文字，如图16.87所示。

图16.87 添加文字

PS 20 选择工具箱中的【椭圆选框工具】○，在画布中包装上方位置按住Shift键绘制一个正圆选区，如图16.88所示。

图16.88 绘制选区

PS 21 选中【矩形1】图层，在画布中将选中的图形删除，完成之后按Ctrl+D组合键将选区取消，如图16.89所示。

图16.89 删除图形

PS 22 选择工具箱中的【钢笔工具】✐，在画布中包装右上角位置绘制一个封闭路径，如图16.90所示。

PS 23 在画布中按Ctrl+Enter组合键将刚才所绘制的封闭路径转换成选区，然后在【图层】面板中单击面板底部的【创建新图层】☐按钮，新建一个【图层2】图层，如图16.91所示。

图16.90 绘制路径

图16.91 转换选区并新建图层

PS 24 选中【图层2】图层，在画布中将选区填充为白色，填充完成之后按Ctrl+D组合键将选区取消，如图16.92所示。

图16.92 填充颜色

PS 25 选中【图层2】图层，将其图层【不透明度】更改为70%，如图16.93所示。

图16.93 更改图层不透明度

PS 26 选择工具箱中的【钢笔工具】✐，在画布中沿着刚才所绘制的矩形上半部分附近位置绘制一个封闭路径，如图16.94所示。

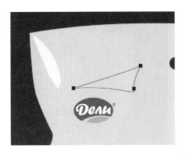

图16.94 绘制路径

PS 27 在画布中按Ctrl+Enter组合键将刚才所绘制的封闭路径转换成选区，然后在【图层】面板中，单击面板底部的【创建新图层】按钮，新建一个【图层3】图层，如图16.95所示。

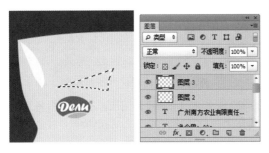

图16.95 新建图层

PS 28 选中【图层3】图层，在画布中将选区填充为白色，填充完成之后按Ctrl+D组合键将选区取消，如图16.96所示。

图16.96 填充颜色

PS 29 选择工具箱中的【模糊工具】，在画布中单击鼠标右键，在弹出的面板中将【大小】更改为25像素，【硬度】更改为0%，如图16.97所示。

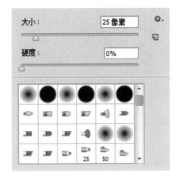

图16.97 设置笔触

PS 30 选中【图层3】图层，在画布中其图形上进行涂抹，将部分区域模糊，如图16.98所示。

图16.98 模糊图形

PS 31 选中【图层3】图层，将其图层【不透明度】更改为60%，如图16.99所示。

图16.99 更改图层不透明度

PS 32 以之前同样的方法再为包装添加阴影及高光，制作立体效果，如图16.100所示。

图16.100 添加阴影和高光效果

完全掌握Photoshop CC超级手册

16.2.2 制作包装袋背面

PS 1 同时选中除【背景】图层之外的所有图层，执行菜单栏中的【图层】|【新建】|【从图层建立组】，在弹出的对话框中将【名称】更改为包装正面，再单击【确定】按钮，此时将生成一个【包装正面】组，如图16.101所示。

图16.101 从图层新建组

技巧

按Ctrl+Alt+A组合键可快速将除【背景】图层以外的其他图层全部选中。

PS 2 在【图层】面板中选中【包装正面】组，将其拖至面板底部的【创建新图层】按钮上，复制一个【包装正面 拷贝】组，如图16.102所示。

图16.102 复制组

PS 3 选中【包装正面 拷贝】组，在画布中按住Shift键将其向左移动一定距离，如图16.103所示。

图16.103 移动图形

PS 4 在【图层】面板中，选中【包装正面拷贝】组将其展开，将其组中与文字相关的所有图层删除，如图16.104所示。

图16.104 删除图层

PS 5 选中【logo】图层，在画布中按住Shift键将其移至左侧位置，如图16.105所示。

图16.105 移动图形

PS 6 输入文字后，然后选择工具箱中的【直线工具】 ╱ ，在选项栏中将【填充】更改为灰色（R：180，G：180，B：180），【描边】为无，在画布中按住Shift键绘制一条水平线段，此时将生成一个【形状1】图层，如图16.106所示。

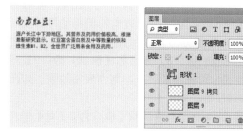

图16.106 绘制图形

PS 7 选中【形状1】图层，在画布中按住Alt+Shift组合键向下拖动，将其垂直复制6份，此时将生成【形状1 拷贝】、【形状1 拷贝2】、【形状1 拷贝3】、【形状1 拷贝4】、【形状1 拷贝5】、【形状1 拷贝6】图层，如图16.107所示。

PS 8 同时选中包括【形状1】、【形状1 拷贝】、【形状1 拷贝2】、【形状1 拷贝3】、【形状1 拷贝4】、【形状1 拷贝5】、【形状1 拷贝6】图层，单击选项栏中的【垂直居中分布】 按钮，将图形对齐，如图16.108所示。

图16.107 复制图形　　图16.108 对齐图形

PS 9 选中【形状1 拷贝6】图层，将其移至【创建新图层】 按钮上，复制一个【形状1 拷贝7】图层，选中【形状1 拷贝7】图层，在画布中按Ctrl+T组合键对其执行【自由变换】命令，将光标移至出现的变形框上右击，从弹出的快捷菜单中选择【旋转90°（顺时针）】命令，完成之后再按住Alt+Shift键合键将其缩短并使其与所复制图形所在的区域高度相等，完成之后按Enter键确认，如图16.109所示。

图16.109 复制及变换图形

PS 10 选中【形状1 拷贝7】图层，在画布中按住Alt+Shift组合合键向左侧拖动将其复制两份并分别与部分形状图形对齐，此时将生成【形状1 拷贝8】图层和【形状1 拷贝9】图层，并分别将图形对齐，制作表格效果，如图16.110所示。

PS 11 选择工具箱中的【横排文字工具】 T ，在刚才所绘制的表格效果图形中添加相关文字，如图16.111所示。

图16.110 复制图形　　图16.111 添加文字

PS 12 执行菜单栏中的【文件】|【打开】命令，在弹出的对话框中选择配套光盘中的"调用素材\第16章\红豆包装\QS标志.psd、条形码.psd"文件，将打开的素材拖入画布中分别放在左下角和右下角位置并适当缩小，如图16.112所示。

图16.112 添加素材

PS 13 选择工具箱中的【钢笔工具】 ，在画布中沿着右侧包装底部位置绘制一个封闭路径，如图16.113所示。

图16.113 绘制路径

PS 14 在画布中按Ctrl+Enter组合键将刚才所绘制的封闭路径转换成选区，然后在【图层】面板中单击面板底部的【创建新图层】 按钮，新建一个图层，双击其图层名称，将其更改为【阴影】，如图16.114所示。

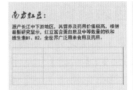

图16.114 更改图层名称

PS 15 选中【阴影】图层,在画布中将选区填充为黑色,填充完成之后按Ctrl+D组合键将选区取消,如图16.115所示。

图16.115 填充颜色

PS 16 选中【阴影】图层,执行菜单栏中的【滤镜】|【模糊】|【高斯模糊】命令,在弹出的对话框中将【半径】更改为9像素,设置完成之后单击【确定】按钮,如图16.116所示。

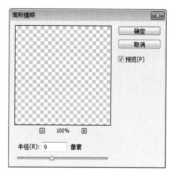

图16.116 设置【高斯模糊】

PS 17 选中【阴影】图层,在画布中按住Alt+Shift组合键向左侧拖动至包装底部位置,这样就完成了效果制作,最终效果如图16.117所示。

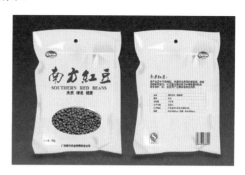

图16.117 复制图形及最终效果

16.3 / 盒式包装——鹅蛋卷包装设计

📖 设计构思

- 新建画布后利用图形工具绘制包装的展开面大体效果;
- 再添加包装所需的食品素材并与包装的正面大小对齐;
- 在包装的正面添加文字及绘制相关图形突出产品卖点;
- 在包装右侧范围添加调用素材并设置图层混合模式提升包装的品质感;
- 将包装中的图形复制并添加相应的图形及文字完成包装平面效果制作;
- 将之前所绘制的包装平面效果中的图形及文字复制后合并再变换制作出立体效果;
- 最后为包装的设计添加说明文字完成最终效果制作。

本例讲解的是鹅蛋卷包装效果,整体配色版式以西式风格为主,除了采用实拍食品的大图来突出蛋卷诱人口感之外,还加入了手绘建筑图案及别具一格的中英文说明,使得这款包装质感十足。

案例分类:商业包装设计表现类
难易程度:★★★☆☆
调用素材:配套光盘\附增及素材\调用素材\第16章\蛋卷包装
最终文件:配套光盘\附增及素材\源文件\第16章\蛋卷包装展开面.psd、蛋卷包装立体效果.psd
视频位置:配套光盘\movie\16.3 盒式包装——鹅蛋卷包装设计.avi

鹅蛋卷包装展开面及立体表现效果如图16.118所示。

图16.118 鹅蛋卷包装展开面及立体表现效果

操作步骤

16.3.1 制作包装展开面

PS 1 执行菜单栏中的【文件】|【新建】命令，在弹出的对话框中设置【宽度】为12厘米，【高度】为15厘米，【分辨率】为300像素/英寸，【颜色模式】为RGB颜色，新建一个空白画布，如图16.119所示。

图16.119 新建画布

PS 2 选择工具箱中的【矩形工具】▢，在选项栏中将【填充】更改为浅黄色（R：243，G：234，B：205），【描边】为无，在画布中绘制一个矩形，此时将生成一个【矩形1】图层，如图16.120所示。

图16.120 绘制图形

PS 3 同时选中【矩形1】及【背景】图层，分别单击选项栏中的【水平居中对齐】⬚按钮，将图形与背景对齐，如图16.121所示。

图16.121 对齐图形

PS 4 执行菜单栏中的【文件】|【打开】命令，在弹出的对话框中选择配套光盘中的"调用素材\第16章\蛋卷包装\蛋卷儿.jpg"文件，将打开的素材拖入画布中适当位置，此时其图层名称将自动更名为【图层1】，如图16.122所示。

图16.122 添加素材

PS 5 选中【图层1】图层，在画布中按 Ctrl+T组合键对其执行【自由变换】命令，将 其等比缩小至与矩形1图形高度一致，完成之 后按Enter键确认，再将其与矩形1图形左侧对 齐，如图16.123所示。

图16.123 变换及对齐图形

技巧

在将图像与图形对齐的过程中可适当降低图 像所在的图层不透明度，以方便观察对齐实 时情况，对齐完成之后再将当前图层不透明 度更改至100%。

PS 6 选择工具箱中的【自定形状工具】，
在画布中单击鼠标右键，在弹出的面板中选择
【自然】|【花6】图形，如图16.124所示。

PS 7 在选项栏中将【填充】更改为紫红色
（R：172，G：116，B：127），【描边】为
无，在画布中素材图像左上角位置按住Shift键
绘制一个图形，此时将生成一个【形状1】图
层，如图16.125所示。

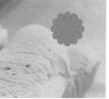

图16.124 选择图形　　图16.125 绘制图形

PS 8 在【图层】面板中选中【形状1】图
层，将其拖至面板底部的【创建新图层】
按钮上，复制一个【形状1 拷贝】图层，如图
16.126所示。

PS 9 选中【形状1 拷贝】图层，在画布中
按Ctrl+T组合键对其执行【自由变换】命令，
将光标移至出现的变形框左侧将其旋转一定角
度，再按住Alt+Shfit组合键将其等比缩小，完
成之后按Enter键确认，如图16.127所示。

图16.126 复制图层　　　图16.127 变换图形

PS 10 同时选中【形状1】及【形状1 拷贝】
图层，执行菜单栏中的【图层】|【向下合并】
命令，将两个图层合并，此时将生成一个【形
状1 拷贝】图层，如图16.128所示。

图16.128 合并图层

提示

当两个形状或多个形状图层合并为一个图层之
后，当前图层仍为形状图层；假如一个普通图
层和一个形状图层合并之后会将形状图层栅格
化，最后会生成一个普通图层。

PS 11 在【图层】面板中，选中【形状1 拷
贝】图层，单击面板底部的【添加图层样式】
fx按钮，在菜单中选择【描边】命令，在弹出
的对话框中将【大小】更改为2像素，【颜色】
更改为深红色（R：130，G：0，B：0），如图
16.129所示。

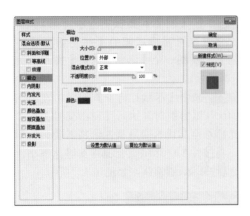

图16.129 设置【描边】

PS 12 选中【渐变叠加】复选框，将渐变颜色更改为白色至紫红色（R：172，G：116，B：127），【样式】为径向，【缩放】为129%，如图16.130所示。

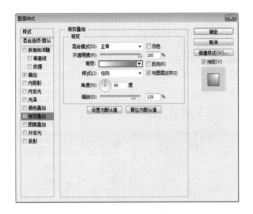

图16.130 设置【渐变叠加】

PS 13 分别选择工具箱中的【横排文字工具】T 和【直排文字工具】IT 在刚才所绘制的图形上及下方位置添加文字，如图16.131所示。

PS 14 执行菜单栏中的【文件】|【打开】命令，在弹出的对话框中选择配套光盘中的"调用素材\第16章\蛋卷包装\红章.psd"文件，将打开的素材拖入画布中刚才所绘制的图形附近并适当缩小，如图16.132所示。

图16.131 添加文字　　图16.132 添加素材

PS 15 选择工具箱中的【横排文字工具】T，在包装面左下角位置添加文字，如图16.133所示。

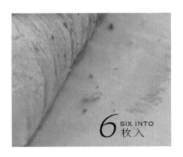

图16.133 添加文字

PS 16 执行菜单栏中的【文件】|【打开】命令，在弹出的对话框中选择配套光盘中的"调用素材\第16章\蛋卷包装\街道.jpg"文件，将打开的素材拖入画布中适当位置，此时其图层名称将自动更名为【图层2】，如图16.134所示。

图16.134 添加素材

PS 17 选中【图层2】图层，在画布中按Ctrl+T组合键对其执行【自由变换】命令，将其等比缩小至【矩形1】与【图层1】图形所保留的左右宽度一致，完成之后按Enter键确认，再将其与矩形1图形底部对齐，如图16.135所示。

PS 18 选中【图层2】图层，执行菜单栏中的【图像】|【调整】|【去色】命令，将当前图像中的色彩去除，如图16.136所示。

图16.135 变换图形　　图16.136 去除图像颜色

完全掌握Photoshop CC超级手册

PS 19 选中【图层2】图层，将其图层混合模式更改为【正片叠底】，【不透明度】更改为80%，如图16.137所示。

图16.137 更改图层混合模式及不透明度

PS 20 在【图层】面板中选中【图层2】图层，单击面板底部的【添加图层蒙版】 按钮，为其图层添加图层蒙版，如图16.138所示。

图16.138 添加图层蒙版

PS 21 选择工具箱中的【渐变工具】，在选项栏中单击【点按可编辑渐变】按钮，在弹出的对话框中选择【黑白渐变】，设置完成之后单击【确定】按钮，再单击【线性渐变】 按钮，如图16.139所示。

图16.139 设置渐变

PS 22 单击【图层2】图层蒙版，在画布中按住Shift键在其图形上从上至下拖动，将部分图像隐藏，如图16.140所示。

PS 23 选择工具箱中的【横排文字工具】 T，在画布左上角附近位置添加文字，如图16.141所示。

图16.140 隐藏部分图像　　图16.141 添加文字

PS 24 选择工具箱中的【椭圆工具】，在选项栏中将【填充】更改为紫红色（R：172，G：116，B：127），【描边】为无，在刚才所添加的文字上方位置绘制一个椭圆，此时将生成一个【椭圆1】图层，如图16.142所示。

图16.142 绘制图形

PS 25 选择工具箱中的【横排文字工具】 T，在刚才所绘制的椭圆图形上添加文字，如图16.143所示。

PS 26 同时选中【椭圆1】图层及【奶香味】，按Ctlr+T组合键对其执行【自由变换】命令，将光标移至出现的变形框左上角位置，将其旋转一定角度，完成之后按Enter键确认，如图16.144所示。

 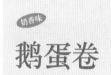

图16.143 添加文字　　图16.144 变换图形

PS 27 选择工具箱中的【横排文字工具】T，在画布中左下角位置添加文字，如图16.145所示。

PS 28 选择工具箱中的【直线工具】，在选项栏中将【填充】更改为紫红色（R：172，G：116，B：127），【描边】为无，【粗细】为2像素，设置完成之后在刚才所添加的文字左侧位置按住Shift键绘制一条垂直线段，如图16.146所示。

图16.145 添加文字　图16.146 绘制图形

PS 29 选择工具箱中的【矩形工具】，在选项栏中将【填充】更改为紫红色（R：172，G：116，B：127），【描边】为无，在画布中所绘制的包装正面上方绘制一个矩形，此时将生成一个【矩形2】图层，如图16.147所示。

图16.147 绘制图形

PS 30 选择工具箱中的【横排文字工具】T，在刚才所绘制的矩形2位置添加文字，如图16.148所示。

PS 31 同时选中【矩形2】和【饼世家…】文字图层，单击选项栏中的【垂直居中对齐】按钮，将图形与文字对齐，如图16.149所示。

图16.148 添加文字　图16.149 将文字与图形对齐

PS 32 在【图层】面板中选中【矩形1】图层，将其拖至面板底部的【创建新图层】按钮上，复制一个【矩形1 拷贝】图层，如图16.150所示。

PS 33 选中【矩形1】图层，在画布中将其与矩形2图形对齐，如图16.151所示。

图16.150 复制图形　图16.151 对齐图形

PS 34 执行菜单栏中的【文件】|【打开】命令，在弹出的对话框中选择配套光盘中的"调用素材\第16章\蛋卷包装\街道2.jpg"文件，将打开的素材拖入画布中矩形1 拷贝图形上适当缩小并放在其图形的左下角位置，将其左侧与底部边缘与矩形2图形对齐，如图16.152所示。此时其图层名称将自动更改为【图层3】。

PS 35 选中【图层3】图层，执行菜单栏中的【图像】|【调整】|【去色】命令，将当前图像中的色彩去除，如图16.153所示。

图16.152 添加素材　图16.153 去除图像颜色

PS 36 选中【图层3】图层，将其图层混合模式更改为【正片叠底】，【不透明度】更改为80%，如图16.154所示。

图16.154 更改图层混合模式及不透明度

完全掌握Photoshop CC超级手册

PS 37 在【图层】面板中选中【图层3】图层，单击面板底部的【添加图层蒙版】 ▣ 按钮，为其图层添加图层蒙版，如图16.155所示。

图16.155 添加图层蒙版

PS 38 选择工具箱中的【渐变工具】 ▣，在选项栏中单击【点按可编辑渐变】按钮，在弹出的对话框中选择【黑白渐变】，设置完成之后单击【确定】按钮，再单击【线性渐变】 ▣ 按钮，如图16.156所示。

图16.156 设置渐变

PS 39 单击【图层3】图层蒙版缩览图，在画布中按住Shift键在其图形上从左上至右下拖动，将部分图像隐藏，如图16.157所示。

图16.157 隐藏部分图像

PS 40 选择工具箱中的【矩形工具】 ▣，在选项栏中将【填充】更改为无，【描边】为深红色（R：105，G：37，B：34），【描边】大

小为0.3，在画布中绘制一个矩形，此时将生成一个【矩形3】图层，如图16.158所示

图16.158 绘制图形

PS 41 选择工具箱中的【横排文字工具】 T，在刚才所绘制的矩形图形左上角附近位置添加文字，如图16.159所示。

PS 42 执行菜单栏中的【文件】|【打开】命令，在弹出的对话框中选择配套光盘中的"调用素材\第16章\蛋卷包装\条形码.psd"文件，将打开的素材拖入画布中刚才所添加的文字下方并适当缩小，如图16.160所示。

图16.159 添加文字　　图16.160 添加素材

PS 43 选择工具箱中的【横排文字工具】 T，在刚才所添加的文字右侧位置再次添加文字，如图16.161所示。

PS 44 选中刚才所添加的【饼】、【世家】文字图层，分别将其图层【不透明度】更改为40%，这样就完成了包装背面制作，如图16.162所示。

图16.161 添加文字　　图16.162 更改图层不透明度

PS 45 同时选中【饼世家…】和【矩形2】图层，拖至面板底部的【创建新图层】按钮上，将其复制，此时将生成一个【饼世家… 拷贝】

和【矩形2 拷贝】图层，如图16.163所示。

PS 46 同时选中【饼世家… 拷贝】和【矩形2 拷贝】图层，在画布中将其向上移动，使其与包装背面图形边缘对齐，如图16.164所示。

图16.163 复制图层　　图16.164 移动图形及文字

PS 47 选中【饼世家… 拷贝】文字图层，在画布中将其移至图形左侧位置，并选择工具箱中的【横排文字工具】 T 在其文字上单击，将文字更改，如图16.165所示。

PS 48 选中【矩形2 拷贝】图层，将其拖至面板底部的【创建新图层】 按钮上，复制一个【矩形2 拷贝2】图层，如图16.166所示。

图16.165 移动及更改文字　图16.166 复制图层

PS 49 选中【矩形2 拷贝2】图层，在画布中按Ctrl+T组合键其执行【自由变换】命令，在出现的变形框中单击鼠标右键，从弹出的快捷菜单中选择【旋转90°（顺时针）】，再将其移至包装的侧面位置将其上下缩小，完成之后按Enter键确认，将其移至包装正面的左侧位置并将其边缘对齐，如图16.167所示。

PS 50 选中【矩形2 拷贝2】图层，在画布中按住Alt+Shift组合键向左侧位置拖动至正面包装右侧边缘位置并与其对齐，将其复制。这样就完成了包装平面制作，最终效果如图16.168所示。

图16.167 变换图形　　图16.168 最终效果

16.3.2 制作包装立体效果

PS 1 执行菜单栏中的【文件】|【新建】命令，在弹出的对话框中设置【宽度】为10厘米，【高度】为10厘米，【分辨率】为300像素/英寸，【颜色模式】为RGB颜色，新建一个空白画布，如图16.169所示。

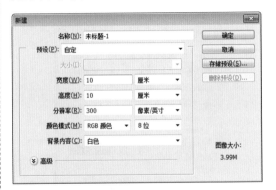

图16.169 新建画布

PS 2 在刚才所绘制的包装平面文档画布中按住Ctrl键将包装的正面图形及文字选中，并将其拖至新画建画布中，如图16.170所示。

图16.170 选中图形并拖入新画布中

PS 3 在【图层】面板中，执行菜单栏中的【图层】|【新建】|【从图层建立组】，在弹出的对话框中直接单击【确定】按钮，此时将生成一个【组1】，选中【组1】组将其拖至面板底部的【创建新图层】按钮上，复制一个【组1 拷贝】，如图16.171所示。

图16.171 将图层编组并复制

PS 4 选中【组1 拷贝】组，执行菜单栏中的【图层】|【合并组】命令，将当前组中的所有图层合并，此时将生成一个【组1 拷贝】图层，单击【组1】前方的 图标，将其隐藏，如图16.172所示。

图16.172 合并组

PS 5 选中【组1 拷贝】图层，在画布中按Ctrl+T组合键对其执行【自由变换】命令，将光标移至出现的变形框中右击，从弹出的快捷菜单中选择【扭曲】命令，将图形变换，完成之后按Enter键确认，如图16.173所示。

图16.173 变换图形

PS 6 选择工具箱中的【矩形工具】，在选项栏中将【填充】更改为紫红色（R：172，G：116，B：127），【描边】为无，在画布沿包装图案左侧边缘绘制一个矩形，并将所绘制的矩形与其对齐，此时将生成一个【矩形2】图层，如图16.174所示。

图16.174 绘制图形

PS 7 选中【矩形2】图层，在画布中按Ctrl+T组合键其执行【自由变换】命令，将光标移至出现的变形框中右击，从弹出的快捷菜单中选择【扭曲】命令，将图标变换，完成之后按Enter键确认，如图16.175所示。

图16.175 变换图形

提示 ?

在扭曲图形的过程中可根据整体包装的透视效果适当缩放图形。

PS 8 单击面板底部的【创建新图层】按钮，新建一个【图层3】图层，如图16.176所示。

PS 9 将前景色设置为深红色（R：141，G：78，B：86）选择工具箱中的【画笔工具】，在画布中单击鼠标右键，在弹出的面板中，选择一种圆角笔触，将【大小】更改为3像素，【硬度】更改为0%，如图16.177所示。

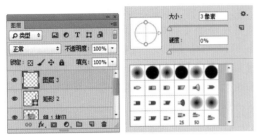

图16.176 新建图层　　图16.177 设置笔触

PS 10 选中【图层3】图层，在画布中包装的棱角一端单击，按住Shift键在另一端单击，为包装添加棱角质感效果，如图16.178所示。

图16.178 添加质感

PS 11 选择工具箱中的【多边形套索工具】🔲，在画布中包装的底部位置绘制一个不规则选区，如图16.179所示。

PS 12 单击面板底部的【创建新图层】🗔按钮，新建一个【图层4】图层，如图16.180所示。

图16.179 绘制选区　　图16.180 新建图层

PS 13 在【图层】面板中选中【图层4】图层，在画布中将选区填充为黑色，填充完成之后按Ctrl+D组合键将选区取消；选中【图层4】图层，将其向下移至刚才所隐藏的【组1】上方，如图16.181所示。

PS 14 选中【图层4】图层，执行菜单栏中的【滤镜】|【模糊】|【高斯模糊】命令，在弹出的对话框中将【半径】更改为3像素，设置完成之后单击【确定】按钮，如图16.182所示。

图16.181 填充颜色并更改图层顺序

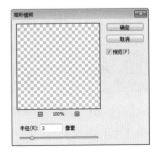

图16.182 设置【高斯模糊】

PS 15 选中工具箱中的【直线工具】，在选项栏中将【填充】更改为黑色，【描边】为无，【粗细】为1像素，在画布中右上角位置按住Shift键绘制一个水平线段，以同样的方法再绘制一条与之交叉的垂直线段，如图16.183所示。

图16.183 绘制线段

PS 16 选择工具箱中的【直排文字工具】▮T，在刚才所绘制的两条交叉的线段位置添加文字，这样就完成了包装立体效果制作，最终效果如图16.184所示。

图16.184 添加文字及最终效果

完全掌握Photoshop CC超级手册

16.4 / 杯子包装——咖啡杯包装设计

📖 设计构思

- 新建画布后，通过在画布底部绘制图形并添加模糊效果为包装制作背景；
- 利用【钢笔工具】绘制杯子大致形状，再利用填充图案的方法为杯身添加规则的图案效果；
- 为所绘制的图形添加不同的颜色或渐变效果制作杯子立体感效果；
- 将所绘制的杯子图形复制，利用调整命令调整图像的色彩；
- 最后为杯子添加投影效果，再添加相关文字完成效果制作。

本例主要讲解的是咖啡杯效果制作，杯子的整体设计简洁，利用填充图案以及添加相关的渐变效果制作出杯子外观。杯子中大多采用单一色调以体现咖啡文化。

案例分类：商业包装设计表现类
难易程度：★★☆☆☆
调用素材：配套光盘\附增及素材\调用素材\第16章\咖啡杯
最终文件：配套光盘\附增及素材\源文件\第16章\咖啡杯包装设计.psd
视频位置：配套光盘\movie\16.4 杯子包装——咖啡杯包装设计.avi

咖啡杯包装设计效果如图16.185所示。

Fresh Ground Coffee

图16.185 咖啡杯立体表现效果

✏️ 操作步骤

16.4.1 绘制杯子及图案

PS 1 执行菜单栏中的【文件】|【新建】命令，在弹出的对话框中设置【宽度】为10厘米，【高度】为7.5厘米，【分辨率】为300像素/英寸，【颜色模式】为RGB颜色，新建一个空白画布，如图16.186所示。

图16.186 新建画布

 **2** 选择工具箱中的【椭圆选框工具】 ◯ ，在画布底部位置绘制一个细长的椭圆选区，如图16.187所示。

图16.187 绘制选区

 **3** 单击面板底部的【创建新图层】 🔲 按钮，新建一个【图层1】图层，如图16.188所示。

 **4** 选中【图层1】图层，在画布中将选区填充为黑色，填充完成之后按Ctrl+D组合键将选区取消，如图16.189所示。

图16.188 新建图层　　图16.189 填充颜色

 **5** 选中【图层1】图层，执行菜单栏中的【滤镜】|【模糊】|【高斯模糊】命令，在弹出的对话框中将【半径】更改为60像素，设置完成之后单击【确定】按钮，如图16.190所示。

图16.190 设置【高斯模糊】

 **6** 选择工具箱中的【钢笔工具】 ✎ ，在画布中绘制一个杯子形状封闭路径，如图16.191所示。

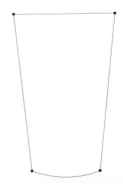

图16.191 绘制路径

 **7** 在画布中按Ctrl+Enter组合键将刚才所绘制的封闭路径转换成选区，然后在【图层】面板中单击面板底部的【创建新图层】 🔲 按钮，新建一个【图层2】图层，如图16.192所示。

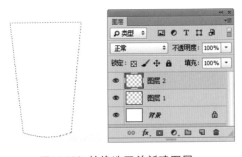

图16.192 转换选区并新建图层

 **8** 执行菜单栏中的【文件】|【打开】命令，在弹出的对话框中选择配套光盘中的"调用素材\第16章\咖啡杯\图案.jpg"文件，在打开的素材文档中执行菜单栏中的【编辑】|【定义图案】命令，在弹出的对话框中将【名称】更改为【杯身图案】，完成之后单击【确定】按钮，如图16.193所示。

图16.193 定义图案

PS 9 执行菜单栏中的【编辑】|【填充】命令，在弹出的对话框中单击【使用】后面的下拉列表，选择刚才所定义的【自定图案】，再单击【自定图案】后方的按钮，在弹出的缩览图中选择【杯身图案】，完成之后单击【确定】按钮，如图16.194所示。

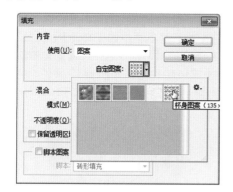

图16.194 设置【填充】

PS 10 选中【图层2】图层，将其拖至面板底部的【创建新图层】 按钮上，复制一个【图层2 拷贝】图层，如图16.195所示。

PS 11 在【图层】面板中选中【图层2 拷贝】图层，单击面板上方的【锁定透明像素】 按钮，将当前图层中的透明像素锁定，在画布中将其图形填充为灰色（R：177，G：195，B：187），填充完成之后再次单击此按钮解除锁定，如图16.196所示。

图16.195 复制图层　　　图16.196 填充颜色

PS 12 在【图层】面板中选中【图层2 拷贝】图层，单击面板底部的【添加图层蒙版】 按钮，为其图层添加图层蒙版，如图16.197所示。

PS 13 选择工具箱中的【矩形选框工具】 ，在画布中杯身靠上方位置绘制一个矩形选区，如图16.198所示。

 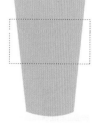

图16.197 添加图层蒙版　　图16.198 绘制选区

PS 14 单击【图层2 拷贝】图层蒙版缩览图，在画布中按Ctrl+Shift+I组合键将选区反选，完成之后再将选区填充为黑色，仅保留部分图形，完成之后按Ctrl+D组合键将选区取消，如图16.199所示。

图16.199 填充颜色

PS 15 选中【图层2 拷贝】图层，在画布中按Ctrl+T组合键对其执行【自由变换】命令，当出现变形框以后按住Alt键向外稍微拖动，将图形适当放大，如图16.200所示。

PS 16 选中【图层2 拷贝】图层，将其拖至面板底部的【创建新图层】 按钮上，复制一个【图层2 拷贝2】图层，如图16.201所示

图16.200 变换图形　　　图16.201 复制图层

PS 17 选中【图层2 拷贝2】图层，单击面板上方的【锁定透明像素】 按钮，将当前图层中的透明像素锁定，在画布中将其图形填充为黑色，填充完成之后再次单击此按钮解除锁定，如图16.202所示。

图16.202 填充颜色

PS 18 选择工具箱中的【渐变工具】 ，在选项栏中单击【点按可编辑渐变】按钮，在弹出的对话框中设置渐变颜色从白色到黑色再到白色，设置完成之后单击【确定】按钮，再单击【线性渐变】 按钮，如图16.203所示。

图16.203 设置渐变

PS 19 单击【图层2 拷贝2】图层蒙版缩览图，在画布中按住Shift键在杯身上左右拖动，将多余图形隐藏，如图16.204所示。

图16.204 隐藏部分图形

PS 20 选中【图层2 拷贝2】图层，将其图层【不透明度】更改为50%，如图16.205所示。

图16.205 更改图层不透明度

PS 21 执行菜单栏中的【文件】|【打开】命令，在弹出的对话框中选择配套光盘中的"调用素材\第16章\咖啡杯\logo.psd"文件，将打开的素材拖入画布中适当位置，如图16.206所示。

图16.206 添加素材

16.4.2 制作包装立体效果

PS 1 选择工具箱中的【钢笔工具】 ，在杯身上方位置绘制一个封闭路径，如图16.207所示。

图16.207 绘制路径

PS 2 在画布中按Ctrl+Enter组合键将刚才所绘制的封闭路径转换成选区，如图16.208所示。然后在【图层】面板中单击面板底部的【创建新图层】 按钮，新建一个【图层3】图层，如图16.209所示。

图16.208 转换选区　　　图16.209 新建图层

PS 3 在画布中将选区填充为白色，完成之后按Ctrl+D组合键将选区取消，如图16.210所示。

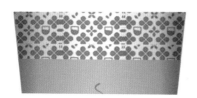

图16.210 填充颜色

提示 ?

由于画布为白色，所以在为选区填充白色效果是不可见的。

PS 4 在【图层】面板中，选中【图层3】图层，单击面板底部的【添加图层样式】*fx*按钮，在出现的菜单中选择【渐变叠加】命令，在弹出的对话框中将【不透明度】更改为10%，渐变颜色更改为黑色到灰色（R：191，G：191，B：191）再到黑色，【角度】更改为0°，完成之后单击【确定】按钮，如图16.211所示。

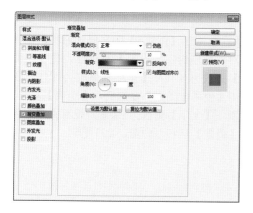

图16.211 设置【渐变叠加】

PS 5 选择工具箱中的【钢笔工具】 ，在【图层3】中图形下方位置绘制一个封闭路径，如图16.212所示。

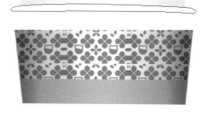

图16.212 绘制路径

PS 6 在画布中按Ctrl+Enter组合键将刚才所绘制的封闭路径转换成选区，如图16.213所示。然后在【图层】面板中单击面板底部的【创建新图层】 按钮，新建一个【图层4】图层，如图16.214所示。

图16.213 转换选区　　　图16.214 新建图层

PS 7 在画布中将选区填充为白色，完成之后按Ctrl+D组合键将选区取消，如图16.215所示。

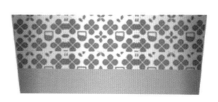

图16.215 填充颜色

PS 8 在【图层3】图层上单击鼠标右键，从弹出的快捷菜单中选择【拷贝图层样式】命令，在【图层4】图层上单击鼠标右键，从弹出的快捷菜单中选择【粘贴图层样式】命令，如图16.216所示。

图16.216 拷贝并粘贴图层样式

PS 9 双击【图层4】图层样式名称，在弹出的对话框中将【不透明度】更改为20%，其渐变颜色更改为黑色到浅灰色（R：250，G：250，B：250）再到黑色，再分别将白色色标左右两侧的中点分别向两侧移动，如图16.217所示。

图16.217 设置渐变颜色

PS 10 选择工具箱中的【钢笔工具】 ，在【图层4】中图形下方位置绘制一个封闭路径，如图16.218所示。

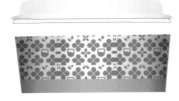

图16.218 绘制路径

PS 11 在画布中按Ctrl+Enter组合键将刚才所绘制的封闭路径转换成选区，如图16.219所示。然后在【图层】面板中单击面板底部的【创建新图层】 按钮，新建一个【图层5】图层，如图16.220所示。

图16.219 转换选区　　图16.220 新建图层

PS 12 在画布中将选区填充为白色，完成之后按Ctrl+D组合键将选区取消，如图16.221所示。

图16.221 填充颜色

PS 13 在【图层4】图层上单击鼠标右键，从弹出的快捷菜单中选择【拷贝图层样式】命令，在【图层5】图层上单击鼠标右键，从弹出的快捷菜单中选择【粘贴图层样式】命令，如图16.222所示。

图16.222 拷贝并粘贴图层样式

PS 14 双击【图层5】图层样式名称，在弹出的对话框中选中【投影】复选框，将【不透明度】更改为40%，【角度】更改为90°，取消选中【使用全局光】复选框，【距离】更改为4像素，【大小】更改为5像素，设置完成之后单击【确定】按钮，如图16.223所示。

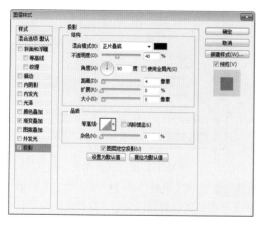

图16.223 设置【投影】

PS 15 选择工具箱中的【椭圆选框工具】○，在杯子底部位置绘制一个椭圆选区，如图16.224所示。

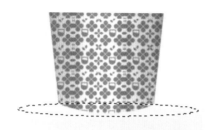

图16.224 绘制选区

PS 16 单击面板底部的【创建新图层】 ⬚ 按钮，新建一个【图层6】图层，如图16.225所示。

PS 17 选中【图层6】图层，在画布中将选区填充为黑色，完成之后按Ctrl+D组合键将选区取消，如图16.226所示。

图16.225 新建图层　　图16.226 填充颜色

PS 18 选中【图层6】图层，将其向下移至【背景】图层上方，并将其图层【不透明度】更改为20%，如图16.227所示。

图16.227 更改图层顺序及不透明度

PS 19 选中【图层6】图层，在画布中按Ctrl+T组合键对其执行【自由变换】命令，将光标移至出现的变形框中单击鼠标右键，从弹出的快捷菜单中选择【变形】命令，将图形变形，完成之后按Enter键确认，如图16.228所示。

图16.228 变换图形

PS 20 选择除背景以外的所有图层，执行菜单栏中的【图层】|【新建】|【从图层建立组】，在弹出的对话框中将【名称】更改为【杯子1】，完成之后单击【确定】按钮，此时将生成一个【杯子1】组，如图16.229所示。

图16.229 从图层新建组

PS 21 选中【杯子1】组，在画布中按住Alt+Shift组合键向左侧拖动将其复制，如图16.230所示。此时将生成一个【杯子1拷贝】组。

图16.230 复制组

PS 22 选中【杯子1 拷贝】组，执行菜单栏中的【图层】|【合并组】命令，将当前组进行合并，此时将生成一个【杯子1 拷贝】图层，如图16.231所示。

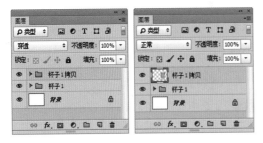

图16.231 合并组

PS 23 选中【杯子1 拷贝】图层，执行菜单栏中的【图像】|【调整】|【色相/饱和度】命令，在弹出的对话框中单击【全图】下拉列表，选择【红色】通道，将【色相】更改为39，完成之后单击【确定】按钮，如图16.232所示。

图16.232 更改【色相】

PS 24 选择工具箱中的【横排文字工具】 T，在画布中适当位置添加文字，这样就完成了杯子效果制作，最终效果如图16.233所示。

图16.233 添加文字及最终效果

完全掌握Photoshop CC超级手册

第17章 商业广告艺术设计

〔内容摘要〕

随着计算机技术和印刷技术的发展，广告设计在视觉感观领域的表现也越来越丰富，而计算机的应用更使广告设计发展到又一个高度。广告具有广泛性、快速性、针对性、宣传性等众多特性，我们可以简单地把广告理解为商家以盈利为目的的有偿宣传活动。通过本章的学习可以掌握各种广告设计的方法和技巧，学习广告设计的表现手法。

〔教学目标〕

- 掌握中秋促销广告设计
- 学习会员折扣宣传广告设计
- 学习移动广告设计

17.1 中秋促销广告设计

设计构思

- 新建画布中添加调用素材图像，并利用【高斯模糊】命令将图像模糊；
- 利用【钢笔工具】绘制一个稍大于画布的心形图形；
- 添加调用素材图像，并将图像复制后填充黑色并移动位置为所添加的图像制作倒影效果；
- 在画布中添加文字并留出一定空隙，并在文字中的空隙位置绘制矩形并添加文字制作出镂空图形效果；
- 在画布底部位置绘制矩形，在所绘制的矩形上添加调用素材并为其添加倒影效果；
- 最后再添加调用素材并制作投影效果完成最终效果制作。

　　本例主要讲解的是中秋促销广告设计，温馨的背景和心形的组合使整个广告给人一种温暖、亲近的感觉，而黄色与红色的搭配更是符合了中华民族传统中秋节文化，利用镂空图形及立体调用素材的组合方式使广告更加富有立体感。

案例分类：商业平面广告设计表现类
难易程度：★★★★☆
调用素材：配套光盘\附增及素材\调用素材\第17章\中秋促销
最终文件：配套光盘\附增及素材\源文件\第17章\中秋促销广告设计.psd
视频位置：配套光盘\movie\17.1 中秋促销广告设计.avi

中秋促销广告设计效果如图17.1所示。

图17.1 中秋促销广告设计效果

✏️ **操作步骤**

17.1.1 制作背景

PS 1 执行菜单栏中的【文件】|【新建】命令，在弹出的对话框中设置【宽度】为14厘米，【高度】为7厘米，【分辨率】为300像素/英寸，【颜色模式】为RGB颜色，新建一个空白画布，如图17.2所示。

图17.2 新建画布

PS 2 执行菜单栏中的【文件】|【打开】命令，在弹出的对话框中选择配套光盘中的"调用素材\第17章\中秋促销\家居图.jpg"文件，将打开的素材拖入画布中并适当放大，如图17.3所示。此时，其图层名称将自动更名为【图层1】。

图17.3 添加素材

PS 3 选中【图层1】图层，执行菜单栏中的【滤镜】|【模糊】|【高斯模糊】命令，在弹出的对话框中将【半径】更改为85像素，设置完成之后单击【确定】按钮，如图17.4所示。

PS 4 选中【图层1】图层，将其图层【不透明度】更改为70%，如图17.5所示。

图17.4 设置【高斯模糊】　图17.5 更改图层不透明度

PS 5 选择工具箱中的【钢笔工具】✒️，在画布中绘制一个比画布稍大的心形路径，如图17.6所示。

完全掌握Photoshop CC超级手册

图17.6 绘制路径

PS 6 单击面板底部的【创建新图层】□ 按钮，新建一个【图层2】图层，如图17.7所示。

图17.7 新建图层

PS 7 在画布中按Ctrl+Enter组合键将刚才所绘制的封闭路径转换成选区，选中【图层2】图层，将选区填充为白色，填充完成之后按Ctrl+D组合键将选区取消，如图17.8所示。

图17.8 填充颜色

PS 8 在【图层】面板中单击面板底部的【添加图层样式】*fx*按钮，在菜单中选择【渐变叠加】命令，在弹出的对话框中将渐变颜色更改为深红色（R：177，G：17，B：17）到浅红色（R：248，G：74，B：73），完成之后单击【确定】按钮，如图17.9所示。

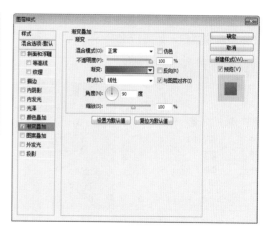

图17.9 设置【渐变叠加】

PS 9 执行菜单栏中的【文件】|【打开】命令，在弹出的对话框中选择配套光盘中的"调用素材\第17章\中秋促销\桃花.psd"文件，将打开的素材拖入画布中心靠右侧位置并适当缩小，如图17.10所示。

图17.10 添加素材

PS 10 在【图层】面板中选中【桃花】图层，将其拖至面板底部的【创建新图层】□ 按钮上，复制一个【桃花 拷贝】图层，如图17.11所示。

图17.11 复制图层

PS 11 在【图层】面板中选中【桃花】图层，单击面板上方的【锁定透明像素】図 按钮，将当前图层中的透明像素锁定，在画布中将图形填充为黑色，填充完成之后再次单击此按钮将解除锁定，如图17.12所示。

图17.12 锁定透明像素并填充颜色

PS 12 选中【桃花】图层，执行菜单栏中的【滤镜】|【模糊】|【高斯模糊】命令，在弹出的对话框中将【半径】更改为2像素，设置完成之后单击【确定】按钮，如图17.13所示。

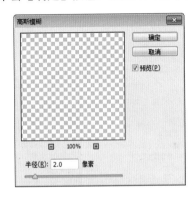

图17.13 设置【高斯模糊】

PS 13 选中【桃花】图层，将其图层【不透明度】更改为15%，在画布中将其向下稍微移动，如图17.14所示。

图17.14 更改图层不透明度及移动图像

17.1.2 处理艺术文字

PS 1 选择工具箱中的【横排文字工具】 **T**，在画布中靠上方位置添加文字，如图17.15所示。

PS 2 选择工具箱中的【矩形工具】 ，在选项栏中将【填充】更改为白色，【描边】为无，在画布中绘制一个矩形，如图17.16所示。此时将生成一个【矩形1】图层。

图17.15 添加文字　　　图17.16 绘制图形

PS 3 选中【矩形1】图层，在画布中按Ctrl+T组合键对其执行【自由变换】命令，当出现变形框以后将其顺时针稍微旋转，完成之后按Enter键确认，如图17.17所示。

PS 4 选择工具箱中的【横排文字工具】 **T**，在刚才经过旋转的矩形上添加文字，如图17.18所示。

图17.17 变换图形　　　图17.18 添加文字

PS 5 在【图层】面板中选中【矩形1】图层，单击面板底部的【添加图层样式】 **fx** 按钮，在菜单中选择【渐变叠加】命令，在弹出的对话框中将渐变颜色更改为棕色（R：231，G：218，B：150）到白色，如图17.19所示。

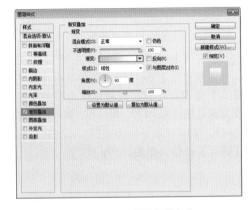

图17.19 设置【渐变叠加】

PS 6 在【图层】面板中选中【矩形1】图层，将其拖至面板底部的【创建新图层】 🔲 按钮上，复制一个【矩形1 拷贝】图层，如图17.20所示。

PS 7 在【图层】面板中，分别选中【矩形1】及【矩形1 拷贝】图层，单击面板底部的【添加图层蒙版】 🔳 按钮，分别为其图层添加图层蒙版，如图17.21所示。

图17.20 复制图层　　图17.21 添加图层蒙版

PS 8 在【图层】面板中，按住Ctrl键单击文字前面的 **T**，将其载入选区，如图17.22所示。

PS 9 单击【矩形1 拷贝】图层蒙版缩览图，在画布中将选区填充为黑色，将部分图形隐藏，如图17.23所示。

图17.22 载入选区　　图17.23 隐藏图形

PS 10 单击【矩形1】图层蒙版缩览图，在画布中将选区填充为黑色，填充完成之后按Ctrl+D组合键将选区取消，将部分图形隐藏，如图17.24所示。

图17.24 隐藏图形

PS 11 在【图层】面板中选中【度】文字图层，单击面板底部的【添加图层样式】 *fx* 按钮，在菜单中选择【内阴影】命令，在弹出的对话框中将【不透明度】更改为50%，【角度】更改为90°，取消【使用全局光】复选框，将【距离】更改为2像素，【大小】更改为2像素，设置完成之后单击【确定】按钮，如图17.25所示。

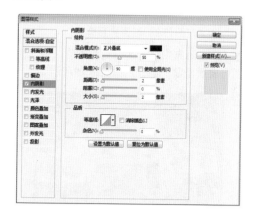

图17.25 设置【内阴影】

PS 12 在【图层】面板中选中【度】文字图层，将其移至【矩形1】图层下方，如图17.26所示。

图17.26 更改图层顺序

PS 13 在【图层】面板中，按住Ctrl键单击【矩形1】图层缩览图，将图形载入选区，如图17.27所示。

图17.27 载入选区

PS 14 执行菜单栏中的【选择】|【修改】|【收缩】命令，在弹出的【收缩选区】对话框中将【收缩量】更改为10像素，完成之后单击【确定】按钮，如图17.28所示。

图17.28 设置扩展选区

PS 15 在画布中将选区填充为黑色，将选区中的图形蒙版隐藏一部分，如图17.29所示。

图17.29 填充颜色

提示 ?

由于位图是由很多个像素组成，在利用图层蒙版使用选区工具将图形隐藏或显示的时候，在遇到不规则图形时会增加或减少1~2像素，在这里可以利用扩展或收缩选区的方法对其修改以显示或隐藏1~2像素。

PS 16 在【图层】面板中选中【矩形1】图层，将其拖至面板底部的【创建新图层】按钮上，复制一个【矩形1 拷贝2】图层，如图17.30所示。

PS 17 选中【矩形1 拷贝2】图层，将其图层样式删除。选择工具箱中的【矩形工具】，在选项栏中将【填充】更改为深红色（R：139，G：3，B：3），在画布中按Ctrl+T组合键对其执行【自由变换】命令，当出现变形框以后将其顺时针旋转一定角度，完成之后按Enter键确认，并更改图层顺序，如图17.31所示。

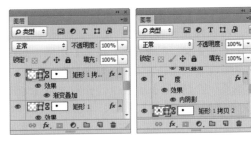

图17.30 复制图层　　　图17.31 更改图层顺序

PS 18 选择工具箱中的【直线工具】，在选项栏中将【填充】更改为白色，【描边】为无，【粗细】为2像素，在刚才所添加的文字下方按住Shift键绘制一条水平线段，并且使线段两端与上方的文字对齐，如图17.32所示。此时将生成一个【形状1】图层。

图17.32 绘制图形

PS 19 选择工具箱中的【矩形选框工具】，在画布中沿着刚才所绘制的线段底部位置绘制一个矩形选区以选中线段上方的矩形，如图17.33所示。

图17.33 绘制选区

PS 20 分别单击【矩形1】、【矩形1 拷贝】、【矩形1 拷贝2】图层蒙版，在画布中将选区填充为黑色，填充完成之后按Ctrl+D组合键将选区取消，如图17.34所示。

图17.34 隐藏图形

PS 21 选择工具箱中的【椭圆选框工具】○，在矩形上方按住Shift键绘制一个正圆选区，如图17.35所示。

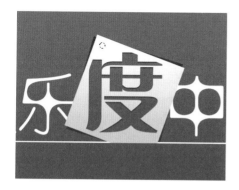

图17.35 绘制选区

PS 22 单击【矩形1 拷贝】图层蒙版缩览图，在画布中将选区填充为黑色，将选区中的图形隐藏，完成之后按Ctrl+D组合键将选区取消，如图17.36所示。

图17.36 隐藏图形

PS 23 选择工具箱中的【直线工具】╱，在选项栏中将【填充】更改为黄色（R：255，G：244，B：0），【描边】为无，【粗细】为2像素，在画布中矩形上方位置按住Shift键绘制一条垂直线段，此时将生成一个【形状2】图层，如图17.37所示。

图17.37 绘制图形

PS 24 在【图层】面板中选中【形状2】图层，将其拖至面板底部的【创建新图层】▣按钮上，复制一个【形状2 拷贝】图层，选中【形状2 拷贝】图层，在画布中将其向左移动一定距离，如图17.38所示。

图17.38 复制图层

PS 25 选择工具箱中的【添加锚点工具】⌖，在【形状2 拷贝】图形上靠下方位置的两侧分别单击，添加两个锚点，如图17.39所示。

PS 26 选择工具箱中的【直接选择工具】▷，选择【形状2 拷贝】图形底部位置的两个控制点向左侧移至形状2图形底部位置，如图17.40所示。

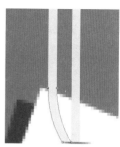

图17.39 添加锚点　　　图17.40 移动锚点

PS 27 选中【图层】面板中的【形状2 拷贝】图层，选择工具箱中的【直线工具】╱，在选项栏中将【填充】更改为黑色，如图17.41所示。

图17.41 更改颜色

PS 28 选中【形状2 拷贝】图层，执行菜单栏中的【图层】|【栅格化】|【形状】命令，将当前图形删格化，如图17.42所示。

PS 29 选中【形状2 拷贝】图层，执行菜单栏中的【滤镜】|【模糊】|【高斯模糊】命令，在弹出的对话框中将【半径】更改为2像素，设置完成之后单击【确定】按钮，如图17.43所示。

图17.42 栅格化图层 图17.43 设置【高斯模糊】

PS 30 选中【矩形2 拷贝】图层，将其图层【不透明度】更改为20%，如图17.44所示。

图17.44 更改图层不透明度

PS 31 选择工具箱中的【横排文字工具】T，在画布中适当位置添加文字，如图17.45所示。

图17.45 添加文字

PS 32 在【图层】面板中，选中刚输入的文字层图层，单击面板底部的【添加图层样式】fx 按钮，在菜单中选择【渐变叠加】命令，在弹出的对话框中将渐变颜色更改为深黄色（R：232，G：191，B：0）到黄色（R：255，G：244，B：0），设置完成之后单击【确定】按钮，如图17.46所示。

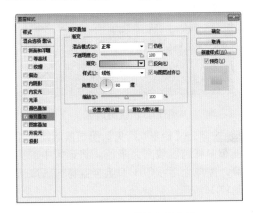

图17.46 设置【渐变叠加】

PS 33 选择工具箱中的【自定形状工具】，在画布中单击鼠标右键，在弹出的面板中选择【红心形卡】，在刚才所添加的文字左侧位置绘制图形，此时将生成一个【形状3】图层，如图17.47所示。

图17.47 绘制图形

完全掌握Photoshop CC超级手册

PS 34 选中【形状3】图层，在画布中按Ctrl+T组合键对其执行【自由变换】命令，当出现变形框以后将其逆时针稍微旋转，完成之后按Enter键确认，如图17.48所示。

PS 35 在【全场…】文字图层上单击鼠标右键，从弹出的快捷菜单中选择【拷贝图层样式】命令，在【形状3】图层上单击鼠标右键，从弹出的快捷菜单中选择【粘贴图层样式】命令，如图17.49所示。

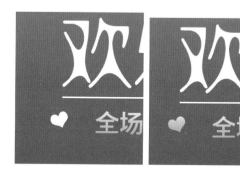

图17.48 变换图形 图17.49 拷贝并粘贴图层样式

PS 36 在【图层】面板中选中【形状3】图层，将其拖至面板底部的【创建新图层】按钮上，复制一个【形状3 拷贝】图层，如图17.50所示。

PS 37 选中【形状3 拷贝】图层，在画布中按Ctrl+T组合键对其执行【自由变换】命令，当出现变形框以后将其顺时针稍微旋转及移动，完成之后按Enter键确认，如图17.51所示。

图17.50 复制图层 图17.51 变换图形

PS 38 选择工具箱中的【矩形工具】，在选项栏中将【填充】更改为深红色（R：175，G：3，B：3），【描边】为无，在画布底部位置绘制一个矩形，如图17.52所示。此时将生成一个【矩形2】图层。

图17.52 绘制图形

PS 39 在【图层】面板中选中【矩形2】图层，将其拖至面板底部的【创建新图层】按钮上，复制一个【矩形2 拷贝】图层，如图17.53所示。

图17.53 复制图层

PS 40 选中【矩形2】图层，在画布中按Ctrl+T组合键对其执行【自由变换】命令，将图形高度缩小，再将其向下移至画布底部位置，如图17.54所示。

图17.54 移动图形

PS 41 选中【矩形2 拷贝】图层，按Ctrl+T组合键对其执行【自由变换】命令，在出现的变形框中单击鼠标右键，从弹出的快捷菜单中选择【透视】命令，拖动变形框上方左右两个控制点，将图形变换形成一种透视效果，完成之后按Enter键确认，并更改颜色为深红色（R：127，G：15，B：11）如图17.55所示。

图17.55 变换图形

图17.57 复制图层　　　　图17.58 变换图形

技巧

当出现变形框以后按住Ctrl+Alt+Shift组合键，拖动控制点同样可以对图形执行透视变换操作。

17.1.3 添加商品及文字

PS 1 执行菜单栏中的【文件】|【打开】命令，在弹出的对话框中选择配套光盘中的"调用素材\第17章\中秋促销\香水.psd"文件，将打开的素材拖入画布中左下角位置并适当缩小，如图17.56所示。

PS 4 选择工具箱中的【矩形选框工具】 ，在香水1 拷贝图像上左侧绘制一个矩形选区以选中未对齐的部分，如图17.59所示。

PS 5 选中【香水1 拷贝】图层，在画布中按Ctrl+T组合键对选区中的图像进行变换，将光标移至出现的变形框中右击，从弹出的快捷菜单中选择【斜切】命令，将图像变形。完成之后再单击鼠标右键，从弹出的快捷菜单中选择【自由变换】命令，增加选区中图像高度，之后按Enter键确认，如图17.60所示。

图17.56 添加素材

PS 2 在【图层】面板中，同时选中【香水1】及【香水2】图层，将其拖至面板底部的【创建新图层】 按钮上，复制【香水1 拷贝】及【香水2 拷贝】图层，如图17.57所示。

PS 3 选中【香水1 拷贝】图层，在画布中按Ctrl+T组合键对其执行【自由变换】命令，将光标移至出现的变形框上右击，从弹出的快捷菜单中选择【垂直翻转】命令，完成之后按Enter键确认，再按住Shift键向下移动使其与原图像边缘对齐，如图17.58所示。

图17.59 绘制矩形选区　　　图17.60 变换图形

PS 6 选中【香水2 拷贝】图层，在画布中按Ctrl+T组合键对其执行【自由变换】命令，将光标移至出现的变形框上右击，从弹出的快捷菜单中选择【垂直翻转】命令，完成之后按Enter键确认，再按住Shift键向下移动使其与原图像边缘对齐，如图17.61所示。

图17.61 变换图形

完全掌握Photoshop CC超级手册

7 选中【香水1 拷贝】图层，在画布中按 Ctrl+T组合键将图像变换，将光标移至出现的变形框中右击，从弹出的快捷菜单中选择【斜切】命令，将图像变形并且使图像边缘与原图像对齐，如图17.62所示。

图17.62 变换图像

8 选中【香水1 拷贝】图层，执行菜单栏中的【滤镜】|【模糊】|【动感模糊】命令，在弹出的对话框中将【距离】更改为8像素，设置完成之后单击【确定】按钮。以同样的方法选中【香水2 拷贝】图层并执行相同操作，如图17.63所示。

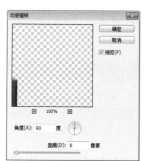 

图17.63 设置【动感模糊】

技巧 ❗

按Ctrl+F组合键可快速执行上一次滤镜操作，按Ctrl+Alt+F组合键可快速打开上一次滤镜命令对话框。

---

9 在【图层】面板中分别选中【香水1 拷贝】及【香水2 拷贝】图层，单击面板底部的【添加图层蒙版】 ◙ 按钮，为其图层添加图层蒙版，并编辑黑白渐变如图17.64所示。

图17.64 添加图层蒙版并编辑黑白渐变

10 分别单击【香水1 拷贝】及【香水2 拷贝】图层蒙版缩览图，在画布中其图形上从下至上拖动，将部分图形隐藏，如图17.65所示。

图17.65 隐藏图形

11 执行菜单栏中的【文件】|【打开】命令，在弹出的对话框中选择配套光盘中的"调用素材\第17章\中秋促销\洗面奶.psd"文件，将打开的素材拖入画布中左下角位置并适当缩小，如图17.66所示。

图17.66 添加素材

12 在【图层】面板中同时选中【洗面奶1】及【洗面奶2】图层，将其拖至面板底部的【创建新图层】 ◻ 按钮上，复制【洗面奶1 拷贝】及【洗面奶2 拷贝】图层，如图17.67所示。

PS 13 同时选中【洗面奶1 拷贝】及【洗面奶2 拷贝】图层，在画布中按Ctrl+T组合键对其执行【自由变换】命令，将光标移至出现的变形框上右击，从弹出的快捷菜单中选择【垂直翻转】命令，完成之后按Enter键确认，再按住Shift键向下移动使其与原图像边缘对齐，如图17.68所示。

图17.67 复制图层　　　图17.68 变换图形

PS 14 分别选中【洗面奶1 拷贝】及【洗面奶2 拷贝】图层，在画布中按Ctrl+F组合键对图像执行动感模糊操作，如图17.69所示。

图17.69 执行动感模糊

PS 15 在【图层】面板中分别选中【洗面奶1 拷贝】及【洗面奶2 拷贝】图层，单击面板底部的【添加图层蒙版】按钮，为其图层添加图层蒙版并编辑黑白渐变，如图17.70所示。

图17.70 添加图层蒙版并编辑黑白渐变

PS 16 分别单击【洗面奶1 拷贝】及【洗面奶2 拷贝】图层蒙版缩览图，在画布中其图形上从下至上拖动，将部分图形隐藏，如图17.71所示。

图17.71 隐藏图形

PS 17 选择工具箱中的【椭圆工具】，在选项栏中将【填充】更改为白色，【描边】为无，在刚才所添加的素材图像附近位置按住Shift键绘制一个椭圆，此时将生成一个【椭圆1】图层，如图17.72所示。

PS 18 选择工具箱中的【矩形工具】，在选项栏中将【填充】更改为白色，【描边】为无，单击选项栏中的【路径操作】按钮，在弹出的选项中选择【合并形状】，在刚才所绘制的椭圆图形左下角位置绘制一个矩形，如图17.73所示。

提示

在绘制图形时由于选择了合并形状，所以在绘制第二个图形之后当前图层会保持第一个图形名称不会发生变化。

图17.72 绘制图形　　　图17.73 合并形状

PS 19 在【椭圆1】图层名称上右击，从弹出的快捷菜单中选择【粘贴图层样式】命令，如图17.74所示。

图17.74 粘贴图层样式

图17.78 添加素材　图17.79 复制图层

PS 20 选择工具箱中的【横排文字工具】 **T**，在画布中适当位置添加文字，如图17.75所示。

PS 21 同时选中【送】及【椭圆1】图层，按住Alt键将其拖至所添加的另外素材图像附近位置，如图17.76所示。

PS 25 在【图层】面板中选中【花瓣】图层，单击面板上方的【锁定透明像素】 按钮，将当前图层中的透明像素锁定，在画布中将图层填充为黑色，填充完成之后再次单击此按钮将解除锁定，如图17.80所示。

图17.75 添加文字　图17.76 复制图形及文字

PS 22 选择工具箱中的【横排文字工具】 **T**，在画布底部位置添加文字，如图17.77所示。

图17.80 锁定透明像素并填充颜色

PS 26 选中【花瓣】图层，执行菜单栏中的【滤镜】|【模糊】|【高斯模糊】命令，在弹出的对话框中将【半径】更改为1像素，设置完成之后单击【确定】按钮，如图17.81所示。

图17.77 添加文字

PS 23 执行菜单栏中的【文件】|【打开】命令，在弹出的对话框中选择配套光盘中的"调用素材\第17章\中秋促销\花瓣.psd"文件，将打开的素材拖入画布中靠左侧位置并适当缩小后旋转，如图17.78所示。

PS 24 在【图层】面板中选中【花瓣】图层，将其拖至面板底部的【创建新图层】 按钮上，复制一个【花瓣 拷贝】图层，如图17.79所示。

图17.81 设置【高斯模糊】

PS 27 选中【花瓣】图层，将其图层【不透明度】更改为30%，并在画布中向下稍微移动，如图17.82所示。

图17.82 更改图层不透明度

图17.83 复制并变换图形

PS 28 同时选中【花瓣】及【花瓣 拷贝】图层，在画布中按住Alt键拖动至不同位置将其复制数份，按Ctrl+T组合键将其变换，当出现变形框以后将其适当缩小并旋转一定角度，完成之后按Enter键确认，如图17.83所示。

PS 29 执行菜单栏中的【文件】|【打开】命令，在弹出的对话框中选择配套光盘中的"调用素材\第17章\中秋促销\logo.psd"文件，将打开的素材拖入画布中左上角位置并适当缩小，这样就完成了效果制作，最终效果如图17.84所示。

图17.84 添加素材及最终效果

17.2 / 会员折扣宣传广告设计

📖 设计构思

- 新建画布后利用【渐变工具】在画布中绘制一个渐变背景；
- 在画布中添加相关文字，以及绘制图形；
- 同时将所绘制的图形及文字填充黑色并变换制作出倒影效果；
- 最后利用【多边形工具】在画布左下角位置绘制图形并添加相关文字完成最终效果制作。

本例主要讲解的是会员折扣广告效果制作，本广告突出以文字为主要信息传达方式，并且利用黄色文字与蓝色背景相结合的色调突出了会员折扣的一种显著的视觉传递，此广告最大特点是以模拟出光照的效果为文字制作真实倒影效果，此种制作方式避免了因缺乏素材图像而带来的单调感。

案例分类：商业平面广告设计表现类
难易程度：★★★★☆
调用素材：配套光盘\附增及素材\调用素材\第17章\会员折扣
最终文件：配套光盘\附增及素材\源文件\第17章\会员折扣宣传广告设计.psd
视频位置：配套光盘\movie\17.2 会员折扣宣传广告设计.avi

会员折扣广告设计效果如图17.85所示。

图17.85 会员折扣广告设计效果

✏ **操作步骤**

17.2.1 添加文字并绘制矩形

PS 1 执行菜单栏中的【文件】|【新建】命令，在弹出的对话框中设置【宽度】为10厘米，【高度】为7厘米，【分辨率】为300像素/英寸，【颜色模式】为RGB颜色，新建一个空白画布，如图17.86所示。

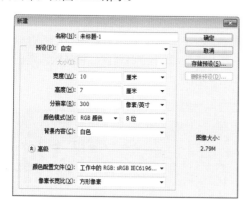

图17.86 新建画布

PS 2 选择工具箱中的【渐变工具】，在选项栏中单击【点按可编辑渐变】按钮，在弹出的对话框中将渐变颜色更改为浅蓝色（R：24，G：123，B：164）至深蓝色（R：14，G：52，B：99），设置完成之后单击【确定】

按钮，在选项栏中单击【径向渐变】按钮，如图17.87所示。

图17.87 设置渐变

PS 3 在画布中间位置向边缘方向拖动，为画布填充渐变效果。

PS 4 选择工具箱中的【横排文字工具】T，在画布中适当位置添加文字，如图17.88所示。

图17.88 填充渐变并添加文字

PS 5 选择工具箱中的【矩形工具】 ▭ ，在选项栏中将【填充】更改为白色，【描边】为无，在画布中刚才所添加的文字下方绘制一个矩形，如图17.89所示。此时将生成一个【矩形1】图层。

PS 6 在【图层】面板中选中【矩形1】图层，将其拖至面板底部的【创建新图层】 ⬒ 按钮上两次，复制两个新的图层【矩形1 拷贝】及【矩形1 拷贝2】图层，如图17.90所示。

图17.89 绘制图形　　　图17.90 复制图层

PS 7 选中【矩形1 拷贝】图层，在画布中按Ctrl+T组合键对其执行【自由变换】命令，当出现变形框以后将其高度缩小，完成之后按Enter键确认，再按住Shift键向下稍微移动，如图17.91所示。

图17.91 变换图形

PS 8 选中【矩形1 拷贝2】图层，在画布中按Ctrl+T组合键对其执行【自由变换】命令，当出现变形框以后将其高度增加，再按住Alt键将其缩短，完成之后按Enter键确认，再按住Shift键向下稍微移动，如图17.92所示。

图17.92 变换图形

PS 9 选中【矩形1 拷贝】图层，在画布中按住Alt+Shift组合键向下拖动至【矩形1拷贝2】图形上，如图17.93所示。此时将生成一个【矩形1 拷贝3】图层。

图17.93 复制图形

PS 10 在【图层】面板中选中【矩形1 拷贝3】图层，单击面板底部的【添加图层蒙版】 ▣ 按钮，为其图层添加图层蒙版，如图17.94所示。

图17.94 添加图层蒙版

PS 11 在【图层】面板中，按住Ctrl键单击【矩形1 拷贝2】图层缩览图，将其载入选区，如图17.95所示。

图17.95 载入选区

PS 12 选择工具箱中的【矩形选框工具】 ▢ 在画布中的选区中单击鼠标右键，从弹出的快捷菜单中选择【变换选区】命令，将光标移至选区的左侧位置按住Alt键将选区长度等比拉长，完成之后按Enter键确认，如图17.96所示。

图17.96 变换选区

PS 13 单击【矩形1 拷贝3】图层蒙版缩览图，在画布中将选区填充为黑色，填充完成之后按Ctrl+D组合键将选区取消，如图17.97所示。

图17.97 隐藏图形

PS 14 选择工具箱中的【横排文字工具】T，在画布中【矩形1 拷贝2】图形上添加文字，如图17.98所示。

PS 15 在【图层】面板中选中【矩形1 拷贝2】图层，单击面板底部的【添加图层蒙版】□按钮，为其图层添加图层蒙版，如图17.99所示。

图17.98 添加文字　　图17.99 添加图层蒙版

PS 16 在【图层】面板中，按住Ctrl键单击文字前面的 T，将其载入选区，如图17.100所示。

PS 17 在画布中将选区填充黑色，将文字所在的图形位置图形隐藏，完成之后按Ctrl+D组

合键将选区取消，再将文字图层删除，如图17.101所示。

图17.100 载入选区　　图17.101 隐藏图形

PS 18 分别选择工具箱中的【横排文字工具】T 和【直排文字工具】↓T，在适当位置添加文字，如图17.102所示。

图17.102 添加文字

17.2.2 制作阴影效果

PS 1 同时选中除【背景】图层之外的所有图层，执行菜单栏中的【图层】|【新建】|【从图层建立组】，在弹出的对话框中将【名称】更改为"文字和图形"，完成之后单击【确定】按钮，此时将生成一个【文字和图形】组，如图17.103所示。

图17.103 从图层新建组

PS 2 在【图层】面板中选中【文字和图形】组，将其拖至面板底部的【创建新图层】□按钮上，复制一个【文字和图形 拷贝】组，如图17.104所示。

PS 3 选中【文字和图形】组，执行菜单栏中的【图层】|【合并组】命令，将当前组合

并，此时将生成一个【文字和图形】图层，如图17.105所示。

图17.104 复制组　　图17.105 合并组

PS 4 在【图层】面板中，选中【文字和图形】图层，单击面板上方的【锁定透明像素】按钮，将当前图层中的透明像素锁定，在画布中将其填充为黑色，填充完成之后再次单击此按钮将解除锁定，如图17.106所示。

图17.106 填充颜色

PS 5 选中【文字和图形】图层，在画布中按Ctrl+T组合键对其执行【自由变换】命令，将光标移至出现的变形框上右击，从弹出的快捷菜单中选择【扭曲】命令，将图形变换，完成之后按Enter键确认，如图17.107所示。

图17.107 变换图形

PS 6 选中【文字和图形】图层，执行菜单栏中的【滤镜】|【模糊】|【高斯模糊】命令，在弹出的对话框中将【半径】更改为3像素，设置完成之后单击【确定】按钮，如图17.108所示。

图17.108 设置【高斯模糊】

PS 7 选中【文字和图形】图层，将其图层【不透明度】更改为70%，如图17.109所示。

图17.109 更改图层不透明度

PS 8 选择工具箱中的【自定形状工具】，在画布中单击鼠标右键，在弹出的面板中选择【注册商标符号】图形，在选项栏中将【填充】更改为白色，【描边】为无，在文字右上角位置按住Shift键绘制图形，如图17.110所示。

图17.110 绘制图形

PS 9 选择工具箱中的【多边形工具】，在选项栏中将【填充】更改为红色（R：247，G：11，B：11），【描边】为无，单击选项

栏中的 ✿ 按钮，在弹出的面板中选中【星形】复选框，将【缩进边依据】更改为10%，如图17.111所示，将【边】更改为20，在画布中靠右下角位置按住Shift键绘制一个图形，此时将生成一个【多边形1】图层，如图17.112所示。

图17.111 设置选项　　图17.112 绘制图形

PS 10 在【图层】面板中，选中【多边形1】图层，单击面板底部的【添加图层样式】*fx*按钮，在菜单中选择【描边】命令，在弹出的对话框中将【大小】更改为5像素，【位置】为内部，【颜色】更改为深黄色（R：220，G：188，B：113），设置完成之后单击【确定】按钮，如图17.113所示。

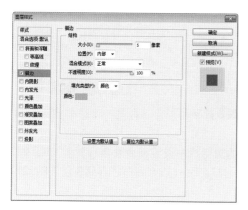

图17.113 设置【描边】

PS 11 选择工具箱中的【椭圆工具】⬭，在选项栏中将【填充】更改为无，【描边】为白色，【大小】为0.6点，在刚才所绘制的多边形图形上按住Shift键绘制一个正圆图形，如图17.114所示。此时将生成一个【椭圆1】图层。

PS 12 选择工具箱中的【横排文字工具】T，在所绘制的椭圆位置添加文字，如图17.115所示。

图17.114 绘制图形　　图17.115 添加文字

PS 13 执行菜单栏中的【文件】|【打开】命令，在弹出的对话框中选择配套光盘中的"调用素材\第17章\会员折扣\红丝带.psd"文件，将打开的素材拖入画布左下角位置并适当缩小，这样就完成了效果制作，最终效果如图17.116所示。

图17.116 添加素材及最终效果

17.3 / 移动广告设计

📖 **设计构思**

- 首先新建画布并为画布添加渐变效果；
- 添加素材并利用【钢笔工具】绘制图形，填充相应渐变效果后添加相应文字；
- 分别利用【矩形工具】及【直线工具】并添加图层样式在画布中绘制表格图形；
- 添加相关文字及素材并利用图层蒙版为素材制作倒影效果；

● 利用【矩形工具】在画布中再次绘制图形并将其图形上个别锚点删除，最后添加相关素材完成效果制作。

通过学习实例，掌握图形透视的原理并绘制出相应图形，学会合理的片面布局，真实质感的倒影制作方法。

案例分类：商业平面广告设计表现类
难易程度：★★★★☆
调用素材：配套光盘\附增及素材\调用素材\第17章\移动广告
最终文件：配套光盘\附增及素材\源文件\第17章\移动广告设计.psd
视频位置：配套光盘\movie\17.3 移动广告设计.avi

移动广告设计效果如图17.117所示。

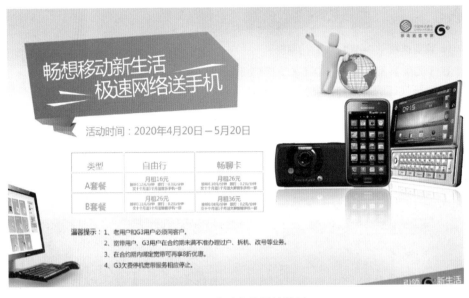

图17.117 移动广告设计效果

✒ 操作步骤

17.3.1 绘制背景并添加电脑

PS 1 执行菜单栏中的【文件】|【新建】命令，在弹出的对话框中设置【宽度】为8厘米，【高度】为12厘米，【分辨率】为300像素/英寸，【颜色模式】为RGB颜色，新建一个空白画布，如图17.118所示。

PS 2 在【图层】面板中单击面板底部的【创建新图层】🗋 按钮，新建一个【图层1】图层，如图17.119所示。

PS 3 选择工具箱中的【渐变工具】🔲，在选项栏中单击【点按可编辑渐变】按钮，在弹

出的对话框中设置渐变颜色从灰色（R：227，G：222，B：219）到白色再到灰色（R：227，G：222，B：219），设置完成之后单击【确定】按钮，单击选项栏中的【线性渐变】按钮，如图17.120所示。

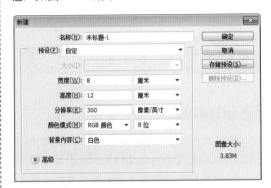

图17.118 新建画布

图17.119 新建图层　　图17.120 设置渐变

PS 4 选中【图层1】，在画布中按住Shift键从上至下填充渐变，如图17.121所示。

图17.121 填充渐变

PS 5 选择工具箱中的【减淡工具】🔍，在选项栏中单击【点按可打开"画笔预设选取器"】按钮，在弹出的面板中选择一种柔角笔触，将【大小】更改为130像素，【硬度】为0%，选中【图层1】图层，在画布中进行连续涂抹，将部分区域减淡，如图17.122所示。

图17.122 对部分区域进行减淡

图17.123 新建图层

PS 7 选择工具箱中的【椭圆选框工具】⭕，在画布中绘制一个椭圆选区，选中【图层2】，将选区填充为白色，填充完成之后按Ctrl+D组合键将选区取消，如图17.124所示。

图17.124 绘制选区并将其填充

PS 8 选中【图层2】，执行菜单栏中的【滤镜】|【模糊】|【高斯模糊】命令，在出现的对话框中将【半径】更改为23像素，设置完成之后单击【确定】按钮，如图17.125所示。

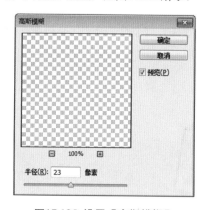

图17.125 设置【高斯模糊】

PS 9 执行菜单栏中的【文件】|【打开】命令，在弹出的对话框中选择配套光盘中的"调用素材\第17章\移动广告\电脑.psd"文件，将打开的图像拖入画布中左下角位置，如图17.126所示。

提示

在对图像进行减淡操作的过程中可适当更改笔触大小及硬度，使经过减淡的区域无规律。

PS 6 在【图层】面板中单击面板底部的【创建新图层】🔲按钮，新建一个【图层2】图层，如图17.123所示。

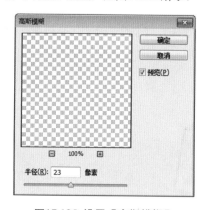

图17.126 添加素材

PS 10 选中【电脑】图层，拖至面板底部的【创建新图层】 按钮上，将其复制，此时将生成一个【电脑 拷贝】图层，如图17.127所示。

PS 11 选择工具箱中的【多边形套索工具】 ，在所添加的电脑素材图上绘制一个不规则的选区，将图像的下半部分选中，如图17.128所示。

图17.127 复制图层　图17.128 在图像上绘制选区

PS 12 选中【电脑 拷贝】图层，执行菜单栏中的【选择】|【反向】命令，将选区反选，再将多余的图像删除，如图17.129所示。

图17.129 将选区反向并删除多余图像

PS 13 选中【电脑 拷贝】图层，在画布中将其向下移动一定距离，如图17.130所示。

图17.130 将图像移动

PS 14 选中【电脑 拷贝】图层，执行菜单栏中的【滤镜】|【模糊】|【高斯模糊】命令，在出现的对话框中将【半径】更改为8.8像素，设置完成之后单击【确定】按钮，如图17.131所示。

PS 15 选中【电脑 拷贝】图层，在图层面板中将其向下移动，将其放在【电脑】图层下方，再将其图层【不透明度】更改为80%，如图17.132所示。

图17.131 设置高斯模糊　图17.132 更改图层不透明度

17.3.2 绘制折纸效果

PS 1 选择工具箱中的【钢笔工具】 ，在画布中靠左侧的位置绘制一个封闭路径，如图17.133所示。

图17.133 绘制路径

PS 2 按Ctrl+Enter组合键将所绘制的路径转换为选区，单击【图层】面板底部的【创建新图层】 🔲 按钮，新建一个新的图层【图层3】，选中【图层3】图层，在画布中将选区填充为绿色（R：109，G：182，B：89），填充完成之后按Ctrl+D组合键将选区取消，如图17.134所示。

图17.134 填充颜色

PS 3 选择工具箱中的【钢笔工具】 ✒️，以刚才同样的方法绘制一个封闭路径，如图17.135所示。

图17.135 绘制路径

PS 4 按Ctrl+Enter组合键将所绘制的路径转换为选区，单击【图层】面板底部的【创建新图层】 🔲 按钮，新建一个新的图层【图层4】，如图17.136所示。

PS 5 选择工具箱中的【渐变工具】 🔲，在选项栏中单击【点按可编辑渐变】按钮，在弹出的对话框中设置渐变颜色从深绿色（R：83，G：152，B：60）到浅绿色（R：84，G：163，B：58），单击【线性渐变】 🔲 按钮，如图17.137所示。

图17.136 新建图层　　　图17.137 设置渐变

PS 6 选中【图层4】，在画布中将为选区填充渐变，填充完成之后按Ctrl+D组合键将选区取消，如图17.138所示。

图17.138 填充渐变

PS 7 选择工具箱中的【钢笔工具】 ✒️，再次以刚才同样的方法绘制一个封闭路径，如图17.139所示。

图17.139 绘制路径

PS 8 按Ctrl+Enter组合键将所绘制的路径转换为选区，单击【图层】面板底部的【创建新图层】 🔲 按钮，新建一个新的图层【图层5】，如图17.140所示。

PS 9 选择工具箱中的【渐变工具】 🔲，在选项栏中单击【点按可编辑渐变】按钮，在弹出的对话框中设置渐变颜色从浅绿色（R：95，G：176，B：81）到深绿色（R：49，G：

118，B：56），单击【线性渐变】■按钮，如图17.141所示。

图17.140 新建图层　　　图17.141 设置渐变

PS 10 选中【图层5】，在画布中将为选区填充渐变，填充完成之后按Ctrl+D组合键将选区取消，如图17.142所示。

图17.142 填充渐变

PS 11 选择工具箱中的【钢笔工具】 ，再次以刚才同样的方法绘制一个封闭路径，如图17.143所示。

图17.143 绘制路径

PS 12 按Ctrl+Enter组合键将所绘制的路径转换为选区，单击【图层】面板底部的【创建新图层】 按钮，新建一个新的图层【图层6】，如图17.144所示。

PS 13 选中【图层6】图层，在画布中将其填充为深绿色（R：24，G：82，B：42），填充完成之后按Ctrl+D组合键将选区取消，如图17.145所示。

图17.144 新建图层　　　图17.145 填充选区

PS 14 选择工具箱中的【钢笔工具】 ，再次以刚才同样的方法绘制一个稍大些的封闭路径，如图17.146所示。

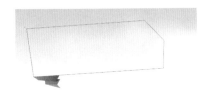

图17.146 绘制路径

PS 15 按Ctrl+Enter组合键将所绘制的路径转换为选区，单击【图层】面板底部的【创建新图层】 按钮，新建一个新的图层【图层7】，如图17.147所示。

PS 16 选择工具箱中的【渐变工具】 ，在选项栏中单击【点按可编辑渐变】按钮，在弹出的对话框中设置渐变颜色从浅绿色（R：95，G：176，B：81）到深绿色（R：49，G：118，B：56），单击【线性渐变】■按钮，如图17.148所示。

图17.147 新建图层　　　图17.148 设置渐变

PS 17 选中【图层7】图层，在画布中从右向左为选区填充渐变，填充完成之后按Ctrl+D组合键将选区取消，如图17.149所示。

完全掌握Photoshop CC超级手册

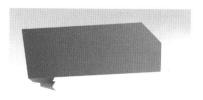

图17.149 填充渐变

PS 18 同时选中从【图层3】到【图层7】的所有图层,按Ctrl+G组合键对其进行编组,此时将生成一个【组1】图层,如图17.150所示。

图17.150 将图层编组

提示 ❓

在对多个图层进行编组的时候,可以同时选中这些图层,执行菜单栏中的【图层】|【图层编组】命令,将这些图层进行编组。

17.3.3 添加文字和表格

PS 1 选择工具箱中的【横排文字工具】**T**,在刚才所绘制的图形上添加文字,如图17.151所示。

图17.151 添加文字

PS 2 选择工具箱中的【钢笔工具】 ,在所添加的文字附近绘制一个封闭路径,如图17.152所示。

图17.152 绘制路径

PS 3 按Ctrl+Enter组合键将所绘制的路径转换为选区,单击【图层】面板底部的【创建新图层】 按钮,新建一个【图层8】图层,如图17.153所示。

PS 4 选中【图层8】图层,在画布中将选区填充为白色,填充完成之后按Ctrl+D组合键将选区取消,如图17.154所示。

图17.153 新建图层　　图17.154 填充颜色

PS 5 选择工具箱中的【钢笔工具】 ,以同样的方法在所添加的文字附近再次绘制一个封闭路径,如图17.155所示。

PS 6 按Ctrl+Enter组合键将所绘制的路径转换为选区,单击【图层】面板底部的【创建新图层】 按钮,新建一个【图层9】图层,如图17.156所示。

图17.155 绘制路径　　图17.156 新建图层

PS 7 选中【图层9】图层,在画布中将选区填充为白色,填充完成之后按Ctrl+D组合键将选区取消,如图17.157所示。

图17.157 填充颜色

PS 8 选择工具箱中的【钢笔工具】 ，以同样的方法在所添加的文字右侧位置再次绘制一个封闭路径，如图17.158所示。

图17.158 绘制路径

PS 9 按Ctrl+Enter组合键将所绘制的路径转换为选区，单击【图层】面板底部的【创建新图层】 按钮，新建一个【图层10】图层，如图17.159所示。

PS 10 选中【图层10】图层，在画布中将选区填充为白色，填充完成之后按Ctrl+D组合键将选区取消，如图17.160所示。

图17.159 新建图层　　图17.160 填充颜色

PS 11 选择工具箱中的【矩形工具】 ，在选项栏中将【填充】更改为无，【描边】更改为灰色（R：125，G：125，B：125），【大小】更改为0.3点，在画布中适当绘制一个矩形，此时将生成一个【矩形1】图层，如图17.161所示。

图17.161 绘制矩形

PS 12 在【图层】面板中选中【矩形1】图层，单击面板底部的【添加图层样式】 按钮，从菜单中选择【描边】命令，在弹出的对话框中将【大小】更改为2像素，【颜色】更改为白色，如图17.162所示。

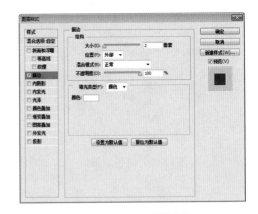

图17.162 设置【描边】

PS 13 选中【颜色叠加】复选框，将其颜色更改为灰色（R：177，G：177，B：177），设置完成之后单击【确定】按钮，如图17.163所示。

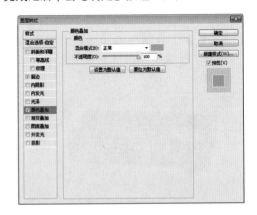

图17.163 设置【颜色叠加】

PS 14 选择工具箱中的【直线工具】 ，在选项栏中将【填充】更改为灰色（R：125，G：125，B：125），【粗细】更改为1像素，在刚才所绘制的矩形中绘制一条水平直

完全掌握Photoshop CC超级手册

线，此时将生成一个【形状1】图层，如图17.164所示。

PS 15 在【图层】面板中，选中【矩形1】图层，在其图层名称上单击鼠标右键，从弹出的快捷菜单中选择【拷贝图层样式】命令，将当前图层样式进行拷贝，在【形状1】图层名称上单击鼠标右键，从弹出的快捷菜单中选择【粘贴图层样式】命令，如图17.165所示。

图17.164 绘制直线　　图17.165 拷贝并粘贴图层样式

PS 16 在【图层】面板中选中【形状1】图层，在画布中按住Alt+Shift组合键向下拖动，将图形复制，如图17.166所示。此时将生成一个【形状1 拷贝】图层。

图17.166 将图形复制

PS 17 在【图层】面板中同时选中【矩形1】、【形状1】、【形状1 拷贝】图层，单击选项栏中的【垂直居中分布】按钮，如图17.167所示。

图17.167 将图形对齐

PS 18 在【图层】面板中选中【形状1 拷贝】图层，拖至面板底部的【创建新图层】按钮上，将其复制一个【形状1 拷贝2】图层，如图17.168所示。

PS 19 选中【形状1 拷贝2】图层，在画布中按Ctrl+T组合键对其执行【自由变换】命令，在出现的变形框上单击鼠标右键，从弹出的快捷菜单中选择【顺时针旋转90°】命令，再将其缩短并与所绘制的矩形对齐，完成之后按Enter键确认，如图17.169所示。

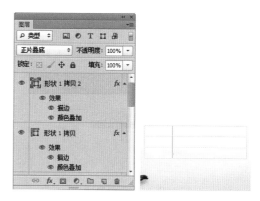

图17.168 复制图层　　图17.169 变换图形

PS 20 选中【形状1 拷贝2】图层，在画布中按住Alt+Shift组合键将其向右拖动，如图17.170所示。此时将生成一个【矩形1 拷贝3】图层。

PS 21 选择工具箱中的【横排文字工具】，在刚才所绘制的矩形及图形上方添加文字，如图17.171所示。

图17.170 复制图形

图17.171 添加文字

17.3.4 添加手机并制作倒影

PS 1 执行菜单栏中的【文件】|【打开】命令，在弹出的对话框中选择配套光盘中的"调用素材\第17章\移动广告\手机1.psd手机2.psd，手机3.psd"文件，将打开的图像拖入画布中靠右侧位置，并对其进行适当缩小，如图17.172所示。

PS 2 在【图层】面板中选中【手机1】图层，拖至面板底部的【创建新图层】按钮上，将其复制一个【手机1 拷贝】图层，如图17.173所示。

图17.172 添加素材

图17.173 复制图层

PS 3 选中【手机1 拷贝】图层，在画布中按Ctrl+T组合键对其执行【自由变换】命令，将光标移至出现的变形框上右击，从弹出的快捷菜单中选中【垂直翻转】命令，完成之后按Enter键确认，在画布中按住Shift键将其向下移动，如图17.174所示。

图17.174 变换图像并移动

PS 4 在【图层】面板中选中【手机1 拷贝】图层，单击面板底部的【添加图层蒙版】按钮，为其添加图层蒙版，如图17.175所示。

PS 5 选择工具箱中的【渐变工具】，在选项栏中单击【点按可编辑渐变】按钮，在弹出的对话框中选择【黑白渐变】，设置完成之后单击【确定】按钮，如图17.176所示。

图17.175 添加图层蒙版

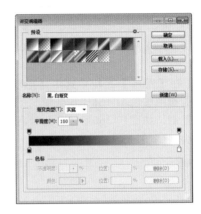

图17.176 设置渐变

PS 6 在【图层】面板中单击【手机1 拷贝】图层蒙版缩览图，在画布中按住Shift键从下至上拖动，将多余的图像擦除，如图17.177所示。

图17.177 将多余图像擦除

PS 7 在【图层】面板中选中【手机2】图层，拖至面板底部的【创建新图层】按钮上，将其复制一个【手机2 拷贝】图层，如图17.178所示。

图17.178 复制图层

PS 8 选中【手机1 拷贝】图层，在画布中按Ctrl+T组合键对其执行【自由变换】命令，将光标移至出现的变形框上右击，从弹出的快捷菜单中选中【垂直翻转】命令，完成之后按Enter键确认，在画布中按住Shift键将其向下移动，如图17.179所示。

图17.179 变换图像并移动

PS 9 在【图层】面板中选中【手机2 拷贝】图层，单击面板底部的【添加图层蒙版】按钮，为其添加图层蒙版，如图17.180所示。

PS 10 选择工具箱中的【渐变工具】，在选项栏中单击【点按可编辑渐变】按钮，在弹出的对话框中选择【黑白渐变】，设置完成之后单击【确定】按钮，如图17.181所示。

图17.180 添加图层蒙版

图17.181 设置渐变

PS 11 在【图层】面板中单击【手机2 拷贝】图层蒙版缩览图，在画布中按住Shift键从下至上拖动，将多余的图像擦除，如图17.182所示。

图17.182 将多余图像擦除

PS 12 在【图层】面板中选中【手机3】图层，拖至面板底部的【创建新图层】按钮上，将其复制一个【手机3 拷贝】图层，如图17.183所示。

图17.183 复制图层

PS 13 选中【手机3 拷贝】图层，在画布中按Ctrl+T组合键对其执行【自由变换】命令，将光标移至出现的变形框上右击，从弹出的快捷菜单中选中【垂直翻转】命令，将其翻转完成之后在其变形框上再次单击鼠标右键，从弹出的快捷菜单中选择【斜切】命令，将光标移至变形框的中间变形点位置拖动，将图像变形，完成之后按Enter键确认，在画布中按住Shift键将其向下移动，如图17.184所示。

图17.184 将图形变换

PS 14 在【图层】面板中选中【手机3 拷贝】图层，单击面板底部的【添加图层蒙版】◻️按钮，为其添加图层蒙版，如图17.185所示。

PS 15 选择工具箱中的【渐变工具】▭，在选项栏中单击【点按可编辑渐变】按钮，在弹出的对话框中选择【黑白渐变】，设置完成之后单击【确定】按钮，如图17.186所示。

图17.185 添加图层蒙版　　图17.186 设置渐变

PS 16 在【图层】面板中单击【手机3 拷贝】图层蒙版缩览图，在画布中按住Shift键从下至上拖动，将多余的图像擦除，如图17.187所示。

图17.187 将多余图像擦除

PS 17 选择工具箱中的【画笔工具】🖌️，在选项栏中单击【点按可打开"画笔预设选取器"】按钮，在弹出的面板中选择一种柔角笔触，将其【大小】更改为96像素，【硬度】为

0%；单击【手机1 拷贝】图层蒙版缩览图，将前景色设置为黑色，在画布中将其与手机2图像接触的部分擦除，如图17.188所示。

图17.188 将多余图像擦除

PS 18 同时选中【手机1 拷贝】到【手机3 拷贝】图层，按Ctrl+G组合键将图层进行编组，此时将生成一个【组2】，选中【组2】，将其图层【不透明度】更改为80%，如图17.189所示。

图17.189 将图层编组并更改其图层不透明度

PS 19 执行菜单栏中的【文件】|【打开】命令，在弹出的对话框中选择配套光盘中的"调用素材\第17章\移动广告\移动logo.psd、G3标志.psd"文件，将打开的图像拖入画布中右上角位置，如图17.190所示。

图17.190 添加素材

PS 20 执行菜单栏中的【文件】|【打开】命令，在弹出的对话框中选择配套光盘中的"调用素材\第17章\移动广告\小人.psd"文件，将打开的图像拖入画布中右上角位置，如图17.191所示。

图17.191 添加素材

PS 21 选中【小人】图层，将其图层混合模式更改为【正片叠底】，如图17.192所示。

图17.192 更改图层混合模式

PS 22 选择工具箱中的【矩形工具】 ，在选项栏中单击【填充】后面的【设置形状填充类型】，在弹出的面板中选择填充类型为渐变，并将渐变颜色设置为从深绿色（R：49，G：118，B：56）到浅绿色（R：107，G：197，B：91），将角度更改为180°，如图17.193所示。

PS 23 在画布中右下角位置绘制图形，此时将生成一个【矩形2】图层，如图17.194所示。

图17.193 设置渐变　　图17.194 绘制图形

PS 24 选中【矩形2】图层，选择工具箱中的【直接选择工具】 ，选中矩形 左上角的一个点，如图17.195所示。

图17.195 选择角点

PS 25 选中【矩形2】图层，选择工具箱中的【删除锚点工具】 ，在刚才所选中的那个点上单击，将其删除，如图17.196所示。

图17.196 删除点

PS 26 选中【矩形2】图层，在画布中按Ctrl+T组合键对其执行【自由变换】命令，当出现变形框以后将其旋转一定角度，旋转完成之后按Enter键确认，再将其移至右下角位置，如图17.197所示。

图17.197 变形并移动图形

PS 27 选择工具箱中的【横排文字工具】 T，在刚才所绘制的【矩形2】图形上方添加文字并添加空格，为图形预留空隙，如图17.198所示。

图17.198 变形并移动图形

图17.199 添加素材

PS 28 执行菜单栏中的【文件】|【打开】命令，在弹出的对话框中选择配套光盘中的"调用素材\第17章\移动广告\G3标志.psd"文件，将打开的图像拖入画布中刚才所预留的空隙位置，这样就完成了制作，最终效果如图17.199所示。

注：在具有多个工具的行中，重复按同一快捷键可以在这组工具中进行切换。

结果	Windows	Mac OS
使用同一快捷键循环切换工具	按住 Shift 并按快捷键（如果选中"使用 Shift键切换工具"首选项）	按住 Shift 并按快捷键（如果选中"使用 Shift键切换工具"首选项）
循环切换隐藏的工具	按住 Alt 键并单击工具（添加锚点、删除锚点和转换点工具除外）	按住 Option 键并单击工具（添加锚点、删除锚点和转换点工具除外）
移动工具	V	V
矩形选框工具 椭圆选框工具	M	M
套索工具 多边形套索工具 磁性套索工具	L	L
快速选择工具 魔棒工具	W	W
裁剪工具 透视剪切工具 切片工具 切片选取工具	C	C
吸管工具 3D材质吸管工具 颜色取样器工具 标尺工具 注释工具 计数工具	I	I
污点修复画笔工具 修复画笔工具 内容感知移动工具 修补工具 红眼工具	J	J

结果	Windows	Mac OS
画笔工具 铅笔工具 颜色替换工具 混合器画笔工具	B	B
仿制图章工具 图案图章工具	S	S
历史记录画笔工具 历史记录艺术画笔工具	Y	Y
橡皮擦工具 背景橡皮擦工具 魔术橡皮擦工具	E	E
渐变工具 油漆桶工具 3D材质拖放工具	G	G
减淡工具 加深工具 海绵工具	O	O
钢笔工具 自由钢笔工具	P	P
横排文字工具 直排文字工具 横排文字蒙版工具 直排文字蒙版工具	T	T
路径选择工具 直接选择工具	A	A
矩形工具 圆角矩形工具 椭圆工具 多边形工具 直线工具 自定形状工具	U	U
抓手工具	H	H
旋转视图工具	R	R
缩放工具	Z	Z

完全掌握 Photoshop CC 超级手册

用于查看图像的快捷键

此部分列表提供不显示在菜单命令或工具提示中的快捷键。

结果	Windows	Mac OS
循环切换打开的文档	Ctrl + Tab	Ctrl + Tab
切换到上一文档	Shift + Ctrl + Tab	Shift + Command + `
在 Photoshop 中关闭文件并转到 Bridge	Shift-Ctrl-W	Shift-Command-W
在"标准"模式和"快速蒙版"模式之间切换	Q	Q

结果	Windows	Mac OS
在标准屏幕模式、最大化屏幕模式、全屏模式和带有菜单栏的全屏模式之间切换（前进）	F	F
在标准屏幕模式、最大化屏幕模式、全屏模式和带有菜单栏的全屏模式之间切换（后退）	Shift + F	Shift + F
切换（前进）画布颜色	空格键 + F（或右键单击画布背景并选择颜色）	空格键 + F（或按住 Ctrl 键单击画布背景并选择颜色）
切换（后退）画布颜色	空格键 + Shift + F	空格键 + Shift + F
将图像限制在窗口中	双击抓手工具	双击抓手工具
放大100%	双击缩放工具或Ctrl + 1	双击缩放工具或Command + 1
切换到抓手工具（当不处于文本编辑模式时）	空格键	空格键
使用抓手工具同时平移多个文档	按住 Shift 键拖移	按住 Shift 键拖移
切换到放大工具	Ctrl + 空格键	Command + 空格键
切换到缩小工具	Alt + 空格键	Option + 空格键
使用缩放工具拖动时移动"缩放"选框	按住空格键拖移	按住空格键拖移
应用缩放百分比，并使缩放百分比框保持现用状态	在"导航器"面板中按住 Shift + Enter 以激活缩放百分比框	在"导航器"面板中按住 Shift + Return，以激活缩放百分比框
放大图像中的指定区域	按住Ctrl 键并在"导航器"面板的预览中拖移	按住Command键并在"导航器"面板的预览中拖移
临时缩放到图像	按住 H 键，然后在图像中单击，并按住鼠标	按住 H 键，然后在图像中单击，并按住鼠标
使用抓手工具滚动图像	按住空格键拖移，或拖移"导航器"面板中的视图区域框	按住空格键拖移，或拖移"导航器"面板中的视图区域框
向上或向下滚动一屏	Page Up 或 Page Down	Page Up 或 Page Down
向上或向下滚动10个单位	Shift + Page Up 或 Page Down	Shift + Page Up 或 Page Down
将视图移动到左上角或右下角	Home 或 End	Home 或 End
打开/ 关闭图层蒙版的宝石红显示（必须选定图层蒙版）	\（反斜杠）	\（反斜杠）

用于选择和移动对象的快捷键

此部分列表提供不显示在菜单命令或工具提示中的快捷键。

结果	Windows	Mac OS
选择时重新定位选框	任何选框工具（单列和单行除外）+ 空格键并拖移	任何选框工具（单列和单行除外）+ 空格键并拖移
添加到选区	任何选择工具 + Shift 键并拖移	任何选择工具 + Shift 键并拖移

结果	Windows	Mac OS
从选区中减去	任何选择工具 + Alt 键并拖移	任何选择工具 + Option 键并拖移
与选区交叉	任何选择工具（快速选择工具除外）+Shift + Alt 并拖移	任何选择工具（快速选择工具除外）+Shift + Option 并拖移
将选框限制为方形或圆形（如果没有任何其他选区处于现用状态）	按住 Shift 键拖移	按住 Shift 键拖移
从中心绘制选框（如果没有任何其他选区处于现用状态）	按住 Alt 键拖移	按住 Option 键拖移
限制形状并从中心绘制选框	按住 Shift + Alt 组合键拖移	按住 Shift + Option 组合键拖移
切换到移动工具	Ctrl键（选定抓手、切片、路径、形状或任何钢笔工具时除外）	Command键（选定抓手、切片、路径、形状或任何钢笔工具时除外）
从多边形套索工具切换到套索工具	按住 Alt 键拖移	按住 Option 键拖移
应用/ 取消磁性套索的操作	Enter/Esc 或 Ctrl + .（句点）	Return/Esc 或 Command + .（句点）
移动选区的拷贝	移动工具 + Alt 键并拖移选区	移动工具 + Option 键并拖移选区
将选区移动1个像素	任何选区 + 向右箭头键、向左箭头键、向上箭头键或向下箭头键	任何选区 + 向右箭头键、向左箭头键、向上箭头键或向下箭头键†
将所选区域移动1个像素	移动工具 + 向右箭头键、向左箭头键、向上箭头键或向下箭头键	移动工具 + 向右箭头键、向左箭头键、向上箭头键或向下箭头键
当未选择图层上的任何内容时，将图层移动 1个像素	Ctrl + 向右箭头键、向左箭头键、向上箭头键或向下箭头键	Command + 向右箭头键、向左箭头键、向上箭头键或向下箭头键†
增大/ 减小检测宽度	磁性套索工具 + [或]	磁性套索工具 + [或]
接受裁剪或退出裁剪	裁剪工具 + Enter 或 Esc	裁剪工具 + Return 或 Esc
切换裁剪屏蔽开/ 关	/（正斜杠）	/（正斜杠）
创建量角器	标尺工具+Alt键并拖移终点	标尺工具+Option键并拖移终点
将参考线与标尺记号对齐（未选中"视图">"对齐"时除外）	按住 Shift 键拖移参考线	按住 Shift 键拖移参考线
在水平参考线和垂直参考线之间转换	按住 Alt 键拖移参考线	按住 Option 键拖移参考线

完全掌握 Photoshop CC 超级手册

用于变换选区、选区边界和路径的快捷键

此部分列表提供不显示在菜单命令或工具提示中的快捷键。

结果	Windows	Mac OS
从中心变换或对称	Alt	Option
限制	Shift	Shift
扭曲	Ctrl	Command
取消	Ctrl + . （句点）或 Esc	Command + . （句点）或 Esc
使用重复数据自由变换	Ctrl + Alt + T	Command + Option + T
再次使用重复数据进行变换	Ctrl + Shift + Alt + T	Command + Shift + Option + T
应用	Enter	Return

用于编辑路径的快捷键

此部分列表提供不显示在菜单命令或工具提示中的快捷键。

结果	Windows	Mac OS
选择多个锚点	直接选择工具 + Shift 键并单击	直接选择工具 + Shift 键并单击
选择整个路径	直接选择工具 + Alt 键并单击	直接选择工具 + Option 键并单击
复制路径	钢笔（任何钢笔工具）、路径选择工具或直接选择工具 + Ctrl + Alt 并拖移	钢笔（任何钢笔工具）、路径选择工具或直接选择工具 + Command + Option 并拖移
从路径选择工具、钢笔工具、添加锚点工具、删除锚点工具或转换点工具切换到直接选择工具	Ctrl	Command
当指针位于锚点或方向点上时从钢笔工具或自由钢笔工具切换到转换点工具	Alt	Option
关闭路径	磁性钢笔工具 + 双击	磁性钢笔工具 + 双击
关闭含有直线段的路径	磁性钢笔工具 + Alt 键并双击	磁性钢笔工具 + Option 键并双击

用于绘画的快捷键

此部分列表提供不显示在菜单命令或工具提示中的快捷键。

结果	Windows	Mac OS
从拾色器中选择前景颜色	任何绘画工具 + Shift + Alt + 右键单击并拖动	任何绘画工具 + Control + Option + Command 键并拖动
使用吸管工具从图像中选择前景颜色	任何绘画工具 + Alt 或任何形状工具 + Alt（选中"路径"选项时除外）	任何绘画工具 + Option 或任何形状工具 +Option （选中"路径"选项时除外）
选择背景色	吸管工具 + Alt 键并单击	吸管工具 + Option 键并单击
颜色取样器工具	吸管工具 + Shift 键	吸管工具 + Shift 键
删除颜色取样器	颜色取样器工具 + Alt 键并单击	颜色取样器工具 + Option 键并单击

结果	Windows	Mac OS
设置绘画模式的不透明度、容差、强度或曝光量	任何绘画或编辑工具 + 数字键（如 0 =100%、1 = 10%、按完 4 后紧接着按 5 =45%）（在启用"喷枪"选项时，使用 Shift +数字键）	任何绘画或编辑工具 + 数字键（如 0 =100%、1 = 10%、按完 4 后紧接着按 5 =45%）（在启用"喷枪"选项时，使用 Shift +数字键）
设置绘画模式的流量	任何绘画或编辑工具 + Shift + 数字键（如 0= 100%、1 = 10%、按完 4 后紧接着按 5 =45%）（在启用"喷枪"选项时，省略 Shift键）	任何绘画或编辑工具 + Shift + 数字键（如 0= 100%、1 = 10%、按完 4 后紧接着按 5 =45%）（在启用"喷枪"选项时，省略 Shift键）
混合器画笔更改"混合"设置	Alt + Shift + 数字键	Option + Shift + 数字键
混合器画笔更改"潮湿"设置	数字键	数字键
混合器画笔将"潮湿"和"混合"更改为零	00	00
循环切换混合模式	Shift + + （加号）或 - （减号）	Shift + + （加号）或 - （减号）
使用前景色或背景色填充选区/图层	Alt + Backspace 或 Ctrl + Backspace	Option + Delete 或 Command + Delete
从历史记录填充	Ctrl + Alt + Backspace	Command + Option + Delete
显示"填充"对话框	Shift + Backspace	Shift + Delete
锁定透明像素的开/关	/（正斜杠）	/（正斜杠）
连接点与直线	任何绘画工具 + Shift 并单击	任何绘画工具 + Shift 并单击

用于混合模式的快捷键

结果	Windows	Mac OS
循环切换混合模式	Shift + + （加号）或 - （减号）	Shift + + （加号）或 - （减号）
正常	Shift + Alt + N	Shift + Option + N
溶解	Shift + Alt + I	Shift + Option + I
背后（仅限画笔工具）	Shift + Alt + Q	Shift + Option + Q
清除（仅限画笔工具）	Shift + Alt + R	Shift + Option + R
变暗	Shift + Alt + K	Shift + Option + K
正片叠底	Shift + Alt + M	Shift + Option + M
颜色加深	Shift + Alt + B	Shift + Option + B
线性加深	Shift + Alt + A	Shift + Option + A
变亮	Shift + Alt + G	Shift + Option + G
滤色	Shift + Alt + S	Shift + Option + S
颜色减淡	Shift + Alt + D	Shift + Option + D
线性减淡	Shift + Alt + W	Shift + Option + W
叠加	Shift + Alt + O	Shift + Option + O
柔光	Shift + Alt + F	Shift + Option + F
强光	Shift + Alt + H	Shift + Option + H

完全掌握 Photoshop CC 超级手册

结果	Windows	Mac OS
亮光	Shift + Alt + V	Shift + Option + V
线性光	Shift + Alt + J	Shift + Option + J
点光	Shift + Alt + Z	Shift + Option + Z
实色混合	Shift + Alt + L	Shift + Option + L
差值	Shift + Alt + E	Shift + Option + E
排除	Shift + Alt + X	Shift + Option + X
色相	Shift + Alt + U	Shift + Option + U
饱和度	Shift + Alt + T	Shift + Option + T
颜色	Shift + Alt + C	Shift + Option + C
明度	Shift + Alt + Y	Shift + Option + Y

用于选择和编辑文本的快捷键

此部分列表提供不显示在菜单命令或工具提示中的快捷键。

结果	Windows	Mac OS
向左/向右选择1个字符或向上/向下选择1行，或向左/向右选择1个字	Shift + 向左箭头键/向右箭头键或向下箭头键/向上箭头键，或 Ctrl + Shift + 向左箭头键/向右箭头键	Shift + 向左箭头键/向右箭头键或向下箭头键/向上箭头键，或 Command + Shift + 向左箭头键/向右箭头键
选择插入点与鼠标单击点之间的字符	按住 Shift 键并单击	按住 Shift 键并单击
左移/右移1个字符，下移/上移1行或左移/右移1个字	向左箭头键/向右箭头键、向下箭头键/向上箭头键，或 Ctrl + 向左箭头键/向右箭头键	向左箭头键/向右箭头键、向下箭头键/向上箭头键，或 Command + 向左箭头键/向右箭头键
当文本图层在"图层"面板中处于选定状态时，创建一个新的文本图层	按住 Shift 键并单击	按住 Shift 键并单击
选择字、行、段落或文章	双击、单击三次、单击四次或单击五次	双击、单击三次、单击四次或单击五次
显示/隐藏所选文字上的选区	Ctrl + H	Command + H
在编辑文本时显示用于转换文本的定界框，或者在光标位于定界框内时激活移动工具	Ctrl	Command
在调整定界框大小时缩放定界框内的文本	按住 Ctrl 键拖移定界框手柄	按住 Command 键拖移定界框手柄
在创建文本框时移动文本框	按住空格键拖移	按住空格键拖移

用于设置文字格式的快捷键

此部分列表提供不显示在菜单命令或工具提示中的快捷键。

结果	Windows	Mac OS
左对齐、居中对齐或右对齐	横排文字工具 + Ctrl + Shift + L、C 或 R	横排文字工具 + Command + Shift + L、C 或R
顶对齐、居中对齐或底对齐	直排文字工具 + Ctrl + Shift + L、C 或 R	直排文字工具 + Command + Shift + L、C 或R
选择 100% 水平缩放	Ctrl + Shift + X	Command + Shift + X
选择 100% 垂直缩放	Ctrl + Shift + Alt + X	Command + Shift + Option + X
选择自动行距	Ctrl + Shift + Alt + A	Command + Shift + Option + A
选择 0 字距调整	Ctrl + Shift + Q	Command + Ctrl + Shift + Q
对齐段落（最后一行左对齐）	Ctrl + Shift + J	Command + Shift + J
调整段落（全部调整）	Ctrl + Shift + F	Command + Shift + F
切换段落连字的开/ 关	Ctrl + Shift + Alt + H	Command + Ctrl + Shift + Option + H
切换单行/ 多行书写器的开/ 关	Ctrl + Shift + Alt + T	Command + Shift + Option + T
减小或增大选中文本的文字大小（2 点/ 像素）	Ctrl + Shift + < 或 >†	Command + Shift + < 或 >†
增大或减小行距2个点或像素	Alt + 向下箭头或向上箭头††	Option + 向下箭头或向上箭头††
增大或减小基线移动2个点或像素	Shift + Alt + 向下箭头或向上箭头	Shift + Option + 向下箭头或向上箭头
减小或增大字距微调/ 字距调整（20/1000em）	Alt + 向左箭头或向右箭头	Option + 向左箭头或向右箭头

用于画笔面板的快捷键

结果	Windows	Mac OS
删除画笔	按住 Alt 键并单击画笔	按住 Option 键并单击画笔
重命名画笔	双击画笔	双击画笔
更改画笔大小	按住 Alt 键右键单击并拖移（向左或向右）	按住 Ctrl 和 Option 键并拖移（向左或向右）
减小/ 增大画笔软度/ 硬度	按住 Alt 键右键单击并向上或向下拖动	按住 Ctrl 和 Option 键并向上或向下拖动
选择上一/ 下一画笔大小	,（逗号）或 .（句点）	,（逗号）或 .（句点）
选择第一个/ 最后一个画笔	Shift + ,（逗号）或 .（句点）	Shift + ,（逗号）或 .（句点）
显示画笔的精确十字线	Caps Lock 或 Shift + Caps	Lock Caps Lock
切换喷枪选项	Shift + Alt + P	Shift + Option + P

用于通道面板的快捷键

如果您希望将以 Ctrl/Command + 1 开头的通道快捷键用于红色，请选择"编辑" > "键盘快捷键"，然后选择"使用旧版通道快捷键"。

结果	Windows	Mac OS
选择各个通道	Ctrl +3（红）、4（绿）、5（蓝）	Command + 3（红）、4（绿）、5（蓝）
选择复合通道	Ctrl + 2	Command + 2
将通道作为选区载入	按住 Ctrl 键并单击通道，或按住 Alt + Ctrl + 3 键（红色）、Alt + Ctrl + 4 键（绿色）、Alt + Ctrl + 5 键（蓝色）	按住 Command 键并单击通道，或按住 Option + Command + 3 键（红色）、Option + Command + 4 键（绿色）、Option + Command + 5 键（蓝色）
添加到当前选区	按住 Ctrl + Shift 键并单击通道。	按住 Command + Shift 键并单击通道
从当前选区中减去	按住 Ctrl + Alt 键并单击通道	按住 Command + Option 键并单击通道
与当前选区交叉	按住 Ctrl + Shift + Alt 键并单击通道	按住 Command + Shift + Option 键并单击通道
将选区存储为通道时打开新建通道对话框	按住 Alt 键单击"将选区存储为通道"按钮	按住 Option 键单击"将选区存储为通道"按钮
创建新的专色通道	按住 Ctrl 键并单击"创建新通道"按钮	按住 Command 键并单击"创建新通道"按钮
选择/取消选择 Alpha 通道并显示/隐藏以红宝石色进行的叠加	按住 Shift 键并单击 Alpha 通道	按住 Shift 键并单击 Alpha 通道
显示通道选项	双击 Alpha 通道或专色通道缩览图	双击 Alpha 通道或专色通道缩览图
在"快速蒙版"模式中切换复合蒙版和灰度蒙版	~ 键	~ 键

用于颜色面板的快捷键

结果	Windows	Mac OS
选择背景色	按住 Alt 键并单击颜色条中的颜色	按住 Option 键并单击颜色条中的颜色
显示"颜色条"菜单	右键单击颜色条	按住 Ctrl 键并单击颜色条
循环切换可供选择的颜色	按住 Shift 键并单击颜色条	按住 Shift 键并单击颜色条

用于历史记录面板的快捷键

结果	Windows	Mac OS
创建一个新快照	Alt + 新建快照	Option + 新建快照
重命名快照	双击快照名称	双击快照名称
在图像状态中向前循环	Ctrl + Shift + Z	Command + Shift + Z
在图像状态中后退一步	Ctrl + Alt + Z	Command + Option + Z
永久清除历史记录（无法还原）	Alt + "清除历史记录"（在"历史记录"面板弹出式菜单中)	Option + "清除历史记录"（在"历史记录"面板弹出式菜单中)

用于信息面板的快捷键

结果	Windows	Mac OS
更改颜色读数模式	单击吸管图标	单击吸管图标
更改测量单位	单击十字线图标	单击十字线图标

用于图层面板的快捷键

结果	Windows	Mac OS
将图层透明度作为选区载入	按住 Ctrl 键并单击图层缩览图	按住 Command 键并单击图层缩览图
添加到当前选区	按住 Ctrl + Shift 组合键并单击图层缩览图	按住 Command + Shift 组合键并单击图层缩览图
从当前选区中减去	按住 Ctrl + Alt 组合键并单击图层缩览图	按住 Command + Option 组合键并单击图层缩览图
与当前选区交叉	按住Ctrl + Shift + Alt 组合键并单击图层缩览图	按住Command + Shift + Option 组合键并单击图层缩览图
将滤镜蒙版作为选区载入	按住 Ctrl 键并单击滤镜蒙版缩览图	按住 Command 键并单击滤镜蒙版缩览图
图层编组	Ctrl + G	Command + G
取消图层编组	Ctrl + Shift + G	Command-Shift + G
创建/ 释放剪贴蒙版	Ctrl + Alt + G	Command-Option + G
选择所有图层	Ctrl + Alt + A	Command + Option + A
合并可视图层	Ctrl + Shift + E	Command + Shift + E
使用对话框创建新的空图层	按住 Alt 键并单击"新建图层"按钮	按住 Option 键并单击"新建图层"按钮
在目标图层下面创建新图层	按住 Ctrl 键并单击"新建图层"按钮	按住 Command 键并单击"新建图层"按钮
选择顶部图层	Alt + .（句点）	Option + .（句点）
选择底部图层	Alt + ,（逗号）	Option + ,（逗号）
添加到"图层"面板中的图层选区	Shift + Alt + [或]	Shift + Option + [或]
向下/ 向上选择下一个图层	Alt + [或]	Option + [或]
下移/ 上移目标图层	Ctrl + [或]	Command + [或]
将所有可视图层的拷贝合并到目标图层	Ctrl + Shift + Alt + E	Command + Shift + Option + E
合并图层高亮显示要合并的图层	按 Control + E组合键	按 Command +E 组合键
将图层移动到底部或顶部	Ctrl + Shift + [或]	Command + Shift + [或]
将当前图层拷贝到下面的图层	Alt + 面板弹出式菜单中的"向下合并"命令	Option + 面板弹出式菜单中的"向下合并"命令
将所有可见图层合并为当前选定图层上面的新图层	Alt + 面板弹出式菜单中的"合并可见图层"命令	Option + 面板弹出式菜单中的"合并可见图层"命令
仅显示/ 隐藏此图层/ 图层组或显示/ 隐藏所有图层/ 图层组	右键单击眼睛图标	按住 Ctrl 键并单击眼睛图标
显示/ 隐藏其他所有的当前可视图层	按住 Alt 键并单击眼睛图标	按住 Option 键并单击眼睛图标
切换目标图层的锁定透明度或最后应用的锁定	/（正斜杠）	/（正斜杠）
编辑图层效果/ 样式、选项	双击图层效果/ 样式	双击图层效果/ 样式

完全掌握 Photoshop CC 超级手册

结果	Windows	Mac OS
隐藏图层效果/样式	按住 Alt 键并双击图层效果/样式	按住 Option 键并双击图层效果/样式
停用/启用矢量蒙版	按住 Shift 键并单击矢量蒙版缩览图	按住 Shift 键并单击矢量蒙版缩览图
打开"图层蒙版显示选项"对话框	双击图层蒙版缩览图	双击图层蒙版缩览图
切换图层蒙版的开/关	按住 Shift 键并单击图层蒙版缩览图	按住 Shift 键并单击图层蒙版缩览图
切换滤镜蒙版的开/关	按住 Shift 键并单击滤镜蒙版缩览图	按住 Shift 键并单击滤镜蒙版缩览图
在图层蒙版和复合图像之间切换	按住 Alt 键并单击图层蒙版缩览图	按住 Option 键并单击图层蒙版缩览图
在滤镜蒙版和复合图像之间切换	按住 Alt 键并单击滤镜蒙版缩览图	按住 Option 键并单击滤镜蒙版缩览图
切换图层蒙版的宝石红显示模式开/关	\（反斜杠），或 Shift + Alt 组合键并单击	\（反斜杠），或 Shift + Option 组合键并单击
选择所有文字；暂时选择文字工具	双击文字图层缩览图	双击文字图层缩览图
创建剪贴蒙版	按住 Alt 键并单击两个图层的分界线	按住 Option 键并单击两个图层的分界线
重命名图层	双击图层名称	双击图层名称
编辑滤镜设置	双击滤镜效果	双击滤镜效果
编辑滤镜混合选项	双击"滤镜混合"图标	双击"滤镜混合"图标
在当前图层/图层组上创建新图层组	按住 Ctrl 键并单击"新建组"按钮	按住 Command 键并单击"新建组"按钮
使用对话框创建新图层组	按住 Alt 键并单击"新建组"按钮	按住 Option 键并单击"新建组"按钮
创建隐藏全部内容/选区的图层蒙版	按住 Alt 键并单击"添加图层蒙版"按钮	按住 Option 键并单击"添加图层蒙版"按钮
创建显示全部/路径区域的矢量蒙版	按住 Ctrl 键并单击"添加图层蒙版"按钮	按住 Command 键并单击"添加图层蒙版"按钮
创建隐藏全部或显示路径区域的矢量蒙版	按住 Ctrl + Alt 组合键并单击"添加图层蒙版"按钮	按住 Command + Option 组合键并单击"添加图层蒙版"按钮
显示图层组属性	右键单击图层组并选择"混合选项"或双击组	按住 Control 键并单击图层组，然后选择"混合选项"或双击组
选择/取消选择多个连续图层	按住 Shift 键并单击	按住 Shift 键并单击
选择/取消选择多个不连续的图层	按住 Ctrl 键并单击	按住 Command 键并单击

用于路径面板的快捷键

结果	Windows	Mac OS
将路径作为选区载入	按住 Ctrl 键并单击路径名	按住 Command 键并单击路径名
向选区中添加路径	按住 Ctrl + Shift 组合键并单击路径名	按住 Command + Shift 组合键并单击路径名
从选区中减去路径	按住 Ctrl + Alt 组合键并单击路径名	按住 Command + Option 组合键并单击路径名
将路径的交叉区域作为选区保留	按住 Ctrl + Shift + Alt 组合键并单击路径名	按住 Command + Shift + Option 组合键并单击路径名
隐藏路径	Ctrl + Shift + H	Command + Shift + H
为"用前景色填充路径"按钮、"用画笔描边路径"按钮、"将路径作为选区载入"按钮、"从选区建立工作路径"按钮和"创建新路径"钮设置选项	按住 Alt 键并单击该按钮	按住 Option 键并单击该按钮

用于色板面板的快捷键

结果	Windows	Mac OS
从前景色创建新色板	在面板的空白区域中单击	在面板的空白区域中单击
将色板颜色设置为背景色	按住 Ctrl 键并单击色板	按住 Command 键并单击色板
删除色板	按住 Alt 键并单击色板	按住 Option 键并单击色板

功能键

结果	Windows	Mac OS
启动帮助	F1	帮助键
还原/ 重做		F1
剪切	F2	F2
拷贝	F3	F3
粘贴	F4	F4
显示/ 隐藏"画笔"面板	F5	F5
显示/ 隐藏"颜色"面板	F6	F6
显示/ 隐藏"图层"面板	F7	F7
显示/ 隐藏"信息"面板	F8	F8
显示/ 隐藏"动作"面板	F9	Option + F9
恢复	F12	F12
填充	Shift + F5	Shift + F5
羽化选区	Shift + F6	Shift + F6
反转选区	Shift + F7	Shift + F7

附录 B 本书案例速查索引表

<table>
<tr><td colspan="4">纹理与特效表现类速查</td></tr>
<tr><td>案例名称</td><td>所在页</td><td>案例名称</td><td>所在页</td></tr>
<tr><td>视频讲座13-2：利用【查找边缘】制作具有丝线般润滑背景</td><td>272</td><td>视频讲座13-6：利用【网状】制作具有真实效果的花岗岩纹理</td><td>296</td></tr>
<tr><td>视频讲座13-3：通过【凸出】表现三维特效</td><td>275</td><td>视频讲座13-7：利用【染色玻璃】制作彩色方格背景</td><td>298</td></tr>
<tr><td>视频讲座13-4：利用【波纹】制作拍立得艺术风格相框</td><td>284</td><td>视频讲座13-8：利用【晶格化】打造时尚个性溶岩插画</td><td>301</td></tr>
<tr><td>视频讲座13-5：以【铬黄渐变】表现液态金属质感</td><td>292</td><td></td><td></td></tr>
</table>

<table>
<tr><td colspan="2">商务网页设计类速查</td></tr>
<tr><td>案例名称</td><td>所在页</td></tr>
<tr><td>14.1 视频网页设计</td><td>316</td></tr>
<tr><td>14.2 门户网页设计</td><td>327</td></tr>
<tr><td>14.3 手机网页设计</td><td>345</td></tr>
</table>

<table>
<tr><td colspan="2">杂志封面装帧设计类速查</td></tr>
<tr><td>案例名称</td><td>所在页</td></tr>
<tr><td>15.1 旅行家杂志封面</td><td>352</td></tr>
<tr><td>15.2 科技时尚杂志封面</td><td>366</td></tr>
</table>

<table>
<tr><td colspan="2">商业包装设计表现类速查</td></tr>
<tr><td>案例名称</td><td>所在页</td></tr>
<tr><td>16.1 瓶式包装——橙汁包装设计</td><td>381</td></tr>
<tr><td>16.2 袋式包装——红豆包装设计</td><td>393</td></tr>
<tr><td>16.3 盒式包装——鹅蛋卷包装设计</td><td>401</td></tr>
<tr><td>16.4 杯子包装——咖啡杯包装设计</td><td>411</td></tr>
</table>

<table>
<tr><td colspan="2">商业平面广告设计表现类速查</td></tr>
<tr><td>案例名称</td><td>所在页</td></tr>
<tr><td>17.1 中秋促销广告设计</td><td>419</td></tr>
<tr><td>17.2 会员折扣宣传广告设计</td><td>432</td></tr>
<tr><td>17.3 移动广告设计</td><td>437</td></tr>
</table>

完全掌握 Photoshop CC 超级手册

常用设计配色

》 单色色谱

40-7-60-0 161-196-134	2-21-23-0 245-206-186	0-5-78-0 255-232-70	60-0-10-0 89-198-224	2-1-55-0 253-240-142	0-58-25-0 244-137-150	80-0-70-0 0-170-114	0-80-50-0 233-84-93
30-5-95-0 190-205-20	59-0-99-0 114-191-45	11-30-1-0 221-184-214	4-2-94-0 251-232-0	25-1-19-0 201-229-216	40-30-10-10 155-160-187	35-0-10-0 175-221-231	35-10-45-10 168-190-146
46-18-36-0 142-177-166	11-0-29-0 229-239-194	45-5-10-15 132-185-203	30-5-95-0 190-205-20	62-5-25-0 91-186-195	0-50-10-0 245-152-177	90-0-40-0 0-165-168	100-35-10-0 0-123-187

双色配色

40-7-60-0 161-196-134 0-5-78-0 255-232-70	30-5-95-0 190-205-20 59-0-99-0 114-191-45
4-2-94-0 251-232-0 2-21-23-0 245-206-186	60-0-10-0 89-198-224 2-1-55-0 253-240-142
11-30-1-0 221-184-214 25-1-19-0 201-229-216	46-18-36-0 142-177-166 11-0-29-0 229-239-194
0-58-25-0 244-137-150 40-30-10-10 155-160-187	80-0-70-0 0-170-114 35-0-10-0 175-221-231
0-80-50-0 233-84-93 35-10-45-10 168-190-146	30-5-95-0 190-205-20 62-5-25-0 91-186-195
45-5-10-15 132-185-203 100-35-10-0 0-123-187	0-50-10-0 245-152-177 90-0-40-0 0-165-168

三色配色

16-24-4-0 209-191-213 4-0-93-0 255-242-0 59-0-99-0 114-191-45	49-3-98-0 144-193-36 4-0-53-0 249-242-147 60-0-10-0 89-198-224
6-28-60-0 237-187-120 4-0-53-0 249-242-147 40-7-60-0 161-196-134	38-0-29-0 169-216-195 4-0-53-0 249-242-147 40-7-60-0 161-196-134
0-80-50-0 241-91-102 0-0-30-0 255-250-198 35-5-85-0 183-205-66	35-5-85-0 183-205-66 1-0-30-0 255-250-193 6-28-60-0
35-5-85-0 183-205-66 80-0-70-0 0-170-114 10-0-30-0	0-45-12-0 246-162-179 0-80-50-0 233-84-93 28-0-25-0 195-223-201
40-7-60-0 161-196-134 100-35-10-0 0-123-187 10-10-30-0 229-218-183	0-25-30-5 242-200-171 45-5-10-15 132-185-203 30-0-35-0 190-223-184
33-2-95-0 183-208-24 51-4-13-0 127-198-216 16-24-4-0 209-191-213	100-35-10-0 0-123-187 0-58-25-0 244-137-150 10-10-30-0

≫ 单色色谱

0-80-100-0 234-84-4	100-35-10-0 0-123-187	0-45-12-0 246-162-179
35-5-85-0 183-205-66	0-30-75-0 249-192-76	100-70-0-0 0-78-162
45-0-3-0 143-211-241	60-80-0-0 124-70-152	

0-50-10-0 245-152-177 ｜ 0-53-100-20 209-126-0 ｜ 100-0-50-0 0-158-150 ｜ 10-30-10-10 214-180-191 ｜ 30-3-87-40 137-151-36 ｜ 0-45-12-0 246-162-179 ｜ 0-35-95-8 232-173-0 ｜ 31-55-5-0 179-130-177

0-5-78-0 255-232-70 ｜ 0-40-90-0 246-172-26 ｜ 36-38-1-0 175-161-204 ｜ 60-20-0-0 101-169-221 ｜ 0-10-100-0 255-225-0 ｜ 39-9-68-0 172-197-108 ｜ 80-40-0-0 24-131-198 ｜ 25-0-37-8 193-216-172

完全掌握Photoshop CC超级手册

双色配色

0-80-100-0 234-84-4 / 25-0-37-8 193-216-172

31-55-5-0 179-130-177 / 39-9-68-0 172-197-108

30-3-87-40 137-151-36 / 0-45-12-0 246-162-179

45-0-3-0 143-211-241 / 0-50-10-0 245-152-177

100-35-10-0 0-123-187 / 0-30-75-0 249-192-76

10-30-10-10 214-180-191 / 0-35-95-8 232-173-0

0-10-100-0 255-225-0 / 100-0-50-0 0-158-150

0-5-78-0 255-232-70 / 80-40-0-0 24-131-198

0-45-12-0 246-162-179 / 35-5-85-0 183-205-66

60-20-0-0 101-169-221 / 0-40-90-0 246-172-26

36-38-1-0 177-161-204 / 60-80-0-0 124-70-152

0-53-100-20 209-126-0 / 100-70-0-0 0-78-162

三色配色

25-0-37-8 193-216-172 / 0-35-95-0 232-173-0 / 0-20-30-0 251-216-181

35-5-85-0 183-205-66 / 60-80-0-0 124-70-152 / 0-50-10-0 245-152-177

0-53-100-20 209-126-0 / 25-0-37-8 193-216-172 / 100-0-50-0 0-158-150

10-30-10-10 214-180-191 / 78-9-47-0 0-169-156 / 20-26-36-0 211-191-162

0-20-30-0 251-216-181 / 75-20-0-0 0-160-219 / 31-5-42-0 179-208-167

0-20-30-0 251-216-181 / 100-0-90-0 0-154-83 / 35-5-85-0 183-205-66

0-15-100-0 255-217-0 / 7-10-85-50 150-137-21 / 30-5-95-0 190-205-20

0-80-100-0 234-84-4 / 0-5-50-0 255-240-149 / 80-8-60-0 0-168-129

20-26-36-0 211-191-162 / 60-80-0-0 124-70-152 / 0-50-10-0 245-152-177

60-20-0-0 101-169-221 / 0-5-50-0 255-240-149 / 60-0-50-0 99-194-156

0-30-75-0 249-192-76 / 90-20-10-0 0-152-201 / 60-0-10-0 89-198-224

60-0-50-0 99-194-156 / 0-5-50-0 255-240-149 / 0-40-90-0 246-172-26

468

奢华的 圆润的

秋 *Autumn*

90-50-75-40
0-77-61

30-100-20-0
182-1-113

0-15-100-0
255-217-0

30-5-13-25
155-181-185

20-30-100-20
185-154-0

0-75-80-5
229-96-49

50-90-20-50
92-20-77

0-35-95-0
248-182-0

0-35-95-18
218-160-0

0-25-55-0
253-197-129

10-50-55-60
121-77-54

90-70-0-0
29-80-162

0-35-95-0
248-182-0

40-70-15-0
167-98-148

0-60-100-0
240-130-0

0-85-5-0
231-66-140

0-75-77-0
235-97-56

20-30-100-20
185-154-0

0-30-10-0
247-191-206

20-75-83-10
191-87-48

30-0-50-5
186-207-147

0-70-70-0
237-110-70

100-50-0-50
0-64-113

60-82-0-0
125-66-150

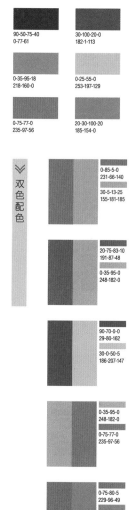

双色配色

0-85-5-0
231-66-140
30-5-13-25
155-181-185

30-100-20-0
182-1-113
20-30-100-20
185-154-0

20-75-83-10
191-87-48
0-35-95-0
248-182-0

0-30-10-0
247-191-206
60-82-0-0
125-66-150

90-70-0-0
29-80-162
30-0-50-5
186-207-147

90-50-75-40
0-77-61
0-15-100-0
255-217-0

0-35-95-0
248-182-0
0-75-77-0
235-97-56

40-70-15-0
167-98-148
0-35-95-18
218-160-0

0-75-80-5
229-96-49
20-30-100-20
185-154-0

50-90-20-50
92-20-77
0-70-70-0
237-110-70

100-50-0-50
0-64-113
0-60-100-0
240-130-0

10-50-55-60
121-77-54
0-25-55-0
253-197-129

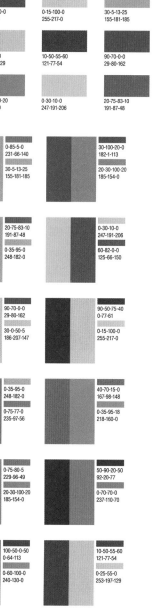

三色配色

100-25-0-50
0-85-135
0-15-100-0
255-217-0
30-95-70-10
183-43-65

20-30-100-20
185-154-0
30-95-70-10
183-43-65
0-35-95-0
248-182-0

20-90-100-20
175-48-20
0-75-77-0
235-97-56
0-15-100-0
255-217-0

0-85-80-0
233-71-48
30-0-50-5
186-207-147
20-30-100-20
185-154-0

10-100-50-30
170-0-66
0-25-55-0
253-197-129
30-95-55-60
99-0-37

0-35-95-18
218-160-0
0-66-77-15
214-106-53
10-50-55-60
121-77-54

60-82-0-0
125-66-150
30-0-50-5
186-207-147
0-85-80-0
233-71-48

60-82-0-0
125-66-150
20-30-100-20
185-154-0
0-35-95-0
248-182-0

0-75-77-0
235-97-56
60-82-0-0
125-66-150
0-35-95-0
248-182-0

0-35-95-18
218-160-0
30-95-55-60
99-0-37
20-30-100-20
185-154-0

20-100-100-0
180-106-7
85-60-10-60
5-46-90
90-18-40-10
0-140-146

100-50-0-50
0-64-113
30-32-75-40
136-120-56
0-35-95-18
218-160-0

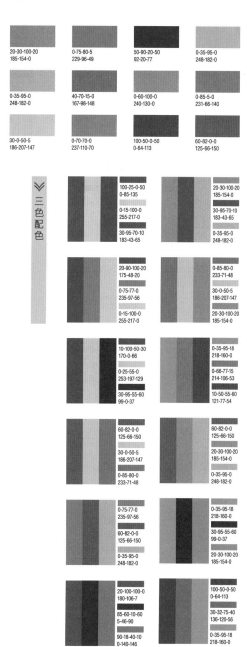

冬 *Winter*

≫ 单色色谱

100-80-40-0
0-68-113

80-100-0-0
84-27-134

10-25-60-30
182-155-90

25-0-30-50
124-143-122

30-45-50-70
78-60-50

85-5-30-5
0-160-178

35-10-45-10
168-190-146

10-10-10-80
81-77-77

70-70-20-97
2-0-11

20-40-80-0
211-162-67

80-60-20-0
63-99-152

40-30-10-10
155-160-187

70-90-0-30
82-33-116

8-5-5-60
128-128-129

100-50-0-50
0-64-113

60-20-0-0
101-169-221

90-80-0-30
33-48-123

10-20-30-10
217-196-169

30-0-0-0
186-224-249

90-65-20-40
4-61-107

75-20-0-0
0-160-219

15-30-40-0
216-186-151

45-45-0-20
133-116-164

35-17-40-20
155-168-141

双色配色

100-80-40-0
0-68-113

80-100-0-0
84-27-134

10-20-30-10
217-196-169

70-70-20-97
2-0-11

100-50-0-50
0-64-113

75-20-0-0
0-160-219

8-5-5-60
128-128-129

85-5-30-5
0-160-178

80-60-20-0
63-99-152

45-45-0-20
133-116-164

20-40-80-0
211-162-67

10-10-10-80
81-77-77

70-90-0-30
84-33-116

10-25-60-30
182-155-90

40-30-10-10
155-160-187

15-30-40-0
216-186-151

30-45-50-70
78-60-50

90-65-20-40
4-61-107

90-80-0-30
33-48-123

60-20-0-0
101-169-221

25-0-30-50
124-143-122

30-0-0-0
186-224-249

35-17-40-20
155-168-141

35-10-45-10
168-190-146

三色配色

20-40-80-0
211-162-67

100-50-0-50
0-64-113

100-40-20-0
0-124-170

100-50-0-50
0-64-113

10-20-30-10
217-196-169

90-50-75-40
0-77-61

50-50-70-20
127-110-76

80-90-30-30
67-39-93

55-85-60-5
132-64-82

35-17-40-20
155-168-141

80-10-20-50
0-101-118

100-90-38-50
0-26-69

25-5-30-35
151-167-145

45-45-0-20
113-116-164

85-70-30-40
35-59-92

50-50-70-20
127-110-76

80-90-30-30
64-39-93

10-20-30-10
217-196-169

0-18-35-50
156-136-108

10-30-30-10
215-178-160

35-17-40-20
155-168-141

80-40-0-0
24-131-198

85-70-30-40
35-59-92

10-25-60-30
182-155-90

70-90-0-30
82-33-116

60-82-0-0
125-66-150

85-5-30-5
0-160-178

30-30-2-10
175-167-200

70-90-0-30
82-33-116

60-20-0-0
101-169-221

28-0-25-0
195-223-201

85-5-30-5
0-160-178

80-10-20-50
0-101-118

25-0-30-50
124-143-122

25-0-37-8
193-216-172

0-18-35-50
156-136-108

完全掌握 Photoshop CC 超级手册